U0791972

高职高专“十一五”精品规划教材

工程测量

主　编　杨中利　汪仁银
副主编　张艳华　汤　璞　程　健
　　　　丁友斌

中国水利水电出版社
www.waterpub.com.cn

内 容 提 要

本教材基本涵盖了工程建设在规划设计、建筑施工、运营管理三大阶段测量工作的基本内容和作业方法。全书共分 15 章，第 1～5 章介绍测量基本知识、常用测量仪器的使用以及基本测量工作方法；第 6～8 章介绍控制测量、地形图测绘的基本方法以及地形图应用等方面的基本知识；第 9～14 章介绍施工放样方法以及各种工程建设施工测量的内容和方法；第 15 章介绍建筑物外部变形观测的基本方法。

本教材可供水利、水电、农水、工民建、路桥以及工程监理等专业教学使用，也可供从事以上专业的技术人员参考。

图书在版编目（CIP）数据

工程测量/杨中利，汪仁银主编．—北京：中国水利水电出版社，2007（2023.2 重印）
高职高专“十一五”精品规划教材
ISBN 978-7-5084-4435-2

Ⅰ．工…　Ⅱ．①杨…②汪…　Ⅲ．工程测量-高等学校：技术学校-教材　Ⅳ．TB22

中国版本图书馆 CIP 数据核字（2007）第 024168 号

书　　名	高职高专“十一五”精品规划教材 **工程测量**
作　　者	主编　杨中利　汪仁银
出版发行	中国水利水电出版社 （北京市海淀区玉渊潭南路 1 号 D 座　100038） 网址：www.waterpub.com.cn E-mail：sales@mwr.gov.cn 电话：（010）68545888（营销中心）
经　　售	北京科水图书销售有限公司 电话：（010）68545874、63202643 全国各地新华书店和相关出版物销售网点
排　　版	中国水利水电出版社微机排版中心
印　　刷	北京市密东印刷有限公司
规　　格	184mm×260mm　16 开本　17.25 印张　409 千字
版　　次	2007 年 5 月第 1 版　2023 年 2 月第 14 次印刷
印　　数	52101—56100 册
定　　价	**51.00** 元

序

2005年《国务院关于大力发展职业教育的决定》中提出进一步深化职业教育教学改革，根据市场和社会需要，不断更新教学内容，改进教学方法，大力推进精品专业、精品课程和教材建设。教育部也在《关于全面提高高等职业教育教学质量的若干意见》（[2006] 16号）中明确指出，课程建设与改革是提高教学质量的核心，也是教学改革的重点和难点，而教材建设又是课程建设的一个重要内容。教材是体现教学内容和教学方法的载体，是进行教学的基本工具，是学科建设与课程建设成果的凝结与体现，也是深化教育教学改革、保障和提高教学质量的重要基础。

编写高职教材，要明确高职教材的特征，如同高职教育的定位一样，高职教材应既具有高教教材的基本特征，又具有职业技术教育教材的鲜明特色。因此，应具有符合高等教育要求的理论水平，重视教材内容的科学性，既要符合人的认识规律和教学规律，又要有利于学生的学习，使学生在阅读时容易理解，容易吸收。做到理论知识的准确定位，既要根据“必需、够用”的原则，又要根据生源的实际情况，以学生为主体确定理论深度；在教材的编写中加强实践性教学环节，融入足够的实训内容，保证对学生实践能力的培养，体现高等技术应用性人才的培养要求。编写教材要强调知识新颖原则，教材编写应跟随时代新技术的发展，将新工艺、新方法、新规范、新标准编入教材，使学生毕业后具备直接从事生产第一线技术工作和管理工作的能力。编写时不能孤立地对某一门课程进行思考，而要从高职教育的特点去考虑，从实现高职人才培养目标着眼，从人才所需知识、能力、素质出发。在充分研讨的基础上，把培养职业能力作为主线，并贯穿始终。

《高职高专“十一五”精品规划教材》是为适应高职高专教育改革与发展的需要，以培养技术应用性的高技能人才的系列教材。为了确保教材的编写质量，参与编写人员都是经过院校推荐、编委会答辩并聘任的，有着丰富的教学和实践经验，其中主编都有编写教材的经历。教材较好地贯彻了新的法规、规程、规范精神，反映了当前新技术、新材料、新工艺、新方法和相应的岗位资格特点，体现了培养学生的技术应用能力和推进素质教育的要求，注重内容的科学性、先进性、实用性和针对性，力求深入浅出、循序渐进、强化应用，具有创新特色。

这套《高职高专“十一五”精品规划教材》的出版，是对高职高专教材建设的一次有益探讨，因为时间仓促，教材可能存在一些不妥之处，敬请读者批评指正。

《高职高专“十一五”精品规划教材》编委会

2006年11月

前　言

本书是根据教育部《关于加强高职高专教育人才培养工作意见》文件精神，以水利、水电、农水、工民建、路桥、工程监理等专业的教学大纲为依据，在总结多年教学经验的基础上编写而成的。本书着重介绍工程建设中测量工作的基本理论、基本知识以及各种测量工作的基本作业方法。本教材有如下特点：

系统性——本教材以循序渐进的方法编排教学内容，在掌握基本测量知识和基本测量工作的基础上，按照工程建设的三大阶段（规划设计、建筑施工、运营管理）介绍测量工作的内容和方法。

实用性——本教材以应用为目的，重点突出教学内容的实用性。理论部分的教学以讲清基本概念和掌握必须的理论知识为度。实践部分的教学力求描述到位，着重实际作业方法、步骤。为学以致用，本教材结合实际列举了大量示例，并配有相当数量的思考题和习题。

先进性——本教材根据最新测量规范编写，舍弃了陈旧的测量知识，增添了电子仪器、全站型仪器、数字化测图等测量新仪器和测量新方法的内容。

通用性——本教材基本适用于非测量各专业的教学需要，各个专业可根据专业性质和教学要求进行选学。

通俗性——本教材舍弃了繁琐的理论推证过程；语言表达通俗易懂，力求做到重点突出、概念清楚、定义准确、文字简练。

参加本教材编写工作的有：华北水利水电学院水利职业学院杨中利（第1、6、15章）；四川水利职业技术学院汪仁银（第5、10、14章）；山西水利职业技术学院张艳华（第2、8、13章）；南昌工程学院汤璞（第3、9、12章）；安徽水利水电职业技术学院程健（第4章，第11章1、2节）；安徽水利水电职业技术学院丁友斌（第7章，第11章第3节）。

由于编者水平有限，热忱希望广大读者对书中的缺点错误予以批评指导。

编者

2007年3月

目　　录

第1章　绪　　论

学习指导

本章介绍工程测量学的基本知识。要求了解工程测量的研究对象、任务及作用；熟悉地面点位的表示方法、用水平面代替水准面的限度以及测量工作的基本原则。

1.1　工程测量的研究对象、任务及作用

1.1.1　测量学概述

测量学是研究确定地面点点位以及确定地球形状和大小的一门科学。

根据研究对象和工作任务的不同，测量学又分为以下几门主要分支学科。

1. 大地测量学

研究在地球表面广大区域内建立大地控制网，测定地球形状、大小和地球重力场的理论、技术和方法的学科称为大地测量学。其主要任务是为小范围的测量工作提供起算数据；为空间技术和军事用途提供控制基础；为地球科学研究提供资料。

2. 地形测量学

研究测绘地形图的理论、技术与方法的学科称为地形测量学。其主要任务就是将地球表面的地物、地貌及其他信息测绘成图，以满足各个领域、各个方面的需要。

3. 摄影测量学

研究利用摄影像片来测定物体的形状、大小、位置和获取其他信息的学科称为摄影测量学。摄影测量属于遥感的一种，在测量学范围内，其主要研究对象仍然是地球表面，其主要任务仍然是测绘地形图。

4. 工程测量学

研究工程建设中测量工作的理论、技术与方法的学科称为工程测量学。其主要任务是配合工程进程进行各种测量工作，为工程建设的顺利实施提供服务和保障。

以上各门学科，既自成系统，又密切联系、互相配合。本课程以应用为目的，主要讲述地形测量学和工程测量学的部分内容，相对较为系统的阐述工程建设各个阶段测量工作的基本作业方法。

1.1.2　工程测量的研究对象、任务及作用

工程测量的服务对象是十分广泛的，包括水利水电、交通、城建、矿山、能源、军事等各个领域；就工程的规模和性质，又有大、中、小型工程测量的区别；按施测精度，又可区分为一般工程测量和精密工程测量等。

各种工程建设以及工程建设的过程中都是离不开测量工作的。例如在河道上修建水电站，首先应测绘坝址以上该流域的地形图，作为规划设计的依据，并为水文计算、地质勘探、经济调查等工作提供资料；初步设计后，又要为大坝、涵闸、厂房等水工建筑物的设计测绘较为详细的大比例尺地形图；在施工过程中，又要通过施工放样指导开挖、砌筑和设备安装；工程竣工时，为检查工程质量是否符合设计要求，还要进行竣工测量；在工程的使用管理过程中，为了监视运行情况，确保工程安全，应定期对大坝进行变形观测。由此可见，测量工作伴随着工程建设的全过程，贯穿于工程建设的始终。

从上述讨论中可以看出，工程建设大体上可以分为规划设计、建筑施工、运营管理三大阶段。在规划设计阶段，工程测量的任务就是提供工程规划设计所必须的地形图、断面图和其他观测数据；在建筑施工阶段其主要任务是进行建筑物的施工放样；在运营管理阶段其任务是进行长期的安全监测工作。

对于工程建设而言，测量工作可以区分为“测定”和“测设”两大方面。所谓测定，就是把地表的存在状态，通过一定的测量仪器和测量方法进行测量，并以数据或图纸的形式把它们表现出来，以满足工程规划设计的需要。所谓测设（又叫施工放样），就是把图纸上设计好的建筑物、构筑物，通过一定的测量仪器和测量方法将它们在实地上标定出来，以作为施工的依据。测定和测设是测量工作的两个相反过程。

1.1.3 工程测量的现状与发展方向

工程测量作为一项基础性工作，它正处于一个从常规作业方法到高新测量技术的转型时期。随着测量仪器、数据处理设备的迅猛发展，测量技术也在发生着根本性变革。目前，除常规测量仪器如光学经纬仪、光学水准仪、钢尺等仍在发挥作用外，现代化的测量仪器如电子经纬仪、电子水准仪、电磁波测距仪日益得到普及，大大提高了自动化程度，加快了作业速度；电子计算技术的迅速发展，使得数据处理变得十分简单，大大减轻了内业计算工作量；电子经纬仪、电磁波测距仪与电子计算器和记录装置相配合组成的全站型电子速测仪，可以自动的记录和运算，迅速获得地面点的三维坐标，构成由外业测量到数据存储、计算机处理乃至打印与绘图的自动化流程，大大加快了工作进程。一些专用的测量仪器如激光准直仪、激光铅垂仪、激光扫平仪的应用，为施工测量提供了更高效、更准确的技术服务；全球定位系统（GPS）也逐渐被应用于工程测量中，使得点位测定变得更为简捷。工程测量技术已由常规的手工作业模式向电子化、数字化、自动化和智能化的方向发展。

1.2 地球的形状和大小

1.2.1 铅垂线、水准面

由于地球的自转运动，地球上任何一个质点都要受到离心力和地球引力的双重作用，这两个力的合力称为重力。重力的作用线称为铅垂线。铅垂线是显而易见的，悬挂物体静止时自然下垂的线即为铅垂线。铅垂线是测量工作的基准线。

水自然静止时的表面称为水准面，它是一个重力等位面，其特性是处处与铅垂线垂直。由于水位有高有低，所以水准面有无穷多个，其中与平均海水面（由于受太阳、月亮、地球三者引力的影响，出现潮汐，海水面时高时低，取它们的平均位置即为平均海水面）吻合并向大陆内部延伸而形成的封闭曲面称为大地水准面，大地水准面是测量工作的基准面。

1.2.2 地球的形状和大小

地球表面是极其不规则的，有山地、丘陵、平原、盆地、海洋等起伏变化，陆地上最高处珠穆朗玛峰高出海水面 8844.43m，海洋最深处马里亚纳海沟深达 11022m，看起来起伏变化非常之大，但是这种起伏变化和庞大的地球（半径约 6371km）比较起来是微不足道的；同时，就地球表面而言，海洋的面积约占 71%，陆地仅占 29%，所以海水面所包围的形体基本上代表了地球的形状和大小。

大地水准面所包围的形体称为大地体。确切地讲，我们是以大地体来表示地球形状和大小的。但由于地球内部物质分布不均匀，致使铅垂线方向产生不规则变化，因而使大地体的表面（大地水准面）成为一个有微小起伏的不规则曲面，如图 1.1 所示。在这个面上无法进行测量的计算工作，因此必须寻求一个规则的数学曲面来代替它。

长期的测量实践和研究结果表明，大地体的形状极接近于一个两极略扁的旋转椭球（即一个椭圆绕其短轴旋转一周所形成的球体），于是就采用一个恰当的旋转椭球来代替大地体。旋转椭球的表面是一个规则的数学曲面，如图 1.1 所示，它是测量计算和投影制图工作的基准面。

用来代替大地体的旋转椭球通常又称为“地球椭球”。地球椭球不是唯一的，在全球范围内，和大地体最为密合的地球椭球称为总地球椭球；只是与一个国家或一个地区大地水准面最为密合的地球椭球称为参考椭球。由此可见参考椭球有许多个，而总地球椭球（理想的地球椭球，实际并未求得）只有一个。

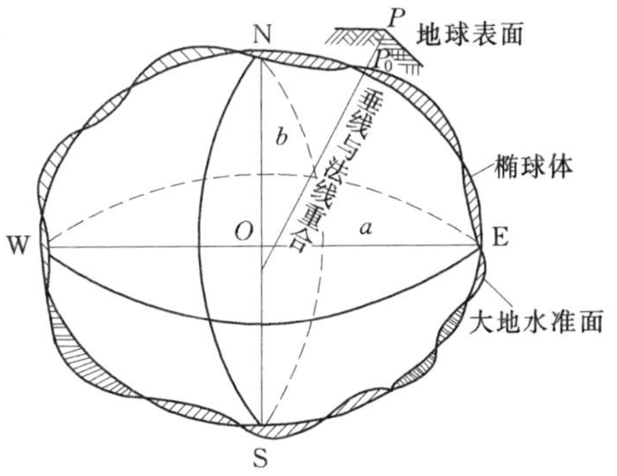

图 1.1 大地水准面与椭球体

地球椭球的元素有长半径 a，短半径 b 和扁率 α（$\alpha=\frac{a-b}{a}$），只要知道其中的两个元素，即可确定椭球的形状和大小，通常采用 a 和 α 两个元素。我国过去采用的是克拉索夫斯基椭球（$a=6378245\text{m}$，$\alpha=1:298.3$），由于该椭球的表面与我国大地水准面的情况不相适应，故 1980 年以后，采用了 1975 国际椭球（$a=6378240\text{m}$，$\alpha=1:298.257$）。

对于求定或选定的地球椭球，还必须使它的表面和大地水准面的关系位置完全固定下来，这一项工作称为椭球定位。参考椭球的定位，通常是在地面上选定一点 P，如图 1.1 所示，令 P 点的铅垂线与椭球面上相应点 P_0 的法线重合，并使 P_0 点上的椭球面与大地水准面相切，而且使本国范围内的椭球面与大地水准面尽量接近，这样参考椭球与大地体的关系位置便被固定下来。

定位时选定的 P 点称为大地基准点或大地原点，测量工作中，我们将以它在椭球面上的位置 P_0 为基准去推算其他各点的大地坐标。所以选定了大地原点，进行了椭球定位，就算确定了一个坐标系。中华人民共和国成立初期，鉴于当时的历史条件，我国以前苏联选定的克拉索夫斯基椭球和普尔科夫天文台为大地原点的椭球定位为依据，建立了我国的大地坐标系，称为“1954年北京坐标系”。后来根据新的测量数据，发现该坐标系与我国实际情况相差较大。1980年，我国采用了1975国际椭球，坐标原点设在陕西省泾阳县内，对椭球定位，建立了真正意义上我国自己的大地坐标系，称为“1980年国家大地坐标系”。

由于参考椭球的扁率很小，在普通测量中可以近似的将大地体视为圆球体，其半径采用与参考椭球体积相同的圆球半径，其值 $R=6371\text{km}$。当测区范围较小时，又可以将该部分球面当成平面看待，亦即将该部分的水准面当成平面看待。当成平面看待的水准面称为水平面。小范围测区的测量工作是以水平面作为基准面的。

1.3 地面点位置的表示方法

测量工作，无论其多么复杂，都可以归结为测定或测设一系列地面点的位置，所以了解和掌握地面点位的表示方法是十分重要的。

和解析几何中空间点位的表示方法相类似，地面点的位置是以它在某一个基准面上的投影位置（坐标）和它相对于某一个基准面的高度位置（高程）来表示的。

1.3.1 地面点的坐标

由于选取的基准面不同，地面点的坐标有多种表达方式。测量工作中常用的坐标有以下几种。

1.3.1.1 大地坐标

用大地经度 L 和大地纬度 B 表示地面点在参考椭球面上投影位置的坐标，称为大地坐标。

如图1.2所示，O 为参考椭球的球心，NS为椭球的旋转轴，通过该轴的平面称为子午面，子午面与椭球面的交线称为子午线，又称为经线（如图中的曲线 N$Q$$M$S)，其中通过英国伦敦格林尼治天文台的子午面和子午线分别称为起始子午面和起始子午线。通过球心 O 且垂直于NS轴的平面称为赤道面，赤道面与参考椭球面的交线称为赤道（如图中的曲线 WM_0ME）。通过椭球面上任一点 Q 且与过该点切平面垂直的直线 QK，称为 Q 点的法线。地面上任一点都可以向参考椭球面作一条法线。地面点在参考椭球面上的投影，即通过该点的法线与参考椭球面的交点。

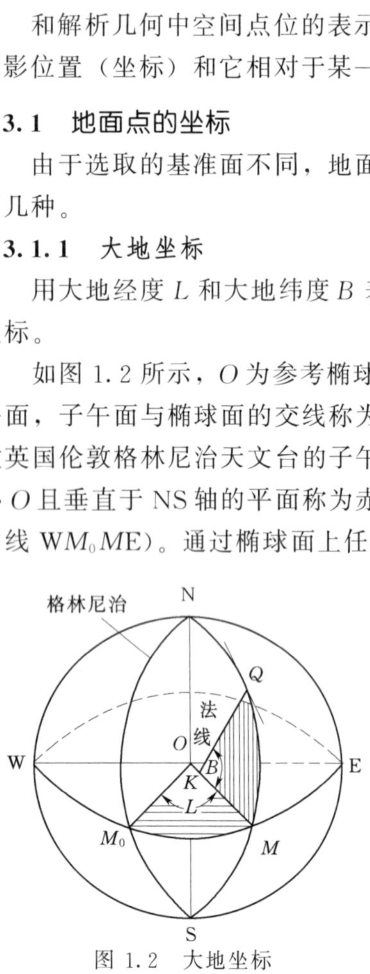

图1.2 大地坐标

大地经度 L，即通过参考椭球面上某点的子午面与起始子午面的夹角。由起始子午面起，向东0°～180°称为东经；向西0°～180°称为西经。同一子午线上各点的大地经度相同。

大地纬度 B，即参考椭球面上某点的法线与赤道面的夹角。从赤道面起，向北0°～90°称为北纬；向南0°～90°称为南纬。纬度相同的点的连线称为纬线，它

平行于赤道。

1.3.1.2　高斯平面直角坐标

大地坐标是球面坐标，用它来表示地面点的位置形象直观，对于整个地球有一个统一的坐标系统，但它的观测和计算都比较复杂，而且实用上更多的则是需要把它投影到某个平面上来。我国大面积的地形图测绘，采用高斯投影方法，地面点的位置用高斯平面直角坐标来表示。

1. 高斯投影概念

如图1.3（a）所示，设想用一平面卷成一个椭圆柱，将它横套在地球椭球体外面，使其轴线与赤道面重合并通过球心。此时，椭圆柱面必然与地球某一子午线相切，该子午线称为中央子午线。若以球心为投影中心，则中央子午线两侧一定范围内的球面图形即可投影到椭圆柱面上，将柱面沿通过南北极的母线切开，即得高斯投影的平面图形，如图1.3（b）所示。

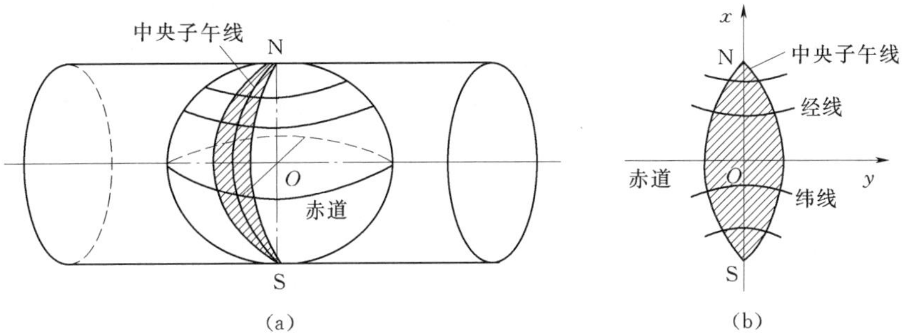

图1.3　高斯投影原理

高斯投影具有如下特性：

（1）投影前后角度保持不变（等角投影）。

（2）中央子午线投影后为直线；其余经线为凹向中央子午线的对称曲线。

（3）赤道投影后为直线且与中央子午线正交；其余纬线为凹向两极的对称曲线。

（4）除中央子午线外均存在长度变形，而且离中央子午线越远，长度变形也越大。

2. 投影带的划分

为了将长度变形限制在允许的范围内，通常采用分带投影方法，即以经差6°或3°来限制投影带的宽度。如图1.4所示，6°带从起始子午线开始，自西向东每隔经差6°划分为一带，全球共划分为60带，带号用数字1～60表示，中央子午线的经度λ_0与带号N的关系式为：

$$\lambda_0 = 6N - 3° \qquad (1.1)$$

3°带从1°30′经线开始，自西向东每隔经差3°划分为一带，全球共划分为120带。

3°带中央子午线的经度λ'_0与带号N′的关系式为：

$$\lambda'_0 = 3N' \qquad (1.2)$$

3. 高斯平面直角坐标系

如图1.5（a）所示，以分带投影后的中央子午线为x轴（向北为正，向南为负），赤

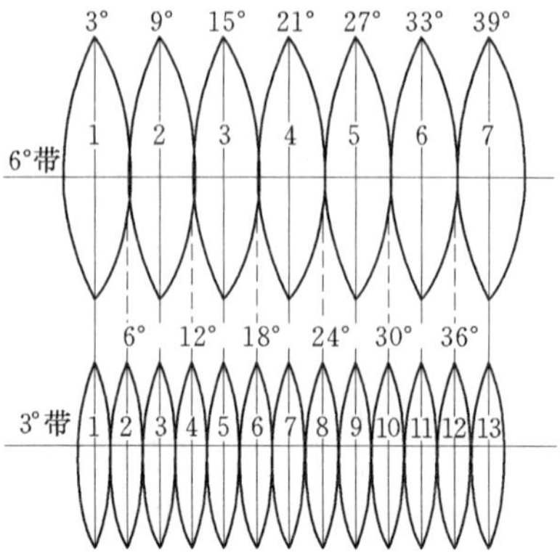

图 1.4 投影带的划分图

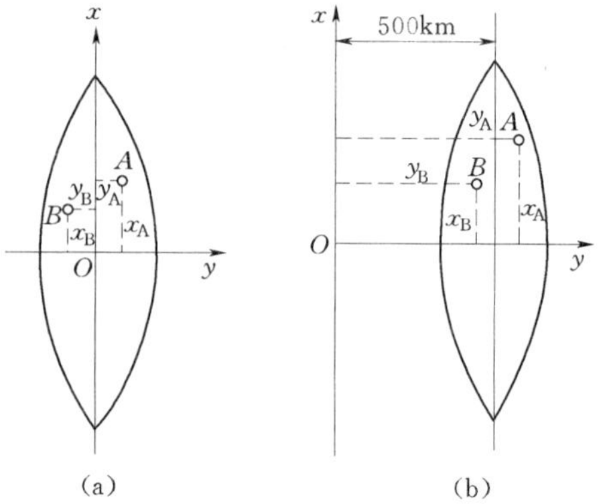

图 1.5 高斯平面直角坐标系

道为 y 轴（向东为正，向西为负），建立平面直角坐标系，称为高斯平面直角坐标系。地面点在该坐标系中的坐标称为高斯平面直角坐标。我国位于北半球，纵坐标衡为正值，横坐标则有正值和负值。为计算方便，规定每一带的坐标原点西移 500km，这样即可使每带中所有点的横坐标均为正值，如图 1.5（b）所示。为了区分某点所在的投影带，规定在横坐标前加上带号。加上 500km 并冠以带号的坐标值称为通用值，未加 500km 不冠以带号的坐标值称为自然值。

1.3.1.3 平面直角坐标

对于小范围测区，以水平面作为投影面，地面点在水平面上的投影位置用平面直角坐标表示。

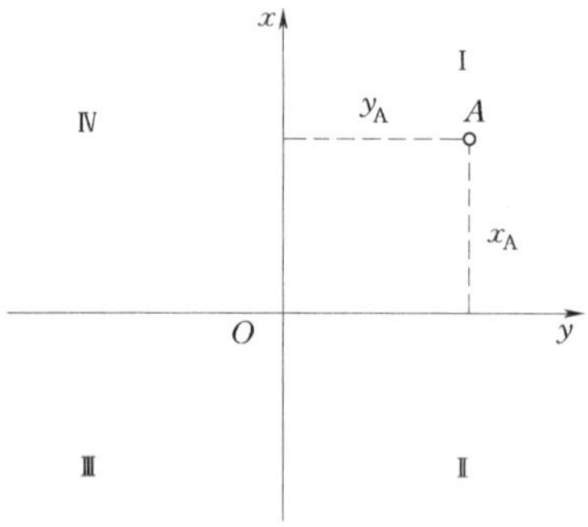

图 1.6 平面直角坐标系

如图 1.6 所示，在水平面上选定一点 O 作为坐标原点，建立平面直角坐标系。纵轴为 x 轴，与南北方向一致，向北为正，向南为负；横轴为 y 轴，与东西方向一致，向东为正，向西为负。将地面点 A 沿着铅垂线方向投影到该水平面上，则平面直角坐标 x_A、y_A 就表示了 A 点在该水平面上的投影位置。如果坐标系的原点是任意假设的，则称为独立的平面直角坐标系。为了不使坐标出现负值，对于独立测区，往往把坐标原点选在测区西南角以外的适当位置。

应当指出，测量上采用的平面直角坐标系与数学中的平面直角坐标系从形式上看是不同的。这是由于测量上所用的方向是从北方向（纵轴正方向）起按顺时针方向以角度计值的，同时它的象限划分也是按顺时针方向编号的，因此它与数学上的平面直角坐标系（角值从横轴正方向起按逆时针方向计值，象限按逆时针方向编号）没有本质区别，所以数学上的三角函数计算公式可不加任何改变地直接应用于测量的计算中。

1.3.2 地面点的高程

由于选取的基准面不同，地面点的高程同样有多种表达方式，测量工作中常用的高程有以下两种。

1. 绝对高程

地面点沿铅垂线方向至大地水准面的距离称为绝对高程，亦称为海拔。在图 1.7 中，地面点 A 和 B 的绝对高程分别为 H_A 和 H_B。

我国规定以黄海平均海水面作为大地水准面。黄海平均海水面的位置是通过对青岛验潮站潮汐观测井的水位进行长期观测确定的。由于平均海水面不便于随时联测使用，故在青岛观象山建立了“中华人民共和国水准原点”，作为全国推算高程的依据。1956 年，验潮站根据连续 7 年（1950～1956 年）的潮汐水位观测资料，第一次确定了黄海平均海水面的位置，测得水准原点的高程为 72.289m；按这个原点高程为基准去推算全国的高程，称为“1956 年黄海高程系”。由于该高程系存在验潮时间过短、准确性较差的问题，后来验潮站又根据连续 28 年（1952～1979 年）的潮汐水位观测资料，进一步确定了黄海平均海水面的精确位置，再次测得水准原点的高程为 72.2604m；1985 年决定启用这一新的原点高程作为全国推算高程的基准，并命名为“1985 国家高程基准”。

2. 相对高程

地面点沿铅垂线方向至任意假定水准面的距离称为该点的相对高程，亦称为假定高程。在图 1.7 中，地面点 A 和 B 的相对高程分别为 H'_A 和 H'_B。

地面上两点高程之差称为高差，以符号“h”表示。高差具有方向性和正负，但与高程基准面的选取无关。在图 1.7 中，A 点至 B 点的高差为

$$h_{AB} = H_B - H_A = H'_B - H'_A \quad (1.3)$$

当 h_{AB} 为正时，B 点高于 A 点；当 h_{AB} 为负时，B 点低于 A 点。不难看出，当高差的方向相反时，两点间高差的绝对值相等而符号相反，即有

$$h_{BA} = - h_{AB} \quad (1.4)$$

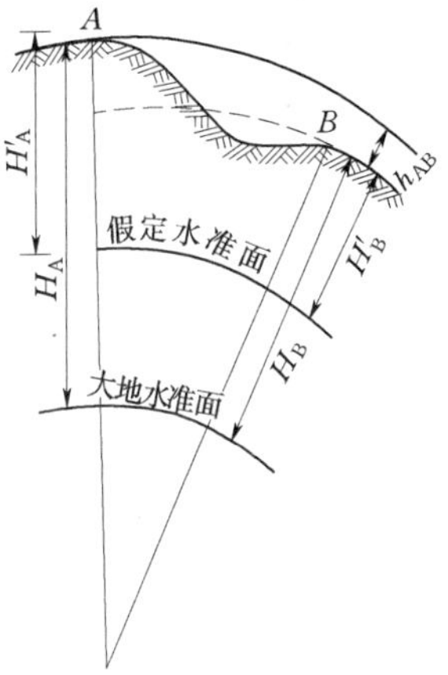

图 1.7 绝对高程和相对高程

1.3.3 确定地面点位的基本测量工作

地面点的位置是以坐标和高程来表示的。实际工作中，坐标和高程一般都不是直接测量的，而是通过测定地面上待定点和已知点之间的几何关系，然后经过计算，间接的得到坐标和高程。

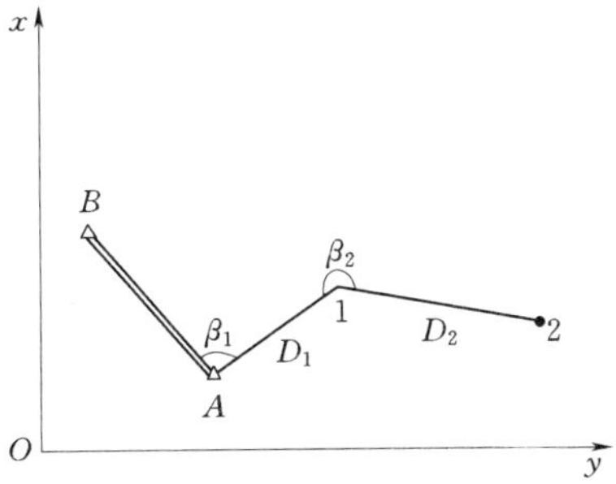

图 1.8 基本测量工作

如图 1.8 所示，A、B、1、2 点表示地面点在水平面上的投影位置，其中 A、B 为坐标已知点，1、2 为未知点。如果观测了水平角 β_1、水平距离 D_1，即可用三角函数算出 1 点的坐标；观测了水平角 β_2、水平距离 D_2，即可算出 2 点的坐标。因此，水平角测量、水平距离测量是确定地面点坐标的基本测量工作。

如果 A 点的高程已知，若观测了高差 h_{A1}，即可由式

$$H_1 = H_A + h_{A1} \tag{1.5}$$

算得1点的高程；同理，观测了高差 h_{12}，即可算出2点的高程。因此高差测量是确定地面点高程的基本测量工作。由于高差测量是为了求得高程，故习惯上仍称它为高程测量。

综上所述，地面点间的水平角、水平距离和高差是确定地面点位置的三个基本要素；角度测量、距离测量和高程测量是确定地面点位置的三项基本测量工作。在后面的有关章节中，将详细介绍进行这三项工作的基本方法。

1.4　用水平面代替水准面的限度

前已述及，当测区范围较小时，可以用水平面代替水准面，即以平面代替曲面。这样的替代可使测量的计算和绘图工作大为简化。但当测区范围较大时，就必须顾及地球曲率的影响，不能做这样的替代。那么多大的测区范围内才允许用水平面代替水准面呢？下面就来讨论这个问题。

1.4.1　用水平面代替水准面对距离的影响

如图1.9所示，设地球是半径为 R 的圆球。地面上 A、B 两点沿铅垂线方向投影到大地水准面上的距离为弧长 D，投影到过 a 点水平面上的距离为 D'，显然两者之差即为用水平面代替水准面所产生的距离误差，设其为 ΔD，则

$$\Delta D = D' - D = R\tan\theta - R\theta$$

式中　θ——弧长 D 所对应的圆心角。

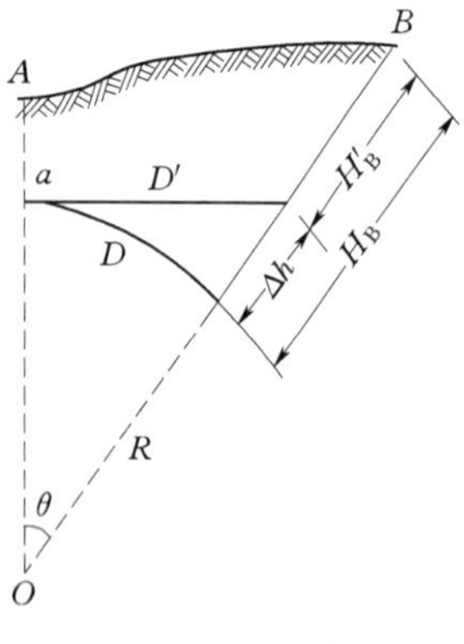

图1.9　水平面与水准面的关系

将 $\tan\theta$ 用级数展开，并取级数的前两项，得

$$\Delta D = R\left(\theta + \frac{1}{3}\theta^3\right) - R\theta = \frac{1}{3}R\theta^3$$

因为 $\theta = D/R$，故

$$\Delta D = \frac{D^3}{3R^2} \tag{1.6}$$

以 $R=6371\text{km}$ 和不同的 D 值代入上式，算得相应的 ΔD 和 $\Delta D/D$（相对误差）值列于表1.1中。从表中可以看出，距离为10km时产生的相对误差为1/120万，小于目前最精密测距的相对误差1/100万。因此可以认为：在半径为10km的区域，地球曲率对水平距离的影响可以忽略不计，即允许将该部分的水准面当作水平面看待，在精度要求较低的测量工作中，其范围还可以适当扩大。

表1.1　　地球曲率对水平距离的影响

距离 D	100m	1km	10km	25km	50km
距离误差 ΔD（mm）	0.000008	0.008	8.2	128.3	1026.5
距离相对误差 $\Delta D/D$	1/1250000万	1/12500万	1/120万	1/19.5万	1/4.9万

1.4.2 用水平面代替水准面对高程的影响

在图 1.9 中，从大地水准面起算，地面点 B 的高程为 H_B，从水平面起算，B 点的高程为 H'_B，显然其差值 Δh 即为用水平面代替水准面对高程所产生的影响。由图 1.9 可得

$$(R+\Delta h)^2 = R^2 + D'^2$$

前已述及，D'与 D 相差甚小，以 D 代替 D'，由上式解得

$$\Delta h = \frac{D^2}{2R+\Delta h}$$

上式分母中，Δh 与 $2R$ 比较可以忽略不计，于是得到

$$\Delta h = \frac{D^2}{2R} \tag{1.7}$$

以 R=6371km 和不同的 D 值代入上式，算得相应的 Δh 值列于表 1.2 中。从表中可以看出，用水平面代替水准面所产生的高程误差，随着距离的平方的增大而增大，很快就达到了不能允许的程度。所以在高程测量中，即便是距离很短，也不能忽视地球曲率的影响。换言之，在高程测量中，是不允许用水平面来代替水准面的。

表 1.2　　地球曲率对高程的影响

距离 D (m)	100	300	500	1000	2000	3000
高程误差 Δh (mm)	0.8	7.1	19.6	78.5	313.9	706.3

1.5 测量工作的基本原则

地形测图，通常是在选定的点位上安置仪器，测绘地物、地貌。但只是在一个选定的点位上施测整个测区所有的地物、地貌，则是十分困难甚至是不可能的。如图 1.10 所示，在 A 点只能测绘 A 点附近的房屋、道路、地面起伏等地物地貌，对于山的另一面或较远的地方就观测不到。如果我们在测站 A 的基础上再发展一个测站，以测绘该测站附近的地物地貌，从方法上来讲是可行的，但随之而来的问题是误差的传递，A 站的测量误差必然会传递给新的测站，顺序的将测站发展下去，误差将会累积下去，以至最后的累积误差达到不能容许的程度，这将使测图成果失去意义和无法使用。所以测图工作必须按一定的原则进行，这个原则就是“先整体后局部”、“先控制后碎部”。

所谓“先整体后局部”就是在布局上先考虑整体，再考虑局部。所谓“先控制后碎部”就是在工作步骤上先进行控制测量，再进行碎部测量。图 1.10 中，从整体出发，先在整个测区范围内均匀选定若干数量的点，如图中的 A、B、C、D、E、F 诸点，以控制整个测区，这些点称为控制点。选定的控制点按照一定的方式联结成网形，称为控制网，图中为闭合多边形。以较精密的方法测定网中各个控制点的平面位置和高程，这项工作称为控制测量。然后分别以这些控制点为依据，测定点位附近的地物、地貌，并勾绘成图，这项工作称为碎部测量，又叫碎部测图。

按照“先整体后局部”、“先控制后碎部”的原则实施测图，由于建立了统一的控制系

图 1.10　测图原则示意图

统，各个控制点的坐标和高程是通过网平差处理而得到的，因而各个控制点乃至以各个控制点为测站所作的碎部测量都具有相同的精度，从而有效的避免了误差累积。同时碎部测量又是在各个控制点上独立进行的，这将大大提高碎部测量的机动性和灵活性，尤其对大面积测区的分幅测图，不但为分幅测图作业提供了便利，同时也有效地保证了各相邻图幅的拼接和使用。

“先整体后局部”、“先控制后碎部”的原则同样适用于施工测量。为了将图上设计的建筑物、构筑物放样到实地，同样应从整体出发，首先建立施工控制网，然后根据控制点和放样数据来测设建筑物、构筑物的细部点。

应当指出，测量工作有“外业”和“内业”之分，利用测量仪器和工具在现场所进行的测角、测距、测高等测量工作称为测量外业；对观测数据、资料在室内进行计算、整理和绘图等工作称为测量内业。外业和内业共同决定着测量成果的质量，工作环节上的任何一处失误，都将给后续的一系列工作造成严重的影响。因此不论外业或内业工作，都必须坚持“边工作边检核”、“步步工作有检核”的工作原则。同时测量工作又是一项复杂的集体劳动，任何疏忽和麻痹大意都可能招致不合格的成果出现，造成部分或整体的返工，所以要求测量人员具有团结协作的工作作风以及严谨细致的工作态度则是十分重要和必要的。

小　　结

本章主要讲述了工程测量学的基本概念、基本知识。通过学习，应掌握以下几个基本概念：铅垂线、水准面、大地水准面、水平面、大地体、地球椭球体、大地坐标、高斯平面直角坐标、平面直角坐标、绝对高程、相对高程、高差等。同时应搞清测量工作的基准线、基准面是什么，在什么情况下才允许用水平面代替水准面，还应懂得测量工作应遵循的原则以及基本测量工作包括的内容。

思　考　题

1.1　工程测量学的研究对象是什么？它的主要任务是什么？

1.2　测量工作在工程建设中的作用是什么？

1.3　什么叫测定？什么叫测设？

1.4　铅垂线、水准面、大地水准面、水平面、大地体、地球椭球是如何定义的？

1.5　测量工作的基准线、基准面是什么？

1.6　地面点的位置是怎样表示的？确定地面点位置需要进行哪三项基本测量工作？

1.7　大地坐标、高斯平面直角坐标、平面直角坐标三者有什么区别？

1.8　测量上的平面直角坐标系和数学中的平面直角坐标系有什么区别？

1.9　“1954 年北京坐标系”与“1980 年国家坐标系”有什么区别？

1.10　“1956 年黄海高程系”与“1985 国家高程基准”有什么区别？

1.11　什么叫绝对高程？什么叫相对高程？

1.12　什么叫高差？两点间的高差与高程基准面的选取有关吗？

1.13　对距离测量而言，多大范围内的水准面才允许用水平面来代替？

1.14　测量工作应遵循什么原则？为什么要遵循这些原则？

第2章　水　准　测　量

学习指导

本章介绍水准测量的仪器以及水准测量的基本作业方法。要求掌握水准测量的原理、方法、DS_3 型水准仪的使用及其检校方法；熟悉水准测量的误差来源及削减办法；了解精密水准仪、自动安平水准仪、电子水准仪的使用方法。

测量地面点高程的方法通常有两种：水准测量法和三角高程测量法。其中水准测量法精度最高，是测定高程的常用且主要的方法。本章讨论水准测量的有关问题。

2.1　水准测量原理

水准测量是利用水准仪所提供的水平视线，同时借助水准尺，测定地面两点间的高差，然后根据其中一点的高程推算出另一点高程的测量方法。如图 2.1 所示，欲测定 A、B 两点之间的高差 h_{AB}，可在 A、B 两点上分别竖立水准尺，并在 A、B 两点之间安置水准仪。根据仪器提供的水平视线，在 A 点尺上读数，设为 a，在 B 点尺上读数，设为 b，则 B 点对于 A 点的高差为

$$h_{AB} = a - b \tag{2.1}$$

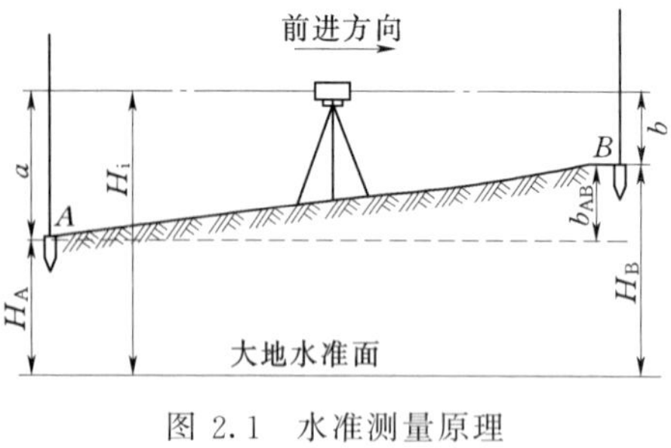

图 2.1　水准测量原理

如果水准测量是由 A 点到 B 点进行的，如图 2.1 中的箭头所示，我们称 A 点为后视点，A 点尺上读数 a 为后视读数；称 B 点为前视点，B 点尺上读数 b 为前视读数。高差等于后视读数减去前视读数。若 $a>b$，高差为正，表明前视点高于后视点；若 $a<b$，高差为负，表明前视点低于后视点。在计算高程时，高差应连同其符号一并运算。

若已知 A 点的高程为 H_A，则 B 点的高程为

$$H_B = H_A + h_{AB} \tag{2.2}$$

从图 2.1 中可以看出，B 点的高程 H_B 也可以通过仪器的视线高程 H_i 求得。即

视线高程　$$H_i = H_A + a \tag{2.3}$$

B 点高程　$$H_B = H_i - b \tag{2.4}$$

式（2.2）是直接利用高差 h_{AB} 计算 B 点高程的，称为高差法；式（2.4）是利用仪器视线高程 H_i 计算 B 点高程的，称为视线高法。根据视线高计算前视点的高程，在工程测

量中经常要应用到。

图 2.1 所表示的水准测量，只需安置一次仪器即可测定高差 h_{AB}，这在 A、B 两点相距不远的情况下是可行的；如果两点之间相距较远或高差较大时，仅安置一次仪器则不能测得两点之间的高差，这时需要加设若干个临时的立尺点，多次设站进行连续水准测量。如图 2.2 所示，欲求 A 点至 B 点的高差 h_{AB}，选择 TP_1、TP_2、…、TP_{n-1} 作为临时立尺点，组成一条施测路线，用水准仪依次测出 A 点与 TP_1 点的高差 h_1、TP_1 点到 TP_2 点的高差 h_2、…、直到最后测出 TP_{n-1} 点到 B 点的高差 h_n。各站观测的高差分别为：

$$h_1 = a_1 - b_1$$
$$h_2 = a_2 - b_2$$
$$\vdots$$
$$h_n = a_n - b_n$$

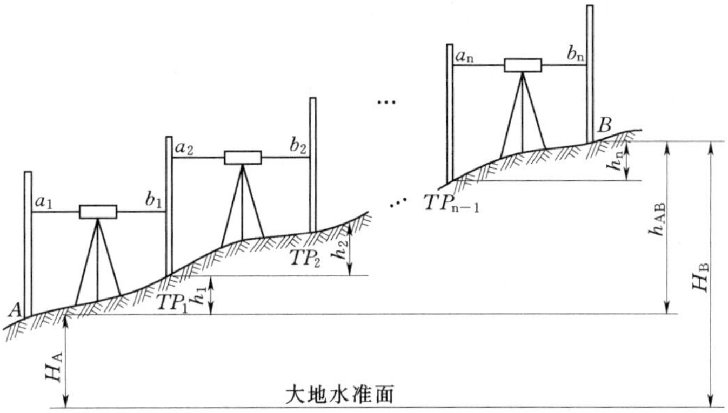

图 2.2 连续水准测量

于是

$$h_{AB} - h_1 + h_2 + \cdots + h_n = (a_1 - b_1) + (a_2 - b_2) + \cdots + (a_n - b_n)$$

即

$$h_{AB} = \sum_1^n h = \sum_1^n a - \sum_1^n b \tag{2.5}$$

实际作业中可先算出各站测得的高差，然后取它们的总和得到 h_{AB}，再用后视读数之和 $\sum a$ 减去前视读数之和 $\sum b$ 来检核高差计算的正确性。

连续水准测量中，每安置一次仪器，称为一个测站。临时立尺点 TP_1、TP_2、…、TP_{n-1} 本身不需要求取高程，只起传递高程的作用，称其为转点，转点通常以“TP”表示。

2.2 DS_3 型水准仪和水准尺

我国按精度将水准仪划分为 DS_{05}、DS_1、DS_3、DS_{10} 等几种型号。“D”和“S”分别为“大地测量”和“水准仪”汉语拼音的第一个字母，数字 05、1、3、10 等表示水准仪的设计精度指标，如“3”表示每公里往返测量高差中数的偶然中误差小于或等于3mm。数字越小，水准仪精密度越高。工程测量中一般使用DS_3型水准仪。

水准仪安置平方式的不同分为微倾式水准仪和自动安平式水准仪两种类型，下面介绍微倾式水准仪。

2.2.1 DS_3型微倾式水准仪

由水准测量原理可知，水准仪的作用就是提供水平视线和对标尺（水准尺）进行读数。它主要由望远镜、水准器和基座三部分组成，如图2.3所示。

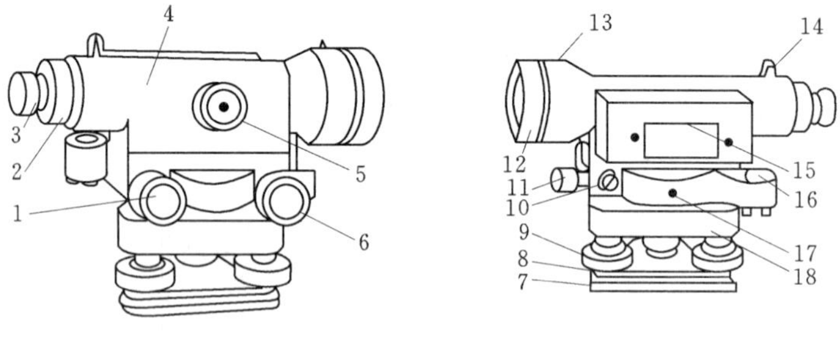

图2.3 DS_3型微倾式水准仪

1—微倾螺旋；2—十字丝分划板护罩；3—目镜；4—望远镜；5—物镜对光螺旋；6—水平微动螺旋；7—底板；8—三角压板；9—脚螺旋；10—弹簧帽；11—水平制动螺旋；12—物镜；13—准星；14—照门；15—管水准器；16—圆水准器；17—连接小螺丝；18—轴座

2.2.1.1 望远镜

望远镜是构成水平视线、瞄准目标并对标尺进行读数的主要部件，它主要由物镜、目镜、内对光透镜和十字丝分划板组成，如图2.4所示。根据几何光学原理可知，目标经过物镜及对光透镜的作用，在十字丝分划板附近形成一倒立实像。转动对光螺旋使对光透镜在镜筒内前后移动，可使目标的像恰好落在十字丝平面上，再经过目镜的作用，将倒立的实像和十字丝同时放大，这时倒立的实像成为倒立放大的虚像。放大的虚像与用眼睛直接看到的目标大小的比值，称为望远镜的放大倍率V。国产DS_3型水准仪望远镜的放大率一般为30倍。

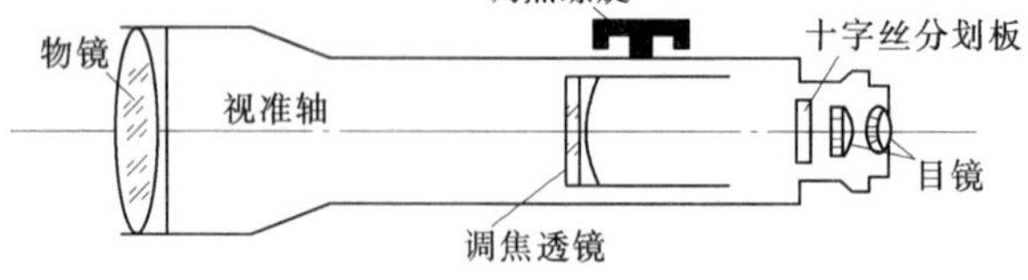

图2.4 望远镜

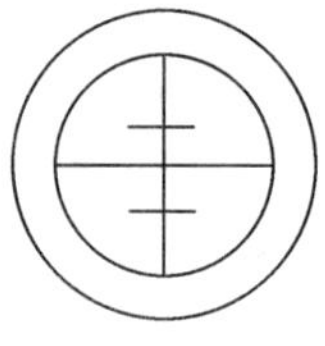

图2.5 十字丝

十字丝是用来瞄准目标和读数的，它由互相垂直的竖丝和横丝组成，其形式如图2.5所示。其中竖丝是用来照准目标的，长横丝（又称中丝）是用来读数的。十字丝的交点和物镜光心的连线，称为望远镜的视准轴，视准轴处于水平位置则视线水平。

2.2.1.2 水准器

水准器是用来判断望远镜的视准轴是否水平及仪器竖轴是否竖直的装置。水准器分为管水准器（简称水准管）和圆水准器两种。

1. 水准管

水准管是一个两端封闭的玻璃管，管的内壁研磨成具有一定曲率半径的圆弧，管内装有黏滞性小且易流动的液体（酒精或乙醚）并留有一气泡，如图 2.6 所示。无论水准管处于水平或是倾斜位置，气泡总是处于管内最高点。

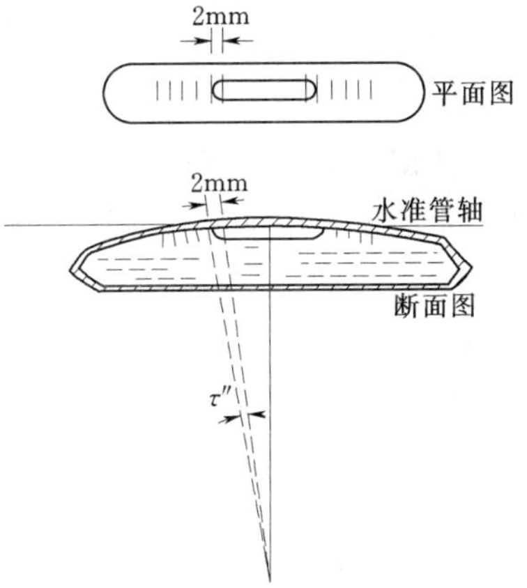

图 2.6 水准器

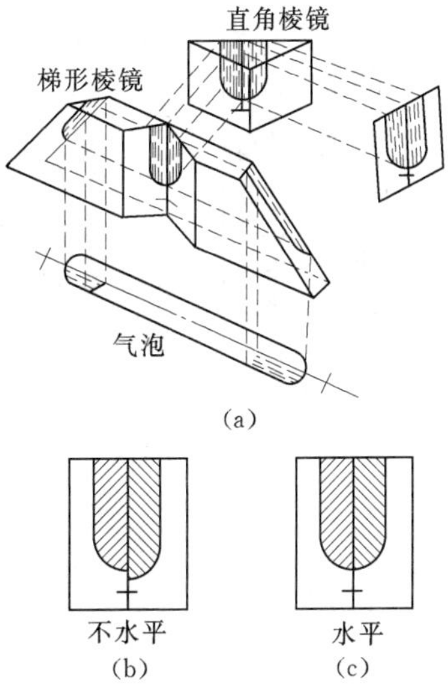

图 2.7 符合水准器

水准管壁上刻有 2mm 间隔的分划线，分划线的对称中心是水准管圆弧的中点，称为水准管的零点。过零点与圆弧相切的直线称为水准管轴。当气泡两端与零点对称，即气泡中心与水准管零点重合时称为气泡居中，气泡居中时水准管轴一定处于水平位置。水准管上 2mm 间隔分划线所对应的圆心角 τ 称为水准管的分划值，如图 2.6 所示。水准管的分划值是衡量水准管灵敏度的指标，分划值越小，水准管灵敏度越高。DS_3 型水准仪水准管的分划值为 20″/2mm。为了提高气泡居中的精度，在水准管上方设置一组棱镜，通过棱镜的折光作用，使气泡两端的像反映在望远镜旁的观察窗内，如图 2.7（a）所示；当两半气泡的像错开，如图 2.7（b）所示，表示气泡不居中；转动微倾螺旋（可使水准管在小范围内作上下俯仰转动），使两半气泡的像吻合，则表示气泡居中，如图 2.7（c）所示。这种具有棱镜装置的水准管，称为符合水准器。

2. 圆水准器

圆水准器是一个密封的顶面磨成球面的玻璃圆盒，如图 2.8 所示。球面中央刻有小圆圈，圆圈中心为圆水准器的零点，零点与球心的连线称为圆水准器轴。当气泡中心与圆水准器零点重合时，表明气泡居中，圆水准器轴处于铅垂位置。圆水准器上自零点起向各方向每 2mm 弧长所对应的圆心角称为圆水准器分划值。圆水准器的分划值一般为 8′/2mm～10′/2mm。圆水准器的灵敏度较低，整平

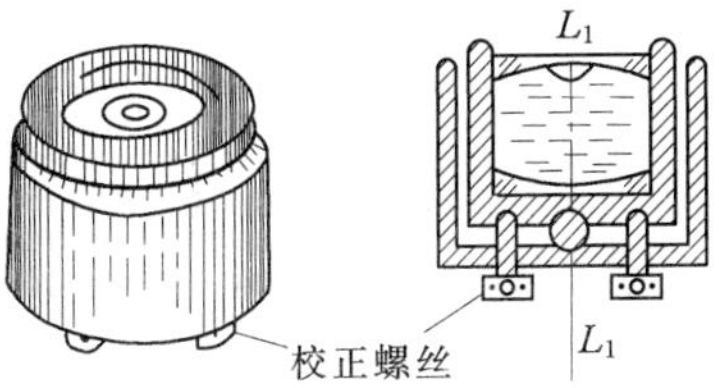

图 2.8 圆水准器

精度较差，所以只能用于仪器的粗略整平。

2.2.1.3　基座

基座起支撑仪器和连接仪器与三脚架的作用。它由轴座、底版、三角形压板以及三个脚螺旋组成。转动三个脚螺旋，通过脚螺旋的升降可以粗略整平仪器。仪器在水平方向内的转动，可由水平制动螺旋和微动螺旋控制。松开制动螺旋，转动望远镜用于概略照准目标；转动微动螺旋，可使望远镜在水平方向作微小的转动用于精确照准目标，但应注意，微动螺旋只有在仪器制动情况下才起作用。

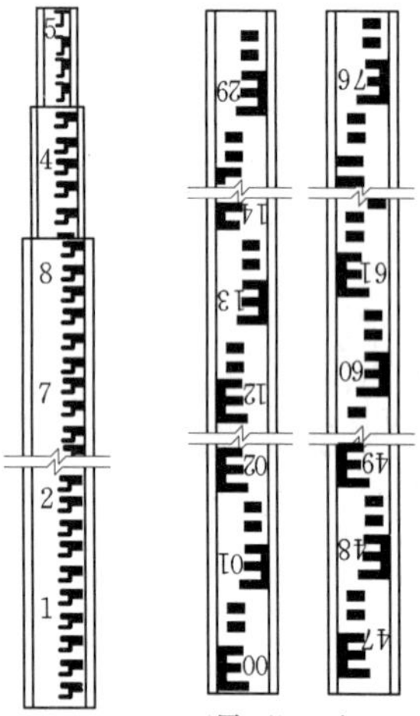

（黑面）（红面）

(a)　　(b)

图 2.9　水准尺

2.2.2　水准尺与尺垫

水准尺是水准测量时使用的标尺。其质量好坏将直接影响水准测量的精度。因此，水准尺需用不易变形且干燥的优质木材制成；要求尺长稳定，分划准确。常用的水准尺有塔尺和双面尺两种，如图 2.9 所示。

图 2.9（a）所示为塔尺，塔尺多用于等外水准测量，其长度有 3m 和 5m 两种，用两节或三节套接在一起。尺的底面为零点，尺身每隔 1cm 或 0.5cm 刻一分划，黑白相间，每米和分米处注有分划注记。

图 2.9（b）所示为双面尺，双面水准尺多用于三、四等水准测量，其长度为 3m。双面水准尺必须成对使用，两根尺为一对。尺的两面均有刻划，一面黑白相间称为黑面尺或主尺，另一面红白相间称为红面尺或辅尺。两面刻划均为 1cm，每分米处注有分划注记。两黑面尺的尺底均由零开始；而红面尺的尺底，一根尺由 4.687m 开始，另一根尺由 4.787m 开始。

尺垫一般为三角形的铸铁块，中央有一突起的半圆球体，下方有三个支脚，如图 2.10 所示。尺垫的作用是标志转点用的，为防止下沉和移位，立尺前先将尺垫踩实，然后竖立水准尺于半圆球体的顶点上。

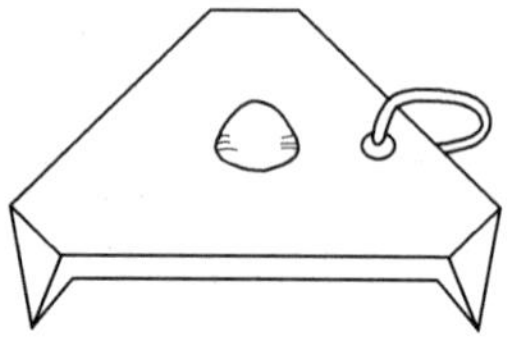

图 2.10　尺垫

2.3　水准仪的使用

2.3.1　水准仪的使用方法

水准仪的使用包括仪器的安置、粗略整平、照准和调焦以及精平和读数等操作步骤。

1. 安置水准仪

在测站上张开三角架，首先松开三脚架架腿的固定螺旋，伸缩三个架腿使高度适中，再拧紧固定螺旋。在平坦地面上，通常三个脚大致成等边三角形，脚架顶面大致水平，用脚踩实架腿，使脚架稳定、牢固；在斜坡地面上，应将两个架腿安置在坡下，另一个架腿安置在斜坡方向上，踩实各个架腿；在较光滑的地面上安置仪器时，三脚架的三个腿不能分得太开，以防止滑动。三脚架安置好后，从仪器箱中取出仪器，装到架头上，用架头上的中心连接螺旋固紧。

2. 粗略整平

粗略整平是借助圆水准器的气泡居中，使仪器竖轴大致铅垂、视准轴概略水平。粗平是通过转动三个脚螺旋来实现的。如图 2.11（a）所示，气泡未居中而位于 a 处，则先按图上箭头所指的方向用两手相对转动脚螺旋①和②，使气泡移到 b 的位置，如图 2.11（b）所示；再转动脚螺旋③，即可使气泡居中。在整平的过程中，气泡的移动方向与左手大拇指运动的方向一致。

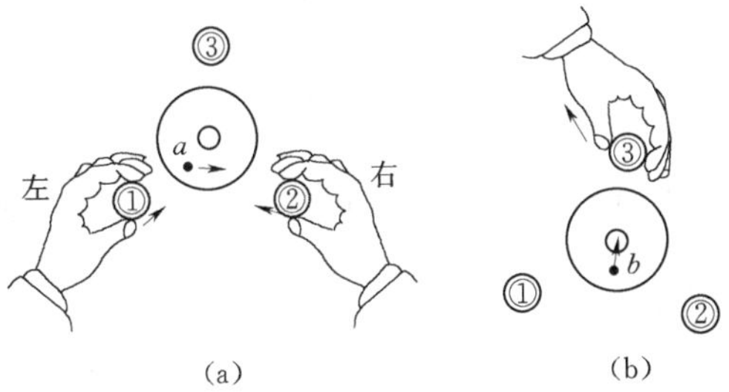

图 2.11　粗略整平

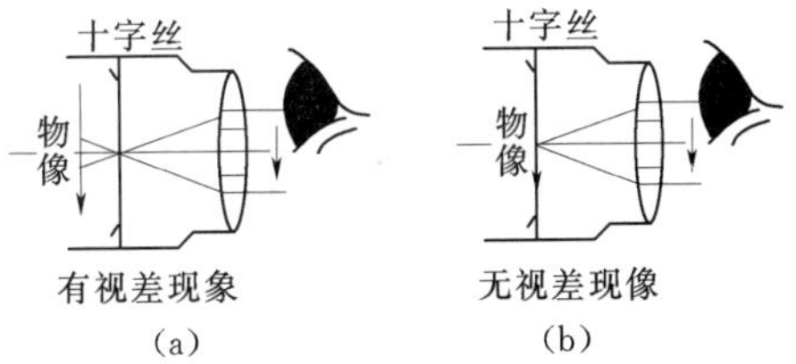

图 2.12　十字丝视差

3. 照准和调焦

（1）首先进行目镜调焦，即把望远镜对向明亮的背景，转动目镜调焦螺旋，使十字丝清晰。

（2）再松开制动螺旋，转动望远镜，用望远镜筒上的照门和准星瞄准水准尺，拧紧制动螺旋。

（3）然后从望远镜中观察目标影像，转动物镜调焦螺旋进行调焦，使目标清晰，再转动微动螺旋，使竖丝精确对准水准尺。

（4）消除视差。使眼睛在目镜端上下微微移动，当十字丝与目标影像有相对运动现象时，表明存在十字丝视差。产生视差的原因是目标成像的平面和十字丝平面不重合，如图 2.12(a)所示。视差的存在将严重影响读数的正确性，必须加以消除。消除的方法是仔细调节目镜和物镜调焦螺旋，直到眼睛上、下移动时读数不变为止，如图 2.12(b)所示。

4. 精平与读数

（1）精平。眼睛通过位于目镜左方的符合气泡观察窗看水准管气泡影像，右手转动微倾螺旋，使气泡两端的半抛物影像吻合时，即表示水准管气泡居中，视准轴处于水平位置。左半抛物影像移动方向与右手大拇指运动的方向一致，如图 2.13 所示。

（2）读数。精确整平后，即可用十字丝中丝在标尺上读数。由于水准仪大多是倒像望远镜，因此读数时应从上往下读，先估读毫米数，然后报出全部读数。读数时应一次读出四位数，如图 2.14 所示的读数为 1.339m。

精平和读数虽然是两项不同的操作，但在水准测量的实施过程中，应把该两项操作紧密联系在一起，即精平后再读数，读数后还要再检查水准管气泡是否完全符合。只有这样，才能保证读数的正确性。

2.3.2 使用水准仪的注意事项

（1）搬运仪器前，须检查仪器箱是否扣好或锁好，提手或背带是否牢固。

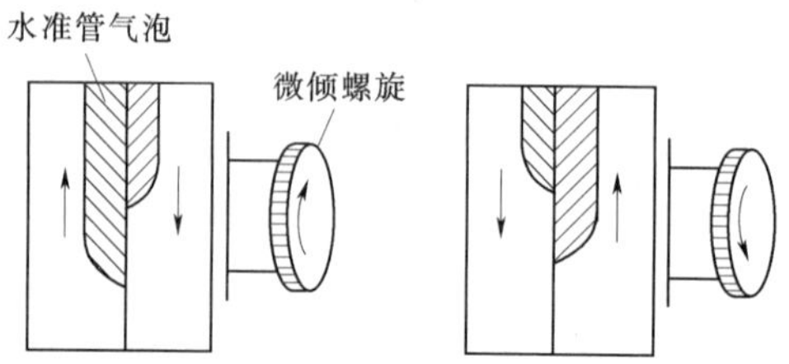

图 2.13 精平

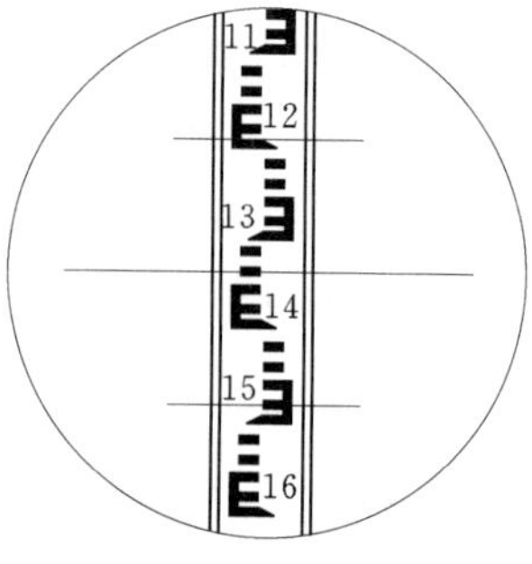

图 2.14 读数

(2) 从箱内取出仪器时，应先看清仪器在箱内的安放位置，以便使用完毕后照原样装箱。

(3) 安置仪器时，注意拧紧架腿螺旋和中心连接螺旋；测量过程中作业员不得离开仪器，特别是在公路、工地等处作业时，更要注意防止意外发生。

(4) 操作仪器时，制动螺旋不要拧得过紧；仪器制动后，不得用力转动仪器；转动仪器时，必须先松开制动螺旋。

(5) 在野外使用仪器时，为避免仪器被曝晒或雨淋，应撑伞遮住仪器。

(6) 迁站时，若距离较近，可将仪器制动螺旋固紧，收拢三脚架，一手持脚架，一手托住仪器搬移；若距离较远，应装箱搬运。

(7) 仪器装箱前,先清除仪器外部灰尘,松开制动螺旋,其他螺旋旋至中间位置。仪器装箱时若发现盖不上的情况,应检查仪器是否安放正确,查明原因重新装箱,切勿硬挤硬压。

(8) 仪器应放在干燥通风处保存，注意防潮、防霉、防碰撞。

2.4 普通水准测量

我国国家水准测量依精度要求不同分为一、二、三、四等，一等精度最高，四等最低。不属于国家等级的水准测量称为普通水准测量或等外水准测量。等级水准测量对所用仪器、工具以及观测、记录计算方法都有特殊要求，但和普通水准测量比较，由于基本原理相同，因此基本工作方法也有许多地方相同。

用水准测量方法测定高程的控制点称为水准点。等级水准点需按规定要求埋设永久性固定标志（见图 6.6）；普通水准点一般为临时性的，可以在地面上打入木桩，桩顶钉圆帽钉以示点位，也可以在坚固地基上或岩石上钉入圆帽钢钉标定点位。各级水准点都要依序编号，等级水准点通常在编号前注以“*BM*”字样，例如 $BM_{\text{IV}6}$ 表示四等水准路线上的第 6 号水准点；普通水准点可以采用自由编号方法。次级水准点的高程须从已知高程的高级水准点引测确定。

下面介绍普通水准测量的作业方法。

2.4.1 选定水准点和拟定水准路线

根据地形测图和工程建设的需要，选定水准点，并依序编号。等外水准点的高程应从已知高程的等级水准点进行引测确定。

为了便于观测和计算各点的高程，同时也便于检查和发现测量中可能发生的错误，必须将选定的各点组成一条适当的施测路线，这样的路线称为水准路线。在水准路线上，相邻两水准点之间的段落称为测段。

水准路线的布设形式通常有下列三种。

1. 附合水准路线

如图 2.15（a）所示，从一已知高级水准点 BM_1 出发，沿各待定高程点 1、2、3 进行水准测量，最后附合到另一高级水准点 BM_2 所构成的水准路线，称为附合水准路线。

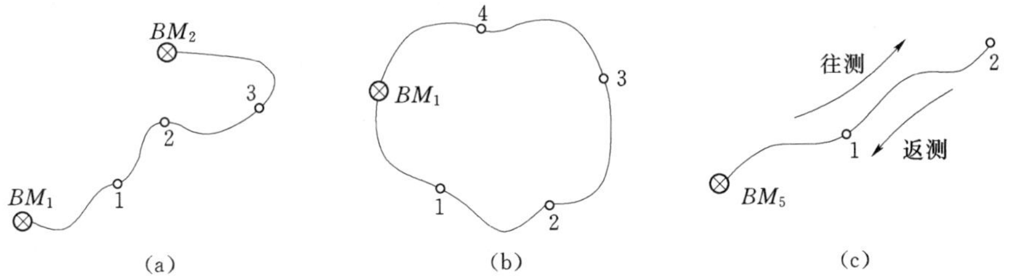

图 2.15　单一水准路线

2. 闭合水准路线

如图 2.15（b）所示，从一已知高级水准点 BM_1 出发，沿各待定高程点 1、2、3、4 进行水准测量，最后仍回到原已知高级水准点 BM_1 上，这样构成的环形水准路线称为闭合水准路线。

3. 支水准路线

如图 2.15（c）所示，从一已知高级水准点 BM_5 出发，沿各待定高程点 1、2 进行水准测量，最后既不回到原已知高级水准点，也不附合到另一已知高级水准点的路线，称为支水准路线。

附合水准路线和闭合水准路线具有检核条件，一般采用单程观测；支水准路线没有检核条件，必须进行往、返观测或单程双线观测，用往返或双线观测的两个结果进行检核。

2.4.2 外业观测、记录、计算方法

1. 外业观测、记录、计算及检核

（1）将水准尺立于已知高程的水准点上，作为后视尺。

（2）将水准仪安置于水准路线的适当位置，在路线前进方向上的适当位置放置尺垫，在尺垫上竖立水准尺作为前视尺。仪器到两水准尺的距离应基本相等，前、后距离差不得大于 20m，最大视距不大于 150m。

（3）将仪器概略整平，照准后视标尺，消除视差，用微倾螺旋调节使水准管气泡居中，用中丝读取后视读数，并记入手簿，见表 2.1。

（4）转动望远镜，照准前视标尺，消除视差，使水准管气泡居中，用中丝读取前视读数，并记入手簿。

(5) 将仪器迁至第二站，此时，第一站的前视尺不动，变成第二站的后视尺，第一站的后视尺移至前面适当位置成为第二站的前视尺，按第一站相同的观测程序进行第二站的观测。重复上述过程，一直观测至待定点。

每测站观测完毕后，应及时按式 $h=a-b$ 算出高差，记入手簿中相应位置。为保证高差计算的正确性，应根据式 (2.5) 在每页手簿下方进行计算检核，见表 2.1。

表 2.1 **水准测量记录手簿**

测自　　点至　　点　　　天气：　　　　呈象：　　　　日期：

仪器号码：　　　　观测者：　　　　记录者：

测站	测点	水准尺读数 (m)		高差 (m)	
		后视 (a)	前视 (b)	+	−
1	BM_1	1.467		0.343	
	TP_1		1.124		
2	TP_1	1.385			0.289
	TP_2		1.674		
3	TP_2	1.869		0.926	
	TP_3		0.943		
4	TP_3	1.425		0.213	
	TP_4		1.212		
5	TP_4	1.367			0.365
	B		1.732		
计算校核		$\sum a=7.513$	$\sum b=6.685$	+1.482	−0.654
		$\sum a-\sum b=0.828$		$\sum h=0.828$	

2. 测站检核

为了及时发现观测中的错误，保证每个测站观测高差的正确性，对每一站的观测高差应当进行测站检核。测站检核的方法有两种：

(1) 变动仪器高法。在同一测站上，改变仪器高度，两次测定高差。第一次测定后，重新安置仪器，使仪器高度的改变量不小于 10cm，再进行第二次高差测定，两次测得的高差之差若不超过±6mm，取两次观测高差的平均值作为最后结果。

(2) 双面尺法。在同一测站上仪器高度不变，分别用水准尺的黑、红面各自测出两点之间的高差，若两次高差之差不超过允许值，同样取高差的平均值作为观测结果。

3. 水准测量应注意的事项

(1) 在水准测量前，应对水准仪进行检验校正。

(2) 仪器应安置在稳固的地面上，以减少仪器下沉。在光滑地面上安置仪器，为防止脚架滑动，应采取防滑措施。

(3) 在已知高程点和待测高程点上立尺时，不能放尺垫，直接放在标石或木桩的标志上。

(4) 仪器到前后水准尺的距离要大致相等，可步量或拉尺确定。

(5) 每次读数前，应调节微倾螺旋使水准管气泡居中，然后读数，读数后还应检查气泡是否居中。

(6) 水准尺要扶直，不能前后左右倾斜；尺垫应踩踏稳固；点位标志及尺底不应沾有泥土或杂物。

(7) 迁站前，后视点的尺垫不能动。

(8) 原始读数不得涂改，读错或记错的数据应划去（厘米、毫米位数据除外），再将正确数据写在上方，并在相应的备注栏内注明原因，记录簿要干净、整齐。

2.4.3 水准测量的内业计算

水准路线所有测段的外业观测结束后，应对各测段的记录手簿进行认真细致的检查，确认无误后，汇总出全线实测高差，进行高差闭合差的计算与调整，最后计算各点的高程。以上工作，称为水准测量的内业。

2.4.3.1 高差闭合差及其允许值的计算

1. 附合水准路线

对于附合水准路线，各测段测得的高差总和 $\sum h_{测}$ 应等于两已知水准点的高程之差 $\sum h_{理}$。但由于测量误差的存在，使得 $\sum h_{测} \neq \sum h_{理}$，其差值称为附合水准路线的高差闭合差，以 f_h 表示，则

$$\begin{aligned} f_h &= \sum h_{测} - \sum h_{理} \\ &= \sum h_{测} - (H_{终} - H_{始}) \end{aligned} \tag{2.6}$$

式中 $H_{终}$——路线终点的已知高程；

$H_{始}$——路线起点的已知高程。

2. 闭合水准路线

对于闭合水准路线，由于起点、终点均为同一水准点，因此，各测段测得的高差总和 $\sum h_{测}$ 的理论值应等于零，同样由于测量误差的存在使得 $\sum h_{测}$ 往往不等于零，其差值称为闭合水准路线的高差闭合差，于是有

$$f_h = \sum h_{测} \tag{2.7}$$

3. 支水准路线

对于支水准路线，往测各测段测得的高差总和 $\sum h_{往}$ 与返测各测段测得的高差总和 $\sum h_{返}$ 应大小相等而符号相反，如果绝对值不相等，其差值即为高差闭合差，亦称较差，即

$$f_h = |\sum h_{往}| - |\sum h_{返}| \tag{2.8}$$

闭合差产生的原因很多，但其数值必须在一定的限值内。不同等级的水准测量，高差闭合差的限值也不同，等外水准测量高差闭合差的允许值规定为

平地 $$f_{h允} = \pm 40\sqrt{L}\ (\text{mm}) \tag{2.9}$$

山地 $$f_{h允} = \pm 10\sqrt{n}\ (\text{mm}) \tag{2.10}$$

式中 L——水准路线的长度，km；

n——水准路线的测站总数。

如果高差闭合差小于允许值，则成果符合要求，否则应查明原因，重新观测。

2.4.3.2 高差闭合差的调整和高程计算

1. 高差闭合差的调整

当高差闭合差在允许值范围之内时，即可进行高差闭合差的调整。

对于附合或闭合水准路线，高差闭合差可按与各测段的长度或测站数成正比例的方法进行调整，其调整值称为改正数，按测站数计算改正数的公式为

$$v_i = -\frac{f_h}{n} n_i \tag{2.11}$$

按测段长度计算改正数的公式为

$$v_i = -\frac{f_h}{L} L_i \tag{2.12}$$

式中 v_i——第 i 测段的高差改正数；

n——水准路线测站总数；

n_i——第 i 测段的测站数；

L——水准路线的全长；

L_i——第 i 测段的路线长度。

高差改正数的总和应与高差闭合差的大小相等，符号相反，即

$$\sum v_i = -f_h \tag{2.13}$$

上式可用来检核改正数计算的正确性。

将各测段观测高差加上相应的高差改正数，即得各段改正后的高差，即

$$h_i = h_{测} + v_i \tag{2.14}$$

对于支水准路线，当闭合差符合要求时，直接按下式计算各段平均高差

$$h = \frac{h_{往} - h_{返}}{2} \tag{2.15}$$

式中 h——平均高差；

$h_{往}$——往测高差；

$h_{返}$——返测高差。

2. 计算各点高程

根据改正后的高差，由起点高程逐一推算出其他各点的高程。推至最后一个已知点时，推得的高程应等于它的已知高程，以此检核高程推算是否正确。

对于支水准路线，可根据起点高程和各段的平均高差直接推算各点高程，但由于缺乏检核条件，最好由两人推算，以资校核。

图 2.16 及表 2.2 为一附合水准路线的计算实例。图中 A 和 B 为已知水准点，1、2、3 为未知点，采用普通水准测量方法施测，各测段的测站数及观测高差如图 2.16 所示。所有计算在表 2.2 中进行。

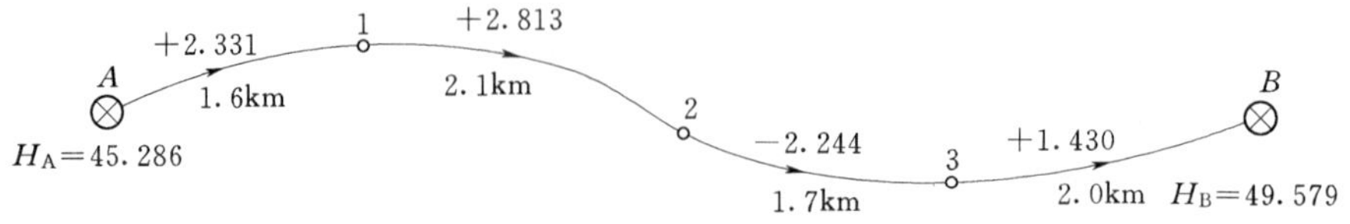

图 2.16 附合水准路线的计算略图

表 2.2　**附合水准路线的计算**

点　号	距　离 (km)	观测高差 (m)	高差改正数 (m)	改正后高差 (m)	高　程 (m)	备　注
A					45.286 (已知)	
1	1.6	+2.331	−0.008	2.323	47.609	
2	2.1	+2.813	−0.010	2.803	50.412	
3	1.7	−2.244	−0.009	−2.253	48.159	
B	2.0	+1.430	−0.010	1.420	49.579 (已知)	
∑	7.4	4.330	−0.037	4.293		
辅助计算	$f_{h允} = \pm 40\sqrt{L} = \pm 0.109$ (m) $f_h = \sum h_{测} - (H_{终} - H_{始}) = 4.330 - (49.579 - 45.286) = 0.037$ (m) $f_h < f_{h允}$					

2.5　DS$_3$ 型水准仪的检验与校正

根据水准测量的原理，要求水准仪必须能提供一条水平视线，而且能够对标尺进行正确读数，这样才能测出两点间的正确高差。为满足这些要求，仪器本身应具备一些条件。为此，正式作业前，必须对水准仪加以检验，以考察其是否满足应具备的条件，对不符合要求的仪器必须加以校正。

2.5.1　水准仪应满足的几何条件

如图 2.17 所示，水准仪的主要轴线有四条：仪器竖轴（VV）、圆水准器轴（$L'L'$）、水准管轴（LL）、望远镜的视准轴（CC）。

水准仪各轴线间应满足以下几何条件：

（1）水准管轴 LL 平行于视准轴 CC。

（2）圆水准器轴 $L'L'$ 平行于仪器竖轴 VV。

（3）十字丝的横丝垂直于仪器竖轴。

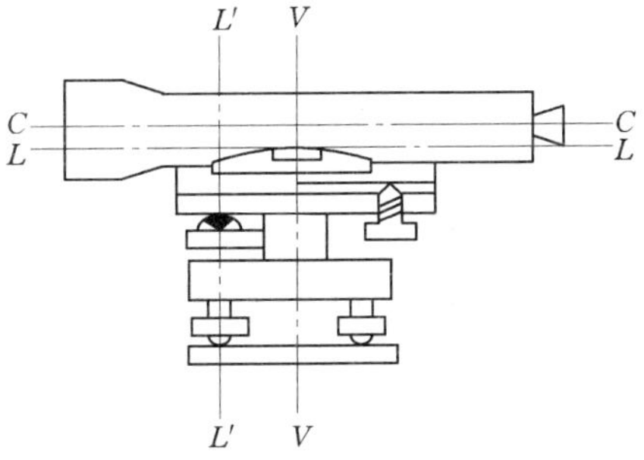

图 2.17　水准仪主要轴线间关系

不难理解，第一个条件如果得不到满足，那么当水准管气泡居中、水准管轴水平时，视准轴却处于倾斜状态，即视线不是水平的；第二个条件如果得不到满足，那么当圆水准器气泡居中、圆水准器轴垂直时，仪器竖轴却处于倾斜状态，此时很难或无法调节水准管精平仪器；第三个条件如果得不到满足，那么当仪器竖轴垂直时，十字丝的中丝却处于倾斜状态，这就无法在标尺上读取读数。

水准仪各轴线间的关系在仪器出厂时均经过检校，上述几何条件是满足的，但由于运输中的震动和长期使用的影响，各轴线间的关系可能发生变化，因此作业之前，必须对仪器进行检验校正。

2.5.2 水准仪的检验与校正

水准仪的检验与校正应按下列顺序进行。

2.5.2.1 圆水准器轴平行于仪器竖轴的检验与校正

1. 检验

调整脚螺旋，使圆水准器气泡居中，则圆水准器轴 $L'L'$ 处于竖直位置。松开制动螺旋，使仪器绕竖轴 VV 旋转 180°，若气泡仍然居中，则说明竖轴 VV 也处在竖直位置，$L'L'$ 与 VV 平行，不需校正。若旋转 180°后，气泡不再居中，则说明 $L'L'$ 与 VV 不平行，两轴必然存在交角 α，需要校正。图 2.18（a）、（b）为两轴不平行时，仪器转动 180°前、后的示意图，转动前 $L'L'$ 轴处于竖直位置，VV 轴偏离竖直方向 α，转动后 $L'L'$ 轴与转动前比较倾斜了 2α。

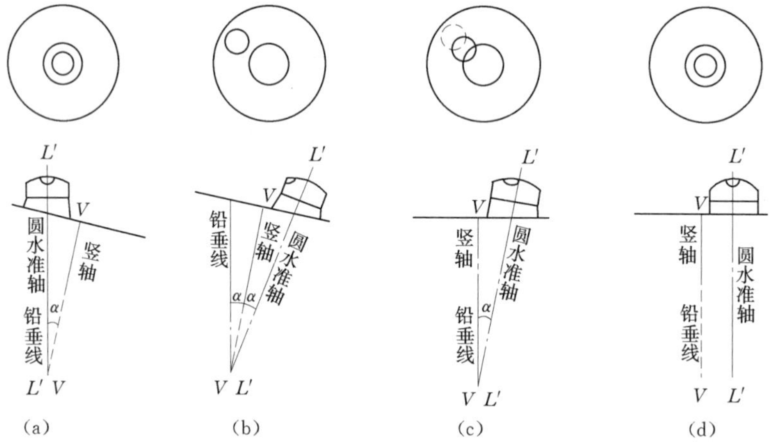

图 2.18 圆水准器的检验与校正

2. 校正

用校正针拨动圆水准器下面的 3 个校正螺旋，如图 2.19 所示，使气泡退回偏离中心距离的一半，此时圆水准器轴与竖轴平行，如图 2.18（c）所示；再旋转脚螺旋使气泡居中，此时竖轴处于竖直位置，如图 2.18（d）所示。校正工作需反复进行，直到仪器旋至任何位置气泡都居中为止。

2.5.2.2 十字丝横丝垂直于仪器竖轴的检验与校正

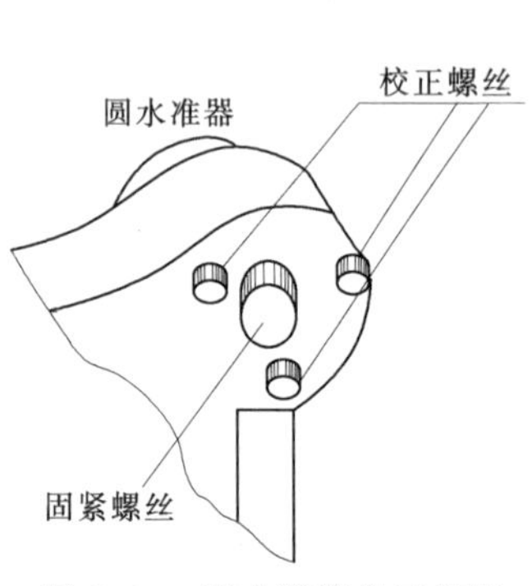

图 2.19 圆水准器校正螺丝

1. 检验

仪器整平后，从望远镜视场内选择一清晰目标点 P，用十字丝中丝的一端照准 P 点，如图 2.20（a）所示；拧紧制动螺旋，转动水平微动螺旋，若 P 点始终沿横丝移动，如图 2.20（b）所示，说明十字丝横丝垂直于竖轴；如果 P 点偏离开横丝，如图 2.20（c）所示，则表明十字丝横丝不垂直于竖轴，需要校正。

2. 校正

松开目镜座上的三个十字丝环固定螺旋，如图 2.21 所

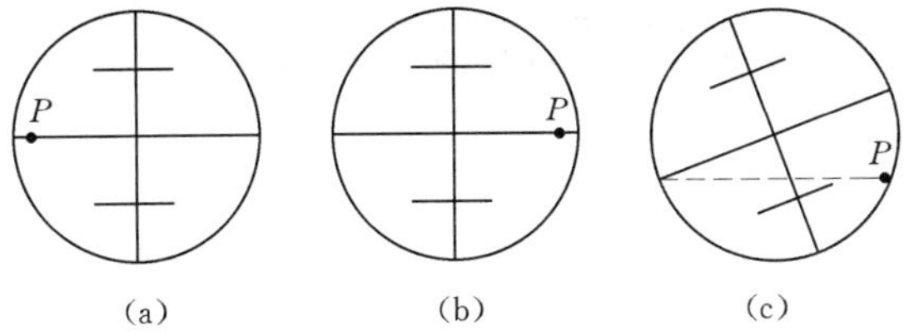

图 2.20　十字丝横丝的检验

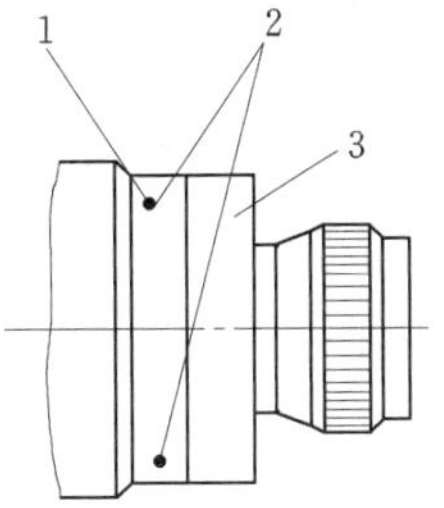

图 2.21　十字丝环固定螺旋

1—物镜筒；2—目镜筒固定螺丝；3—目镜筒

示（有的仪器须卸下十字丝环护罩，松开四个十字丝压环螺丝，如图 3.18 所示），转动十字丝环，使横丝与目标点 P 重合；再进行检验，直到目标点始终在横丝上移动为止，最后拧紧固定螺丝。

2.5.2.3　水准管轴平行于视准轴的检验与校正

1. 检验

如图 2.22 所示，在地面上选定相距约 80m 的 A、B 两点，并打入木桩或放置尺垫。安置水准仪于 AB 的中点，仪器精平后，分别读出 A、B 两点水准尺的读数 a_1、b_1，根据两读数就可求出两点间的正确高差 h_1。若 LL 轴与 CC 轴不平行（设其交角为 i），也不会影响该高差值的正确性，这是因为仪器到 A 点和 B 点的距离 D_A 和 D_B 相等，在所得读数 a_1、b_1 中，因两轴不平行（即 i 角）所产生的偏差 x 是相同的，在计算高差时可以抵消，即有

$$h_1=(a_1-x)-(b_1-x)=a_1-b_1$$

将仪器移至离 B 点约 3m 处，如图 2.22 所示。精确整平仪器后，依次照准 A、B 两点上的水准尺读数，设读数分别为 a_2 和 b_2。由于仪器离 B 点尺很近，i 角对 b_2 的影响很小，b_2 可认为是正确读数。根据正确高差可以求出 A 尺的正确读数为 $a'_2=h_1+b_2$。若 $a'_2=a_2$，说明满足条件；若 $a'_2\neq a_2$，表明条件不满足（当 $a'_2<a_2$ 时，说明视准轴向上倾斜；$a'_2>a_2$，则视准轴向下倾斜），一般规定当 $|a'_2-a_2|>3$mm 时需要校正仪器。

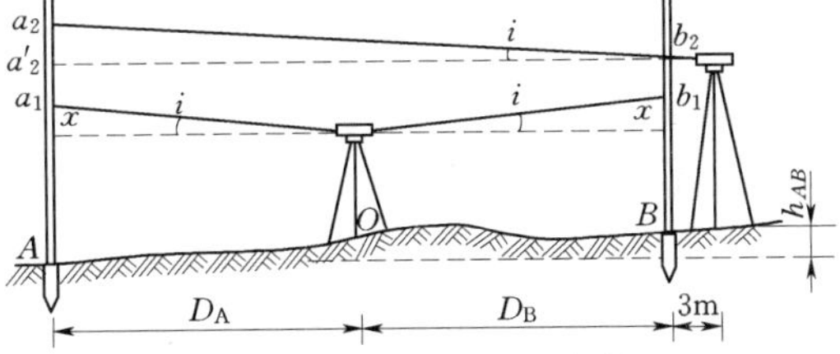

图 2.22　水准管的检验与校正

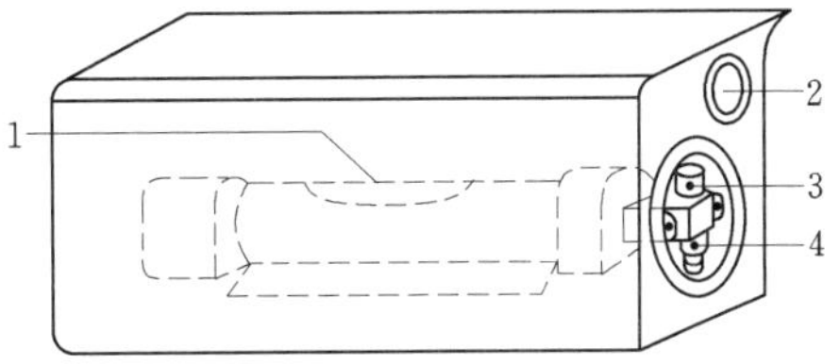

图 2.23　水准管的校正

1—水准管气泡；2—气泡观察窗；3—上校正螺丝；4—下校正螺丝

2. 校正

水准仪不动（保持 B 点处检验时的位置），转动微倾螺旋使十字丝横丝切于 A 尺上的正确读数 a'_2处。此时视准轴水平，但水准管气泡偏离中心。用校正针先松开水准管一端的左右校正螺丝，然后拨动上下校正螺丝，如图 2.23 所示，一松一紧，升降水准管的一

端，使气泡居中。此项检验需要反复进行，直到符合要求后，拧紧松开的校正螺丝。

2.6 水准测量的误差来源及消减办法

水准测量的误差主要来源于三个方面：仪器本身的误差、观测误差及外界条件产生的误差。为了提高水准测量的精度，必须分析和研究误差的来源及其影响规律，找出消除或减弱这些误差影响的措施。

2.6.1 仪器误差

2.6.1.1 视准轴与水准管轴不平行引起的误差

仪器误差主要表现为视准轴与水准管轴不平行引起的 i 角误差。水准仪虽然经过检验校正，但不可能彻底消除 i 角误差。要消减 i 角对观测高差的影响必须在观测时使仪器至前、后视水准尺的距离相等。

2.6.1.2 调焦误差

由于仪器制造加工不够完善，当转动调焦螺旋调焦时，调焦透镜产生非直线运动而改变视线位置，从而给观测带来误差，这种误差称为调焦误差。这项误差，只要仪器安置在距前、后尺等距离处，后视观测完毕转向前视，不必重新调焦，即可得到消除。

2.6.1.3 水准标尺的误差

由于标尺本身的原因和使用不当所引起的读数误差称为标尺误差。水准标尺本身的误差包括：分划误差、尺面弯曲误差、尺长误差等，在使用前必须对水准尺进行检验，符合要求方能使用。下面讨论水准标尺在使用过程中出现的误差及其减弱的措施。

1. 水准标尺零点差

由于使用、磨损等原因，水准标尺的底面与其分划零点不完全一致，其差值称为标尺零点差。标尺零点差的影响对于一个测段的测站数为偶数站的水准路线，可自行抵消；若为奇数站，所测高差中将包含该误差的影响。因此，在一个测段内应使测站数为偶数。

2. 标尺倾斜误差

水准测量时，若水准标尺倾斜，在倾斜标尺上的读数总是比竖直标尺上的读数大，如图 2.24 所示，b'、b'' 恒大于 b。为减小标尺竖立不直产生的读数误差，可使用安装有圆水准器的水准标尺，并注意在测量工作中认真扶尺，使标尺竖直。

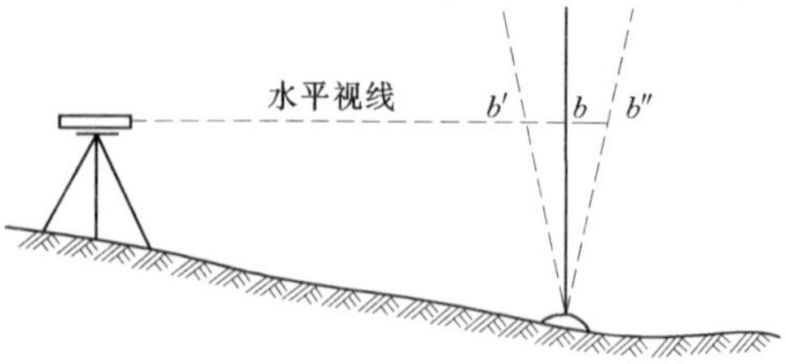

图 2.24 标尺倾斜对读数的影响

2.6.2 观测误差

1. 整平误差

水准测量是利用水平视线测定高差的，如果仪器没有精确整平，则倾斜的视线将使标尺读数产生误差。设水准管的分划值为 20″，如果气泡偏离半格（10″），则当距离为 50m 时，产生的读数误差 $\Delta=2.4$mm；当距离为 100m 时，读数误差 $\Delta=4.8$mm；误差随距离的增大而增大。因此，在读数前，必须使符合水准气泡精确吻合。

2. 读数误差

产生读数误差的原因有两个：一是存在十字丝视差；二是估读毫米数不准确。十字丝视差可通过重新调节目镜和物镜调焦螺旋加以消除；估读误差与十字丝的粗细、望远镜的放大率和视线长度有关。在一般水准测量中，当视线长度为 100m 时，估读误差约为±1.5mm。若望远镜放大倍率较小或视线过长，致使尺子成像小，估读误差将会增大。因此各级水准测量对所用仪器望远镜的放大倍率和最大视距都有相应规定，普通水准测量中，要求望远镜的放大率在 20 倍以上，视线长不能超过 150m。

2.6.3 外界条件的影响

2.6.3.1 仪器升降和水准尺升降的误差

1. 仪器升降的误差

由于土壤的弹性及仪器的自重，在观测过程中可能引起仪器上升或下沉，从而产生误差。如图 2.25 所示，若后视观测完毕转向前视时，仪器下沉了 Δ_1，使前视读数 b_1 减小了 Δ_1，即测得的高差 $h_1(h_1=a_1-b_1)$ 增大了 Δ_1。设在一测站上进行两次测量，第二次先前视再后视，若从前视转向后视过程中仪器又下沉了 Δ_2，则第二次测得的高差 $h_2(h_2=a_2-b_2)$ 减小了 Δ_2。如果仪器随时间均匀下沉，即 $\Delta_2=\Delta_1$，取两次所测高差的平均值，这项误差就可得到有效的削弱。因此，在不良地段观测时，可采用黑红面尺，按“后黑—前黑—前红—后红”的观测顺序进行观测，从而减弱仪器升降误差的影响。

2. 水准尺升降的误差

与仪器升降情况相类似。如转站时尺垫下沉，使所测高差增大，如上升则使高差减小。如果往测与返测尺子下沉的量是相同的，则由于误差符号相同，而往测与返测高差符号相反，因此，取往测和返测高差的平均值可消除其影响。

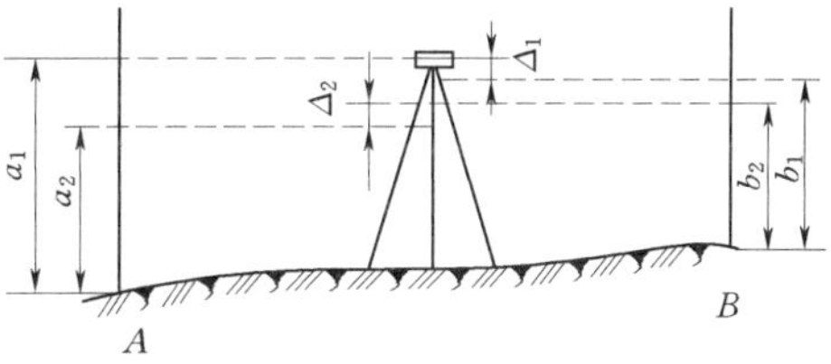

图 2.25 仪器升降的误差

2.6.3.2 地球曲率和大气折光的误差

1. 地球曲率引起的误差

在 1.4 中已经证明，地球曲率对高程的影响是不能忽略的。如图 2.26 所示，由于水准仪提供的是水平视线，因此后视和前视读数 a 和 b 中分别含有地球曲率误差 δ_1 和 δ_2，则 A、B 两点间的高差应为 $h_{AB}=(a_1-\delta_1)-(b_1-\delta_2)$，但只要将仪器安置于距 A 点和 B 点等距离处，这时 $\delta_1=\delta_2$，于是 $h_{AB}=a_1-b_1$，即可消除地球曲率的影响。

2. 大气折光引起的误差

我们知道，光线通过不同密度的介质时，将会发生折射，而且总是由密度低的介质向密度高的介质折射。地面上空气存在密度梯度，因而水准仪的视线往往不是一条理想的水平线。一般情况下，大气层的密度上低下高，视线通过时成为一向下弯折的曲线，使尺上读数减小，如图 2.27 左端所示，曲线与水平线的差值 r_1 即为折光差。在晴天，靠近地面的温度较高，致使下面的空气密度比上面低，这时视线成为一条向上弯曲的曲线，使尺上的读数增大，如图 2.27 右端所示，此时的折光差为 r_2。从图中不难看出，要减弱折光差的影响，应采取以下措施：

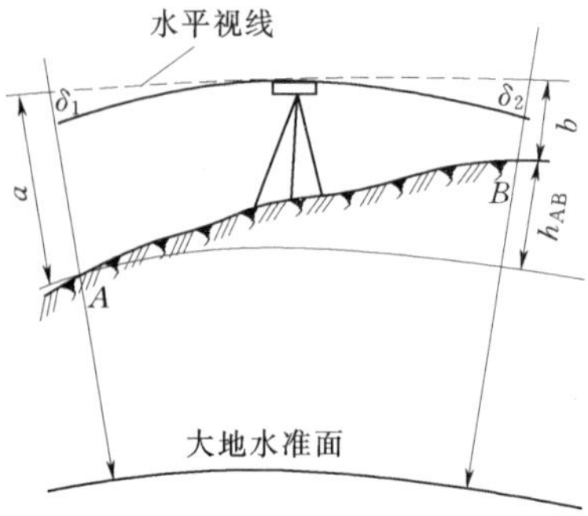

图 2.26　地球曲率的影响

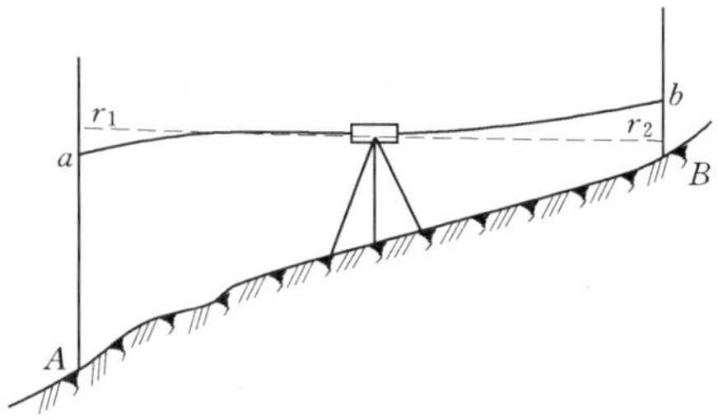

图 2.27　大气折光的影响

（1）缩短视线长度。折光差的大小与视线长度有关，视线越长，折光差也越大，为保证观测精度，各等级水准测量都对视线长度作出了相应规定。

（2）抬高视线高度。因为视线越近地面，折射也就越大，因此一般规定视线必须高出地面 0.3m 以上。同时抬高视线高度可使前后视线的弯折方向相同，折光差保持相同的符号。特别是在连续上坡或下坡的山地作业时，更应注意这一点。

（3）前、后视等距离。在折光差的符号保持相同的情况下，若地面覆盖物基本相同，只要使前、后视距离相等，同样折光差的影响可在计算的高差中得到消除。

2.7　DS_1 型精密水准仪简介

精密水准仪（DS_{05}、DS_1 型水准仪）主要用于国家一、二等水准测量和精密工程测量，如大型建筑物（高层建筑物）和构筑物（如大桥和大坝）的沉降观测，以及大型机械安装时的精密水平基准测量等方面。

2.7.1　精密水准仪的构造

图 2.28 所示是我国生产的 DS_1 型精密水准仪。

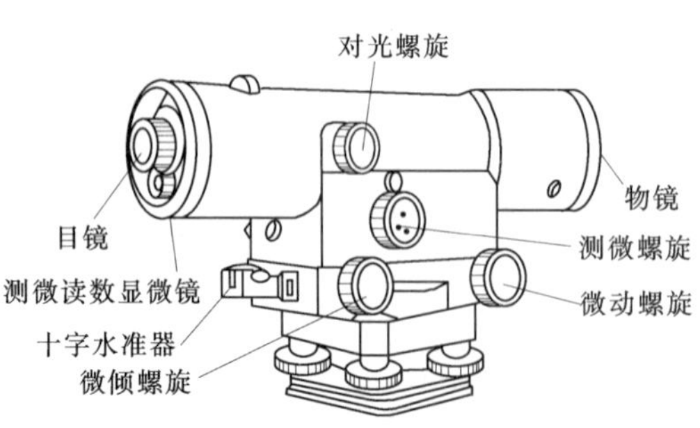

图 2.28　DS_1 型精密水准仪

1. 构造特点

（1）望远镜性能好，物镜孔径大于 40mm，放大率一般大于 40 倍。

（2）望远镜筒和水准器套均用因瓦合金铸件制成，有的仪器还装有绝热层，具有结构精良、受外界条件变化影响小、水准管轴与视准轴关系稳定的特点。

（3）采用符合水准器的仪器，水准管的灵敏度较高，分划值一般为 6″/2mm～10″/2mm；对于自动安平水准仪，其安平精度一般不低于 0.2″。

（4）为了提高读数精度，在望远镜上装有平行玻璃板测微器，最小分划值为 0.1mm

或 0.05mm。

2. 平行玻璃板测微器

平行玻璃板测微器主要由平行玻璃板、测微尺、传动杆、测微螺旋和测微读数系统组成，如图 2.29 所示。平行玻璃板装在物镜前面，它通过有齿条的传动杆与测微尺相连接，由测微读数显微镜读数。当转动测微螺旋时，传动杆带动平行玻璃板前后俯仰，而使视线上下平行移动，同时测微尺也随之移动。测微尺上有 100 个分格，它与标尺上的 1cm 或 5mm 分划相对应，所以用测微尺读取标尺的读数可读到 0.1mm 或 0.05mm。设望远镜照准标尺且测微尺读数为 0 时，视准轴对准标尺上的 M 点，即读数为 $166+a$ 处。为准确读出 a 值，可转动测微螺旋，带动传动杆，使平行玻璃板转动，视线上下平移。当移至标尺上分划 166 时，从测微尺上可准确读出 a 的数值。

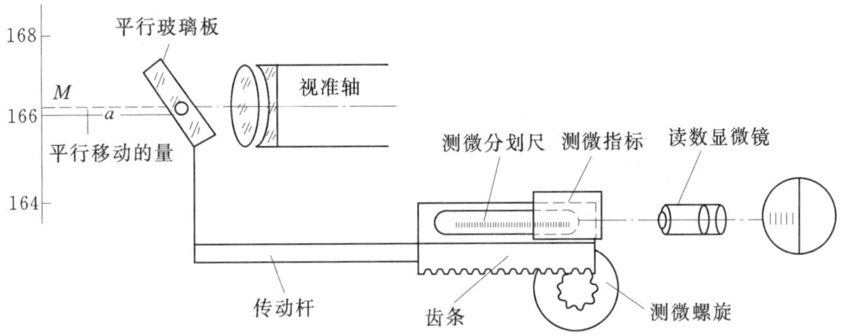

图 2.29 平行玻璃板测微器

2.7.2 精密水准尺

精密水准尺，亦称因瓦水准尺。精密水准尺不易受外界温度、湿度变化的影响，尺面平直，刻划精密、最大误差每米不大于±0.1mm。精密水准尺尺身中间的凹槽内，装有厚 1mm、宽 26mm 的因瓦带尺，尺底一端固定，另一端用弹簧拉紧，以保持带尺的平直和不受尺身伸缩的影响。因瓦带尺上有左右两排分划，左边为基本分划，右边为辅助分划，彼此相差一个尺常数 k。有的尺没有辅助分划，而是将基本分划按单双数各分占一边，以便于读数。尺的分格值有 1cm 和 5mm（但注记为 1cm）两种，使用时要注意区分。

2.7.3 精密水准仪的使用

精密水准仪的操作使用方法和普通水准仪基本相同，但读数方法不同。现以 DS_1 型精密水准仪观测分格值为 5mm 的因瓦水准尺为例，说明其读数方法。读数时，先转动微倾螺旋，从望远镜视窗内观察，使水准管气泡影像精密符合。再转动测微螺旋，使望远镜中的楔形丝夹住靠近中丝的一条整分划线。其读数分为两部分：厘米以上的数由望远镜直接在尺上读取；厘米以下的数从测微读数显微镜中读取。如图 2.30 所示，水准尺读数为 197cm，测

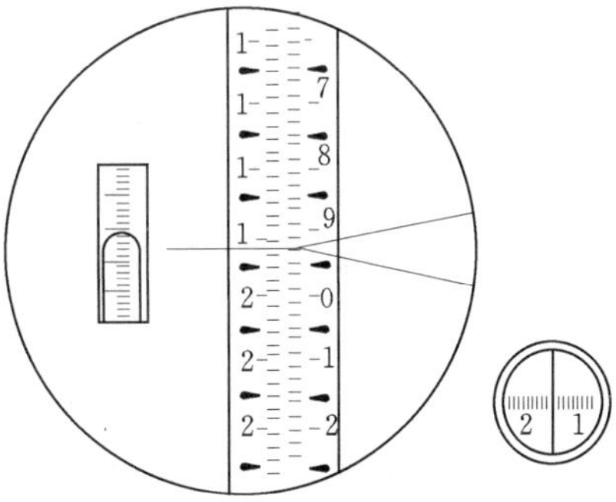

图 2.30 精密水准仪读数方法

微器读数为 1.54mm，完整读数为 197.154cm。由于标尺上 5mm 分划是按 1cm 注记的，故实际读数应为 197.154÷2=98.577（cm）。

2.8 自动安平水准仪简介

用微倾式水准仪进行水准测量，必须使水准管气泡严格居中才能读数，这种手动操作费时较多，为了提高工作效率，人们研制了一种自动安平水准仪。使用这种仪器只要使圆水准器气泡居中，就可直接对标尺进行读数，从而加快了测量速度。图 2.31（a）所示是我国 DSZ_3 型自动安平水准仪的外形，图 2.31（b）是它的剖面图。现以这种仪器为例介绍其构造原理和使用方法。

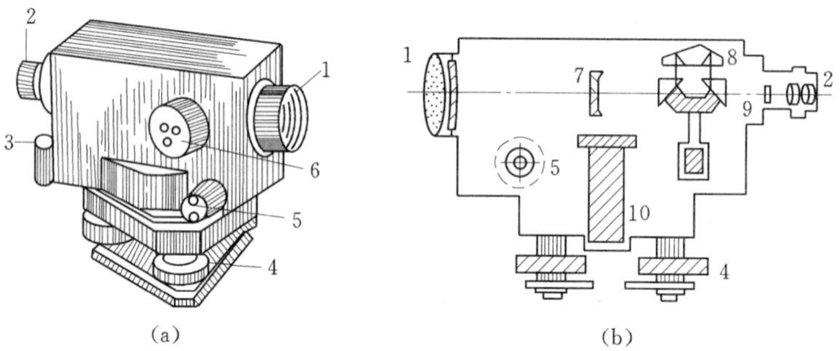

图 2.31 DSZ_3 型自动安平水准仪

1—物镜；2—目镜；3—圆水准器；4—脚螺旋；5—微动螺旋；6—对光螺旋；7—调焦透镜；8—补偿器；9—十字丝分划板；10—竖轴

2.8.1 自动安平水准仪的补偿原理

如图 2.32 所示，当视线水平时，水平光线恰好与十字丝交点所在位置 K' 重合，读数正确无误。如果视线倾斜一个角 α，十字丝交点移动一段距离 d 到达 K 处，这时按十字丝交点 K 读数，显然有偏差。如果在望远镜内适当位置装置一个“补偿器”，使进入望远镜的水平光线经过补偿器后偏转一个 β 角，恰好通过十字丝交点 K，这样按十字丝交点 K 读出的数仍然是正确的。由此可知，补偿器的作用，是使水平光线发生偏转，而偏转角的大小正好能够补偿视线倾斜所引起的读数偏差。因为 α 和 β 都很小，从图中可知

$$f\alpha = s\beta$$

即

$$\frac{\beta}{\alpha} = \frac{f}{s} = v$$

式中 f——物镜和调焦透镜的组合焦距；

s——补偿器至十字丝分划板的距离；

α——视线的倾斜角；

β——水平视线通过补偿器后的偏转角；

v——补偿器的放大系数，为一常数，并大于 1。

在设计仪器时，只要满足上式的关系，即可达到补偿的目的。

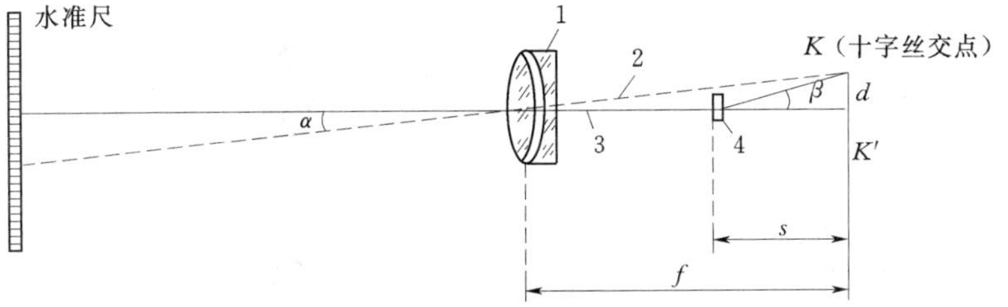

图 2.32 自动安平原理

1—物镜；2—倾斜视线；3—水平光线；4—补偿器

2.8.2 自动安平水准仪的使用

使用自动安平水准仪进行水准测量，只要把仪器安置好，使圆水准气泡居中，即可用望远镜照准水准尺读数。为了检查补偿器是否起作用，有的仪器装置有一个掀钮，按下掀钮可把补偿器轻轻触动，待补偿器稳定后，看尺上读数是否有变化，如无变化，说明补偿器正常。如仪器没有掀钮装置，可稍微转动一下脚螺旋，如尺上读数没有变化，说明补偿器起作用，仪器正常，否则应进行检查修理。

2.9 电子水准仪简介

前面介绍的水准仪都属于传统的纯机械光学仪器，共同特点是都需要人工读数。人工读数容易出差错，效率低。自 20 世纪 70 年代起，在电子技术发展进步的基础上人们一直寻求利用电子技术制造出能自动读数的水准仪。1990 年 3 月，徕卡（Leica）公司推出了世界上第一台实用的电子水准仪 NA2000。此后，各大测绘仪器公司都陆续推出了自己的电子水准仪。电子水准仪融电子技术、编码技术、图像处理技术于一体，具有速度快、精度高、操作简便、易于实现内外业一体化等优点，所以日益得到广泛应用。水准测量仪器正处于电子水准仪替代传统水准仪的时期。

电子水准仪由基座、水准器、望远镜、操作面板和数据处理系统等部件组成，如图 2.33 所示。电子水准仪具有内藏应用软件和良好的操作界面，除可以自动显示观测数据外，还可以自动完成数据的记录、储存和处理。自动记录的数据可传输到计算机内进行后续处理，也可通过远程通信系统将测量数据直接传输给其他用户。

与电子水准仪配套使用的是条码水准尺，如图 2.34（a）所示，它由玻璃纤维塑料或铟钢制成，全长为 2～4.05m。尺面上刻有宽度不同、黑白相间的条码，相当于普通水准尺上的分划。条码在望远镜视场中的情形如图 2.34（b）所示。

电子水准仪的测量原理如图 2.35 所示。当仪器置平并照准条码标尺后，视准线上下一定范围内的条码影像，经仪器的光学系统成像在图像识别处理系统，图像识别处理系统将接收到的图像信号转换成数字视频信号，再与仪器内预存的标准代码参考信号进行相关比对，移动测量信号使之与参考信号达到最佳符合，从而得到视线在标尺上的位置，经数字化后得到读数。比对上下丝的视频信号及条码成像的比例，可以得到视距。

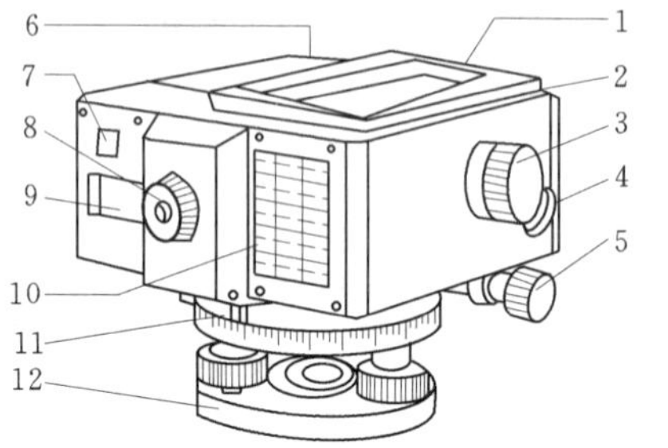

图 2.33 电子水准仪

1—物镜；2—提环；3—物镜调焦螺旋；4—测量按钮；5—微动螺旋；6—RS接口；7—圆水准器观察窗；8—目镜；9—显示器；10—操作面板；11—度盘；12—基座

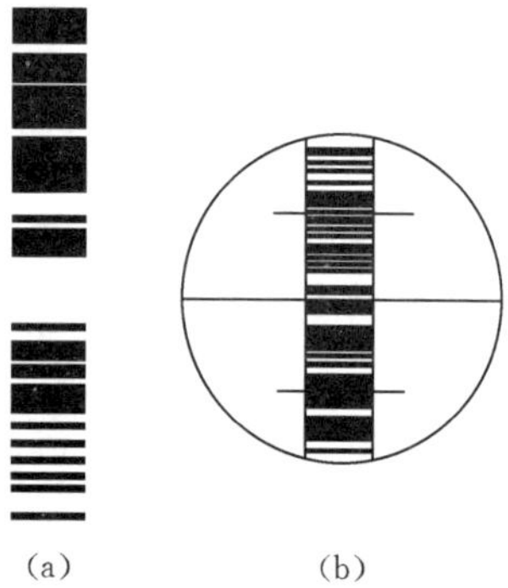

图 2.34 条码水准尺与望远镜视场

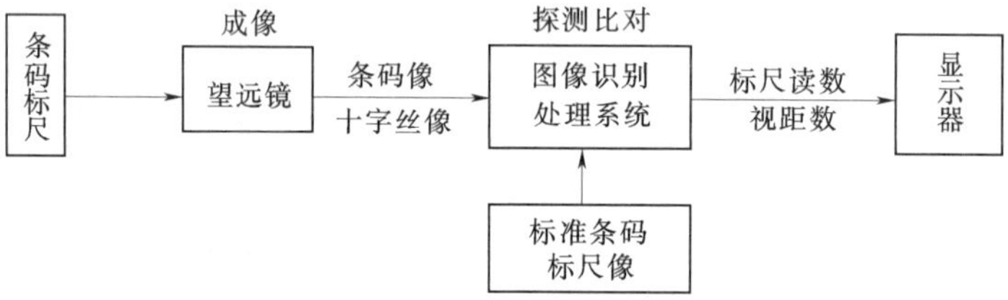

图 2.35 电子水准仪测量原理

小 结

水准测量是工程建设中的一项基本测量工作。通过学习，要弄清水准测量的基本原理，掌握常用的 DS_3 型水准仪的操作使用方法以及水准测量内外业的基本作业方法。为保证水准测量的观测精度，应初步掌握水准仪的检验与校正方法，了解水准测量误差产生的原因及消减办法。要注意高差是具有正、负和方向性的。对一些基本概念，如视准轴、望远镜放大率、水准管轴、水准管分划值、视差、转点、水准点、测段、测站等要弄清楚。对水准仪的基本结构及各部件的作用要熟悉。至于精密水准仪、自动安平水准仪、电子水准仪只要求作一般了解。

思 考 题

2.1 何谓高差？高差的正、负说明什么问题？

2.2 水准仪是根据什么原理来测定两点之间高差的？

2.3 何谓转点？转点在水准测量中起什么作用？

2.4 水准仪的望远镜主要由哪几部分组成，各部分有什么功能？

2.5　简述用望远镜瞄准水准尺的步骤。

2.6　何谓视差？产生视差的原因是什么？如何消除？

2.7　水准管分划值与水准管的灵敏度有何关系？

2.8　圆水准器和水准管各起什么作用？

2.9　水准仪有哪些重要轴线，它们之间应满足哪些条件？

2.10　结合水准测量的主要误差来源，说明在观测过程中要注意哪些问题。

习　题

2.1　水准测量观测数据已填入表 2.3 中，试计算各测站的高差和 B 点的高程，并进行计算检核（BM_A 点高程为 85.273m）。

表 2.3　　水准测量观测记录

测站	测点	水准尺读数（m）		高差（m）		高程（m）
		后视	前视	+	−	
1	BM_A	1.785				
	TP_1		1.312			
2	TP_1	1.570				
	TP_2		1.617			
3	TP_2	1.567				
	TP_3		1.418			
4	TP_3	1.784				
	B		1.503			
计算校核						

2.2　图 2.36 为一闭合水准路线，BM_1 为已知高程点，高程为 176.338m；1、2、3、4 为待定点。各测段的观测结果如图 2.36 所示，试计算各点的高程（图中高差的单位为 m）。

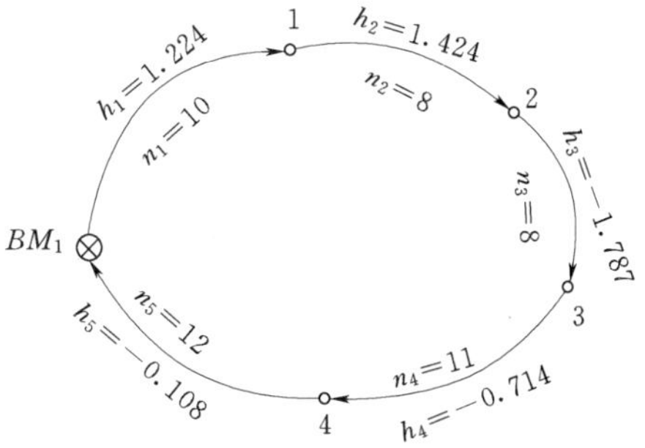

图 2.36

2.3　设地面上 A、B 两点，将水准仪安置在距 A、B 两点等距离处，测得其高差 $h_{AB}=0.288$m。将仪器安置于近 A 点处，读得 A 点水准尺上的读数为 1.526m，B 点水准尺上的读数为 1.249m。试问：

（1）该水准仪水准管轴是否平行于视准轴，为什么？

（2）若水准管轴不平行于视准轴，那么视线偏于水平线的上方还是下方，是否需要校正？

（3）若需要校正，简述其校正方法和步骤。

第3章 角 度 测 量

> **学习指导**
>
> 本章介绍角度测量的有关内容和基本方法。要求熟悉水平角及竖直角的概念、测角原理、经纬仪的结构及其主要轴线间的关系；掌握经纬仪的操作要领以及水平角、竖直角的观测方法；了解测角误差的来源、性质及消减办法。

3.1 角度测量的概念

角度测量是测量的基本工作之一。角度测量分为水平角测量和竖直角测量两种，经纬仪是进行角度测量的主要仪器。

3.1.1 水平角测量原理

由一点到两个目标的方向线垂直投影在水平面上所成的角，称为水平角。如图 3.1 所示，由地面点 A 到 B、C 两个目标的方向线 AB 和 AC，在水平面上的投影为 ab 和 ac，其夹角 β 即为水平角，它等于通过 AB 和 AC 的两个竖直面之间所夹的二面角。不难理解，水平角的取值范围为 0°～360°。

若在角顶 A 的铅垂线上，水平地放置一个带有顺时针刻划的圆盘，使圆盘中心 O 位于 A 点的铅垂线上，通过 AB 和 AC 两方向线的竖直面在度盘上的读数分别为 n 和 m，则两读数之差即为两方向线间的水平角值，即

$$\beta = m - n$$

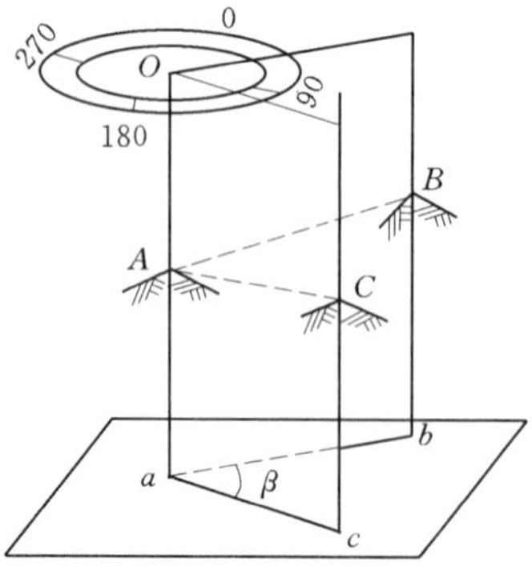

图 3.1 水平角测量原理

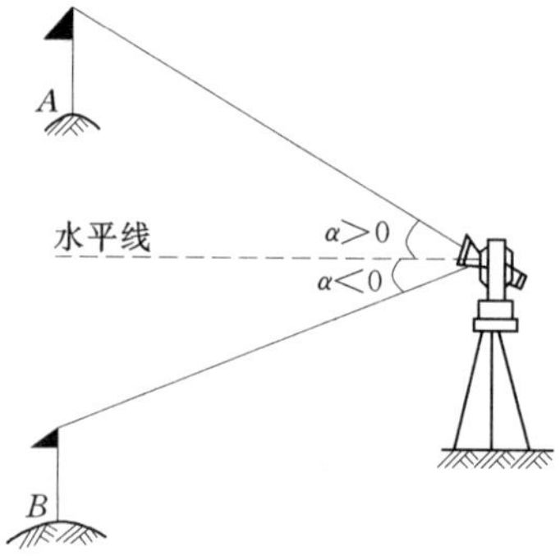

图 3.2 竖直角测量原理

3.1.2 竖直角测量原理

竖直角又称垂直角，是指在同一竖直面内视线与水平线之间的夹角，用 α 表示。如图

3.2 所示，当视线在水平线的上方时，α 为仰角，其值为正；当视线在水平线的下方时，α 为俯角，其值为负。竖直角的取值范围为 0°～±90°。如果在视线近旁安置一块竖直度盘，即可由视线和水平线在竖直度盘上的读数差来求得竖直角。

用于观测水平角、竖直角的仪器称为经纬仪。由上述原理可知，为了测量水平角，仪器必须具有一个能置于水平位置的水平度盘；为了测量竖直角，仪器必须具有一个能处于竖直位置的竖直度盘；为了照准目标，仪器还必须具有一个既能在水平面内旋转又能在竖直面内旋转的望远镜。经纬仪就是根据这样的原理制作的专用于测角的仪器。

3.2　DJ_6 型光学经纬仪

经纬仪分为光学经纬仪和电子经纬仪两种类型。光学经纬仪的水平度盘和竖直度盘采用光学玻璃制造，读数设备为比较复杂的光学系统。根据精度高低的不同，我国将经纬仪依序划分为 DJ_{07}、DJ_1、DJ_2、DJ_6、DJ_{15}等多种型号（代号 D、J 分别表示“大地测量”和“经纬仪”汉语拼音的第一个字母；下标表示该仪器的精度指标，例如“6”表示一测回水平方向值中数的中误差为±6″），其中 DJ_{07}、DJ_1、DJ_2 属于精密经纬仪，DJ_6、DJ_{15}属于普通经纬仪。本节介绍工程上常用的 DJ_6 型光学经纬仪。

3.2.1　DJ_6 型光学经纬仪的构造

由于生产厂家不同，DJ_6 型光学经纬仪各部件的形式不完全一样，但其基本结构是相同的，它由照准部、水平度盘和基座三大部分组成，如图 3.3 所示。

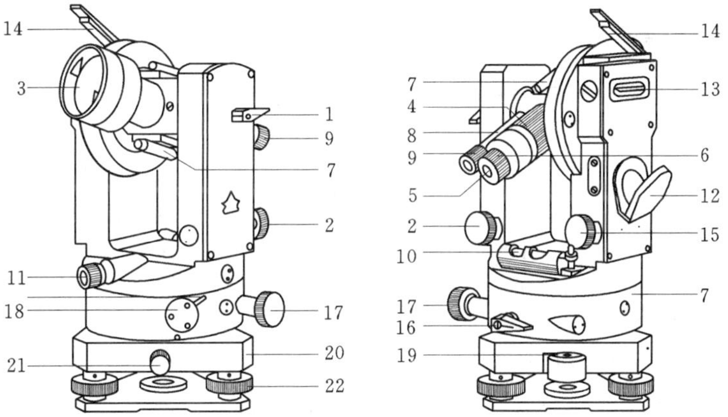

图 3.3　DJ_6 型光学经纬仪

1—望远镜制动螺旋；2—望远镜微动螺旋；3—物镜；4—物镜调焦螺旋；5—目镜；6—目镜调焦螺旋；7—光学瞄准器；8—度盘读数显微镜；9—度盘读数显微镜调焦螺旋；10—照准部水准管；11—光学对中器；12—度盘照明反光镜；13—竖盘指标水准管；14—竖盘指标水准管观察反射镜；15—竖盘指标水准管微动螺旋；16—水平方向制动螺旋；17—水平方向微动螺旋；18—水平度盘变换手轮与保护卡；19—圆水准器；20—基座；21—轴套固定螺旋；22—脚螺旋

1. 照准部

照准部是指经纬仪上部的可转动部分，主要由望远镜、读数设备、竖直度盘、支架、照准部水准管、照准部旋转轴和光学对中器等组成。经纬仪望远镜的构造与水准仪的望远镜基本相同。望远镜、竖直度盘与横轴固连在一起，安放在支架上；望远镜可绕横轴旋转，望远镜转动时，竖直度盘随之转动。竖盘读数指标与竖盘指标水准管固连在一起，不随望远镜转动，但可通过竖盘指标水准管微动螺旋作微小转动。调整此微动螺旋使竖盘指标水准管气泡居中，读数指标即处于正确位置。目前，有许多经纬仪已不再采用竖盘指标水准管，而用自动归零装置代替，以提高野外作业速度。照准部水准管是用来精确整平仪器的。光学对中器的作用是通过它将仪器中心安置在测站点的铅垂线上。读数设备包括读数显微镜、测微器以及光路中的一系列棱镜、透镜等。为了控制照准部在水平方向内的转动，照准部上装有水平制动和微动螺旋；为了控制望远镜在竖直面内的转动，在支架一侧装有望远镜制动螺旋和微动螺旋。

2. 水平度盘

水平度盘是由光学玻璃制成的精密刻度盘，分划为 0°～360°，按顺时针注记，最小刻划有 1°、30′或 20′三种，用以测量水平角。水平度盘有一空心轴，空心轴插入度盘的外轴中，外轴再插入基座的轴套内。在测角过程中，水平度盘与照准部的关系是分离的，即水平度盘不随照准部转动；若要改变水平度盘的位置，可利用度盘变换手轮将度盘转到所需要的位置。还有少数仪器采用复测装置，这类仪器的水平度盘与照准部的关系可离可合；当复测扳手向下扳到位，照准部与度盘扣合在一起，度盘随照准部一起转动，度盘读数不变；当复测扳手向上扳到位，照准部与度盘分离，度盘不随照准部转动。

3. 基座

基座是支撑仪器的底座，包括轴座、脚螺旋、底板、三角形压板等。照准部连同水平度盘一起插入基座轴套后，用轴套固定螺旋（又称中心锁紧螺旋）固紧；轴套固定螺旋切勿松动，以免仪器上部与基座脱离而摔坏。仪器装到三脚架上时，须将三脚架头上的中心连接螺旋旋入基座底板，使之固紧。采用光学对中器的经纬仪，其连接螺旋是空心的；连接螺旋下端大都具有挂钩或像灯头一样的插口，以备悬挂垂球之用。

基座上的三个脚螺旋是用来整平仪器的。圆水准器的作用仍然是粗略整平仪器。

3.2.2 读数设备和读数方法

光学经纬仪的读数设备包括度盘、光路系统和测微器。水平度盘和竖直度盘上的分划影像，通过一系列棱镜和透镜成像于望远镜旁的读数显微镜内。DJ_6 型光学经纬仪的读数装置可以分为分微尺测微装置和单平板玻璃测微装置两种。

1. 分微尺测微器及读数方法

目前我国生产的 DJ_6 型光学经纬仪大都采用分微尺测微器读数装置，如图 3.4 所示。在读数显微镜中可以同时看到两个读数窗，注有“—”、“H”或“水平”的都是水平度盘读数窗；注有“⊥”、“V”或“竖直”的都是竖直度盘读数窗。两个读数窗上都有一个分成 60 个小格的分微尺，其长度等于度盘间隔为 1°的两分划线之间的影像宽度，因此测微尺上一小格的分划值为 1′，可以估读至 0.1′。读数时，先读出位于分微尺 60 个小格区间内的度盘分划线的度数，再以该度盘分划线为指标，在分微尺上读取不足1°的分数，并估读到秒数（秒数只能是6的倍数）。图3.4中水平度盘的读数为156°03′48″，竖直度盘的读数为78°58′30″。

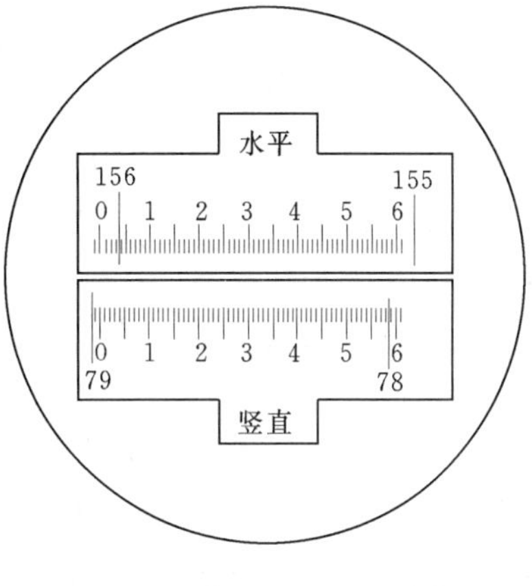

图3.4 分微尺测微器读数

2. 单平板玻璃测微器及读数方法

单平板玻璃测微器主要由平板玻璃、测微轮、测微尺和连接机构组成。当转动测微轮时，平板玻璃和测微尺绕轴作同步转动。如图3.5（a）所示，当光线垂直通过平板玻璃时，度盘读数窗中双指标线读数应为82°+α，测微尺读数窗中单指标线的读数为零；转动测微轮，使平板玻璃转动一个角度，如图3.5（b）所示，而度盘分划影像经折射后平行移动α，82°分划影像正好夹在双指标线的中间。由于测微尺与平板玻璃同时转动，因此α的大小可由测微尺的移动量来表示。

图3.6为这种装置读数视窗的情况。上窗为测微尺的影像，中窗为竖直度盘的影像，下窗为水平度盘的影像。度盘分划值为30′，测微尺共分成30个大格（对应度盘格值30′），每大格又分成3小格，每小格格值为20″，估读至0.1小格（即2″）。读数时先转动测微轮，使靠近双指标线的度盘某一分划线精确地移至双指标线的中央，读出该分划线的度盘读数，再在测微尺上读出小于度盘格值的尾数，两读数相加即为完整读数。图3.6（a）中，水平度盘的读数为13°00′+17′46″=13°17′46″；图3.6（b）中竖直度盘读数为82°00′+28′10″=82°28′10″。

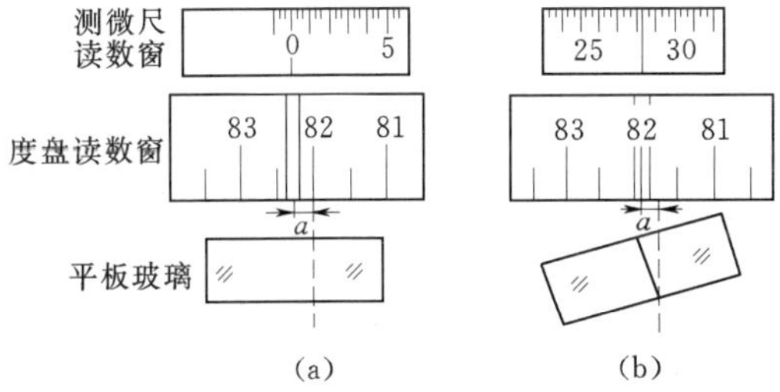

图3.5 单平板玻璃测微器读数原理

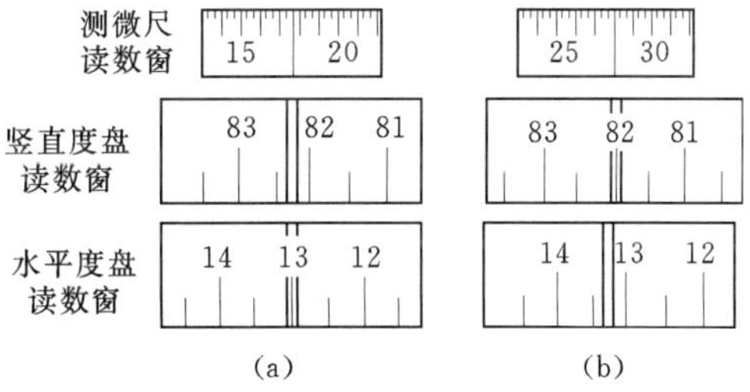

图3.6 单平板玻璃测微器读数方法

3.3 经纬仪的使用

3.3.1 经纬仪的安置

测角之前，必须把经纬仪安置在测站上。经纬仪的安置包括对中和整平两项操作。对中的目的是使仪器的中心与测站点的标志中心在同一铅垂线上；整平的目的是使仪器的竖轴垂直，即水平度盘处于水平位置。下面分别就垂球对中与整平和光学对中器对中与整平两种方法介绍经纬仪的安置方法。

1. 垂球对中与整平的方法

(1) 对中。调节三脚架三架腿的长度使其大致等长，然后张开三脚架并架在测站点上，架设时应注意使高度适宜，架头大致水平。然后挂上垂球，两只手分别握住三脚架的两条腿，平移三脚架使垂球尖基本对准测站点，将三脚架三条腿踩实，使其稳定。装上仪器，旋上连接螺旋，检查对中情况。若相差不大（1～2cm），稍松开连接螺旋，双手扶基座，在架头上平移仪器，使垂球尖精确对准测站点（注意及时调整垂球线的长度，使垂球尖尽量靠近测站点，但不得与测站点接触）。对中误差一般应小于 3mm，若满足要求，旋紧连接螺旋即可。

(2) 整平。整平时，松开水平制动螺旋，转动照准部，使照准部水准管大致平行于任意两个脚螺旋 1、2 的连线，如图 3.7（a）所示，两手同时向内或向外旋转这两个脚螺旋使气泡居中（气泡移动的方向与左手大拇指移动的方向一致）。再将照准部旋转 90°，如图 3.7（b）所示，使水准管大约处于 1、2 两脚螺旋连线的垂线上，转动第 3 个脚螺旋，使水准管气泡居中。再转回原来的位置，检查气泡是否居中，若不居中，则按上述步骤反复进行，直至照准部转到任何位置气泡都居中为止。

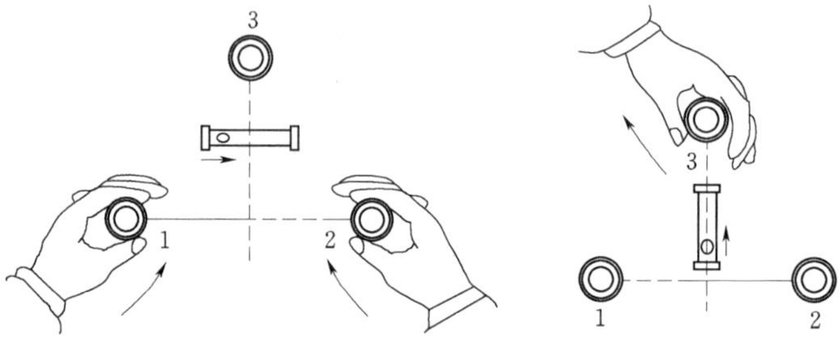

(a)　　(b)

图 3.7 整平

2. 光学对中器对中与整平的方法

垂球对中容易受风力等外界因素的影响，对中精度不高。目前生产的光学经纬仪均装有光学对中器，其对中精度可达到 1～2mm，高于垂球的对中精度，因此实际工作中一般采用光学对中器对中。使用光学对中器时，对中与整平的操作步骤如下：

(1) 调节光学对中器。光学对中器是一个小型外调焦望远镜，使用前，应先转动光学对中器目镜调焦螺旋使对中器分划板十分清晰，再通过拉伸光学对中器看清地面上的测点标志。

(2) 初步对中。保持三脚架的一条腿固定不动，双手分别握紧三角架的另两条腿，眼睛观察光学对中器，移动三脚架使对中器分划板上的对中标志基本对准测站点的中心（应注意保持三角架头基本水平），然后将三脚架的脚尖踩实。

(3) 精确对中。稍微旋松架头连接螺旋，在架头上平移仪器，眼睛观察光学对中器，使对中标志准确对准测站点的中心，然后旋紧连接螺旋。

(4) 粗略整平。调节三脚架腿的伸缩连接处，利用圆水准器使经纬仪大致水平。

(5) 精确整平。按前述整平方法，通过旋转脚螺旋，使照准部水准管气泡严格居中。

精平操作会略微破坏之前已完成的对中关系。

(6) 再次精确对中、整平。精确对中与精确整平应反复进行，直到对中和整平都达到要求为止。

3.3.2 照准

先调节目镜调焦螺旋，使十字丝清晰。松开水平制动螺旋和望远镜制动螺旋，利用望远镜上的粗瞄器使目标位于望远镜的视场内，如图 3.8 (a) 所示，当大致对准目标后，固定水平制动螺旋和望远镜制动螺旋。然后进行物镜调焦，即调节物镜调焦螺旋使目标影像清晰，并注意消除视差。最后调节水平微动螺旋和望远镜微动螺旋精确照准目标，如图 3.8 (b) 所示。在进行水平角观测时，应尽量瞄准目标的底部。目标成像较大时，可用十字丝的单纵丝去平分目标；目标成像较小时，可用十字丝的双纵丝去夹准目标。

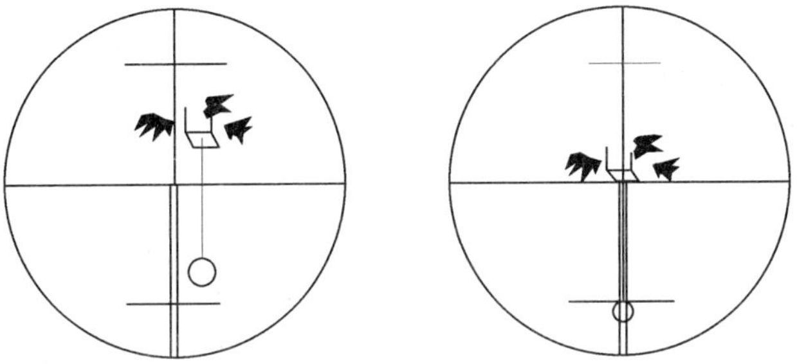

(a)　　　　(b)

图 3.8 照准

3.3.3 读数

读数时先打开反光镜至适当位置，使读数窗亮度适中，旋转读数显微镜的目镜使刻划线清晰，然后按上节所述方法进行读数。

3.3.4 置数

置数是指照准某一方向的目标后，使水平度盘的读数等于给定或需要的值。在观测水平角时，常使起始方向的水平度盘读数为零或其他数值，如果使其为零，就称为“置零”或“对零”。

由于度盘变换方式的不同，置数方法也不相同。对于采用度盘变换手轮的仪器，应先照准目标，然后扳下变换手轮保护卡，转动变换手轮进行置数，最后扳上保护卡(对于有护盖的变换手轮，应先打开护盖，然后转动变换手轮进行置数，最后关闭护盖)。对于采用复测扳手进行度盘离合的仪器，应先置好数，再去照准目标。例如，要将起始方向的水平度盘读数置为 90°00′30″，应先松开离合器（即将复测扳手向上扳到位）和水平制动螺旋，一边转动照准部，一边观察水平度盘读数，当读数接近 90°时，固紧水平制动螺旋，利用水平微动螺旋使度盘的读数为 90°00′30″，然后扣紧离合器(即复测扳手向下扳到位)，松开水平制动螺旋，旋转照准部照准目标，照准后再松开离合器即可。

3.4 水平角观测

水平角观测的方法，应根据测量工作要求的精度、使用的仪器、观测目标的多少而定。常用的方法有测回法和方向观测法两种。

水平角观测，通常都要在盘左和盘右两个盘位下观测。照准目标时，如果竖盘位于望远镜的左侧，称为盘左（又叫正镜）；如果竖盘位于望远镜的右侧，则称为盘右（又叫倒镜）。将盘左、盘右观测结果取平均值，可以抵消部分仪器误差的影响，提高观测成果质量。如果只用盘左或者盘右观测一次，称为半个测回或半测回；如果盘左、盘右各观测一次，合称为一个测回或一测回。

下面介绍测回法和方向观测法观测水平角的作业方法。

3.4.1 测回法

测回法适用于观测只有两个方向的单角。

如图3.9所示，设在 O 点安置经纬仪，观测 OA、OB 两方向间的水平角，对中、整平后，一测回的操作步骤如下。

图3.9 测回法观测水平角

1. 盘左位置观测

（1）调整望远镜为盘左位置，精确照准左边的目标 A，对水平度盘置数（略大于0°），将读数 $a_左$ 记入手簿，见表3.1。

（2）顺时针转动照准部，精确照准右边的目标 B，读取水平度盘读数 $b_左$，记入手簿。

（3）计算上半测回观测（盘左观测）的水平角值

$$\beta_左 = b_左 - a_左 \tag{3.1}$$

2. 盘右位置观测

（1）倒转望远镜变为盘右位置，先照准右边的目标 B，读取水平度盘读数 $b_右$，记入手簿。

（2）逆时针转动照准部，再照准左边的目标 A，读取水平度盘的读数 $a_右$，记入手簿。

（3）计算下半测回观测（盘右观测）的水平角值

$$\beta_右 = b_右 - a_右 \tag{3.2}$$

3. 一测回水平角值的计算

对于 DJ_6 型光学经纬仪，当盘左、盘右两个“半测回”角值之差不超过 $\pm 36''$ 时，取两半测回角值的平均值作为一测回观测的水平角值，即

$$\beta = (\beta_左 + \beta_右)/2 \tag{3.3}$$

由于水平度盘的刻划注记是按顺时针方向增加的，因此在计算角值时，无论是盘左还是盘右，均用右边目标的读数减去左边目标的读数，如果右边目标读数不够减，则应加上

360°后再减。

为了提高观测精度、减小度盘分划误差的影响，水平角需要观测多个测回，每测回应改变起始度盘的位置，其改变值为 180°/n（n 为测回数）。但应注意，不论观测多少个测回，第一测回的置数均应当为 0°。例如，要观测 2 个测回，第一测回起始方向的置数应为 0°（略大于 0°），则第二测回起始方向的置数应为 90°（略大于 90°）。当各测回角值之差不超过±24″时，取各测回的平均值作为最后结果。若超限，则应重测。

测回法水平角观测的记录格式见表 3.1。

表 3.1　测回法观测手簿

测站	测回	竖盘位置	目标	水平度盘读数 (° ′ ″)	半测回角值 (° ′ ″)	一测回角值 (° ′ ″)	各测回平均值 (° ′ ″)
O	1	左	A	0 01 12	39 15 36	39 15 33	39 15 38
			B	39 16 48			
		右	A	180 01 06	39 15 30		
			B	219 16 36			
O	2	左	A	90 00 06	39 15 48	39 15 42	
			B	129 15 54			
		右	A	270 00 12	39 15 36		
			B	309 15 48			

3.4.2 方向观测法

当一个测站上观测方向有三个或三个以上时，需要同时测量出多个角度，此时应采用方向观测法进行观测。

1. 观测方法

如图 3.10 所示，设在 O 点安置经纬仪，观测 A、B、C、D 四个方向间的水平角。对中整平后，用方向观测法观测一个测回的操作程序如下：

（1）选定一个距离适中、目标清晰的方向 A 作为起始方向（又称为零方向），以正镜照准 A 点，水平度盘置数略大于 0°。将读数记入手簿，见表 3.2。

（2）按顺时针方向旋转照准部（如图中实线箭头所示），依次照准 B、C、D 和 A，读数、记录。

（3）以倒镜照准目标 A，读数、记录。

（4）按逆时针方向旋转照准部（如图中虚线箭头所示），依次照准 D、C、B 和 A，读数、记录。

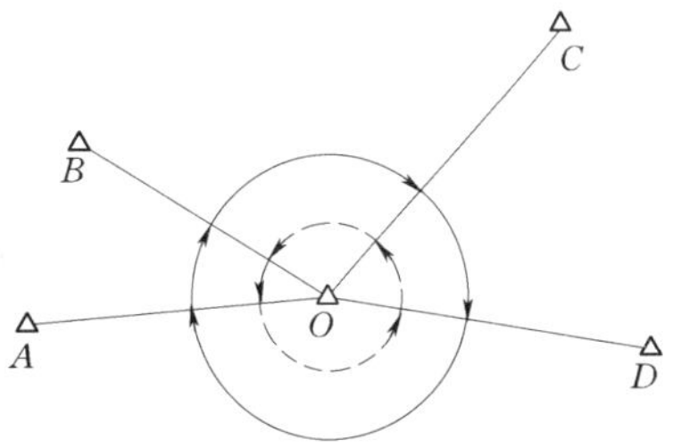

图 3.10　方向观测法

至此，一个测回的观测完毕。同样，为了削弱度盘分划误差的影响，提高测角精度，可变换水平度盘位置观测若干个测回。

在半测回的观测中，最后都有一个再次观测起始方向的操作，这个操作称为归零，归零的目的是为了检核观测过程中仪器是否发生了变动（因为方向数较多，观测时间较长）。由于有了归零操作，相当于作了一个圆周的观测，所以这种观测方法又称为全圆观测法。

2. 记录计算

方向观测法的记录格式见表 3.2。盘左观测时，由上往下记录；盘右观测时，由下往上记录。计算在表格中进行，计算方法和有关要求分述如下：

表 3.2 **方向观测法观测手簿** 测站：O

测回	目标	水平度盘读数		2c =左－(右±180°)	平均读数=[左+(右±180°)]/2	归零后的方向值	各测回归零方向平均值
		盘 左	盘 右				
		(° ′ ″)	(° ′ ″)	(″)	(° ′ ″)	(° ′ ″)	(° ′ ″)
1	2	3	4	5	6	7	8
1	A	0 02 06	180 02 18		(0 02 10) 0 02 12	0 00 00	0 00 00
	B	60 42 30	240 42 36		60 42 33	60 40 23	60 40 18
	C	130 57 24	310 57 06		130 57 15	130 55 05	130 55 16
	D	240 48 54	60 48 48		240 48 51	240 46 41	240 46 40
	A	0 02 12	180 02 06		0 02 09		
2	A	90 01 00	270 01 06		(90 01 06) 90 01 03	0 00 00	
	B	150 41 12	330 41 24		150 41 18	60 40 12	
	C	220 56 30	40 56 36		220 56 33	130 55 27	
	D	330 47 48	150 47 42		330 47 45	240 46 39	
	A	90 01 06	270 01 12		90 01 09		

(1) 计算半测回归零差。半测回作业中，开始和最后两次照准起始方向的读数差称为半测回归零差。对于 DJ_6 型经纬仪，半测回归零差不得超过±24″，否则应重测。

(2) 计算二倍照准差 $2c$。$2c$ 即正倒镜照准同一目标时的水平度盘读数之差，称为二倍照准差，按下式计算

$$2c = 盘左读数\ L - (盘右读数\ R \pm 180°) \tag{3.4}$$

在没有水平度盘偏心差影响的情况下，$2c$ 值的大小和稳定性反映了望远镜视准轴与横轴是否垂直以及照准和读数是否包含较大的误差。DJ_6 型经纬仪采用单指标读数，按上式算得的 $2c$ 中包含了水平度盘可能出现的偏心差，已不能真实反映视准轴与横轴的关系以及照准和读数的质量，故不必计算 $2c$ 值。

(3) 计算同一方向盘左、盘右读数的平均值。计算公式为

$$平均值 = [盘左读数\ L + (盘右读数\ R \pm 180°)]/2 \tag{3.5}$$

一测回中，起始方向盘左、盘右读数的平均值有两个，应再取这两个平均值的中数作为起始方向读数平均值的最后结果，写在第一个平均值上方的括号内（表 3.2 中第 6 列）。

(4) 计算一测回归零方向值。将计算出的各方向的读数平均值分别减去起始方向的读数平均值（括号内之值），即得各方向的归零方向值。

(5) 计算各测回归零后的平均方向值。对于 DJ_6 型经纬仪，同一方向各测回归零方向值的较差应不超过±24″，若合乎要求，取其平均值作为该方向的最后结果。

(6) 水平角的计算。将相邻两个归零后的方向值相减，即为这两个方向所夹的水平角。

应当指出，当测站上的观测方向数正好为3个时，可以不进行归零观测，即每个半测回不必再次观测起始方向，因而起始方向没有两盘左、盘右读数的平均值再取中数的计算，其余计算与检核与全圆观测法完全相同。

3.5 竖直角观测

3.5.1 竖盘结构

光学经纬仪竖盘部分包括竖直度盘、竖盘指标水准管和竖盘指标水准管微动螺旋，如图3.11所示。竖盘固定在横轴一端且与横轴垂直，横轴通过竖盘中心。当望远镜绕横轴旋转时，竖盘随之转动，而竖盘指标不动。竖盘指标为分（测）微尺的零分划线，它与竖盘指标水准管固连在一起。当旋转竖盘指标水准管微动螺旋使指标水准管气泡居中时，竖盘指标即处于正确位置。也有些光学经纬仪采用竖盘指标自动归零装置，自动调整竖盘指标使其处于正确位置。

竖盘为全圆周刻划，刻划注记形式有顺时针与逆时针两种。当望远镜视线水平，竖盘指标水准管气泡居中时，竖盘读数应为90°或90°的整倍数。

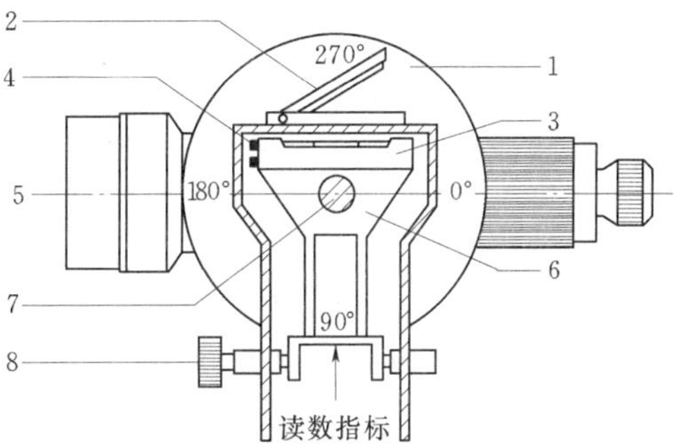

图 3.11 竖盘结构

1—竖盘；2—竖盘指标水准管反光镜；3—竖盘指标水准管；4—竖盘指标水准管校正螺丝；5—望远镜视准轴；6—竖盘指标水准管支架；7—横轴；8—竖盘指标水准管微动螺旋

3.5.2 竖直角计算公式

竖直角的计算与水平角的计算一样，也是两个方向读数之差。只不过在竖直角观测中，当望远镜水平时，竖盘读数是一个定值（多数仪器盘左为90°，盘右为270°），所以观测时只须读取目标视线方向的竖盘读数。

由于竖盘刻划注记有顺时针和逆时针两种形式，因此竖直角的计算公式也不同。在图3.12（a）中，盘左位置视线水平时的竖盘读数为90°，将望远镜逐渐抬高（仰角），竖盘读数在减少，因此盘左的竖直角计算公式为

$$\alpha_{左} = 90° - L \tag{3.6}$$

同理，在图3.12（b）中，盘右位置视线水平时的竖盘读数为270°，当抬高望远镜时竖盘的读数逐渐增加，所以盘右的竖直角计算公式为

$$\alpha_{右} = R - 270° \tag{3.7}$$

式中 L、R——盘左、盘右照准目标时的竖盘读数。

则一测回的竖直角计算公式为

$$\alpha = (\alpha_{左} + \alpha_{右})/2 \tag{3.8}$$

或

$$\alpha = (R - L - 180°)/2 \tag{3.9}$$

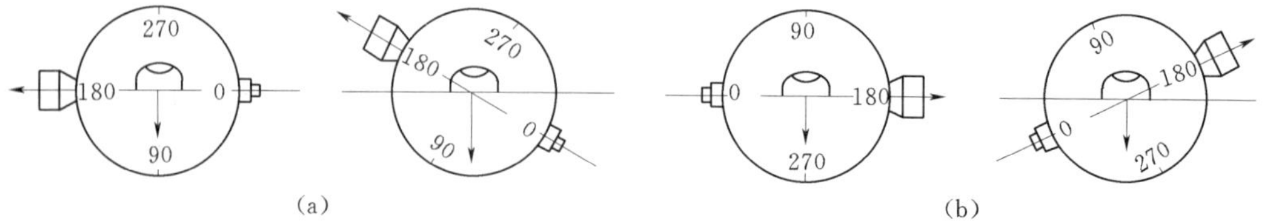

图 3.12 竖直角的计算

根据上述分析，实际工作中，可根据所用仪器自行确定竖直角的计算公式，即：

（1）当望远镜从水平位置往上抬高物镜端时，若竖盘读数逐渐增加，则竖直角的计算公式为

$$\alpha = \text{目标视线的读数} - \text{视线水平时的读数} \tag{3.10}$$

（2）当望远镜从水平位置往上抬高物镜端时，若竖盘读数逐渐减少，则竖直角的计算公式为

$$\alpha = \text{视线水平时的读数} - \text{目标视线的读数} \tag{3.11}$$

3.5.3 竖盘指标差

式（3.6）、式（3.7）所示是一种理想的情况，即当视线水平，竖盘指标水准管气泡居中时，竖盘读数为 90°或 270°，但实际上读数指标往往并不是恰好指在 90°或 270°位置上，而与 90°或 270°相差一个小角度 x，我们把 x 这个小角度称为竖盘指标差，如图 3.13 所示。竖盘指标的偏移方向与竖盘注记增加方向一致时 x 值为正，反之为负。

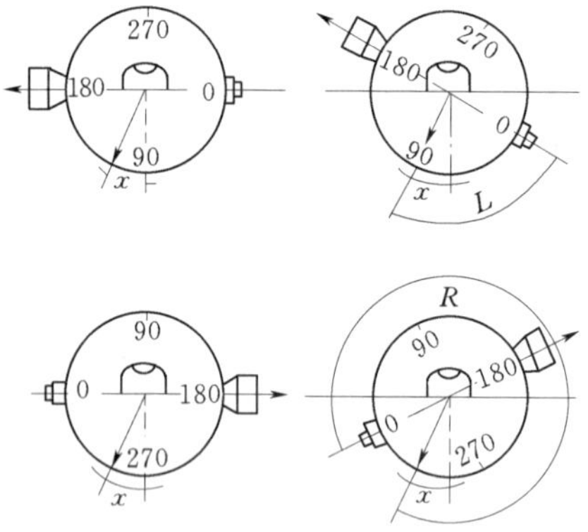

图 3.13 竖盘指标差

下面以图 3.12 顺时针注记的竖盘为例，说明竖盘指标差的计算公式。

由图 3.13 可以看出，由于指标差 x 的存在，使得盘左、盘右读得的 L、R 均增大了一个 x，则正确的竖直角 α 为

$$\alpha_{左} = 90° - (L - x) = 90° - L + x \tag{3.12}$$

$$\alpha_{右} = (R - x) - 270° = R - 270° - x \tag{3.13}$$

所以一测回的竖直角为

$$\alpha = (\alpha_{左} + \alpha_{右})/2 = (R - L - 180°)/2 \tag{3.14}$$

上列式中的 L、R 分别为盘左、盘右照准目标时的竖盘读数。式（3.14）说明了取盘左、盘右观测竖直角的平均值可以消除竖盘指标差的影响。将式（3.12）与式（3.13）相减，可得竖盘指标差的计算公式为

$$x = (L + R - 360°)/2 \tag{3.15}$$

对于同一台仪器在同一观测时段内，一般认为，指标差为一固定值。因此，指标差互差可以反映观测成果的质量。对 DJ_6 型光学经纬仪，同一测站上各方向的指标差互差或同一方向各测回间指标差互差不得超过±24″。

3.5.4 竖直角观测方法

（1）将仪器安置在测站点上，根据所用仪器确定竖直角的计算公式。

表 3.3　　竖直角观测手簿

测站	目标	盘位	竖盘读数 (° ′ ″)	半测回竖直角 (° ′ ″)	指标差 (″)	一测回竖直角 (° ′ ″)	备注
O	A	左	81 15 18	+8 44 42	+15	+8 44 57	竖直角计算公式：式(3.6)、式(3.7)、式(3.8)。指标差计算公式：式(3.15)
		右	278 45 12	+8 45 12			
	B	左	113 03 42	−23 03 42	+18	−23 03 24	
		右	246 56 54	−23 03 06			

(2) 盘左精确照准目标，使十字丝的中丝切准目标的某一位置。调节指标水准管微动螺旋，使指标水准管气泡居中，读取竖盘读数 L，并记入记录手簿（表 3.3）。

(3) 倒转望远镜，盘右位置精确照准原目标位置，调节指标水准管微动螺旋，使指标水准管气泡居中，读取竖盘读数 R，记入手簿。至此一测回观测结束。

(4) 根据指标差和竖直角计算公式计算指标差和竖直角。

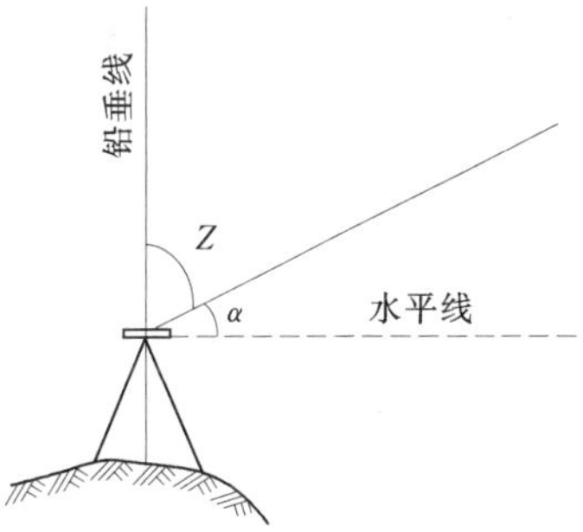

图 3.14　天顶距与竖直角的关系

3.5.5　天顶距的概念及其与竖直角的关系

在今后的学习中，有时会涉及到天顶距的概念。所谓天顶距，即在同一竖直面内，视线与过测站铅垂线指天方向之间的夹角，如图 3.14 中的 Z 所示。天顶距的取值范围为 0°～180°。从图中不难看出，天顶距 Z 与竖直角 α 之间的关系为：

$$Z = 90° - \alpha \tag{3.16}$$

3.6　DJ_6 型光学经纬仪的检验与校正

3.6.1　经纬仪主要轴线间的关系

如图 3.15 所示，经纬仪的主要轴线有视准轴 CC、仪器竖轴 VV、横轴 HH 以及照准部水准管轴 LL。

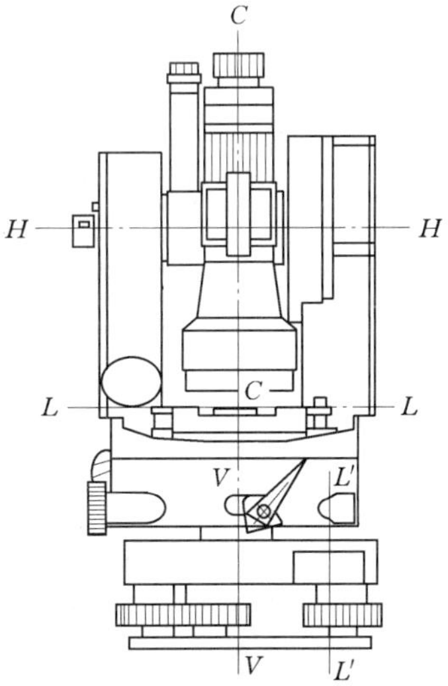

图 3.15　经纬仪的轴线关系

由水平角的测量原理知，当仪器整平后，望远镜上下转动时视准轴扫出的面应当是一个竖直面。为此，经纬仪各轴线间必须满足下列几何关系：

(1) 照准部水准管轴垂直于仪器竖轴，即 $LL \perp VV$。

(2) 仪器横轴垂直于竖轴，即 $HH \perp VV$。

(3) 视准轴垂直于横轴，即 $CC \perp HH$。

不难理解，若照准部水准管轴垂直于仪器竖轴，当照准部水准管气泡居中时，照准部水准管轴处于水平位置，则仪器竖轴处于竖直位置，水平度盘也就处于水平位置（水平度盘与仪器竖轴保持正交关系，这一点仪器组装时已得到保证）。若仪器横轴垂直于竖轴，则当竖轴竖直时，横轴处于水平位置。若视准轴垂直于横轴，当横轴水平时，望远镜绕横轴上下转动时，视准轴扫出的面则一定是竖直面。

此外，为了测得正确的水平角和竖直角值，要求十字丝竖丝垂直于横轴；竖盘指标处于正确位置；同时还要求光学对中器的视轴与仪器竖轴重合；圆水准器轴平行于仪器竖轴，即 $L'L' /\!/ VV$。

一般来讲，仪器轴线间的关系在仪器出厂时是得到保证的，但经过长途运输的震动和颠簸，轴线间关系可能会发生变动；同时仪器在使用过程中，轴线间的关系也会发生变动。因此，每期作业前，应对所用仪器进行检验与校正。

3.6.2 经纬仪的检验与校正

下面按顺序分别说明经纬仪的检验与校正方法。

1. 照准部水准管轴垂直于仪器竖轴的检验与校正

（1）检验。先将仪器粗平，再转动照准部使水准管平行于任意两脚螺旋的连线，转动这两个脚螺旋使气泡居中。然后将照准部旋转 180°，如果此时气泡仍居中，则说明水准管轴垂直于竖轴，否则应进行校正。

（2）校正。图 3.16（a）中，水准管轴不垂直于竖轴，当气泡居中时，水准管轴水平，竖轴却偏离铅垂线方向一个 α；当仪器绕竖轴旋转 180°后，如图 3.16（b）所示，竖轴仍处于原来的位置，而水准管两端却交换了位置，这时水准管轴与水平线的夹角为 2α，气泡不再居中，其偏移量代表了水准管轴的倾斜角 2α。为了使水准管轴垂直于竖轴，只须校正一个 α 角。因此，用校正针拨动水准管校正螺丝，使气泡返回偏离格数的一半，如图 3.16（c）所示，此时水准管轴即垂直于竖轴。再转动脚螺旋使水准管气泡居中，如图 3.16（d）所示，此时水准管轴水平，竖轴也垂直。此项检校必须反复进行，直至水准管位于任何位置，气泡偏离零点均不超过半格为止。

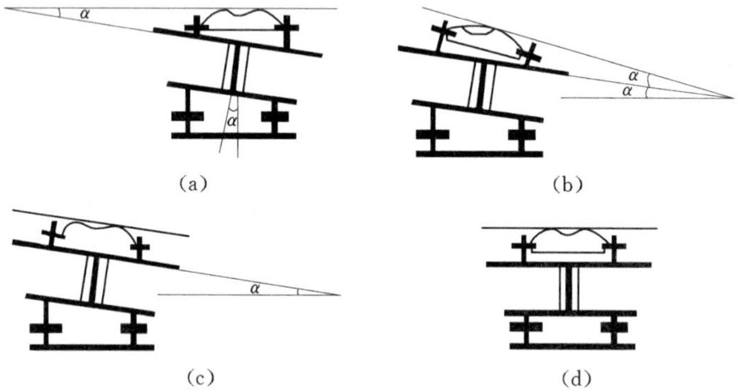

图 3.16 照准部水准管轴垂直于仪器竖轴的检验与校正

2. 圆水准器轴平行于竖轴的检验与校正

（1）检验。检验的目的是检查圆水准器轴是否与仪器的竖轴平行。如果此项条件得不到满足，以后就无法使用圆水准器作粗略整平。检验的方法是：首先用已检校的照准部水准管，将仪器精确整平，此时再看圆水准器的气泡是否居中，如不居中，则需校正。

（2）校正。在仪器精确整平的条件下，用校正针直接拨动圆水准器底座下的校正螺丝使气泡居中，校正时注意校正螺丝应一松一紧。

3. 视准轴垂直于横轴的检验与校正

如图 3.17 所示，视准轴不垂直于横轴，其偏离正确位置的角度 c 称为视准误差，它是由于十字丝交点的位置不正确而产生的。

(1) 检验。整平仪器，盘左照准一个与仪器高度大致相同的远处目标 A，读取水平度盘的读数 L；再用盘右位置照准原目标并读取水平度盘读数 R，计算 c 值，即

$$c = [L - (R \pm 180°)]/2 \tag{3.17}$$

当 c 的绝对值大于 $1'$ 时，则需校正。

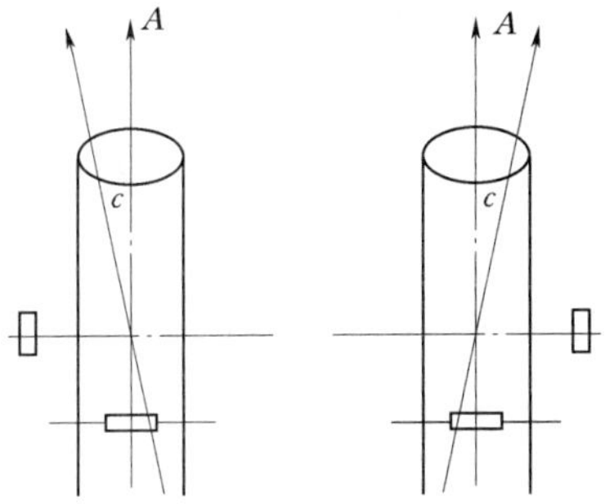

图 3.17　视准轴垂直于横轴的检验

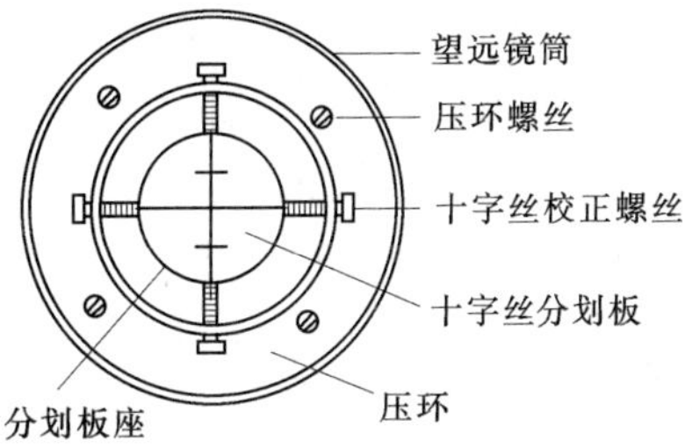

图 3.18　目镜座固定螺丝和十字丝校正螺丝

(2) 校正。校正通常在盘右位置进行，即不改变检验时的盘右位置，计算出盘右正确的水平度盘读数 $R_{正}$

$$R_{正} = R + c \tag{3.18}$$

转动水平微动螺旋使水平度盘的读数为 $R_{正}$，此时十字丝交点已偏离目标点 A。取下十字丝环的保护罩，微微松开十字丝环上面的校正螺丝，调节十字丝环的左右两个校正螺丝，如图 3.18 所示，使十字丝交点重新照准目标点，最后旋紧各校正螺丝。检校应反复进行，直到 c 值不大于 $1'$ 为止。

需要说明的是：对于单指标的 DJ_6 型仪器，当度盘偏心差较大时，$2c$ 值中包含了较大的偏心差，校正时将得不到正确的结果。此时可改用四分之一法进行检校，本书不再详述。

4. 横轴垂直于竖轴的检验与校正

(1) 检验。如图 3.19 所示，在距高墙 20～30m 处安置仪器，在墙上选一仰角大于 30°的目标点 P，先以盘左照准 P 点，然后将望远镜放平，在墙上定出一点 P_1；倒转望远镜以盘右位置再次照准 P 点，再将望远镜放平，在墙上又定出一点 P_2。如果 P_1 和 P_2 两点重合，表明仪器横轴垂直于竖轴，否则应进行校正。

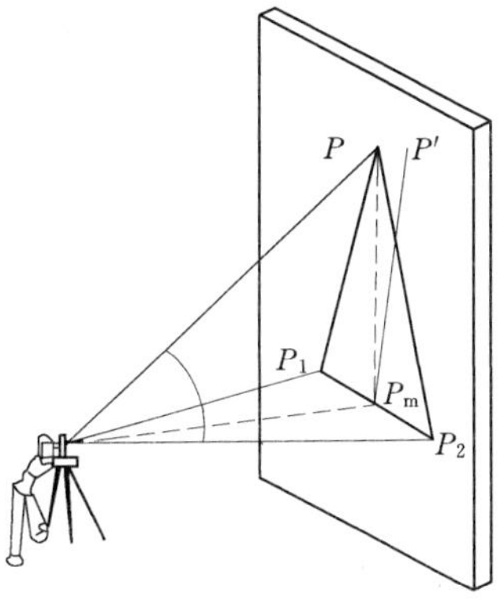

图 3.19　横轴垂直于竖轴的检验

(2) 校正。在墙上定出 P_1P_2 的中点 P_m，转动水平微动螺旋使十字丝交点照准 P_m 点，然后抬高望远镜，此时十字丝交点必然偏离 P 点而位于 P' 处。打开支架处横轴一端的护盖，调整支承横轴的偏心轴环，抬高或降低

横轴一端，直至十字丝交点照准 P 点为止。此项校正难度较大，通常由专业仪器检修人员进行。一般来讲，仪器在制造时此项条件是得到保证的，故通常情况下无需检校。

5. 十字丝竖丝垂直于横轴的检验与校正

（1）检验。仪器严格整平后，用十字丝竖丝的上端或下端精确照准一清晰目标点，旋紧水平制动和望远镜制动螺旋，再用望远镜微动螺旋使望远镜上下转动，若目标点始终在竖丝上移动，表明条件满足，否则就需要进行校正。

（2）校正。旋下目镜处的护盖，微微松开十字丝环的四个压环螺丝，如图 3.18 所示，转动十字丝环，直至望远镜上下移动时，目标点始终沿竖丝移动为止，最后将四个压环螺丝拧紧，旋上护盖。

6. 光学对中器的检验与校正

（1）检验。选择一平坦的地面并精确整平仪器，对光学对中器进行调焦，使对中器的分划板和地面影像均清晰。然后在脚架中央的地面上固定一张白纸，将对中器的分划板中心投影在白纸上；然后将照准部旋转 180°，再次将分划板中心投在白纸上，若两次投在白纸上的点位重合，说明条件满足，否则需校正。

（2）校正。校正时先在白纸上定出两投影点连线的中点，然后调整对中器的直角棱镜或对中器的分划板（仪器不同，调整构件的形式可能不同，参见仪器使用说明书），使对中器中心对准中点。此项检校也应反复进行，直至条件满足为止。

7. 竖盘指标差的检验与校正

（1）检验。整平仪器后，以盘左、盘右位置先后照准同一目标点，在竖盘指标水准管气泡居中的情况下分别读取竖盘读数 L 和 R，然后按式（3.15）计算指标差 x。若指标差超过 $1'$，则需进行校正。

（2）校正。校正一般是在盘右位置进行的，即在读完盘右的竖盘读数后仪器保持不动，先计算出盘右位置的正确竖盘读数 $R_{正}$

$$R_{正} = R - x \tag{3.19}$$

转动竖盘指标水准管微动螺旋使竖盘读数为 $R_{正}$，此时指标水准管气泡不再居中，用校正针调节指标水准管一端的上、下两个校正螺丝，使气泡居中。此项检校也应反复进行，直至满足要求为止。

对于竖盘指标是自动归零装置的经纬仪，校正时，先调节望远镜微动螺旋，使竖盘读数为 $R_{正}$，再用校正针调节十字丝环的上、下校正螺丝，使十字丝交点对准目标。

3.7 水平角测量的误差来源及消减办法

水平角测量的误差同样来源于仪器误差、观测误差和外界条件影响三个方面。

3.7.1 仪器误差

仪器误差的来源可分为两方面：一是仪器制造加工不完善的误差，如度盘刻划误差、度盘偏心误差等，前者可通过测回间改变度盘位置的方法来加以削减；后者可采用盘左、盘右观测取平均值的方法予以消除。二是仪器检校不完善的误差，如视准轴误差、横轴误差以及竖轴误差等，其中视准轴不垂直于横轴、横轴不垂直于竖轴的误差均可采用盘左、盘右观测取平均值的方法予以消除；但照准部水准管轴不垂直于竖轴的误差，不能用盘左、盘右观测取平均值的方法加以消除，这是因为当照准部水准管气泡居中后竖轴并不竖直，从而导致横轴倾斜，使水平方向读数产生误差，由于竖轴不竖直所引起的水平方向读数误差在盘左、盘右观测时不但数值相等，而且符号也相同，为不对称观测，而且照准目标的俯仰角越大，误差影响也越大，因此在进行水平角测量时，尤其在视线倾斜过大的地区观测水平角时，要特别注意整平仪器，以减小竖轴误差的影响。

3.7.2　观测误差

1. 对中误差

对中误差是指仪器中心与测站中心不在同一铅垂线上所产生的误差。如图 3.20 所示，设 B 为测站点，而仪器中心在地面上的投影点为 B'，则 B 与 B' 点间的距离 e（称为偏心距）即为对中误差。从图中不难看出，对中误差对测角的影响为应测的角度 β 与实测的角度 β' 之差，即

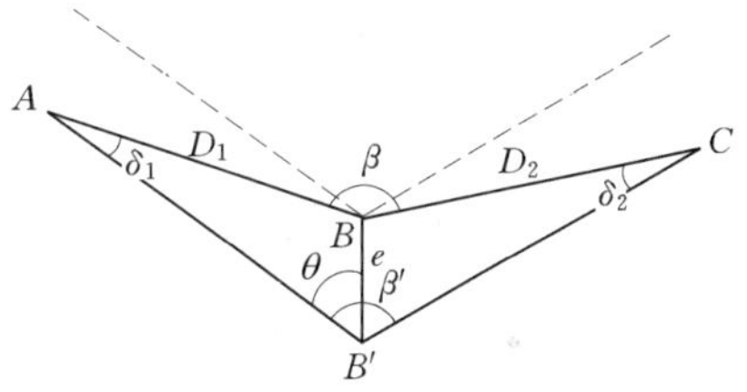

图 3.20　对中误差的影响

$$\Delta\beta = \beta - \beta' = \delta_1 + \delta_2 \tag{3.20}$$

因 δ_1 和 δ_2 很小，则有

$$\delta_1 = \frac{e\sin\theta}{D_1}\rho'' \qquad \delta_2 = \frac{e\sin(\beta'-\theta)}{D_2}\rho''$$

因此有

$$\Delta\beta = e\rho''\left[\frac{\sin\theta}{D_1} + \frac{\sin(\beta'-\theta)}{D_2}\right] \tag{3.21}$$

由式（3.21）可知，对中误差对测角的影响与偏心距成正比、与观测边长成反比，此外与所测角度的大小和偏心的方向有关。当 $\beta'=180°$，$\theta=90°$时，$\Delta\beta$ 最大。设 $e=3\text{mm}$，$D_1=D_2=100\text{m}$，$\theta=90°$，$\beta'=180°$，则 $\Delta\beta=12''$；当 $D_1=D_2=50\text{m}$，其他条件相同时，则 $\Delta\beta=24''$。因此在进行水平角测量时，应进行精确的对中，尤其在边长较短、角度为钝角的情况下更应如此，否则将会给角度观测带来很大影响。

2. 整平误差

观测时若仪器未严格整平，竖轴将处于倾斜位置，这种误差与前面分析的水准管轴不垂直于竖轴的误差性质相同。由于这种误差不能采用适当的观测方法加以消除，且观测目标的竖直角越大，其误差影响也越大，故当观测目标的高差较大时，应特别注意仪器的整平。当太阳光较强时，应打伞遮阳，以避免阳光直接照射水准管，影响仪器的整平。

3. 目标偏心误差

当目标点上竖立的观测标志不直，而测角时又没照准目标的底部，那么实际照准的目标位置将偏离地面标志点而产生误差，这种误差称为目标偏心差。如图 3.21 所示，O 为测站点，A 为测点标志中心，A'为目标上实际照准位置的水平投影，δ_1 即为目标偏心对水平角观测的影响。从图中可以看出

$$\delta_1 = \beta - \beta' = \frac{e_1}{D_1}\rho'' \tag{3.22}$$

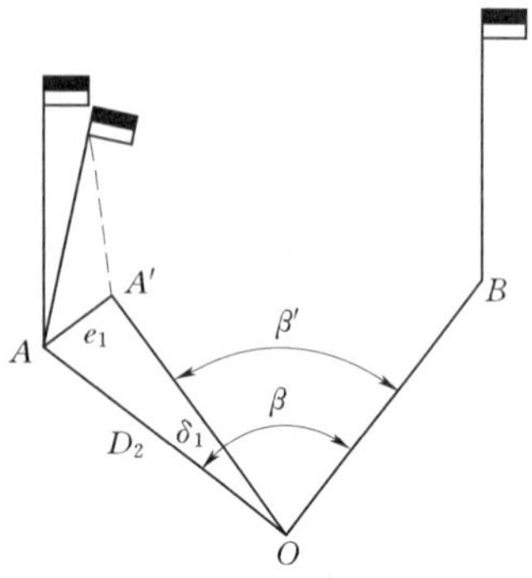

图 3.21 目标偏心的影响

由上式可知，目标偏心对测角的影响与目标偏心距 e_1 成正比，与仪器到目标点的距离 D_1 成反比。所以观测标志倾斜度越大，照准部位越高，则目标偏心越大，由此给测角带来的影响也越大。因此观测时应尽量将观测标志竖直，同时观测时尽量照准观测标志的底部，尤其是短边观测时更应注意。

4. 照准误差

照准误差与望远镜的放大倍率有关。一般认为，人眼的分辨率为 60″（即当两点对眼睛的视角小于 60″时，人眼即不能分辨出两点），当用放大率为 V 的望远镜观测时，照准误差为

$$m_v = \pm \frac{60''}{V} \tag{3.23}$$

一般 DJ_6 型光学经纬仪望远镜的放大倍率为 30～25 倍，则相应的照准误差为 ±2.0″～±2.4″。此外，照准误差还与目标的亮度及视差的消除程度有关，为减小这种误差的影响，应选择有利的观测时机，同时观测时应注意消除视差。

5. 读数误差

读数误差主要取决于仪器的读数设备。对于 DJ_6 型光学经纬仪，用分微尺读数，读数误差不超过分微尺最小格值的 1/10，即不超过 ±6″。如果反光镜进光情况不佳，读数显微镜调焦不好，以及观测者的操作不熟练，则读数误差将会增大。

3.7.3 外界条件的影响

外界条件影响测角的因素很多，如大风影响仪器的稳定；大气对流会使目标影像跳动；大气透明度差会使目标成像不清晰；大气层密度上的变化将会产生折光；温度变化会引起仪器轴线间关系的变动等。要避免外界因素的影响则是十分困难的，因此，只能采取一些措施，如选择有利的观测时间和避开不利的观测条件等，使这些外界因素的影响降低到较小的程度。

3.8 DJ_2 型光学经纬仪简介

DJ_2 型经纬仪是一种精度较高的经纬仪，常用于控制测量和精密工程测量中。图 3.22 为苏州光学仪器厂生产的 DJ_2 型光学经纬仪。

DJ_2 型光学经纬仪与 DJ_6 型光学经纬仪的区别主要是读数设备及读数方法的不同。DJ_2 型光学经纬仪采用对径分划影像符合的读数装置，它是将度盘上相对 180°的分划线，借助于一系列棱镜和透镜的反射与折射作用而同时反映到读数显微镜内，并分别位于一条横线的上方与下方，成为正像和倒像，如图 3.23 中的大窗所示。DJ_2 型光学经纬仪的测微装置为双光楔测微器，在光路上设置了一个固定光楔组和一个活动光楔组，度盘对径分划分别通过一个固定光楔和一个活动光楔，活动光楔组与测微轮相连，转动测微轮，可使活动光楔组相对于固定光楔组作相对运动，于是度盘正、倒像对径分划作相对移动，而测

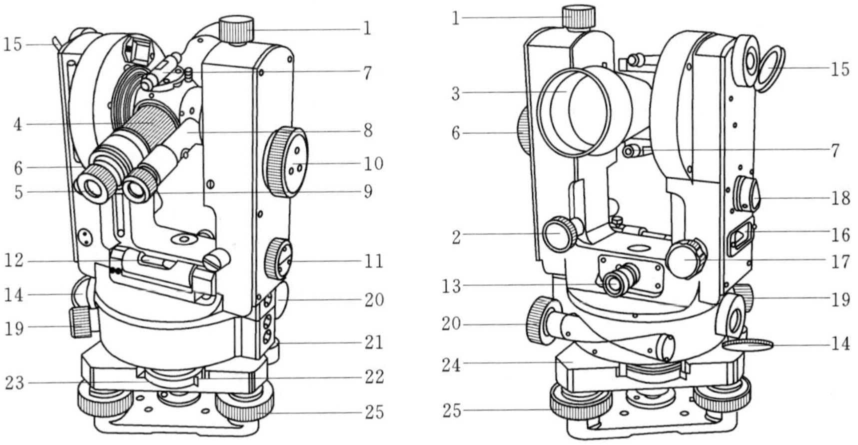

图 3.22　DJ_2 型光学经纬仪

1—望远镜制动螺旋；2—望远镜微动螺旋；3—物镜；4—物镜调焦螺旋；5—目镜；6—目镜调焦螺旋；7—光学瞄准器；8—读数显微镜；9—读数显微镜调焦螺旋；10—测微轮；11—水平度盘与竖直度盘换像手轮；12—照准部管水准器；13—光学对中器；14—水平度盘反光镜；15—垂直度盘反光镜；16—指标水准管；17—指标水准管微动螺旋；18—指标水准管气泡观察窗；19—水平制动螺旋；20—水平微动螺旋；21—圆水准器；22—水平度盘变换手轮；23—水平度盘变换手轮护盖；24—基座；25—脚螺旋

微轮又与测微尺相连，当转动测微轮使正、倒像对径分划重合（符合）时，对径两分划线相对移动的角值就在测微尺上反映出来。当度盘正、倒像分划线相对移动一格（实际上各移动半格）时，测微尺正好移动 600 小格，度盘的最小格值为 20′（半格值为 10′），故测微尺上最小格值为 1″，可估读至 0.1″。读数时，先转动测微轮使靠近视窗中央的正、倒像对径分划线精确重合，如图 3.23 所示，读出正像左边的度数（图中为 27°）；再在倒像右边找到与所读度数相差 180°的分划线（图中为 207°），数出此两分划线间所夹的格数（图中为 5 格），格数乘以格值（10′）即为整十分的分值；不足 10′的分数和秒数在小窗（测微尺读数窗）中读取。图 3.23 中的完整读数为 27°52′03.7″。

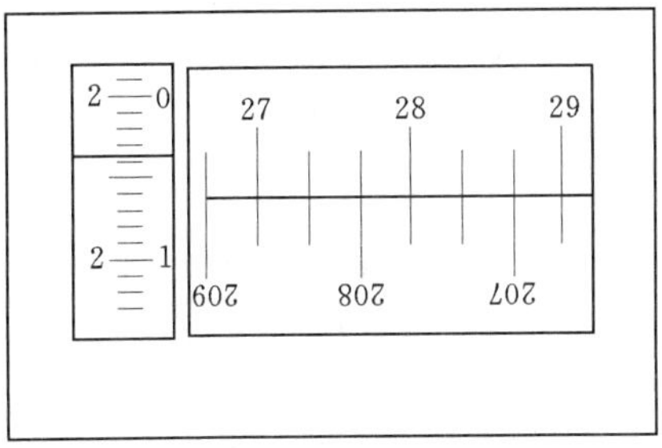

图 3.23　DJ_2 型光学经纬仪读数视窗

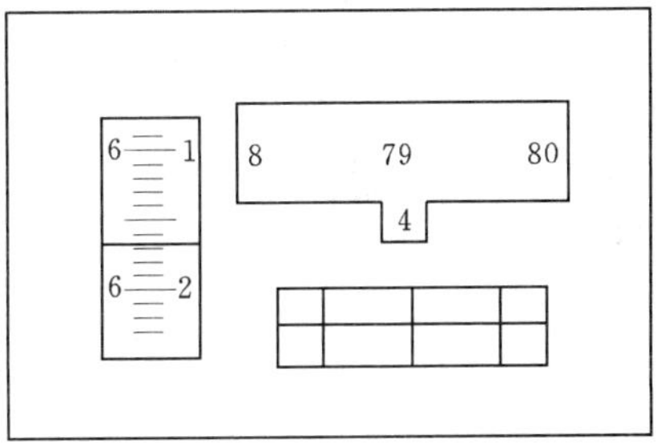

图 3.24　新型 DJ_2 型光学经纬仪读数视窗

为使读数更为方便，近年来使用的 DJ_2 型经纬仪采用图 3.24 所示的读数窗，图中右下侧的小窗为度盘分划影像（没有注记），上面小窗为度盘读数和整 10′的注记，左侧的小窗为测微尺读数窗。这种仪器的读数原理与上述相同，所不同者是采用了数字化读数形式。图中所示的读数为 79°46′16.7″。

DJ_2 型光学经纬仪在读数显微镜中只能看到水平度盘或竖直度盘的刻划影像，不能同时看到两者的影像，利用支架旁的度盘换像手轮可变换读数显微镜中水平度盘或竖直度盘的分划影像。当换像手轮端面上的指示线水平时，显示的是水平度盘的影像，当指示线成竖直时，显示的是竖直度盘的影像。

DJ_2 型光学经纬仪采用的符合读数装置可以消除水平度盘偏心差的影响。因此，在水平角观测中，可以通过计算 $2c$ 和比较 $2c$ 互差的大小来衡量观测质量。

3.9 电子经纬仪简介

随着电子技术的发展，近年来出现了用光电测角代替光学测角的电子经纬仪。电子经纬仪具有与光学经纬仪相类似的外形和结构特征，因此测角的方法、步骤与光学经纬仪基本相同，最主要的区别在于电子经纬仪采用光电扫描度盘和自动显示系统，可以自动显示角度值，从而加快了测角速度。电子经纬仪的度盘有编码度盘、光栅度盘以及格区式度盘等几种形式，下面简要叙述一下它们的测角原理。

3.9.1 编码度盘测角原理

编码度盘是在普通光学圆盘上刻有许多同心圆环，如图 3.25 所示，每一同心圆环称为码道，每个圆环又刻成若干等长的透光与不透光区，以透光表示二进制代码“1”，不透光表示“0”。当照准某一方向时，通过光电扫描获得方向代码，通过代码转换获得方向值，所以称这种测角系统为绝对式测角系统。但是单单利用编码度盘测角很难达到很高的精度，因此在编码度盘测角系统中，是采用码道和各种细分测微相结合的方法来获得方向值的。

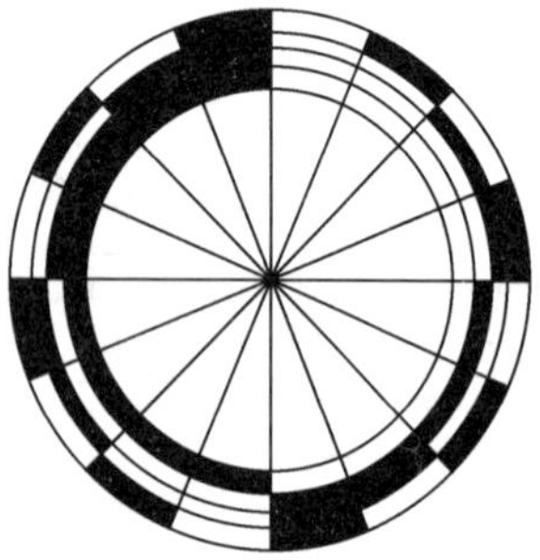

图 3.25 编码度盘

3.9.2 光栅度盘测角原理

光栅度盘是在度盘圆周径向上刻上许多均匀分布的刻线，构成等间隔的明暗条纹——光栅（刻线不透光，缝隙透光）。通常光栅的刻线宽度与缝隙宽度相同，二者之和称为光栅的栅距。栅距所对应的圆心角即为光栅的分划值。在光栅度盘上下对应位置安装照明器和光电接收管，即可把光信号转换为电信号。当照明器和接收管随照准部相对于光栅度盘转动时，由计数器自动累计转动所经过的栅距数，即可得到转动的角度值。因为光栅度盘是累计计数的，所以通常称这种系统为增量式测角系统。

仪器操作时照准部可能顺转，也可能逆转，因此计数器在累计栅距数时也有增有减。例如在瞄准目标时，如果转过了目标，当反向回到目标时，计数器就会减去多转的栅距数。所以这种读数系统具有方向判别的能力，顺时针转动时就进行加法计数，而逆时针转动时就进行减法计数。光栅度盘的栅距不宜太小，否则细分和计数都不易准确，为了提高测角精度，在光栅测角系统中都采用了莫尔条纹技术，借以将栅距放大，然后再细分和计数。

3.9.3 格区式度盘动态测角原理

动态测角系统也称作光电扫描测角系统，测角时度盘由马达带动并以额定转速旋转，然后通过光栅扫描产生电信号以取得角值。设度盘上相邻两条分划条纹的角距为 φ_0（内含一条黑色条纹和一条白色条纹，相当于不透光区和透光区），在度盘的外缘，装有与基座相固联的固定检测光栅 L_S，相当于光学经纬仪度盘的零位，在度盘的内缘装有随照准部转动的活动检测光栅 L_R，如图 3.26 所示，φ 表示望远镜照准某方向后 L_S 和 L_R 之间的角度，计取通过两指示光栅间的分划信息，即可求得角值。

由图 3.26 可以看出：$\varphi = n\varphi_0 + \Delta\varphi$，即 φ 角等于 n 个整分划间隔 φ_0 和不足一个整分划间隔 $\Delta\varphi$ 之和。n 和 $\Delta\varphi$ 是通过光电扫描的脉冲信息获得的。

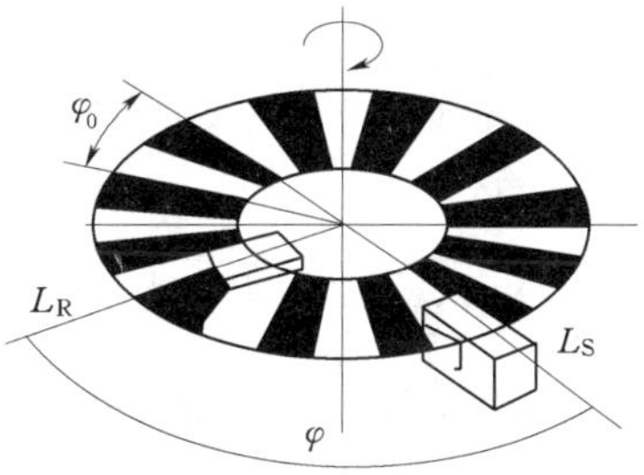

图 3.26 动态测角原理

1. 粗测

粗测只求 φ_0 的个数 n。度盘上每个栅格为一脉冲信号，在度盘同一径向的外、内缘上设有两个标记 a 和 b，度盘旋转时，从标记 a 通过 L_S 时起，计数器开始记数，当另一标记 b 通过 L_R 时计数器停止记数，此时计数器记取的脉冲个数即为 φ_0 的个数 n。

2. 精测

精测即测定 $\Delta\varphi$。通过光栅 L_S 和 L_R 分别产生两个电信号 S 和 R，$\Delta\varphi$ 可由 S 和 R 的相位差求得。精测开始后，当某一分划通过 L_S 时开始精测计数，记取通过的计数脉冲的个数，一个脉冲代表一定的角度值（例如 2″），当另一个分划继而通过 L_R 时停止计数，由计数器计得的数值即可求得 $\Delta\varphi$。度盘一周刻有若干个分划，每一个分划间隔计数一次 $\Delta\varphi$ 值，则度盘旋转一周可测得若干个 $\Delta\varphi$，取其平均值可得最后的 $\Delta\varphi$ 值。

粗测、精测数据由微机处理器处理后组合成完整的角值，自动显示。为消除光栅度盘的偏心差，通常在度盘对径位置的两端各安置一个检测光栅。

小 结

本章应掌握以下基本概念：水平角、竖直角、天顶距、视准轴、横轴、仪器竖轴、照准部水准管轴、竖盘指标差等。应熟悉角度测量的原理、经纬仪各部件的功能和作用、仪器轴线间的关系、角度测量的误差来源及消减办法。重点应掌握经纬仪的操作使用方法、水平角及竖直角的观测方法、仪器的检验与校正方法。经纬仪的对中、整平是难点，应多加练习，总结经验。必须明确，水平角观测是用十字丝竖丝照准目标的，竖直角观测是用横丝照准目标的。竖盘结构与竖盘指标差概念不易理解，应多加思索。不论水平角观测还是竖直角观测，一般要求要作盘左、盘右观测，要弄清盘左、盘右观测的意义。

思 考 题

3.1 何谓水平角、竖直角？试绘图说明水平角和竖直角测量的基本原理。

3.2 经纬仪有哪几部分组成？说明各部件的功能和作用。

3.3 仪器对中和整平的目的是什么？

3.4 分述用复测扳手和度盘变换手轮进行置数的方法。

3.5 何谓盘左观测？何谓盘右观测？为什么角度测量既要作盘左观测，又要作盘右观测？

3.6 计算水平角时为什么要用右方目标读数减左方目标读数？如果不够减应如何计算？

3.7 观测水平角，为什么要作多个测回的观测？而且各个测回起始方向的水平度盘置数不同？

3.8 为什么观测水平角时要在两个方向上读数，而观测竖直角时只需在一个方向上读数？

3.9 怎样确定竖直角的计算公式？

3.10 什么叫竖盘指标差？为什么可以用指标差互差来衡量竖直角观测成果的质量？

3.11 观测竖直角时，在读数前为什么要使竖盘指标水准管气泡居中？

3.12 什么叫天顶距？天顶距和竖直角是什么关系？

3.13 经纬仪有哪些主要轴线？它们相互之间应满足什么关系？如果这些关系不满足将会产生什么后果？

3.14 检验视准轴垂直于水平轴时，为什么选定的目标应尽量与仪器同高？检验水平轴垂直于竖轴时，为什么目标点要选得高些，而在墙上投点时又要把望远镜放平？

3.15 角度观测时有哪些误差？我们在测角时应注意哪些问题？

3.16 为什么用 DJ_6 型仪器观测水平角时可以不计算 $2c$，而 DJ_2 型仪器却要计算 $2c$ 并比较 $2c$ 互差的大小？

习 题

3.1 简述经纬仪的操作使用方法、步骤。

3.2 简述测回法水平角观测的方法、步骤。

3.3 简述方向法水平角观测的方法、步骤。

3.4 简述竖直角的观测方法。

3.5 简述经纬仪的检验与校正方法。

3.6 完成表 3.4 中测回法水平角观测的计算。

3.7 方向法水平角观测的数据列于表 3.5 中，试完成表中的计算。

3.8 在测站 A 点观测 B 点、C 点的竖直角，观测数据如表 3.6 所示。试计算竖直角及指标差（注：盘左视线水平时竖盘读数为 90°，视线向上倾斜时竖盘读数是增加的）。

表 3.4　　测回法观测手簿　　测站：O

测回	竖盘位置	目标	水平度盘读数 (° ′ ″)	半测回角值 (° ′ ″)	一测回角值 (° ′ ″)	各测回平均值 (° ′ ″)
第一测回	左	1	0 00 06			
		2	78 48 54			
	右	1	180 00 36			
		2	258 49 06			
第二测回	左	1	90 00 12			
		2	168 49 06			
	右	1	270 00 30			
		2	348 49 12			

表 3.5　　方向观测法观测手簿　　测站：O

测回	目标	水平度盘读数 盘左 (° ′ ″)	水平度盘读数 盘右 (° ′ ″)	2c＝左－(右±180°) (″)	平均读数＝[左＋(右±180°)]/2 (° ′ ″)	归零后方向值 (° ′ ″)	各测回归零方向平均值 (° ′ ″)
1	2	3	4	5	6	7	8
1	A	0 01 12	180 01 18				
	B	85 36 24	265 36 24				
	C	160 48 18	340 48 30				
	D	225 24 36	45 24 42				
	A	0 01 06	180 01 06				
2	A	90 02 06	270 02 06				
	B	175 37 12	355 37 24				
	C	250 49 00	70 49 06				
	D	315 25 24	135 25 18				
	A	90 02 12	270 02 18				

表 3.6　　竖直角观测手簿

测站	目标	盘位	竖盘读数 (° ′ ″)	半测回竖直角 (° ′ ″)	指标差 (″)	一测回竖直角 (° ′ ″)
A	B	左	95 12 24			
		右	264 47 30			
	C	左	78 48 36			
		右	281 11 54			

3.9　如图 3.27 所示，因仪器对中误差使仪器中心 O' 偏离测站标志中心 O，试根据图中给出的数据，计算由于对中误差引起的水平角测量误差。

3.10 在图3.28中，B为测站点，C为照准点。在观测水平角$\angle ABC$时，照准C点标杆顶部，由于标杆倾斜，在与BC垂直的方向上杆顶偏离C点的距离CC'为20mm。若BC长为100m，问目标偏心引起的水平角误差有多大？

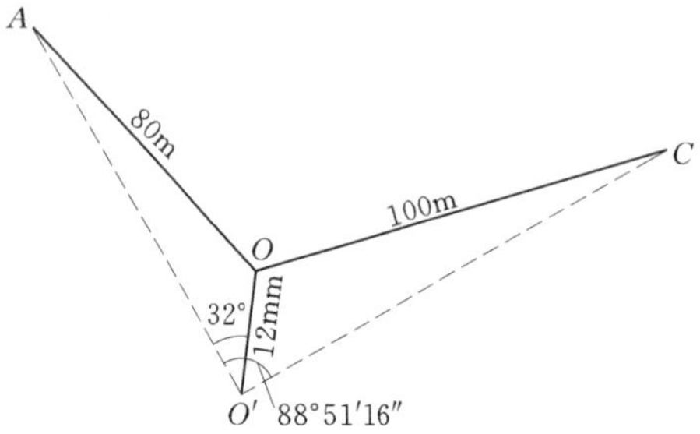

图3.27

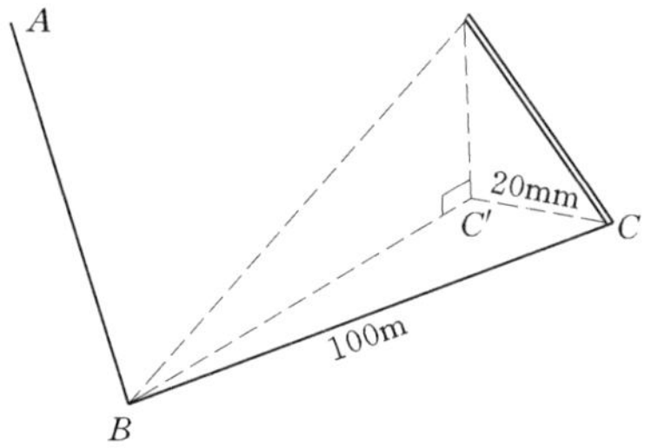

图3.28

第4章　距离测量与直线定向

学习指导

本章主要介绍距离测量、直线定向和坐标正反算的有关内容。要求熟悉距离测量的原理；掌握各种测距仪器、工具的使用方法以及距离测量的基本作业方法；掌握直线定向以及坐标正反算的方法。

距离测量是确定地面点位的基本测量工作之一。距离测量的方法有钢尺量距、视距测量、电磁波测距等。下面分别讨论这三种距离测量的基本方法。

必须明确，距离测量需要测定的是两点间的水平距离。

4.1　钢 尺 量 距

钢尺量距就是用钢卷尺沿地面直接丈量距离。钢尺量距具有较高的精度，但易受地形限制，且丈量长距离时工作量大，因此，它适合于平坦地区较短距离的测量。

4.1.1　钢尺量距的工具

钢尺量距所用的工具有：钢尺、测钎、标杆、弹簧秤、温度计、垂球等。

1. 钢尺

钢尺又叫钢卷尺，由薄钢带制成，宽1～1.5cm，厚约0.4mm，尺长有20m、30m和50m等几种。钢尺有盒装和架装两种形式，如图4.1所示。钢尺的最小刻划为毫米，每厘米、分米及每米处都刻有数字注记。

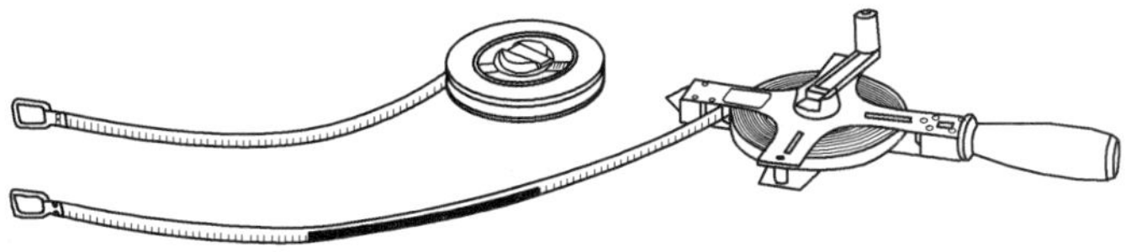

图4.1　钢尺

钢尺的零分划位置有两种形式：一种是零点位于尺的最外端（拉环的外缘），这种尺子称为端点尺，如图4.2（a）所示；另一种是零分划线在靠近尺端的某一位置，这种尺称为刻线尺，如图4.2（b）所示。钢尺大都属于刻线尺。

2. 测钎

测钎用粗铁丝或细钢筋制成，长约30～40cm，如图4.3（a）所示，一般10根为一组，套在一个圆环上。测钎主要用来标定尺段端点位置和计算尺段数。

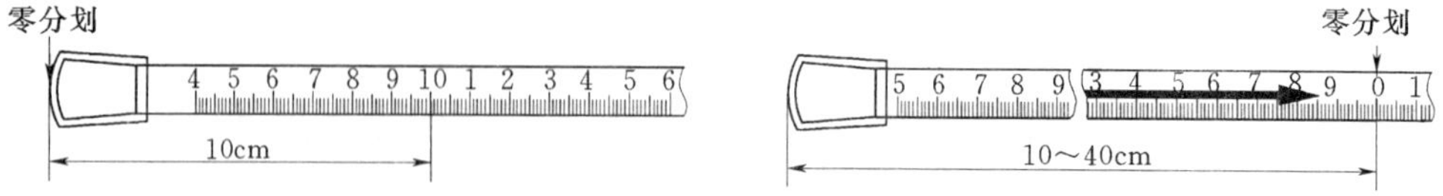

(a)　　(b)

图 4.2 端点尺和刻线尺

(a) 端点尺；(b) 刻线尺

3. 标杆

标杆又称花杆，为木质或铝合金圆杆，如图 4.3 (b) 所示，一般长 2～3m，直径约 3～4cm。杆身每隔 20cm 涂有红、白相间的油漆。杆的下端装有锥形铁脚，便于插入泥土中。量距时花杆主要是用来标点和定线的。

4. 弹簧秤和温度计

弹簧秤和温度计，如图 4.4 所示，一般在精密量距中用来测定钢尺的拉力和温度。

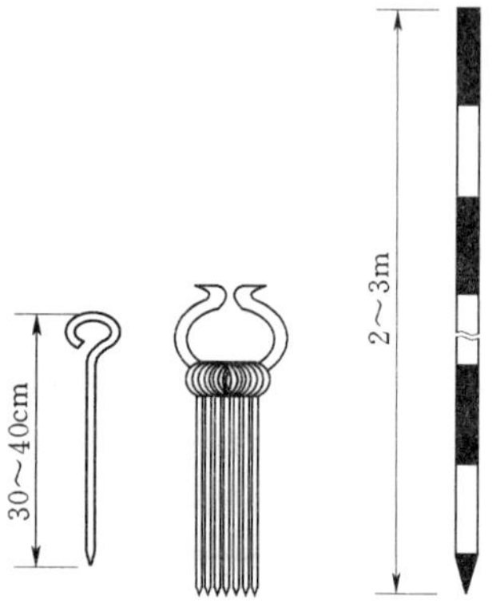

(a)　　(b)

图 4.3 测钎和标杆

(a) 测钎；(b) 标杆

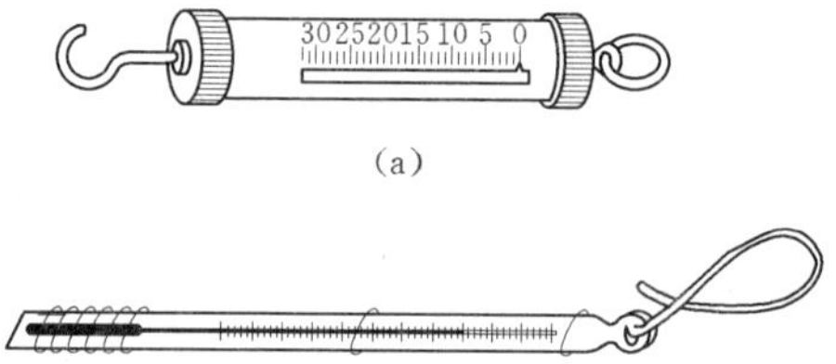

(a)　　(b)

图 4.4 弹簧秤和温度计

(a) 弹簧秤；(b) 温度计

5. 垂球

垂球的作用主要是用来对点、标点和投点。

4.1.2 钢尺量距的一般方法

4.1.2.1 直线定线

当地面两点之间的距离大于钢尺的一个尺段，就需要在直线方向上标定若干个测段点，以便于用钢尺分段丈量。直线定线的目的就是使这些分段点位于待测直线两端点的连线上。一般量距中，直线定线通常采用目测定线的方法进行。

如图 4.5 所示，设 A、B 为待测直线的两端点，要在 A、B 两点的连线上标出分段点 1、2。先在 A、B 点上竖立标杆，甲站在 A 点标杆后约 1m 处，指挥乙左右移动标杆，直到甲沿标杆的同一侧看到 A、2、B 三支标杆成一条线时为止。同法可以定出直线上的 1 点。两点间定线，一般应由远到近，即先定 1 点，再定 2 点。定线时，乙所持标杆应竖直，利用食指和拇指夹住标杆的上部，稍微提起，利用重力使标杆自然竖直。此外，为了不遮挡甲的视线，乙应持标杆站立在直线方向的左侧或右侧。

图 4.5 目测定线

图 4.6 平坦地面距离丈量

4.1.2.2 平坦地面的丈量方法

丈量工作一般由两人进行。如图 4.6 所示，先清除待量直线上的障碍物，在直线两端点 *A*、*B* 竖立标杆，后尺手持钢尺的零端位于 *B* 点，前尺手持钢尺的末端和一组测钎沿 *BA* 方向前进，行至一个尺段处停下。后尺手用目测方法指挥前尺手将钢尺拉在 *BA* 直线上，然后后尺手将钢尺的零点对准 *B* 点，当两人同时把钢尺拉紧后，前尺手在钢尺末端的整尺段分划处竖直插下一根测钎（如果在水泥地面上丈量，也可以用记号笔在地面上划线做记号）得到 1 点，即完成第一个尺段的丈量。前、后尺手抬尺前进，当后尺手到达插测钎（或划记号）处时停住，重复上述操作，完成第二尺段丈量。随后后尺手拔起地上的测钎，依次前进，直到量完 *AB* 直线的最后一个尺段为止。最后一段距离一般不会是整尺段的长度，称为余长，丈量余长时，前尺手直接在钢尺上读取余长值。则最后 *A*、*B* 两点间的水平距离 *D* 为

$$D = nl + q \tag{4.1}$$

式中 l——钢尺一整尺的长度；

n——整尺段数；

q——不足一整尺的余长。

为了检核并提高丈量结果的精度，一般要往、返各丈量一次，取平均值作为最后结果。距离丈量的精度通常用相对误差 *K* 来衡量，即

$$K = \frac{|D_{往} - D_{返}|}{D_{均}} = \frac{1}{\dfrac{D_{均}}{|D_{往} - D_{返}|}} \tag{4.2}$$

式中 $$D_{均} = (D_{往} + D_{返})/2$$

相对误差的分母愈大，表明量距的精度愈高。一般情况下，平坦地区丈量的精度应不

低于 1/2000，在困难地区，也应不低于 1/1000。

4.1.2.3　倾斜地面的丈量方法

1. 平量法

沿倾斜地面丈量距离，当地势起伏不大时，可将钢尺拉平丈量，如图 4.7 所示。丈量时由 A 点向 B 点进行，甲立于 A 点，指挥乙将尺拉在 AB 方向线上。甲将尺的零端对准 A 点，乙将钢尺抬高，并且目估使钢尺水平，然后用垂球尖将尺段的末端投影到地面上，插上测钎。

若地面倾斜较大，将钢尺抬平有困难时，可将一个尺段分成几个小段来平量，如图 4.7 中的 ij 段。

应当注意：①每一尺段的长短不一定一样，由地面坡度的大小来决定。一般前尺手（低处的拉尺手）的拉尺高度应保持在腰部以下，这样既能用力将钢尺拉平，又能看清垂球线所处的尺面分划读数；②倾斜地面的平量法不能由低处向高处量，只能从高处点向低处点丈量，因此可从高处向低处丈量两次代替往返测。

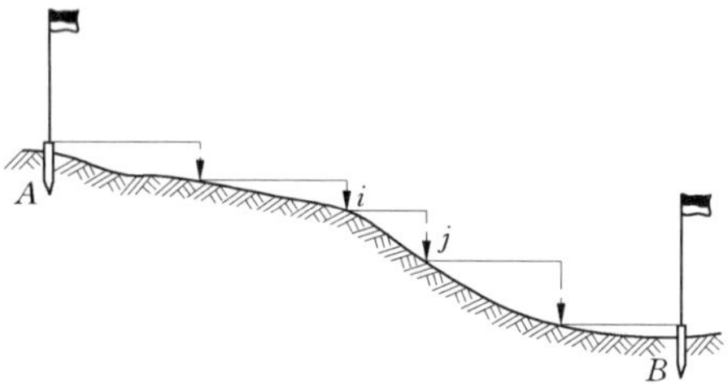

图 4.7　平量法示意图

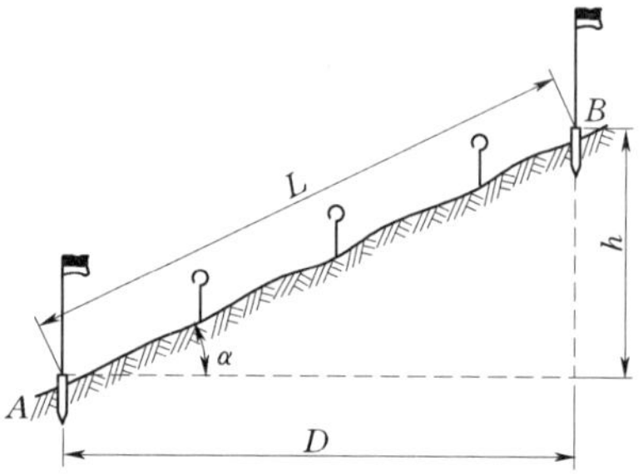

图 4.8　斜量法示意图

2. 斜量法

如图 4.8 所示，当倾斜地面的坡度比较均匀时，可以采用平地量距的方法沿着斜坡丈量出 A、B 两点间的斜距 L，再用经纬仪测出地面的倾角 α 或用水准仪测出两点间高差 h，然后按下式计算出 A、B 间的水平距离 D

$$D = L\cos\alpha = \sqrt{L^2 - h^2} \tag{4.3}$$

4.1.3　钢尺量距的精密方法

4.1.3.1　清理场地

精密量距前，首先应将丈量直线方向上的障碍物和杂草清除掉。

4.1.3.2　经纬仪定线

如图 4.9 所示，将经纬仪安置在 A 点，用望远镜纵丝瞄准 B 点，制动照准部，望远镜上下转动，指挥助手在望远镜视线方向上距离 A 点比一整尺短一分米左右的地面上打一木桩，然后在望远镜指挥下由助手在木桩顶面上精确标定一点，通过该点用铅笔画一个“+”号，十字线的一条短线和直线方向一致，另一短线作为量距时的指标线。则 1 号尺段桩定位完毕，按照上述步骤定位其他各尺段桩。应当注意，在整个定线过程中，望远镜在水平方向内切不可转动；另外，相邻两尺段桩间的距离均应比一整尺短一分米左右。

4.1.3.3　精密丈量

用检定过的钢尺丈量相邻两木桩间的距离。丈量时，将钢尺首尾紧贴桩顶“+”号中

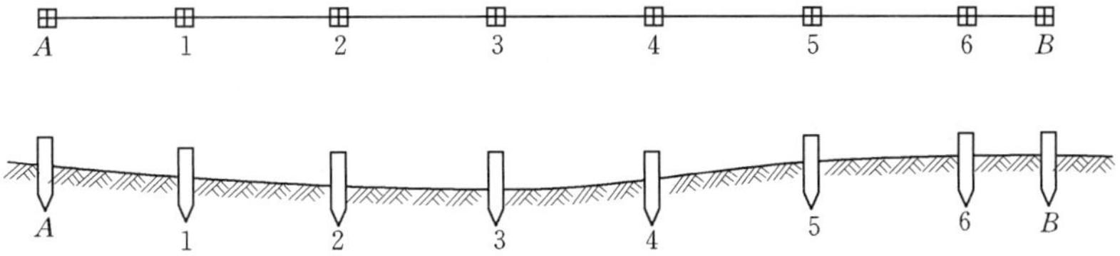

图 4.9 精密量距

心，并用弹簧秤施以钢尺检定时相同的拉力，前、后两读尺员同时根据两桩顶的“+”标记的指标线读数，读至 mm；读完一次后，将钢尺前后移动 1～2cm，仿照同样的方法进行第二次读数；再前后移动 1～2cm，进行第三次读数，并对三次丈量的结果进行比较，若三个长度间最大和最小的差值不超过 3mm 时，则取其平均值作为该段的丈量结果。每量完一尺段应测定温度一次，估读至 0.1℃，以便进行温度改正计算。仿照同样的方法逐段丈量至终点，即为往测，记录格式见表 4.1。往测完毕，调转尺头立即进行返测。

表 4.1 　　　　**精密钢尺量距手簿**

尺长方程式：$l_t=50+0.008+1.25\times10^{-5}\times50\times(t-20℃)$

尺段	钢尺读数（m）		尺段长度（m）	温度 / 温度改正数(m)	尺长改正数（m）	高差 / 高差改正数(m)	尺段平距（m）
	前尺	后尺					
A—1	49.700	0.163	49.537	29.5℃	+0.008	+0.831	49.543
	49.713	0.178	49.535				
	49.711	0.176	49.535	+0.006		−0.007	
	平均长度		49.536				
1—2	49.918	0.177	49.741	29.7℃	+0.008	+0.963	49.745
	49.821	0.080	49.741				
	49.780	0.041	49.739	+0.006		−0.009	
	平均长度		49.740				
2—B	21.855	0.708	21.147	29.7℃	+0.003	−0.408	21.149
	21.753	0.605	21.148				
	21.802	0.655	21.147	+0.003		−0.004	
	平均长度		21.147				

往测 $\sum D_{往}=120.437$ 　　　　观测者：王利勇　　记录者：李广银

4.1.3.4 测定桩顶间的高差

用水准仪测定各相邻桩顶之间的高差，以便计算倾斜改正。

4.1.3.5 成果整理

1. 计算尺段的尺长改正数

一般来讲，钢尺的实际长度和它的名义长度是不相等的，因此必须对所量距离加入尺长改正。

设所用钢尺的尺长方程式（可通过钢尺检定得到）为

$$l_t = l_0 + \Delta l + \alpha(t - t_0)l_0$$

式中　l_t——钢尺在温度 t 时的实际长度；

l_0——钢尺的名义长度；

Δl——整尺的尺长改正数（即钢尺在 t_0 的温度下它的实际长度和名义长度的差值）；

α——钢尺的线膨胀系数，其值为 1.25×10^{-5}℃；

t_0——钢尺检定时的温度；

t——钢尺在量距时的温度。

从尺长方程式中可以得知在 t_0 的温度下整尺的尺长改正数 Δl，于是不难求得所量尺段长度 l_s 在 t_0 温度下的尺长改正数 Δl_d 为：

$$\Delta l_d = \frac{\Delta l}{l_0} l_s \tag{4.4}$$

2. 计算尺段的温度改正数

钢尺受温度变化的影响也会引起尺长变化，因此对所量距离也必须加入这一变化引起的改正，即温度改正。同样从尺长方程式中可以得知所量尺段长度在丈量时温度 t 下的尺长改正数，即温度改正数 Δl_t 为：

$$\Delta l_t = \alpha(t - t_0)l_s \tag{4.5}$$

3. 计算尺段的倾斜改正数

实际量距时，钢尺是位于尺段桩顶上的，量出来的距离是倾斜距离，还必须将它换算为水平距离。如图 4.10 所示，假定 AB 为一尺段，实际丈量结果为 L，尺段高差为 h，尺段的平距为 D，则有

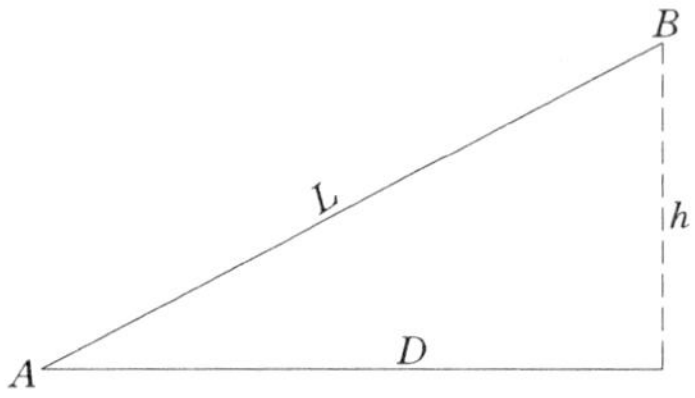

图 4.10　倾斜改正数的计算

$$L^2 - D^2 = h^2$$

即

$$(L + D)(L - D) = h^2$$

$$L - D = \frac{h^2}{L + D}$$

$L-D$ 实际上就是斜距化归为平距应当施加的改正值，以 ΔL_h 表示；同时由于斜距 L 和平距 D 相差很小，近似的用 L 代替 D；因为平距总是比斜距短，所以改正数应取负值，于是上式成为

$$\Delta L_h = -\frac{h^2}{2L}$$

采用前述相同的符号，尺段倾斜改正数的计算公式可以表述为

$$\Delta l_h = -\frac{h^2}{2l_s} \tag{4.6}$$

4. 计算尺段平距

将以上三项改正数加到丈量的尺段长度上，即得改正后的尺段平距，即

$$D = l_s + \Delta l_d + \Delta l_t + \Delta l_h \tag{4.7}$$

5. 汇总出全线平距

将各尺段的平距相加即得全线平距。

计算算例参见表 4.1。

精密量距的精度一般不应低于1/7500。

有关钢尺检定的方法以及尺长方程式的求得可参阅其他教科书，这里不再赘述。

4.1.4 钢尺量距的误差来源及削减措施

1. 尺长误差

如果钢尺的名义长度和实际长度不符，则产生尺长误差。尺长误差具有累积性，量的距离越长，误差就越大。因此量距前必须对钢尺进行检定，以求得尺长改正值。

2. 温度误差

钢尺受温度变化的影响，将产生线性胀缩，所以量距时，应测定钢尺的温度，进行温度改正。

3. 定线误差

量距时若尺子偏离了直线方向，所量的距离不是直线而是一条折线，因此总的丈量结果将会偏大，这种误差叫做定线误差。为了减小这种误差的影响，对于精度要求较高的量距要用经纬仪来定线。

4. 丈量误差

一般量距时，零刻度线没有对准地面标志，或者测钎没有对准尺子末端的刻度线；精密量距时，前、后司尺员对点不准确、没有同时读数或读数不准确，都会引起丈量误差。这种误差属于偶然误差，无法消除，只有通过丈量时严格操作来减弱它。

5. 拉力误差

丈量时钢尺所受拉力应与钢尺检定时所受拉力相同，否则将会产生拉力误差，因此量距时（尤其是精密量距）要用弹簧秤控制拉力。

6. 钢尺的倾斜和垂曲误差

量距时，尺子没有拉平（水平法量距）或尺子中间下垂而成曲线时，将使量得的长度增大。因此，水平法量距时，必须注意使尺子水平，若钢尺悬空丈量，中间应有人托一下尺子，以减小钢尺垂曲的影响；对于精密量距，必要时可加入垂曲改正（可参阅其他教科书）。

4.1.5 钢尺的维护

（1）钢尺易生锈，丈量结束后应用软布擦去尺上的泥和水，涂上机油以防生锈。

（2）钢尺易折断，如果钢尺出现卷曲，切不可用力硬拉。在行人和车辆较多的地区量距时，中间要有专人保护，以防止钢尺被车辆碾压而折断。

（3）不准将钢尺沿地面拖拉，以免磨损尺面分划。

（4）收卷钢尺时，应按顺时针方向转动钢尺摇柄，切不可逆转，以免折断钢尺。

4.2 视 距 测 量

视距测量是利用经纬仪望远镜中的视距丝（上、下丝）及视距标尺按几何光学原理进行测距的一种方法。视距测量不仅能测定地面两点间的水平距离，而且还能测定地面两点间的高差。视距测量的精度较低，一般认为最高精度只能达到1/300，但由于操作简便，且能满足碎部测量的精度要求，所以广泛应用于地形测量中。

4.2.1　视线水平时的视距公式

如图 4.11 所示，欲测定 A、B 两点间的水平距离 D 及高差 h。将经纬仪安置在 A 点，照准 B 点上竖立的视距尺。当望远镜视线水平时，视线与视距尺面垂直。对光后视距尺成像在十字丝平面上，视距尺上 M 点和 N 点的像与视距丝 m 和 n 重合。即下、上视距丝 m、n 可以在视距尺上读取 M、N 两点的读数，其读数差用 l（l=下丝读数－上丝读数）表示，称其为视距间隔。

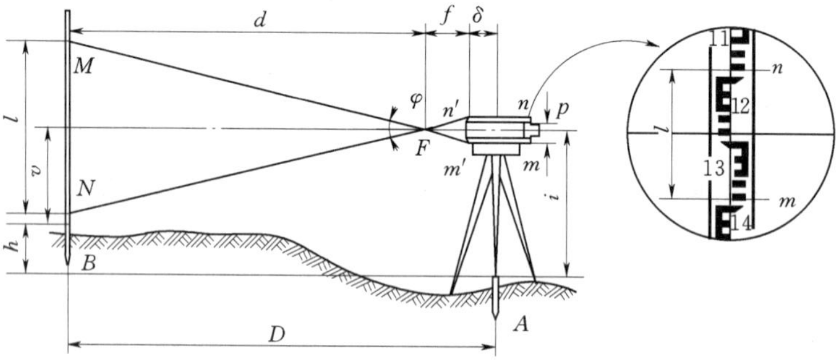

图 4.11　视线水平时的视距原理

设物镜焦点到视距尺之间的距离为 d，用 p 代表十字丝平面上两视距丝之间的固定间距，用 f 代表物镜焦距，由相似三角形 MNF 与 $m'n'F$ 中可得：

$$\frac{MN}{m'n'} = \frac{d}{f}$$

故

$$d = \frac{MN \times f}{m'n'} = \frac{f}{p}l$$

仪器中心距物镜焦点的距离是（$\delta + f$），其中 δ 是仪器中心到物镜光心的距离，故仪器中心至视距尺的距离为：

$$D = d + (\delta + f) = \frac{f}{p}l + (\delta + f)$$

用 k 代表 $\frac{f}{p}$，用 C 代表（$\delta + f$），则

$$D = kl + C \tag{4.8}$$

上式中的 k 称为视距乘常数，C 称为视距加常数。在仪器设计时，通过选择适当焦距的物镜和适当的视距丝间距，可使 $k=100$。对于内对光望远镜来讲，$C\approx 0$，视距加常数 C 可忽略不计。于是视线水平时的视距公式成为：

$$D = kl \tag{4.9}$$

如图 4.11 所示，当视线水平时，十字丝中丝在视距尺上的读数为 v，设仪器高为 i，则测站点 A 到立尺点 B 间的高差为

$$h = i - v \tag{4.10}$$

4.2.2　视线倾斜时的视距公式

在地面倾斜较大的地区进行测量时，往往需要上仰或下俯望远镜才能看到视距尺，这

时视线是倾斜的，它和视距尺不垂直，所以不能直接应用式（4.9）计算视距。

如图 4.12 所示，在 A 点上安置经纬仪，照准 B 点上竖立的视距尺。当望远镜视线向上倾斜一个 α 角时，上、下视距丝在标尺上截得的尺间隔为 l。假定视距尺绕 O 点转动一个 α 角，这时视线和视距尺垂直，设此时对应的尺间隔为 l'。于是仪器中心到照准位置的倾斜距离 D' 为

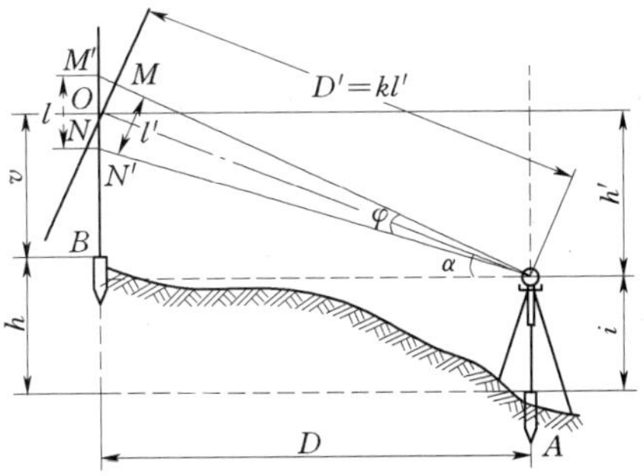

图 4.12 视线倾斜时的视距原理

$$D' = kl'$$

则 A、B 两点间的水平距离 D 为

$$D = D'\cos\alpha = kl'\cos\alpha \tag{4.11}$$

在三角形 $MM'O$ 和三角形 $NN'O$ 中

$$\angle MOM' = \angle NON' = \alpha$$

$$\angle M'MO = 90° + \frac{1}{2}\varphi$$

$$\angle N'NO = 90° - \frac{1}{2}\varphi$$

由于 $\varphi/2$（$\varphi \approx 34'$）很小，故可以把 $\angle M'MO$ 和 $\angle N'NO$ 都看成为直角，因此在 $\Delta MM'O$ 和 $\Delta NN'O$ 中

$$MO = M'O\cos\alpha$$

$$NO = N'O\cos\alpha$$

于是

$$MN = M'N'\cos\alpha$$

即

$$l' = l\cos\alpha$$

将上式代入式（4.11），得视线倾斜时的视距公式为

$$D = kl\cos^2\alpha \tag{4.12}$$

从图 4.12 不难看出，仪器中心到 B 点间的高差 h' 为

$$h' = D\tan\alpha = kl\cos^2\alpha\tan\alpha = kl\sin\alpha\cos\alpha = \frac{1}{2}kl\sin 2\alpha$$

设仪器高为 i，十字丝中丝在视距尺上的读数为 v，则 A、B 两点间的高差 h 为

$$h = h' + i - v$$

即

$$h = \frac{1}{2}kl\sin 2\alpha + i - v \tag{4.13}$$

或

$$h = D\tan\alpha + i - v \tag{4.14}$$

4.2.3 视距测量的实施

视距测量的实施步骤如下：

（1）在被测点位上竖立视距尺。

（2）在测站点安置经纬仪，量取仪器高 i；盘左（视距测量一般只用盘左一个盘位观

测）照准标尺。

(3) 如果采用视线水平方法视距，将望远镜视线调平（指标水准管气泡居中且竖盘读数等于 90°），依序读取下丝、上丝和中丝读数 v，计算视距间隔 l，按式 (4.9)、式 (4.10) 计算水平距离 D 及高差 h。

(4) 如果采用视线倾斜方法视距，使望远镜照准标尺任一位置（保证上、下丝能读数），依序读取下丝、上丝和中丝读数 v，调整指标水准管气泡居中，读取竖盘读数，计算视距间隔 l 和竖直角 α，然后按式 (4.12)、式 (4.13) 或式 (4.14) 计算水平距离 D 及高差 h。

视距测量的算例见表 4.2，例中所示为视线倾斜方法视距。

表 4.2　　视距测量记录、计算手簿

测站：A　　测站高程：26.58m　　仪器高 i=1.45m　　指标差 x=0

点 号	kl (m)	中丝读数 (m)	竖 盘 读 数 (° ′)	竖 直 角 (° ′)	平 距 (m)	高 差 (m)
1	124.0	1.45	90 26	−0 34	124.0	−0.94
2	145.0	1.45	88 34	+1 26	144.9	+3.63
3	86.5	2.45	91 14	−1 14	86.5	−2.86
4	66.8	2.00	92 06	−2 06	66.7	−3.00

4.2.4 视距测量的误差来源及消减方法

1. 仪器误差

一般认为视距乘常数 k=100，但由于观测时温度和气压的变化或由于仪器制造工艺上的原因导致 k 值不一定恰好等于 100，这将给视距带来系统性的影响。因此测量前应对视距乘常数 k 进行检验，采用检验后的常数值。

2. 视距尺分划误差

视距尺上的分划不准确，将给视距带来误差。这项误差可通过检定来确定它的大小，尽可能选用合格的尺子。

3. 读数误差

视距间隔是由上、下视距丝在标尺上的读数相减而求得的。由于视距丝本身具有一定的粗细，它将压盖标尺上一定宽度的分划，使读数产生误差，视距越远，误差也越大。为了减弱这项误差的影响，测量时应对最大视距作出控制；同时在观测时尽可能使上丝或下丝截取整分划值，以减少一次估读误差。

4. 视距尺倾斜的误差

视距公式是在标尺竖直的情况下得到的，实际工作中，如果标尺没有扶直，将给视距带来误差。这种误差随着视线竖直角的增大而增大，实践表明，当距离为 100m，若标尺倾斜 2°，竖直角为 5°时，所引起的距离误差将达到 0.3m。因此，为减弱此项误差的影响，立尺时应尽可能扶直，读取竖盘读数时一定要使指标水准管气泡严格居中。

5. 外界条件的影响

外界条件对视距的影响是多方面的，如大气的垂直折光，使视线产生弯曲；温度的变化，会使仪器的 k 值发生变化；风力较大时会使仪器和标尺不稳定；尘雾弥漫使标尺看不清等。为减弱外界不利因素的影响，应选择有利观测时间；特别是折光的影响，越近地面，影响越大，因此视线应离开地面有一定的高度。

4.3 电磁波测距

电磁波测距（简称 EDM）是用电磁波（光波或微波）作为载波传输测距信号，以测定两点间距离的一种方法。世界上第一台电磁波测距仪于 1953 年由瑞典 AGA 公司（现在合并到美国 Trinble 公司）研制成功，仪器采用 5mW 氦－氖激光器发射的激光作为载波，白天测程为 40km，夜间测程为 60km，测距精度为±（5mm＋1ppm），主机重 23kg。

电磁波测距仪按所采用的载波可分为：

（1）用微波段的无线电波作为载波的微波测距仪。

（2）用激光作为载波的激光测距仪。

（3）用红外光作为载波的红外测距仪。

后两者又统称为光电测距仪。微波和激光测距仪多属于长程测距，测程可达 60km，一般用于大地测量；而红外测距仪属于中、短程测距仪（测程为 15km 以下），一般用于小地区控制测量、地形测量、地籍测量和工程测量等。

与钢尺量距及视距测量相比，EDM 具有测程长、精度高、作业速度快、工作强度低、几乎不受地形限制等优点，因此在现代测量中得到了广泛的应用。本节主要介绍光电测距仪的基本原理和测距方法。

4.3.1 光电测距的基本原理

如图 4.13 所示，光电测距仪是通过测量光波在待测距离 D 上往、返传播一次所需要的时间 t_{2D}，依下式来计算待测距离 D

$$D = \frac{1}{2}ct_{2D} \tag{4.15}$$

式中 $c=\frac{c_0}{n}$——光在大气中的传播速度；

c_0——光在真空中的传播速度，迄今为止，人类所测得 c_0 的精确值为 $c_0 = 299792458\text{m/s} \pm 1.2\text{m/s}$；

n——大气折射率（$n \geqslant 1$），它是光的波长 λ、大气温度 t 和气压 p 的函数，即

$$n = f(\lambda, t, p) \tag{4.16}$$

由于 $n \geqslant 1$，所以 $c \leqslant c_0$，亦即光在大气中的传播速度要小于其在真空中的传播速度。

对一台测距仪来讲，发射光波的波长 λ 是一个常数，例如红外测距仪一般采用 GaAs（砷化镓）发光二极管发出的红外光作为光源，其波长 $\lambda = 0.85 \sim 0.93\mu\text{m}$。则由式（4.16）可知，影响光速的大气折射率 n 只随大气的温度 t、气压 p 而变化，这就要求我们在测距作业中，必须实时测定现场的大气温度和气压，并对所测距离施加气象改正。

根据测定光波在待测距离 D 上往、返传播一次所需时间 t_{2D} 的方法不同，光电测距仪可分为脉冲式和相位式两种类型。

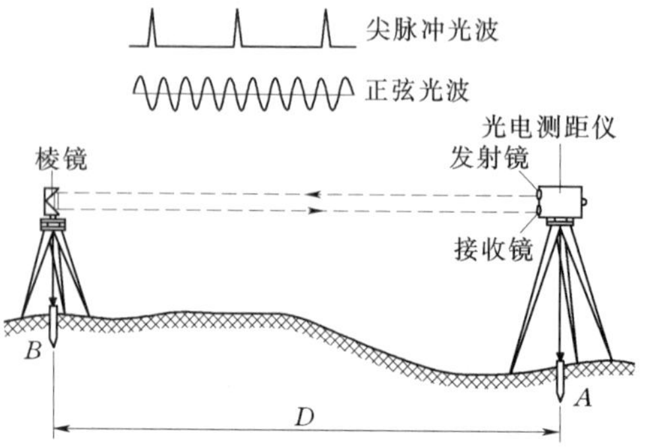

图 4.13　光电测距原理

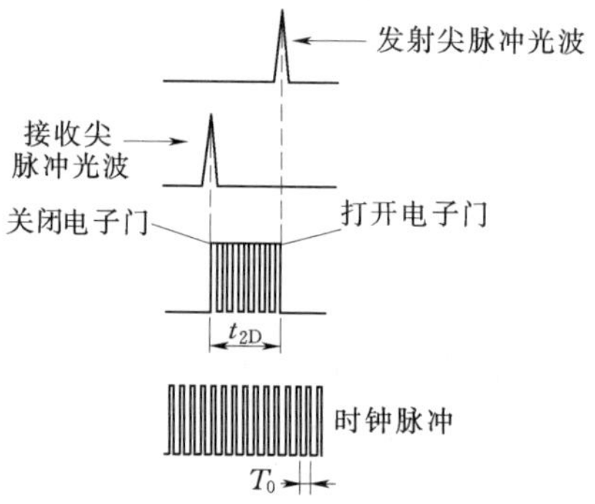

图 4.14　脉冲测距原理图

1. 脉冲式光电测距仪

脉冲式光电测距仪是将发射光波的光强调制成一定频率的尖脉冲，通过测定发射的脉冲在待测距离上往返传播的时间来计算距离。如图 4.14 所示，在尖脉冲光波离开测距仪发射镜的瞬间，触发打开电子门，此时，时钟脉冲进入电子门填充，计数器开始计数。在仪器接收镜接收到由棱镜反射回来的尖脉冲光波的瞬间，关闭电子门，计数器停止计数。设时钟脉冲的振荡频率为 f_0，周期为 $T_0=1/f_0$，计数器计得的时钟脉冲个数为 q，则

$$t_{2D}=qT_0=\frac{q}{f_0} \tag{4.17}$$

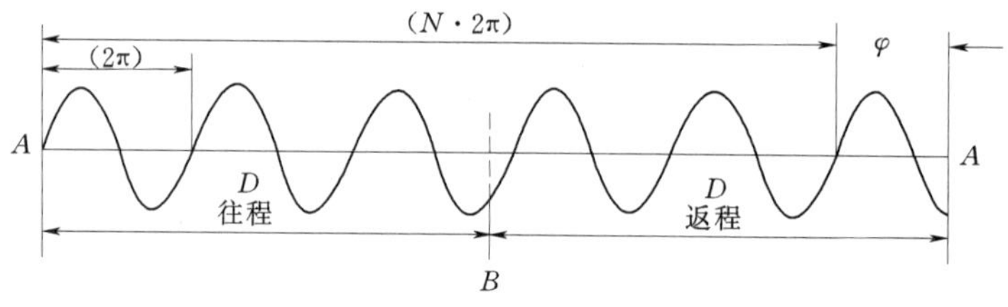

图 4.15　相位测距原理

2. 相位式光电测距仪

相位式光电测距仪是将发射光波的光强调制成一定频率的调制光（测距信号光），通过测定发射的调制光在待测距离上往返传播的相位差来间接的计算时间和距离。如图 4.13 所示，设仪器发射的光波为一正弦曲线，将光波往返于被测距离上的图形展开，如图 4.15 所示，光波成为一连续的正弦曲线。其中光波一周期的相位变化为 2π，设调制光波的频率为 f，则光波从 A 到 B 再返回 A 的相位差 Φ 为：

$$\Phi=2\pi f t_{2D}$$

即

$$t_{2D}=\frac{\Phi}{2\pi f} \tag{4.18}$$

如图 4.15 所示，相位差 Φ 不管有多大，均可视为两部分组成：一部分是 2π 的整倍数 N，另一部分是小于 2π 的角度值 φ，即

$$\Phi=N\times 2\pi+\varphi \tag{4.19}$$

相位差 Φ 可通过仪器的相位计测定，但是相位计只能测定不足一整周期的相位差尾数 φ，而不能确定整周期的倍数 N。为此，仪器上同时设置了可以发射多种频率调制光的装置，使相位差 Φ 分别成为不足一整周期的相位，以较低频率的调制光测定相位差大数，以较高频率的调制光测定相位差小数，从而解决 N 值的确定问题。

4.3.2 ND3000 红外测距仪及其使用

图 4.16 是南方测绘仪器公司生产的 ND3000 红外相位式测距仪，它自带望远镜，望远镜的视准轴、发射光轴和接收光轴同轴，可以安装在普通经纬仪或电子经纬仪上。测距时，测距仪瞄准棱镜测距，经纬仪瞄准棱镜，测量视线方向的天顶距。通过测距仪面板上的操作键盘或用电缆线将测距仪和电子经纬仪连接（图 4.16），将经纬仪测出的天顶距输入到测距仪中，可以计算出水平距离和高差。图 4.17 为该仪器的操作面板，图 4.18 为棱镜对中杆与支架。

图 4.16 ND3000 红外测距仪

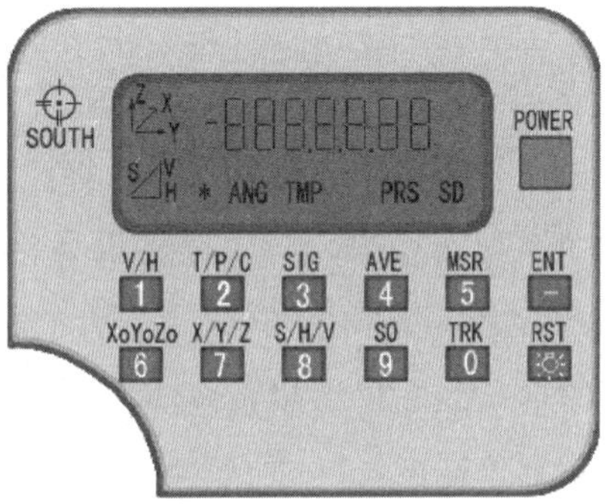

图 4.17 ND3000 红外测距仪操作的面板

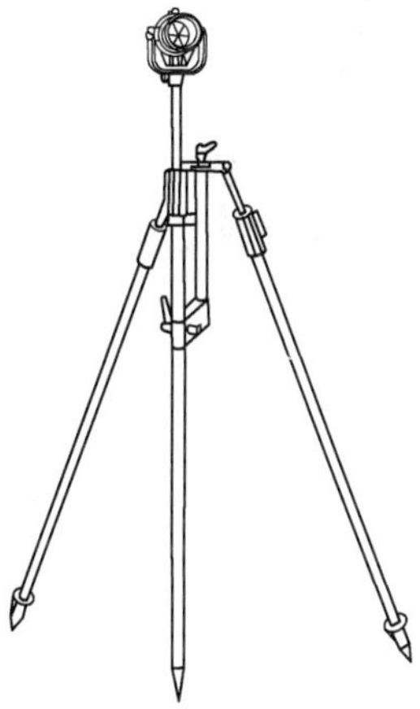

图 4.18 棱镜对中杆与支架

下面简要介绍该仪器的操作使用方法。

在测站上安置好仪器后，按 POWER 键开机，如图 4.17 所示，屏幕顺序显示当前温度、气压和棱镜常数后，仪器进入自检，当屏幕显示“Good”字样时，表示自检正常。

键入温度、气压和棱镜常数值。按 T/P/C 键，状态行显示“TMP”，屏幕显示当前设置的温度值，按 ENT 键进入数字输入状态，用数字键输入新的温度值（范围－20～＋50℃），完成后按 RST 键退出数字输入状态；或者再按 T/P/C 键，状态行显示“PRS”，屏幕显示当前设置的气压值，按 ENT 键进入数字输入状态，用数字键输入新的气压值（范围 533～1332hPa），完成后按 RST 键退出数字输入状态；或者再按 T/P/C 键，屏幕显示当前设置的棱镜常数值（出厂预置为－30mm，显示为“P－030”），按 ENT 键进入数字输入状态，用户可以输入新的棱镜常数值（必须是三位数，不足三位时前面添 0，范围 $-999\sim+999$mm)，完成后按[RST]键退出数字输入状态。新输入的温度、气压和棱镜常数值保存在仪器内，直至再次输入新值为止，关机或拔出电池都不会改变或丢失。

用 ND3000 的望远镜对准镜站棱镜中心，若距离远，不容易找到或能见度太低时，可按[SIG]键，然后旋转仪器垂直微动和水平微动螺旋，使屏幕显示的回光信号数字最大。

仪器有连续测距（按[MSR]键）、平均测距（按[SIG]键）和跟踪测距（按[TRK]键）三种测距模式。其中平均测距模式的操作步骤为：按[AVE]键，屏幕显示“AVE01”，按[ENT]键进入数字输入状态，用数字键输入欲测距的次数如“05”（范围 02～99 次）后，按[AVE]键，再按[SIG]键，仪器自动进行 5 次距离测量，并显示 5 次距离测量的平均值。关闭电源，仪器自动将测距次数值恢复为“01”。

若仪器与光学经纬仪连接，测距前应输入经纬仪观测的天顶距值。例如欲输入 87°26′45″，操作方法是：按[V/H]键，屏幕显示“000.00.00”，按[ENT]键进入数字输入状态，输入 0872645；按[MSR]键测距并显示斜距，按[S/H/V]键显示水平距离，它是投影到仪器中心水平面上的距离；再按[S/H/V]键显示高差，它是仪器中心与棱镜中心间的高差。

若仪器与南方测绘公司的电子经纬仪连接，按[V/H]键可通过电缆线将电子经纬仪当前视线方向的天顶距自动传输到仪器内。

4.4　全站型电子速测仪简介

全站型电子速测仪（简称全站仪）是集测角、测距、自动记录于一体的仪器。它由光电测距仪、电子经纬仪、数据自动记录装置三大部分组成。数据自动记录系统也称电子手簿，是为测量专门设计的野外小型数据存贮设备。目前的数据自动记录系统有输入输出接口，能迅速进行野外观测数据采集，并能与计算机、打印机、绘图仪等外围设备相联结，进行数据的自动化传输、处理、成果打印及绘图，从而实现了测量过程的自动化。

下面以南方 NTS—320 全站仪为例简要介绍全站型电子速测仪的结构和使用方法。

4.4.1　仪器结构

4.4.1.1　部件名称

NTS—320 全站仪各部件名称如图 4.19 所示。

4.4.1.2　键盘功能与信息显示

NTS—320 全站仪的操作面板如图 4.20 所示，面板上有显示屏及各种按键。

1. 操作键

操作面板上各按键名称及功能见表 4.3；显示符号及内容见表 4.4。

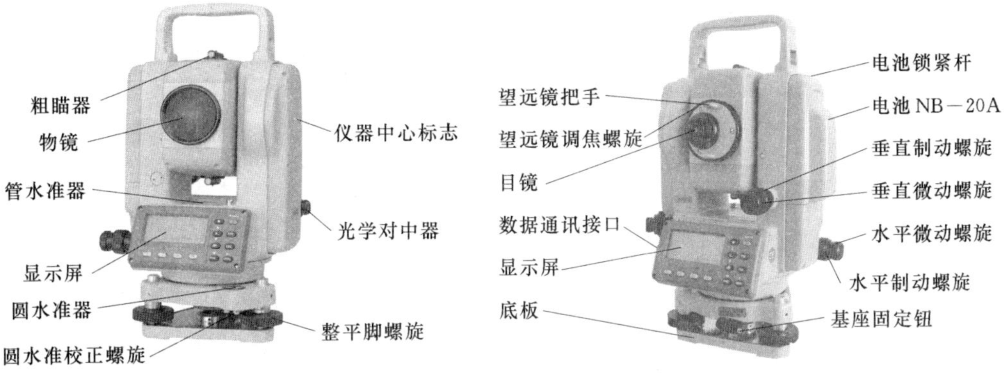

图 4.19　NTS—320 全站仪各部件名称

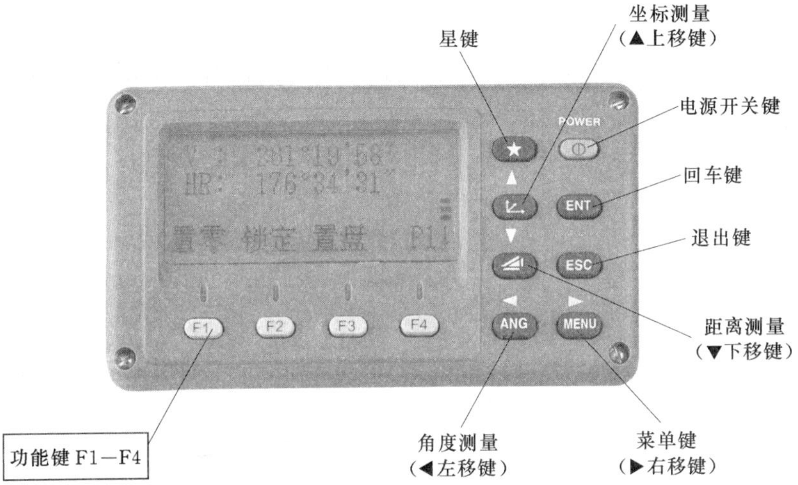

图 4.20　NTS—320 全站仪的操作面板

表 4.3　　　**按键名称及功能**

按　键	名　　称	功　　　能
ANG	角度测量键	进入角度测量模式（◀左移键）
	距离测量键	进入距离测量模式（▼下移键）
	坐标测量键	进入坐标测量模式（▲上移键）
MENU	菜单键	进入菜单模式（▶右移键）
ESC	退出键	返回上一级状态或返回测量模式
POWER	电源开关键	电源开关
F1 — F4	软键（功能键）	对应于显示的软键信息
0 — 9	数字键	输入数字和字母、小数点、负号
★	星键	进入星键模式

表 4.4　　显示符号及内容

显示符号	内　　容	显示符号	内　　容
V%	垂直角（坡度显示）	E	东向坐标
HR	水平角（右角）	Z	高程
HL	水平角（左角）	*	EDM（电子测距）正在进行
HD	水平距离	m	以米为单位
VD	高差	ft	以英尺为单位
SD	倾斜距离	fi	以英尺与英寸为单位
N	北向坐标		

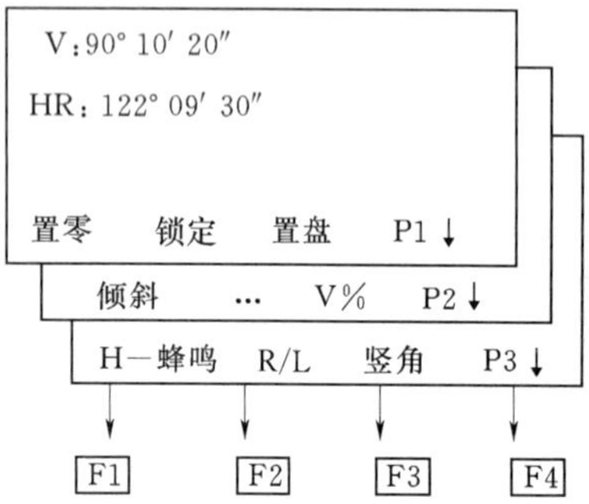

图 4.21　角度测量模式界面菜单

2. 功能键

NTS—320 全站仪有三种测量模式，四个软键对应有多种功能。

（1）角度测量模式。角度测量模式包括三个菜单界面，如图 4.21 所示；相应菜单功能见表 4.5。

（2）距离测量模式。距离测量模式包括两个菜单界面，如图 4.22 所示；相应菜单功能见表 4.6。

（3）坐标测量模式。坐标测量模式包括三个菜单界面，如图 4.23 所示；相应菜单功能见表 4.7。

表 4.5　　角度测量模式菜单功能

页　数	软　键	显示符号	功　　能
第 1 页（P1）	F1	置零	水平角置为 0°0′0″
	F2	锁定	水平角读数锁定
	F3	置盘	通过键盘输入数字设置水平角
	F4	P1↓	显示第 2 页软键功能
第 2 页（P2）	F1	倾斜	设置倾斜改正开或关，若选择开则显示倾斜改正
	F2	---	------------------------------
	F3	V%	垂直角与百分比坡度的切换
	F4	P2↓	显示第 3 页软键功能
第 3 页（P3）	F1	H-蜂鸣	仪器转动至水平角 0°、90°、180°、270°是否蜂鸣的设置
	F2	R/L	水平角右/左计数方向的转换
	F3	竖角	垂直角显示格式（高度角/天顶距）的切换
	F4	P3↓	显示第 1 页软键功能

表 4.6　　　　　　　　　　**距离测量模式菜单功能**

页　数	软　键	显示符号	功　　能
第 1 页（P1）	F1	测量	启动距离测量
	F2	模式	设置测距模式为 精测/跟踪/---
	F3	S/A	温度、气压、棱镜常数等设置
	F4	P1↓	显示第 2 页软键功能
第 2 页（P2）	F1	偏心	偏心测量模式
	F2	放样	距离放样模式
	F3	m/f/i	距离单位的设置米/英尺/英寸
	F4	P2↓	显示第 1 页软键功能

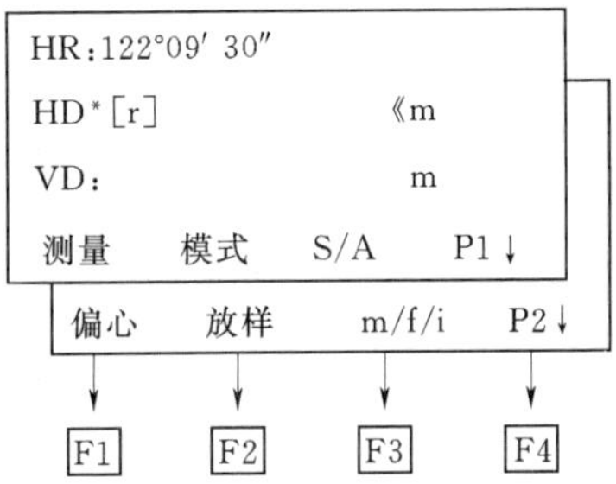

图 4.22　距离测量模式界面菜单

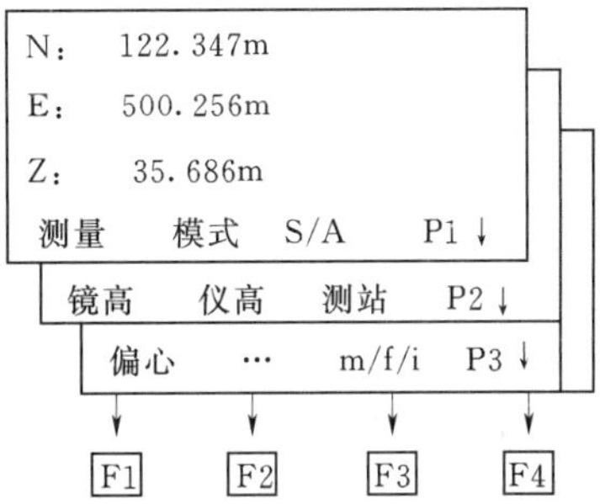

图 4.23　坐标测量模式界面菜单

表 4.7　　　　　　　　　　**坐标测量模式菜单功能**

页　数	软　键	显示符号	功　　能
第 1 页（P1）	F1	测量	启动测量
	F2	模式	设置测距模式为 精测/跟踪
	F3	S/A	温度、气压、棱镜常数等设置
	F4	P1↓	显示第 2 页软键功能
第 2 页（P2）	F1	镜高	设置棱镜高度
	F2	仪高	设置仪器高度
	F3	测站	设置测站坐标
	F4	P2↓	显示第 3 页软键功能
第 3 页（P3）	F1	偏心	偏心测量模式
	F2	---	---------------
	F3	m/f/i	距离单位的设置 米/英尺/英寸
	F4	P3↓	显示第 1 页软键功能

4.4.2　NTS—320 全站仪的使用方法

1. 距离测量

（1）将仪器和棱镜分别安置在测站和被测点位上。

（2）开机；按[◢]键，进入距离测量模式；执行 m/f/i，选择距离单位；执行 S/A 功能，设置温度、气压、棱镜常数值。

（3）照准棱镜；按[◢]键，几秒后即显示水平距离；再次按[◢]键，显示斜距。

2. 角度测量

（1）在测站安置全站仪，在被测点位上竖立观测标志（亦可采用棱镜上的觇牌或标杆作为观测标志）。开机；按[ANG]键，进入角度测量模式。

（2）测角方法与经纬仪测角相同。水平角观测的置数可采用如下几种方法：

1）照准第一个目标后，按功能键中对应的“置零”键，则该方向的读数即设置为$0°00'00''$。

2）照准第一个目标后，按功能键中对应的“置盘”键，可以用功能键输入该方向欲置的角度值。

3）转动照准部到某一个角度值后，按功能键中对应的“锁定”键；再照准第一个目标，按“确定”键，则该方向的读数即设置为锁定的角度。

3. 坐标测量

（1）同距离测量。

（2）同距离测量。

（3）在角度测量模式下，照准后视点并输入方位角。

（4）按[⊿]键，进入坐标测量模式；按功能键中对应的“测站”键，输入测站点坐标；按功能键中对应的“仪高”键，输入仪器高；按功能键中对应的“镜高”键，输入棱镜高。

（5）照准待测点棱镜（仍为坐标测量模式），按功能键中对应的“测量”键，几秒后即可显示待测点的坐标。

NTS—320 全站仪的其他测量功能可参见使用说明书。

4.5　直　线　定　向

确定直线的方向称为直线定向。

要确定直线的方向，首先必须选定标准方向。下面首先讨论标准方向，然后讨论直线定向的方法。

4.5.1　标准方向

测量工作中常用的标准方向有以下三种：

1. 真子午线方向

如图 4.24 所示，地表任一点 P 与地球旋转轴所组成的平面与地球表面的交线称为 P 点的真子午线。真子午线在 P 点的切线方向称为 P 点的真子午线方向。真子午线方向可用天文观测的方法或采用陀螺经纬仪来测定。

2. 磁子午线方向

如图 4.24 所示，地表任一点 P 与地球磁场南北极连线所组成的平面与地球表面的交线称为 P 点的磁子午线。磁子午线在 P 点的切线方向称为 P 点的磁子午线方向。磁子午线方向可以用罗盘仪来测定。

3. 纵坐标线方向

平面直角坐标系或高斯平面直角坐标系中平行于纵坐标轴的直线方向称为纵坐标线方向。过地面上任一点在相应坐标系中的位置都可以作一条纵坐标线。

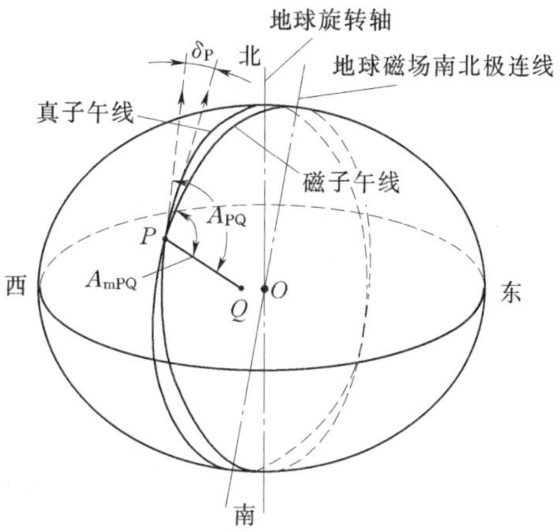

图 4.24 标准方向

一般情况下，通过地面同一点的真子午线方向、磁子午线方向和纵坐标线方向是不一致的。真子午线方向和磁子午线方向的夹角称为磁偏角，如图 4.24 所示的 δ_P；真子午线方向和纵坐标线方向的夹角称为子午线收敛角；磁子午线方向和纵坐标线方向的夹角称为磁坐偏角。

4.5.2 表示直线方向的方法

测量中，常用方位角来表示直线的方向。方位角定义为：由标准方向的北端起，顺时针方向旋至某直线所夹的水平角，称为该直线的方位角。方位角的取值范围是 0°～360°。

和标准方向相对应，地表任一直线都具有三种方位角：从真子午线方向的北端起，顺时针旋至某直线所夹的水平角，称为该直线的真方位角，如图 4.24 所示，直线 PQ 的真方位角为 A_{PQ}；从磁子午线方向的北端起，顺时针旋至某直线所夹的水平角，称为该直线的磁方位角，如图 4.24 所示，直线 PQ 的磁方位角为 A_{mPQ}；从纵坐标线方向的北端起，顺时针旋至某直线所夹的水平角，称为该直线的坐标方位角，直线 PQ 的坐标方位角以 α_{PQ} 表示。

4.5.3 坐标方位角和象限角

1. 坐标方位角

普通测量中，应用最多的是坐标方位角。在以后的讨论中，若无特别说明，所提到的方位角均指坐标方位角。

坐标方位角是以纵坐标线指北方向为准，顺时针方向旋至某直线的夹角，通常以 α 表示。

如图 4.25 所示，直线 AB 有两个方向，从 A 到 B 的方向为正方向，则从 B 到 A 的方向为反方向，故直线 AB 有两个方位角 α_{AB} 和 α_{BA}，α_{AB} 称为正方位角，α_{BA} 称为反方位角。从图中可知，α_{AB} 与 α_{BA} 存在下述关系

$$\alpha_{BA} = \alpha_{AB} \pm 180° \tag{4.20}$$

应当指出，通过 A 点、B 点的真子午线是向两极收敛的，故直线 AB 的正、反真方位角不存在上述关系。同样，直线 AB 的正、反磁方位角也不存在上述关系。

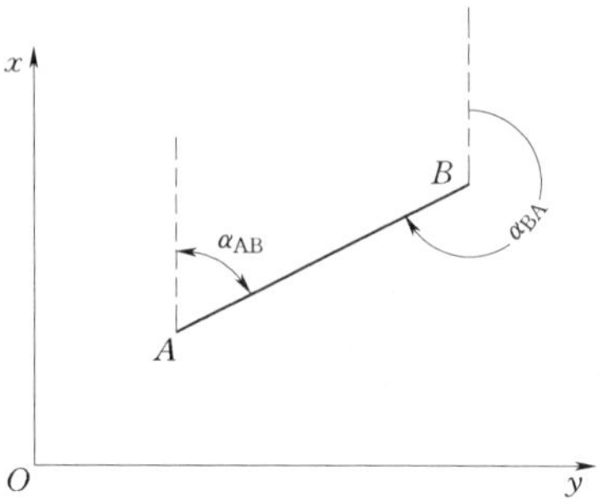

图 4.25　直线正、反坐标方位角

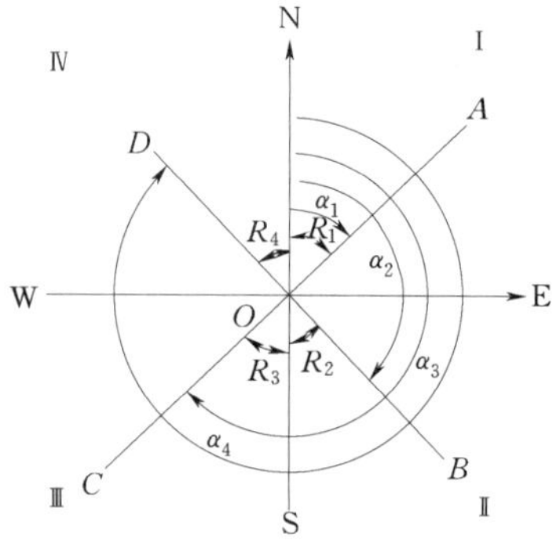

图 4.26　方位角与象限角的关系

2. 象限角

直线与纵坐标线所夹的锐角，称为象限角，以 R 表示。直线的方向也可以用象限角来表示。显然，象限角的变化范围是 0°～90°。

如图 4.26 所示，通过直线起点 O 的纵坐标线和横坐标线将平面划分为四个象限。直线 OA，位于第Ⅰ象限，象限角是 R_1；直线 OB，位于第Ⅱ象限，象限角是 R_2；直线 OC，位于第Ⅲ象限，象限角是 R_3；直线 OD 位于第Ⅳ象限，象限角是 R_4。

用象限角表示直线的方向，必须注明直线所处的象限，第Ⅰ象限用“北东”表示，第Ⅱ象限用“南东”表示，第Ⅲ象限用“南西”表示，第Ⅳ象限用“北西”表示。例如，R_{AB}＝南东 78°24′36″，表示直线 AB 位于第Ⅱ象限，象限角是 78°24′36″。

3. 直线的坐标方位角与象限角的关系

从图 4.26 中不难看出，直线的方位角与象限角存在下述关系，见表 4.8。

表 4.8　直线的坐标方位角与象限角的关系

直线所在的象限	方位角与象限角的关系	直线所在的象限	方位角与象限角的关系
Ⅰ	$R_1=\alpha_1$	Ⅲ	$R_3=\alpha_3-180°$
Ⅱ	$R_2=180°-\alpha_2$	Ⅳ	$R_4=360°-\alpha_4$

4.5.4　坐标方位角的推算

实际工作中，常常根据已知边的方位角和观测的水平角来推算未知边的方位角。

如图 4.27 所示，从 A 到 D 是一条折线，假定 α_{AB} 已知，在转折点 B、C 上分别设站观测了水平角 β_B、β_C，由于观测了推算路线左侧的角度，故称为左角。现在来推算 BC、CD 边的方位角。由图中可以看出

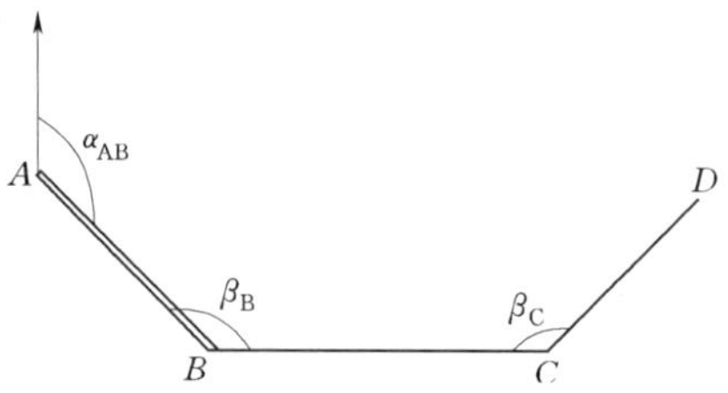

图 4.27　坐标方位角的推算

$$\alpha_{BC}=\alpha_{AB}+180°+\beta_B$$

$$\alpha_{CD}=\alpha_{BC}+180°+\beta_C$$

一般公式（即左角公式）为

$$\alpha_{前}=\alpha_{后}+180°+\beta_{左} \tag{4.21}$$

即：前一边的方位角等于后一边的方位角加上 180°再加上观测的左角。

如果观测了推算路线右侧的角度，称为右角。不难得到用右角推算未知边方位角的公式为

$$\alpha_{前} = \alpha_{后} + 180° - \beta_{右} \tag{4.22}$$

即：前一边的方位角等于后一边的方位角加上 180°减去观测的右角。

在式（4.21）和 式(4.22) 中,若算得的方位角超过 360°,则应减去 360°或若干个 360°。

4.5.5 用罗盘仪测定磁方位角

罗盘仪的构造如图 4.28（a）所示，罗盘仪的刻度盘如图 4.28（b）所示。

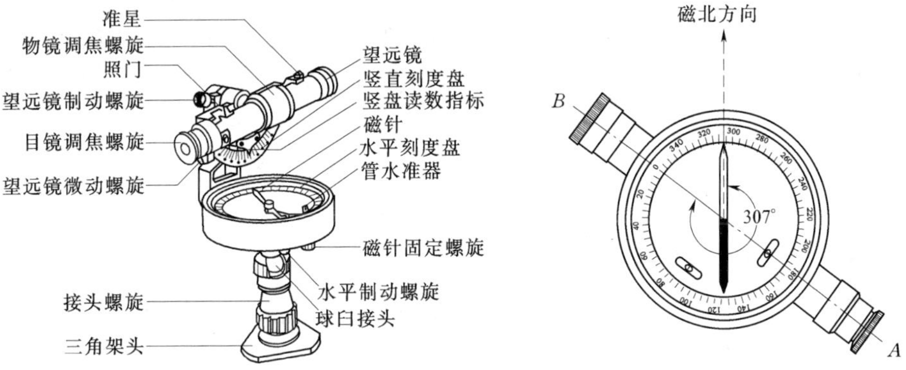

图 4.28 罗盘仪

欲测定直线 AB 的磁方位角，如图 4.29 所示，将罗盘仪安置在直线起点 A 上，挂上垂球对中，松开球臼接头螺旋，用手前、后、左、右转动刻度盘，使水准器气泡居中，拧紧球臼接头螺旋；松开磁针固定螺旋，让它自由转动，然后转动罗盘，用望远镜照准 B 点标志，待磁针静止后，磁针北端所指的度盘分划读数，即为 AB 边的磁方位角值。使用罗盘时，应注意避开高压电线和避免铁质物体接近罗盘，在测量结束后，要旋紧固定螺旋将磁针固定。

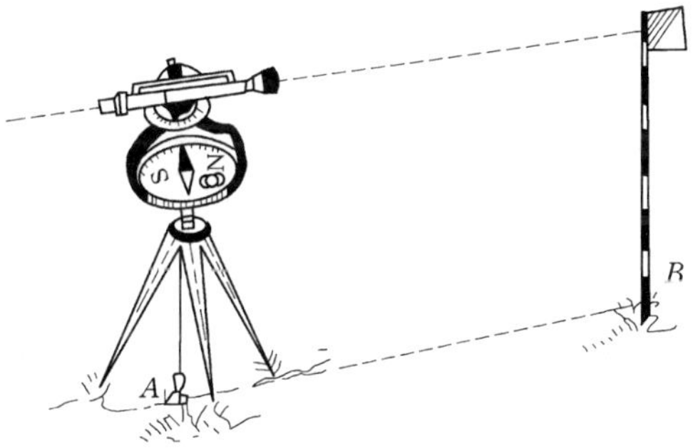

图 4.29 罗盘仪测定直线磁方位角

4.6 坐 标 正 反 算

4.6.1 坐标正算

根据两点间的水平距离和方位角来计算待定点平面直角坐标的方法称为坐标正算。

如图 4.30 所示，设 A 点的坐标已知，测得 AB 两点间的水平距离为 D_{AB}，方位角为 α_{AB}，则 B 点的坐标可用下述公式计算

$$\left.\begin{aligned}\Delta x_{AB} &= D_{AB}\cos\alpha_{AB}\\ \Delta y_{AB} &= D_{AB}\sin\alpha_{AB}\end{aligned}\right\} \tag{4.23}$$

$$\left.\begin{aligned} x_B &= x_A + \Delta x_{AB} \\ y_B &= y_A + \Delta y_{AB} \end{aligned}\right\} \tag{4.24}$$

式中　Δx_{AB}、Δy_{AB}——A 点到 B 点的纵、横坐标增量。Δx_{AB}、Δy_{AB} 的符号分别由 α_{AB} 的余弦、正弦函数确定。

4.6.2　坐标反算

根据两点的平面直角坐标，反过来计算它们之间水平距离和方位角的方法，称为坐标反算。

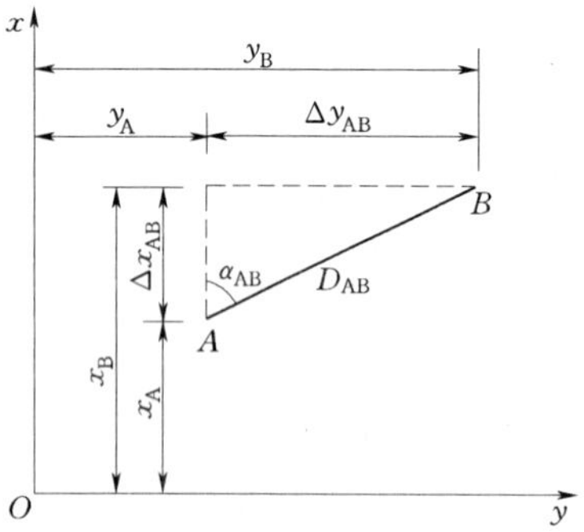

图 4.30　坐标正、反算

在图 4.30 中，假定 A、B 两点的坐标 x_A、y_A、x_B、y_B 已知，则方位角 α_{AB} 可按下述方法计算：

（1）计算坐标增量 Δx_{AB}、Δy_{AB}

$$\left.\begin{aligned} \Delta x_{AB} &= x_B - x_A \\ \Delta y_{AB} &= y_B - y_A \end{aligned}\right\} \tag{4.25}$$

（2）计算象限角

$$R_{AB} = \text{arctg} \frac{|\Delta y_{AB}|}{|\Delta x_{AB}|} \tag{4.26}$$

（3）根据 Δx_{AB}、Δy_{AB} 的符号，按表 4.9 中所列，确定 R_{AB} 所在的象限，并以相应公式计算方位角 α_{AB}。

表 4.9　　**方位角计算公式**

Δx_{AB}	Δy_{AB}	R_{AB}所在象限	α_{AB}计算公式	Δx_{AB}	Δy_{AB}	R_{AB}所在象限	α_{AB}计算公式
+	+	Ⅰ	$\alpha_{AB}=R_{AB}$	−	−	Ⅲ	$\alpha_{AB}=180°+R_{AB}$
−	+	Ⅱ	$\alpha_{AB}=180°-R_{AB}$	+	−	Ⅳ	$\alpha_{AB}=360°-R_{AB}$

应当注意，有几种特殊情况，可根据 Δx_{AB}、Δy_{AB} 的符号直接写出 AB 边的方位角值，即

当 Δx_{AB} 为零，Δy_{AB} 为正时，$\alpha_{AB}=90°$；Δy_{AB} 为负时，$\alpha_{AB}=270°$。

当 Δy_{AB} 为零，Δx_{AB} 为正时，$\alpha_{AB}=0°$；Δx_{AB} 为负时，$\alpha_{AB}=180°$。

A、B 两点间的水平距离 D_{AB} 可按下列任一公式计算

$$\left.\begin{aligned} D_{AB} &= \frac{\Delta x_{AB}}{\cos\alpha_{AB}} \\ D_{AB} &= \frac{\Delta y_{AB}}{\sin\alpha_{AB}} \\ D_{AB} &= \sqrt{\Delta x_{AB}^2 + \Delta y_{AB}^2} \end{aligned}\right\} \tag{4.27}$$

小　　结

本章讲述了三种距离测量的方法，钢尺量距要重点掌握一般量距和精密量距方法，要弄清对量距结果进行三项改正的含义；视距测量应熟记视距公式，掌握视距方法；电磁波测距应弄清测距原理，掌握测距方法；全站仪可只作一般性了解。直线定向应掌握坐标方

位角和象限角的概念及其关系，学会推算方位角；坐标正反算应熟练掌握。

思　考　题

4.1　什么叫直线定线？一般量距和精密量距中如何对直线进行定线？

4.2　简述一般量距和精密量距的方法。

4.3　精密量距中，对量距结果为什么要进行三项改正？

4.4　影响视距测量精度的因素主要有哪些？在山丘区进行视距测量时，应特别注意什么问题？

4.5　电磁波测距的原理是什么？

4.6　什么叫直线定向？测量工作中常用的标准方向有哪几种？

4.7　直线的方向是如何表示的？

4.8　什么叫方位角、坐标方位角、象限角？坐标方位角和象限角是什么关系？

习　题

4.1　用钢尺丈量了 AB、CD 两段距离，AB 的往测值为 206.32m，返测值为 206.17m；CD 的往测值为 102.83m，返测值为 102.74m。问这两段距离丈量的精度是否相同？为什么？

4.2　一根名义长度为 30m 的钢尺，在 10kg 拉力和 20℃ 温度时它的实际长度为 29.994m。现用它在 10kg 拉力下，温度是 26℃时量得一段距离的水平长度为 129.412m，求该段距离的实际长度。

4.3　将经纬仪安置在测站 A 上（已知 $H_A=21.246$m），量得仪器高 $i=1.25$m。盘左，望远镜照准立在 B 点上的视距尺，下、上、中三丝读数分别为 1.460m、0.640m、1.050m，竖盘读数为 86°36′（设指标差 $x=0$）。试求：D_{AB}和 H_B。

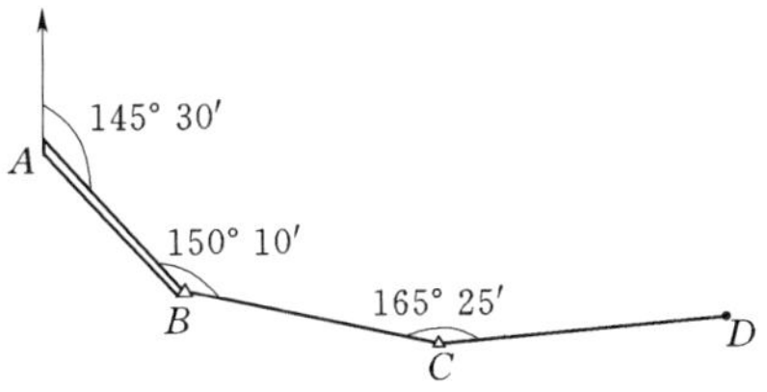

图 4.31

4.4　如图 4.31 所示，已知 $\alpha_{AB}=145°30'$，B、C 点上观测的水平角值如图中所示，试推算 CD 边的方位角。

4.5　已知 $x_A=123.631$m，$y_A=330.215$m，$\alpha_{AB}=145°35'25''$，$D_{AB}=130.265$m。试求 B 点的坐标。

4.6　已知 $x_A=323.646$m，$y_A=369.361$m；$x_B=503.442$m，$y_B=220.7311$m。试计算 α_{AB}及 D_{AB}。

第5章 测量误差基本知识

学习指导

本章主要介绍测量误差的基本知识。要求理解误差的定义、分类、特性；掌握精度评定的标准；能够运用误差传播定律分析和解决一些实际问题；初步掌握等精度观测平差的基本方法。

5.1 测量误差概述

任何观测值都包含误差。例如，闭合水准路线观测高差的总和往往不等于零；水平角观测时两个半测回测得的角值不完全相等；距离丈量时往返丈量的结果总会有差异；观测平面三角形的三内角，其观测值之和常常不等于其理论值180°。这些都说明观测值中有误差存在。

5.1.1 测量误差的定义

任何一个观测对象，客观上都存在一个反映其真正大小的数值，这个数值称为真值。每次观测所得到的数值，称为观测值。设观测对象的真值为 X，观测值为 L_i（$i=1$、2、…、n），则差值

$$\Delta_i = L_i - X \tag{5.1}$$

称为真误差。

5.1.2 测量误差产生的原因

产生测量误差的主要原因如下：

（1）测量仪器的构造不十分完善，虽事先已将仪器校正，但尚有剩余的仪器误差没有完全消除。

（2）观测者感觉器官的鉴别能力有一定的局限性，所以在仪器的安置、照准、读数等方面都会产生误差。

（3）观测时所处的外界条件发生变化，例如，温度高低、湿度大小、风力强弱以及大气折光的影响等都会产生误差。

这三方面的因素综合起来，合称为观测条件。显然，观测条件的好坏与观测成果的质量密切相关。

5.1.3 测量误差的分类

测量误差按其性质可分为以下两类。

1. 系统误差

在相同的观测条件下作一系列的观测，如果误差在大小、符号上表现出系统性，或者按一定的规律变化，或者保持某一常数，这种误差称为系统误差。产生系统误差的原因很多，主要是由于使用的仪器不够完善以及外界条件所引起的。例如，量距时所用钢尺的长度比标准尺略长或略短，则每量一整尺即存在一尺长误差，它的大小和正负号是一定的，量的整尺数愈多，误差就愈大，具有累积性。因此，必须尽可能地全部或部分地消除系统误差的影响。

消除系统误差的影响，可以采用改正的方法，例如在量距前将所用钢尺与标准长度比较，得出差数，进行尺长改正。也可采用适当的观测方法，例如进行水准测量时，仪器安置在离两水准尺等距离的地方，可以消除水准仪视准轴不平行于水准管轴的误差、大气折光以及地球曲率引起的误差；又如用盘左、盘右两个盘位观测水平角，可以消除经纬仪视准轴不垂直于横轴的误差以及横轴不垂直于竖轴的误差等。

2. 偶然误差

在相同的观测条件下作一系列的观测，如果误差在大小和符号上都表现出偶然性，即误差的大小不等，符号不同，这种误差称为偶然误差。

偶然误差是由于人的感觉器官和仪器的性能受到一定的限制，以及观测时受到外界条件的影响等原因所造成的。例如，用望远镜照准目标时，由于观测者眼睛的分辨能力和望远镜的放大倍数有一定限度，观测时光线强弱的影响，致使照准位置不可能绝对正确，可能偏左一些，也可能偏右一些。又如，在水准尺上估读毫米时，每次估读也不会绝对相同，可能大一点，也可能小一点。偶然误差的影响可大可小，可正可负，纯属偶然性，数学上称为随机性，所以偶然误差也称随机误差。单个偶然误差的出现没有规律性，但在相同条件下重复观测某一量，出现的大量偶然误差却具有一定的规律性，这种规律性称为统计规律性。

在测量工作中，除了上述两类性质的误差外，还可能发生错误，例如，测错、记错、算错等。错误的发生是由于观测中粗心大意所造成的。错误又称粗差。凡含有粗差的观测值应舍去不用，并需重测，为此应加强责任心，认真操作。一般来讲，错误不算作观测误差。

为了提高观测成果的质量，同时也为了发现和消除错误，在测量工作中，一般都要进行多于实际需要的观测，称为多余观测。例如，确定一平面三角形的形状，只需要观测其中两个内角即可，但实际上也要观测第三个角，以便检校内角和，从而判断观测结果的正确性。

粗差可以通过有效的检核方法加以防止，系统误差可以在作业中采取一定的措施或施加改正的方法予以消除，所以观测结果中通常我们只认为包含偶然误差。偶然误差是本章研究的主要对象。

5.2 偶然误差的特性

偶然误差的产生纯系随机性的，只有通过大量观测才能揭示其内在的规律，这种规律具有重要的实用价值。现通过一个实例来阐述偶然误差的统计规律。

在相同的观测条件下，独立地观测了358个三角形的全部内角，每个三角形三内角之和应等于它的真值180°，由于观测值存在误差，使得三内角之和往往不等于其真值。根据式（5.1），各三角形内角和的真误差为

$$\Delta_i = (L_1 + L_2 + L_3)_i - 180^\circ \qquad (5.2)$$

式中 $(L_1+L_2+L_3)_i$——第 i 个三角形三内角观测值之和。

现取误差区间的间隔 $d\Delta=5''$，将这一组误差按其正负号与误差值的大小排列。出现在某区间内误差的个数称为误差出现在该区间内的频数，用 k 表示；频数除以误差的总个数 n 即 k/n，称为误差出现在该区间内的频率。统计结果列于表5.1，此表称为误差频率分布表。

表5.1 误差频率分布表

误差区间 $d\Delta$	$-\Delta$			$+\Delta$		
	k	k/n	$\frac{k/n}{d\Delta}$	k	k/n	$\frac{k/n}{d\Delta}$
0～5″	45	0.126	0.0252	46	0.128	0.0256
5″～10″	40	0.112	0.0224	41	0.115	0.0230
10″～15″	33	0.092	0.0184	33	0.092	0.0184
15″～20″	23	0.064	0.0128	21	0.059	0.0118
20″～25″	17	0.047	0.0094	16	0.045	0.0090
25″～30″	13	0.036	0.0072	13	0.036	0.0072
30″～35″	6	0.017	0.0034	5	0.014	0.0028
35″～40″	4	0.011	0.0022	2	0.006	0.0012
40″以上	0	0	0	0	0	0
和	181	0.505	0.1010	177	0.495	0.0990

为更加直观，根据表5.1的数据画出如图5.1的图形，图中横坐标 Δ 表示误差的大小，纵坐标 y 为各区间内误差出现的频率除以区间的间隔，即 $\frac{k/n}{d\Delta}$。这样，图5.1中每一误差区间上的长方条面积就代表误差出现在该区间内的频率。例如，图中画有斜线的长方条面积就是误差出现在 $+10''\sim+15''$ 区间内的频率，其值为 $\frac{k/n}{d\Delta}\times d\Delta=0.092$。这种图在统计学上称为直方图。

通过上面的实例，可以概括出偶然误差的特性如下：

（1）在一定条件下的有限观测值中，其误差的绝对值不会超过一定的界限。或者说，超过一定限值的误差，其出现的概率为零。

（2）绝对值较小的误差比绝对值较大的误差出现的次数多。或者说，小误差出现的概

率大，大误差出现的概率小。

(3) 绝对值相等的正误差与负误差出现的次数大致相等。或者说，它们出现的概率相等。

(4) 当观测次数无限增多时，偶然误差的算术平均值趋近于零，即

$$\lim_{n\to\infty}\frac{\sum_{i=1}^{n}\Delta_i}{n}=\lim_{n\to\infty}\frac{[\Delta]}{n}=0 \tag{5.3}$$

式中 $[\Delta]$——误差总和的符号。

换言之，偶然误差的理论均值为零。

特性（1）说明误差出现的范围，即误差的有界性；特性（2）说明小误差出现的密集性，或称为误差的聚中性；特性（3）说明正负误差的方向性，或称为误差的对称性；特性（4）是由特性（3）导出的，它说明该列误差的抵偿性。抵偿性是偶然误差最本质的统计特性，换言之，凡具有抵偿性的误差，原则上都可按偶然误差处理。

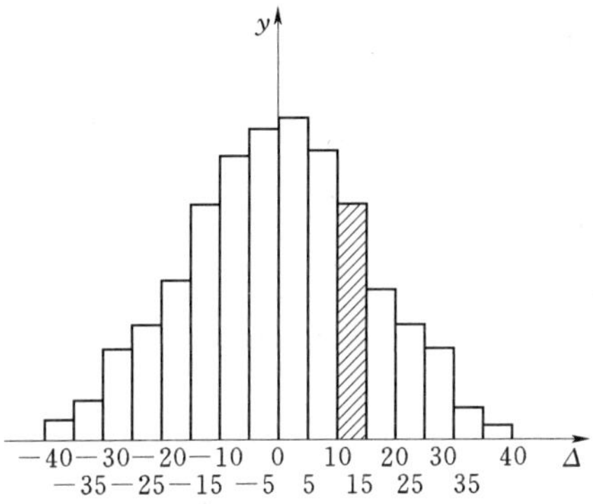

图 5.1 误差直方图

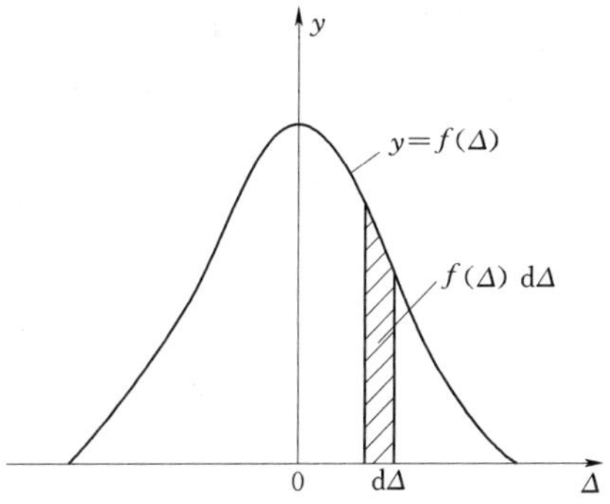

图 5.2 误差分布曲线

如果继续观测更多的三角形，即增加误差的个数，当 $n\to\infty$ 时，各误差出现的频率也就趋近于一个完全确定的值，这个数值就是误差出现在各区间内的概率。此时如将误差区间无限缩小，那么图 5.1 中各长方条顶边所形成的折线将成为一条光滑的连续曲线，如图 5.2 所示，这条曲线称为误差分布曲线，也称正态分布曲线。曲线上任一点的纵坐标 y 均为横坐标 Δ 的函数，其函数形式为

$$y=f(\Delta)=\frac{1}{\sqrt{2\pi}\sigma}e^{-\frac{\Delta^2}{2\sigma^2}} \tag{5.4}$$

式中 e——自然对数的底（e=2.7183）；

σ——观测值的标准差（将在下节讨论），其平方 σ^2 称为方差。

图 5.2 中小长方条的面积 $f(\Delta)d\Delta$，代表误差出现在该区间内的概率，即

$$P=f(\Delta)d\Delta \tag{5.5}$$

由上式可知，当函数 $f(\Delta)$ 较大时，误差出现在该区间的概率也大，反之则较小，因此，称函数 $f(\Delta)$ 为概率密度函数，简称密度函数。图中分布曲线与横坐标轴所包围的面积为 $\int_{-\infty}^{+\infty}f(\Delta)d\Delta=1$（直方图中所有长方条面积总和也等于 1），即偶然误差出现的概率为 1，

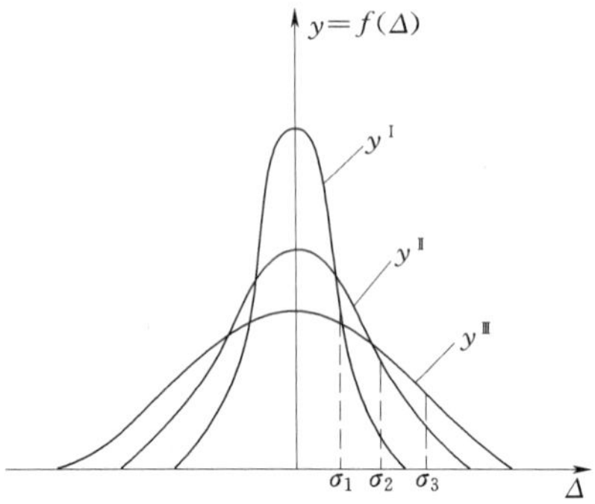

图 5.3　三组观测的误差分布曲线

是必然事件。

图 5.3 中，有三条误差分布曲线 y^{I}、y^{II} 及 y^{III}，代表不同标准差 σ_1、σ_2 及 σ_3 的三组观测。从图中可以看出，曲线Ⅰ较高而陡峭，表明绝对值较小的误差出现的概率大，误差的分布较密集；曲线Ⅱ、Ⅲ都较低而平缓，误差的分布较离散。因此，前者的观测精度较高，后两者则较低。这就是说，由误差分布的密集和离散程度，可以判断观测的精度。但是求误差分布曲线的函数式比较困难，因此可以由分布曲线的标准差来比较精度。当 $\Delta=0$ 时，y 的最大值分别为 $y^{\text{I}}=\dfrac{1}{\sqrt{2\pi}\sigma_1}$、$y^{\text{II}}=\dfrac{1}{\sqrt{2\pi}\sigma_2}$、$y^{\text{III}}=\dfrac{1}{\sqrt{2\pi}\sigma_3}$，由于 $y^{\text{I}}>y^{\text{II}}>y^{\text{III}}$，则 $\sigma_1<\sigma_2<\sigma_3$，表明标准差愈小，误差分布愈密集，观测精度愈高，所以观测质量的好坏常用标准差来衡量。标准差在分布图上的几何意义是分布曲线拐点的横坐标，即 $\sigma=\pm\Delta_{拐}$，σ 可以由 $f(\Delta)$ 的二阶导数等于零求得。

5.3　衡量精度的标准

在相同的观测条件下，对某量进行多次观测，为了评定观测结果的精确程度，必须有一个衡量精度的标准。常用的衡量精度的标准有下列几种。

5.3.1　中误差

上节已述及，标准差的大小反映了观测质量的好坏，标准差越小，说明观测精度越高；标准差越大，说明观测精度越低。所以观测结果的精度可以用标准差来衡量。由数理统计可知，标准差 σ 的定义为

$$\sigma=\pm\sqrt{\lim_{n\to\infty}\frac{[\Delta\Delta]}{n}} \tag{5.6}$$

用上式求 σ 值要求观测数 n 趋近无穷大，实际上是很难办到的。在实际测量工作中，观测数总是有限的，为了评定精度，一般采用下述公式：

$$m=\pm\sqrt{\frac{[\Delta\Delta]}{n}} \tag{5.7}$$

式中　m——中误差；

$[\Delta\Delta]$——一组同精度观测误差 Δ_i 自乘的总和；

n——观测数。

比较式（5.6）与式（5.7）可以看出，标准差 σ 与中误差 m 的不同之处就在于观测个数的区别，标准差为理论上的观测精度指标，而中误差则是观测数 n 为有限时的观测精度指标。所以，中误差实际上是标准差的近似值，统计学上称为估值，随着 n 的增加，m 将趋近 σ。

必须指出，在相同的观测条件下进行的一组观测，测得的每一个观测值的精度都是相同的，也称为等精度观测值。由于它们对应着同一个误差分布，具有同一个标准差，其估值为中误差，因此，同精度观测值具有相同的中误差。但是同精度观测值的真误差彼此并不一定相等，有的差异还比较大，这是由于真误差具有偶然误差的性质。

【例 5.1】 设有甲、乙两组观测值，其真误差分别为

甲组　　　　$-4''$、$-2''$、0、$-4''$、$+3''$

乙组　　　　$+6''$、$-5''$、0、$+1''$、$-1''$

则两组观测值的中误差分别为

$$m_{甲}=\sqrt{\frac{(-4)^2+(-2)^2+0^2+(-4)^2+3^2}{5}}=\pm 3.0''$$

$$m_{乙}=\sqrt{\frac{6^2+(-5)^2+0^2+1^2+(-1)^2}{5}}=\pm 3.5''$$

由此可以看出甲组观测值比乙组观测值的精度高，因为乙组观测值中含有较大的误差，用平方能反映较大误差的影响，因此，测量工作中采用中误差作为衡量精度的标准。

应该再次指出，中误差 m 是表示一组观测值的精度。例如，$m_{甲}$ 是表示甲组观测值中每一观测值的精度，而不能用每次观测所得的真误差（$-4''$、$-2''$、0、$-4''$、$+3''$）与中误差（$\pm3.0''$）相比较，来说明一组中哪一次观测值的精度高或低。

5.3.2 相对误差

测量工作中，有时以中误差还不能完全表达观测结果的精度。例如，分别丈量了 $D_1=1000$m、$D_2=50$m 两段距离，其中误差均为 $m=\pm0.1$m，并不能说明丈量距离的精度，因为量距时其误差的大小与距离的长短有关，所以应采用另一种衡量精度的方法，这就是相对中误差或相对误差，它是中误差的绝对值与观测值的比值，通常用分子为 1 的分数形式表示。例如上例中前者的相对误差为 $K_1=\frac{0.1}{1000}=\frac{1}{10000}$，后者则为 $K_2=\frac{0.1}{50}=\frac{1}{500}$，前者分母大比值小，丈量精度高；后者分母小比值大，丈量精度低。

在一般距离丈量中，通常取往返丈量距离之差的绝对值与往返丈量距离的平均值之比，并将分子化为 1，分母取整数的形式来评定丈量的精度，这是相对误差的另一种表现形式。相对误差不能用于评定角度的精度，因为角度观测的误差与角值的大小无关。相对误差是个无名数。

5.3.3 极限误差

中误差是反映误差分布的密集或离散程度的，它并不代表个别误差的大小，因此，要衡量某一观测值的质量，决定其取舍，还要引入极限误差的概念。极限误差又称允许误差，简称限差。偶然误差的第一特性说明，在一定的观测条件下，偶然误差的绝对值不会超过一定的限值。根据误差理论可知，在等精度观测的一组误差中，误差落在区间（$-\sigma$，$+\sigma$）、（-2σ，$+2\sigma$）、（-3σ，$+3\sigma$）的概率分别为

$$\left.\begin{aligned}P(-\sigma<\Delta<+\sigma)&\approx 68.3\%\\P(-2\sigma<\Delta<+2\sigma)&\approx 95.4\%\\P(-3\sigma<\Delta<+3\sigma)&\approx 99.7\%\end{aligned}\right\}\tag{5.8}$$

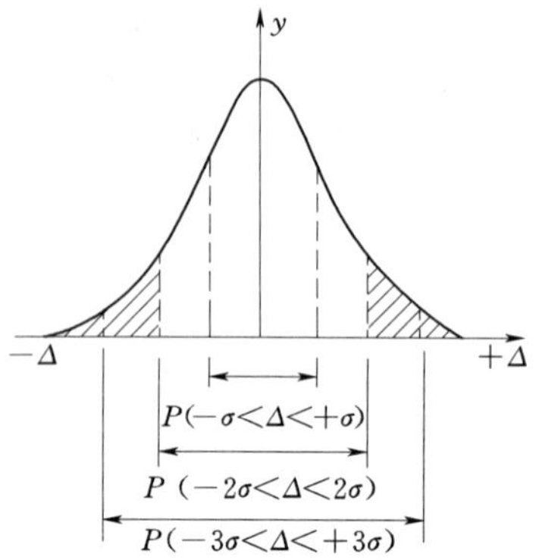

图 5.4　概率分布曲线

其概率分布如图 5.4 所示。

式（5.8）说明，绝对值大于两倍中误差的误差，其出现的概率为 4.6%，绝对值大于三倍中误差的误差，其出现的概率仅为 0.3%，已经是概率接近于零的小概率事件，或者说实际上的不可能事件。因此在测量规范中，为确保观测成果的质量，通常规定以三倍或两倍中误差为偶然误差的允许误差，即

$$\Delta_{允}=3m \text{ 或 } \Delta_{允}=2m \tag{5.9}$$

超过上述限差的观测值应舍去不用，或返工重测。

5.4 误差传播定律

有些未知量往往不能直接测得，而是由某些直接观测值通过一定的函数关系间接计算而得。例如水准测量中，测站的高差是由读得的前、后视读数求得的，即 $h=a-b$。又如两点间的坐标增量是由直接测得的边长 D 及方位角 α，通过函数关系（$\Delta x=D\cos\alpha$，$\Delta y=D\sin\alpha$）间接算得的。前者的函数形式为线性函数，后者为非线性函数。

由于直接观测值含有误差，受其影响它的函数也必然存在误差。阐述观测值中误差与函数中误差之间关系的定律，称为误差传播定律。现就线性与非线性两种函数形式分别讨论如下。

5.4.1 线性函数

线性函数的一般形式为

$$Z=k_1x_1\pm k_2x_2\pm\cdots\pm k_nx_n \tag{5.10}$$

式中　x_1、x_2、…、x_n——独立观测值，其中误差分别为 m_1、m_2、…、m_n；

k_1、k_2、…、k_n——常数。

设函数 Z 的中误差为 m_Z，下面来推导两者中误差的关系式。为推导简便，先以两个独立观测值进行讨论，则式（5.10）为

$$Z=k_1x_1\pm k_2x_2 \tag{a}$$

若 x_1 和 x_2 的真误差为 Δx_1 和 Δx_2，则函数 Z 必有真误差 ΔZ，即

$$Z+\Delta Z=k_1(x_1+\Delta x_1)\pm k_2(x_2+\Delta x_2) \tag{b}$$

式（b）减式（a）得真误差的关系式为

$$\Delta Z=k_1\Delta x_1\pm k_2\Delta x_2 \tag{c}$$

若对 x_1 及 x_2 均进行了 n 次观测，可得

$$\left.\begin{aligned}\Delta Z_1&=k_1(\Delta x_1)_1\pm k_2(\Delta x_2)_1\\ \Delta Z_2&=k_1(\Delta x_1)_2\pm k_2(\Delta x_2)_2\\ &\vdots\\ \Delta Z_n&=k_1(\Delta x_1)_n\pm k_2(\Delta x_2)_n\end{aligned}\right\} \tag{d}$$

式 (d) 等号两边平方求和，并除以 n，则得

$$\frac{[\Delta Z^2]}{n} = \frac{k_1^2[\Delta x_1^2]}{n} + \frac{k_2^2[\Delta x_2^2]}{n} \pm 2\frac{k_1 k_2[\Delta x_1 \Delta x_2]}{n} \tag{e}$$

由于 Δx_1、Δx_2 均为偶然误差，因此乘积 $\Delta x_1 \Delta x_2$ 也必然呈偶然性，根据偶然误差的第 (4) 特性，有

$$\lim_{n\to\infty}\frac{k_1 k_2[\Delta x_1 \Delta x_2]}{n} = 0$$

根据中误差的定义，得中误差的关系式

$$m_Z^2 = k_1^2 m_1^2 + k_2^2 m_2^2 \tag{5.11}$$

推广之，可得线性函数中误差的关系式为

$$m_Z^2 = k_1^2 m_1^2 + k_2^2 m_2^2 + \cdots + k_n^2 m_n^2 \tag{5.12}$$

由式 (5.12)，不难写出下列两种特殊线性函数及其中误差关系式

(1) 倍数函数

$$\text{函数式}: Z = kx$$

$$\text{中误差关系式}: m_Z = \pm k m_x \tag{5.13}$$

(2) 和差函数

$$\text{函数式}: Z = x_1 \pm x_2 \pm \cdots \pm x_n$$

$$\text{中误差关系式}: m_Z^2 = m_1^2 + m_2^2 + \cdots + m_n^2 \tag{5.14}$$

当观测值等精度时，即当 $m_1 = m_2 = \cdots = m_n = m$ 时，有

$$m_Z = \pm m\sqrt{n} \tag{5.15}$$

【例 5.2】 在 1∶1000 比例尺地形图上，量得某坝的坝轴线长 $d = 156.8\text{mm}$，其中误差 m 为 $\pm 0.1\text{mm}$。求坝轴线的实际长度 D 及其中误差 m_D。

解 坝轴线的实际长度与图上量得长度之间是倍数函数关系，即

$$D = Md = 1000 \times 156.8\text{mm} = 156.8\text{m} \quad (M\ \text{为比例尺分母})$$

$$m_D = Mm = 1000 \times 0.1\text{mm} = 0.1\text{m}$$

最后结果写为

$$D = 156.8\text{m} \pm 0.1\text{m}$$

【例 5.3】 如图 5.5 所示，自水准点 BM_1 向水准点 BM_2 进行水准测量，设各段所测高差分别为

$$h_1 = +3.852\text{m} \pm 5\text{mm}$$

$$h_2 = +6.305\text{m} \pm 3\text{mm}$$

$$h_3 = -2.346\text{m} \pm 4\text{mm}$$

求 BM_1、BM_2 两点间的高差及其中误差。

解 BM_1、BM_2 之间的高差

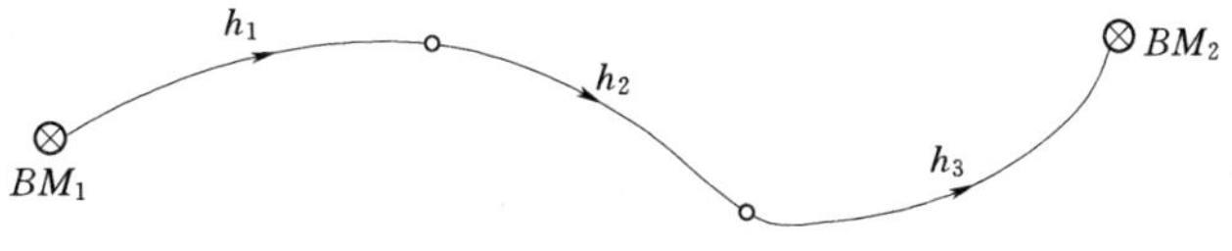

图 5.5 和差函数中误差算例图

$$h = h_1 + h_2 + h_3 = +7.811\ (\mathrm{m})$$

高差中误差

$$m_h = \pm\sqrt{m_1^2 + m_2^2 + m_3^2} = \pm\sqrt{5^2 + 3^2 + 4^2} = \pm 7.1\ (\mathrm{mm})$$

【例 5.4】 等精度观测某量 n 次，观测值分别为 l_1、l_2、…、l_n，中误差 $m_1 = m_2 = \cdots = m_n = m$，求观测值算术平均值 x 的中误差 m_x。

解 n 个观测值的算术平均值为

$$x = \frac{l_1 + l_2 + \cdots + l_n}{n} = \frac{1}{n}l_1 + \frac{1}{n}l_2 + \cdots + \frac{1}{n}l_n$$

由式（5.12）得

$$m_x^2 = \frac{1}{n^2}m_1^2 + \frac{1}{n^2}m_2^2 + \cdots + \frac{1}{n^2}m_n^2 = \frac{1}{n^2}(m_1^2 + m_2^2 + \cdots + m_n^2)$$

由于各观测值等精度，即 $m_1 = m_2 = \cdots = m_n = m$，则

$$m_x^2 = \frac{n}{n^2}m^2 = \frac{1}{n}m^2$$

即

$$m_x = \pm\frac{m}{\sqrt{n}} \tag{5.16}$$

5.4.2 非线性函数

非线性函数即一般函数，其形式为

$$Z = f(x_1、x_2、\cdots、x_n) \tag{5.17}$$

式中 x_1、x_2、…、x_n——独立观测值；

Z——函数。

为推导中误差关系式，对上式取全微分，得

$$\mathrm{d}Z = \frac{\partial f}{\partial x_1}\mathrm{d}x_1 + \frac{\partial f}{\partial x_2}\mathrm{d}x_2 + \cdots + \frac{\partial f}{\partial x_n}\mathrm{d}x_n \tag{f}$$

因为真误差均很小，用其代替上式中的 $\mathrm{d}Z$、$\mathrm{d}x_1$、$\mathrm{d}x_2$、…、$\mathrm{d}x_n$，得真误差关系式

$$\Delta Z = \frac{\partial f}{\partial x_1}\Delta x_1 + \frac{\partial f}{\partial x_2}\Delta x_2 + \cdots + \frac{\partial f}{\partial x_n}\Delta x_n \tag{g}$$

式中 $\frac{\partial f}{\partial x_i}$（$i$=1、2、…、$n$）——函数对各变量所取的偏导数，以观测值代入，所得的值为常数。因此，式（g）是线性函数的真误差关系式，仿式（5.12），得函数 Z 的中误差为

$$m_Z^2 = \left(\frac{\partial f}{\partial x_1}\right)^2 m_1^2 + \left(\frac{\partial f}{\partial x_2}\right)^2 m_2^2 + \cdots + \left(\frac{\partial f}{\partial x_n}\right)^2 m_n^2 \tag{5.18}$$

事实上，线性函数的中误差关系式亦可通过求函数全微分的方法导出，因此线性函数可以认为是非线性函数的一种特殊形式。

应用误差传播定律求函数中误差时，首先应根据问题的性质列出正确的函数关系式，对于线性函数，可直接采用相应的中误差公式来求；对于非线性函数，应先对函数进行全微分，获得真误差关系式后，再求函数的中误差。应当注意，观测值必须是独立的观测

值，即函数式中各自变量必须是互相独立的，不包含相同的误差，否则应做并项或分项处理，使其均为独立观测值为止，否则将会得出错误的结果。

【例 5.5】 同精度观测三角形三内角 α、β、γ，其中误差 $m_\alpha=m_\beta=m_\gamma=m$，三内角之和不等于 180°，产生闭合差

$$\omega=\alpha+\beta+\gamma-180^\circ \tag{1}$$

为了消除闭合差，将闭合差以相反的符号平均分配至各角，得各内角的最后结果为

$$\hat{\alpha}=\alpha-\frac{1}{3}\omega;\ \hat{\beta}=\beta-\frac{1}{3}\omega;\ \hat{\gamma}=\gamma-\frac{1}{3}\omega \tag{2}$$

试求 ω 及 $\hat{\alpha}$ 的中误差 m_ω 及 $m_{\hat{\alpha}}$。

解 三内角均为独立观测值，闭合差与三内角的函数关系式为和差函数［式（1）］，由式（5.14），得

$$m_\omega^2=m_\alpha^2+m_\beta^2+m_\gamma^2=3m^2$$

故

$$m_\omega=\pm\sqrt{3}m$$

求 $\hat{\alpha}$ 的中误差时，式（2）中的 ω 是由三内角算得，并非独立观测值，为此将式（1）代入式（2）消去 ω，得 $\hat{\alpha}$ 与独立观测值（三内角）的函数关系式为

$$\hat{\alpha}=\alpha-\frac{1}{3}(\alpha+\beta+\gamma-180^\circ)=\frac{2}{3}\alpha-\frac{1}{3}\beta-\frac{1}{3}\gamma+60^\circ$$

由此得

$$m_{\hat{\alpha}}^2=\left(\frac{2}{3}m_\alpha\right)^2+\left(\frac{1}{3}m_\beta\right)^2+\left(\frac{1}{3}m_\gamma\right)^2=\frac{2}{3}m^2$$

$$m_{\hat{\alpha}}=\pm\sqrt{\frac{2}{3}}m$$

【例 5.6】 如图 5.6 所示，直线 AB 的长度 $D=206.125\text{m}\pm0.003\text{m}$，方位角 $\alpha=119^\circ45'00''\pm4''$，求直线端点 B 的点位中误差。

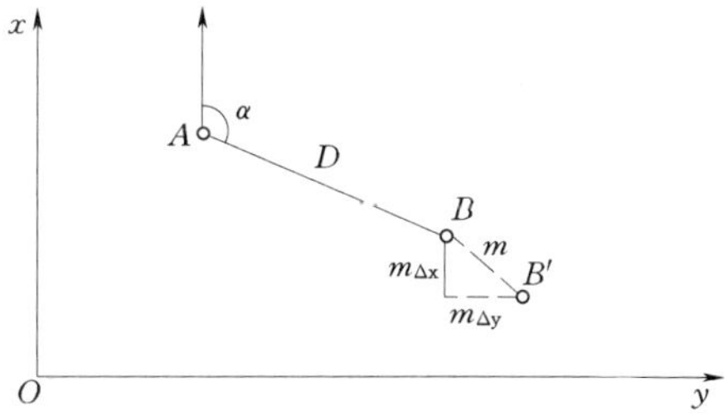

图 5.6 点位误差示意图

解 坐标增量的函数式

$$\Delta x=D\cos\alpha$$

$$\Delta y=D\sin\alpha$$

设 $m_{\Delta x}$、$m_{\Delta y}$、m_D、m_α 分别为 Δx、Δy、D 及 α 的中误差。将上两式对 D 及 α 求偏导数，得

$$\frac{\partial(\Delta x)}{\partial D}=\cos\alpha \qquad \frac{\partial(\Delta x)}{\partial \alpha}=-D\sin\alpha$$

$$\frac{\partial(\Delta y)}{\partial D}=\sin\alpha \qquad \frac{\partial(\Delta y)}{\partial \alpha}=D\cos\alpha$$

由式（5.18），得

$$m_{\Delta x}^2=\cos^2\alpha m_D^2+(-D\sin\alpha)^2\left(\frac{m_\alpha}{\rho''}\right)^2$$

$$m_{\Delta y}^2=\sin^2\alpha m_D^2+(D\cos\alpha)^2\left(\frac{m_\alpha}{\rho''}\right)^2$$

由图 5.6 可知，B 点的点位中误差为

$$m^2=m_{\Delta x}^2+m_{\Delta y}^2=m_D^2+\left(D\frac{m_\alpha}{\rho''}\right)^2$$

$$m=\pm\sqrt{m_D^2+\left(D\frac{m_\alpha}{\rho''}\right)^2}$$

将 $m_D=\pm3\text{mm}$，$m_\alpha=\pm4''$，$\rho''=206265''$，$D=206.125\text{m}$ 代入上式，得

$$m=\pm\sqrt{3^2+\left(206.125\times1000\times\frac{4}{206265}\right)^2}\approx\pm5\ (\text{mm})$$

5.4.3　测量精度分析举例

5.4.3.1　水准测量的精度分析

1. 在水准尺上读一个数的中误差

影响在水准尺上读数的因素很多，其中产生较大影响的有：整平误差、照准误差及估读误差。

等外水准测量可用 DS_{10} 型水准仪施测，DS_{10} 型水准仪望远镜放大倍率 v 不小于25倍，符合水准器水准管分划值为 $\tau=20''/2\text{mm}$，视距 D 一般不超过100m。则

$$\text{整平误差：}m_{平}=\pm\frac{0.075\tau}{\rho''}D=\pm\frac{0.075\times20''}{206265''}\times100\times1000=\pm0.7\ (\text{mm})$$

$$\text{照准误差：}m_{照}=\frac{60''}{v\rho''}D=\frac{60''}{25\times206265''}\times100\times1000=\pm1.2\ (\text{mm})$$

$$\text{估读误差：}m_{估}=\pm1.5\ \text{mm}$$

综合上述影响，在水准尺上读一个数的中误差 $m_{读}$ 为

$$m_{读}=\pm\sqrt{m_{平}^2+m_{照}^2+m_{估}^2}=\pm\sqrt{0.7^2+1.2^2+1.5^2}=\pm2.0\ (\text{mm})$$

2. 一个测站高差的中误差

一个测站上测得的高差等于后视读数减前视读数，根据式（5.15），则一个测站的高差中误差为 $m_{站}=\pm\sqrt{2}m_{读}$，以 $m_{读}=\pm2.0\text{mm}$ 代入，得

$$m_{站}=\pm2.9\ \text{mm}\quad(\text{可近似地取}\pm3.0\text{mm})$$

3. 水准路线的高差中误差及允许误差

设在两点间进行水准测量，共测了 n 个测站，则两点间的高差为：

$$h=h_1+h_2+\cdots+h_n$$

设每站观测高差的中误差为 $m_{站}$，根据式（5.15），h 的中误差为

$$m_h=\pm m_{站}\sqrt{n}$$

以 $m_{站}=\pm3\text{mm}$ 代入，得

$$m_h=\pm3\sqrt{n}\ (\text{mm})$$

对于平坦地区，一般1km水准路线不超过15站，如用公里数 L 代替测站数 n，则

$$m_h=\pm3\sqrt{15L}\approx\pm12\sqrt{L}\ (\text{mm})$$

以三倍中误差作为限差，并考虑其他因素的影响，规范规定等外水准测量高差闭合差的允许值为

$$f_{允}=\pm10\sqrt{n}\ (\text{mm})$$

或 $$f_{允} = \pm 40\sqrt{L}\ (\text{mm})$$

式中 L 以公里为单位。

5.4.3.2 水平角观测的精度分析

用 DJ_6 型经纬仪观测水平角，一测回方向值的中误差为$\pm 6''$。设望远镜在盘左（或盘右）位置观测该方向的中误差为 $m_{方}$，根据算术平均值中误差的计算公式，即式（5.16），则有 $6''=\dfrac{m_{方}}{\sqrt{2}}$，于是

$$m_{方} = \pm\sqrt{2}\times 6'' = \pm 8.5''$$

1. 半测回角值的中误差

半测回角值等于两方向值之差，故半测回角值的中误差为

$$m_{\beta半} = \pm m_{方}\sqrt{2} = \pm 8.5''\sqrt{2} = \pm 12''$$

2. 上、下两个半测回的限差

上、下两个半测回的限差是以两个半测回角值之差来衡量的。两个半测回角值之差 $\Delta\beta$ 的中误差为

$$m_{\Delta\beta} = \pm m_{\beta半}\sqrt{2} = \pm 12\sqrt{2} = \pm 17''$$

取两倍中误差为允许误差，则

$$f_{\Delta\beta允} = 2\times 17'' = 34'' \quad (规范规定为 36'')$$

3. 测角中误差

因为一个水平角是取上、下两个半测回的平均值，故测角中误差为

$$m_{\beta} = \pm\frac{m_{\beta半}}{\sqrt{2}} = \pm\frac{12''}{\sqrt{2}} = \pm 8.5''$$

4. 测回差的限差

两个测回角值之差为测回差，它的中误差为

$$m_{\beta测回差} = \pm m_{\beta}\sqrt{2} = \pm 8.5''\sqrt{2} = \pm 12''$$

取两倍中误差作为允许误差，则测回差的限差为

$$f_{\beta测回差} = 2\times 12'' = \pm 24''$$

5.5 等精度观测平差

在相同的观测条件（人员、仪器设备、观测时的外界条件）下进行的观测，称为等精度观测。在不同的观测条件下进行的观测，称为不等精度观测。无论哪一种观测，为确定一个未知量的大小，一般都要对未知量进行多余观测，于是观测值之间便出现了矛盾。平差的目的，就是对观测数据进行处理，消除观测值之间的矛盾，求得未知量的最或是值（或最可靠值），同时评定观测值及最或是值的精度。如何进行平差，下面先举一个例子来说明平差应遵循的原则。

一个三角形的三内角分别为 a、b、c，只要观测其中任意两个，三角形的形状就可以确定，因此，必要观测数为 2 个。一般 3 个角都要观测，就有一个多余观测。所测 3 个角

之和应满足三角形内角和条件（称为图形条件），但一般 $a+b+c\neq180°$，则产生的闭合差 f 为

$$f=a+b+c-180°$$

为了消除闭合差以满足图形条件，求得各角的最或是值，就必须在每一角上加一改正数。

设 v_a、v_b、v_c 分别为三内角的改正数，则

$$(a+v_a)+(b+v_b)+(c+v_c)=180°$$

或

$$v_a+v_b+v_c=180°-(a+b+c)=-f$$

一个方程有三个未知数，有很多组解，因而需要确定 v_a、v_b、v_c 的一组最佳解。

设 L_1、L_2、…、L_n 为一组相互独立的观测值；$\hat{L}_1$、$\hat{L}_2$、…、$\hat{L}_n$ 为各观测值的最或是值（经平差后的值，也称平差值），其值为 $\hat{L}_i=L_i+v_i$，v_i 为观测值上所加的改正数；各观测值的中误差为 m_1、m_2、…、m_n。由式（5.4）可知，未知数的概率密度函数为

$$G=\frac{1}{m_1m_2\cdots m_n(2\pi)^{n/2}}e^{-\frac{1}{2}\left(\frac{v_1^2}{m_1^2}+\frac{v_2^2}{m_2^2}+\cdots+\frac{v_n^2}{m_n^2}\right)}$$

密度函数越大，误差出现的概率就越大。上式中当 $\frac{v_1^2}{m_1^2}+\frac{v_2^2}{m_2^2}+\cdots+\frac{v_n^2}{m_n^2}$ 等于最小时，函数 G 的值为最大。因此，选择的改正数应当是 $\frac{v_1^2}{m_1^2}+\frac{v_2^2}{m_2^2}+\cdots+\frac{v_n^2}{m_n^2}$ 等于最小的一组。

在等精度观测时，$m_1=m_2=\cdots=m_n=m$，则有

$$v_1^2+v_2^2+\cdots+v_n^2=\text{最小}$$

写作

$$[vv]=\text{最小} \tag{5.19}$$

由于平方是一个数的自乘，也叫二乘，故上式表达的原理称之为最小二乘原理，按最小二乘原理实施平差是平差应遵循的原则。

5.5.1　求最或是值

设对某量进行 n 次等精度观测，观测值为 L_i（$i=1$、2、…、n），最或是值为 $\hat{L}$，v_i 为观测值的改正数，则有

$$\left.\begin{aligned}v_1&=\hat{L}-L_1\\v_2&=\hat{L}-L_2\\&\vdots\\v_n&=\hat{L}-L_n\end{aligned}\right\} \tag{5.20}$$

上式等号两边平方求和，得

$$[vv]=(\hat{L}-L_1)^2+(\hat{L}-L_2)^2+\cdots+(\hat{L}-L_n)^2$$

根据最小二乘原理，必须使［vv］为最小，为此，将［vv］对 $\hat{L}$ 取一、二阶导数

$$\frac{d[vv]}{d\hat{L}}=2(\hat{L}-L_1)+2(\hat{L}-L_2)+\cdots+2(\hat{L}-L_n)$$

$$\frac{d^2[vv]}{d\hat{L}} = 2n > 0$$

由于二阶导数大于零，因此，当一阶导数等于零时，[vv] 为最小，于是

$$\frac{d[vv]}{d\hat{L}} = 2(\hat{L} - L_1) + 2(\hat{L} - L_2) + \cdots + 2(\hat{L} - L_n) = 0$$

$$n\hat{L} = L_1 + L_2 + \cdots + L_n = [L]$$

故

$$\hat{L} = \frac{[L]}{n} \tag{5.21}$$

由上式可知，观测值的算术平均值就是最或是值。

如果将式（5.20）求和，得

$$[v] = n\hat{L} - [L] = n\frac{[L]}{n} - [L] = 0 \tag{5.22}$$

利用式（5.22）可以校核由式（5.20）算得的各观测值改正数是否正确。

5.5.2 观测值的中误差

第 5.3 节中给出了评定精度的中误差公式

$$m = \pm\sqrt{\frac{[\Delta\Delta]}{n}}$$

式中 $\Delta_i = L_i - X$（i=1、2、…、n）。由于真值一般难以知道，则真误差也难以求得，因此实际工作中常常采用观测值的改正数 v_i 来推求观测值的中误差。为此，将 $\Delta_i = L_i - X$ 与 $v_i = \hat{L} - L_i (i = 1,2,\cdots,n)$ 相加，得

$$\Delta_i = (\hat{L} - X) - v_i \tag{a}$$

将式（a）等号两边自乘取和，得

$$[\Delta\Delta] = n(\hat{L} - X)^2 + [vv] - 2(\hat{L} - X)[v] \tag{b}$$

式（b）等号两边再除以 n，顾及 [v] =0，得

$$\frac{[\Delta\Delta]}{n} = \frac{[vv]}{n} + (\hat{L} - X)^2 \tag{c}$$

式（c）中 $\hat{L} - X$ 是最或是值（算术平均值）的真误差，也难以求得，通常以算术平均值的中误差 $m_{\hat{L}}$ 代替，由算术平均值中误差的计算公式 $m_{\hat{L}} = \frac{m}{\sqrt{n}}$，则

$$(\hat{L} - X)^2 = m_{\hat{L}}^2 = \frac{m^2}{n} \tag{d}$$

将式（d）代入式（c），并顾及 $m = \pm\sqrt{\frac{[\Delta\Delta]}{n}}$，得

$$m^2 = \frac{[vv]}{n} + \frac{m^2}{n}$$

经整理，得

$$m=\pm\sqrt{\frac{[vv]}{n-1}} \tag{5.23}$$

5.5.3　最或是值（算术平均值）的中误差

由式（5.16）得最或是值（算术平均值）的中误差 $m_{\hat{L}}$ 为

$$m_{\hat{L}}=\pm\frac{m}{\sqrt{n}}\pm\sqrt{\frac{[vv]}{n(n-1)}} \tag{5.24}$$

【例 5.7】　用某经纬仪对某一水平角进行了 5 次观测，观测值列在表 5.2 中，求观测值的中误差 m 及算术平均值的中误差 $m_{\hat{L}}$。

计算过程及结果，列在表 5.2 中。

表 5.2　　观测值及算术平均值中误差的计算

观测次序	观测值 L_i	v	vv	计　　算
1	85°42′20″	−14″	196	
2	85°42′00″	+6″	36	$m=\pm\sqrt{\frac{1520}{5-1}}=\pm19.5''$
3	85°42′00″	+6″	36	$m_{\hat{L}}=\pm\frac{19.5}{\sqrt{5}}=\pm8.7''$
4	85°41′40″	+26″	676	测量成果：
5	85°42′30″	−24″	576	85°42′06″±8.7″
平均值 $\hat{L}$ = 85°42′06″		校核 $[v]=0$	$[vv]=1520$	

观测成果用误差界限法表达，如例 5.7 中观测成果为 85°42′06″± 8.7″，其含义是观测角的真值以某一较大概率落在 85°41′57.3″（85°42′06″−8.7″）～85°42′14.7″（85°42′06″+8.7″）区间之中。

小　　结

通过本章学习，应明确测量误差的定义、测量误差产生的原因以及测量误差的分类；理解偶然误差的特性；熟悉中误差、极限误差、相对误差等衡量精度的标准；重点掌握误差传播定律及其应用，掌握等精度观测平差时求观测值中误差以及算术平均值中误差的方法。应用误差传播定律时应注意两个问题，一是要正确的列立观测值与未知量之间的函数关系式；二是要注意观测值必须是独立的，否则应做并项或分项处理。

思　考　题

5.1　为什么观测结果中一定存在误差？误差如何分类？学习误差的目的何在？

5.2　系统误差有何特点？它对测量结果产生什么影响？

5.3　偶然误差能否消除？它有何特性？

5.4　系统误差与偶然误差有哪些本质上的不同？在处理偶然误差时，为何要作多余观测？它与偶然误差的特性有何关系？

5.5　评定精度的标准有哪些？

5.6　三角形闭合差、双观测值之差为何是真误差？

5.7　允许误差是如何定义的？它有什么作用？

5.8　观测误差超过极限误差（允许值）的观测值为何要重新观测？相对误差为何不能用于评定角度观测的精度？

5.9　应用误差传播定律时，应注意哪些问题？

5.10　倍数函数与和差函数的区别在何处？

5.11　何谓等精度观测？何谓不等精度观测？

习　题

5.1　解释下列名词：误差、系统误差、偶然误差、中误差、极限误差、相对中误差、误差传播定律、算术平均值中误差。

5.2　对已知水平角 α（$\alpha=45°00'03''$，设 α 无误差）作了 10 次观测，其观测结果为：

$$45°00'06'',\ 44°59'55'',\ 44°59'58'',\ 45°00'03'',\ 45°00'04''$$
$$45°00'00'',\ 44°59'58'',\ 45°00'04'',\ 45°00'06'',\ 44°59'03''$$

试求一次观测的中误差。

5.3　测量距离 AB 和 CD。往测结果分别为 258.598m 和 138.745m，返测结果分别为 258.547m 和 138.778m。分别计算往返较差、相对误差，并比较精度。

5.4　测得一正方形的边长 $a=86.25\text{m}\pm0.04\text{m}$。试求正方形的面积及其相对误差。

5.5　在 1∶25000 地形图上量得一圆形地物的直径为 $d=21.3\text{mm}\pm0.3\text{mm}$。试求该地物占地面积及其中误差。

5.6　一个三角形，测得边长 $a=150.50\text{m}\pm0.05\text{m}$，测得 $\angle A=54°30'\pm1'$，$\angle B=45°10'\pm2'$。计算边长 b 和 c 及其中误差、相对误差。

5.7　设有 n 个内角的闭合导线，等精度观测各内角，测角中误差 $m=\pm9''$试求闭合导线角度闭合差 f_β 的允许误差 $f_{\beta允}$。

5.8　用水准仪测量 A、B 两点间的高差，要求高差中误差不大于 3mm，试问在水准尺上读数的中误差应为多少？

5.9　用经纬仪观测水平角，测角中误差为$\pm9''$。欲使角度观测结果的精度达到$\pm5''$，问需要观测几个测回？

5.10　在水准测量中，设一个测站观测高差的中误差为±3mm，1km 线路有 9 站。求 1km 线路观测高差的中误差和 K 公里线路观测高差的中误差。

5.11　对一段距离测量了 6 次，观测结果为 246.535m、246.548m、246.520m、246.529m、246.550m、246.537m。试计算该段距离的最或是值、最或是值的中误差和相对中误差、测量一次的中误差。

第6章　小区域控制测量

> **学习指导**
>
> 本章讲述小区域控制测量的基本作业方法。要求了解控制测量的任务和作用；熟悉建立控制网的基本方法以及控制网的布设原则和布设形式；掌握小区域平面控制测量和高程控制测量的内外业作业方法。

6.1　控制测量概述

为了满足地形测量和工程测量的需要，首先在整个测区范围内均匀选定若干数量的点，这些点称为控制点，然后以较高的观测精度测出这些点的坐标和高程，以作为测图及施工放样的依据，那么这项工作就称为控制测量。

控制测量分为平面控制测量和高程控制测量两种。只是测定控制点平面位置（坐标）的控制测量称为平面控制测量；只是测定控制点高程位置的控制测量称为高程控制测量。无论平面控制或高程控制，选点的控制点必须按一定规则相互连接起来组成网络，否则将无法实施观测、检核及坐标或高程的推算，这样的网络称为控制网。相应的，只是解决控制点平面位置的控制网称为平面控制网，只是解决控制点高程位置的控制网称为高程控制网。

6.1.1　建立控制网的基本方法

1. 平面控制网的建立方法

建立平面控制网的常用方法有：

（1）三角测量法。如图6.1所示，把地面上选定的控制点依次连接成三角形，观测各三角形的全部内角，并化算到平面上，根据起始边的平面边长和方位角（如图中的D_{AB}和α_{AB}），即可按三角形的边角关系逐一推算各边的边长和方位角，进而根据已知点坐标（如图中A点的坐标x_A、y_A）推算出各点坐标，这种测量方法称为三角测量法。

（2）导线测量法。如图6.2所示，选定的控制点依序连接成折线形式（称为导线）；测定导线各边的边长及转折角，并化算到平面上，根据起始方位角（如图中的α_{AB}）推算各边的方位角，继而根据起始点坐标（如图中A点坐标x_A、y_A）推算各点的坐标，这种测量方法称为导线测量法。

（3）三边测量法。在三角网中，如果不观测三角形内角，改为观测各三角形的全部边长，同样根据三角形的边角关系推算出各三角形的内角和各边的方位角，进而推算出各点坐标，这种测量方法称为三边测量法。

（4）边角同测法。在三角网中，如果既测边又测角，那么这种测量方法就称为边角同

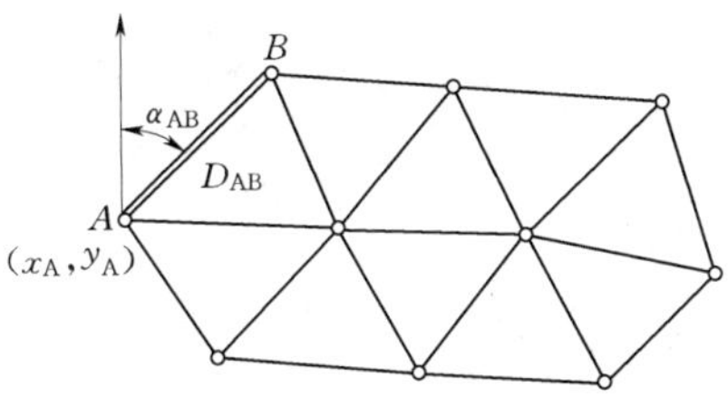

图 6.1　三角网

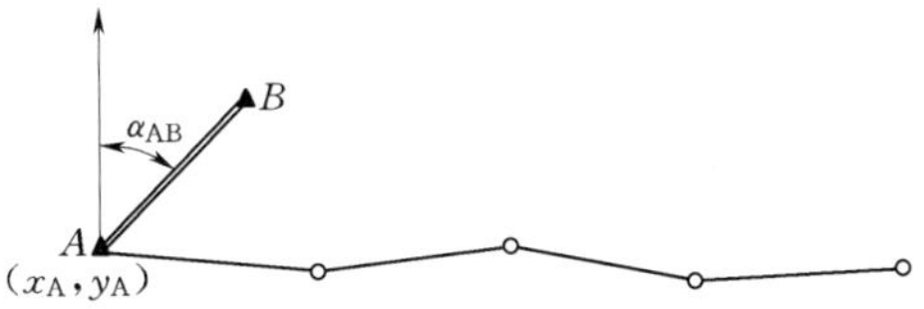

图 6.2　导线测量

测法。

三角测量法的优点是控制的范围大，在电磁波测距仪没有普及的过去，它是建网的主要方法；导线测量法的优点是单线推进，扩展迅速，随着电磁波测距仪的普及，它已经上升为建网的主要方法；边角同测法具有精度高的特点，一般应用于高精度的专用控制网。

2. 高程控制网的建立方法

建立高程控制网的方法通常有两种：

（1）水准测量法。它是利用几何测量原理，通过测定地面两点间的高差，进而推算高程的一种测量方法。水准测量的优点是精度高，测定的高差具有物理意义，所以在生产中得到了广泛应用。

（2）三角高程测量法。它是通过测定地面两点间的竖直角，间接计算出高差，进而求得高程的一种测量方法。三角高程测量的精度较低，但操作简便，适用于低精度的高程控制。

6.1.2　国家控制网的布设

由国家专业测量部门在全国范围内建立的控制网称为国家控制网。我国的国家控制网历时 30 多年，于 20 世纪 80 年代初全部建成。国家控制网的主要作用是为大范围地形测图和大型工程测量提供基本控制。

1. 国家平面控制网的布设

国家平面控制网主要采用三角测量的方法建立（青藏高原等特殊困难地区采用导线测量法），它是按照“分级布网、逐级控制”的原则布设，按精度从高级到低级将控制网依序划分为一、二、三、四等四个等级。一等三角以锁的形式沿经纬线方向布设，如图 6.3（a）所示；二等三角以网的形式布设在一等锁网内，如图 6.3（b）所示；三、四等三角以插网或插点形式布设在一、二等锁网内。各等级三角网的主要技术指标见表 6.1。

表 6.1　国家三角网技术指标

等　级	平均边长（km）	测角中误差（″）	三角形最大闭和差（″）	起始边相对中误差	最弱边相对中误差
一	20～25	±0.7	±2.5	1/350000	1/150000
二	13	±1.0	±3.5	1/250000	1/150000
三	8	±1.8	±7.0	1/150000	1/80000
四	2～6	±2.5	±9.0	1/100000	1/40000

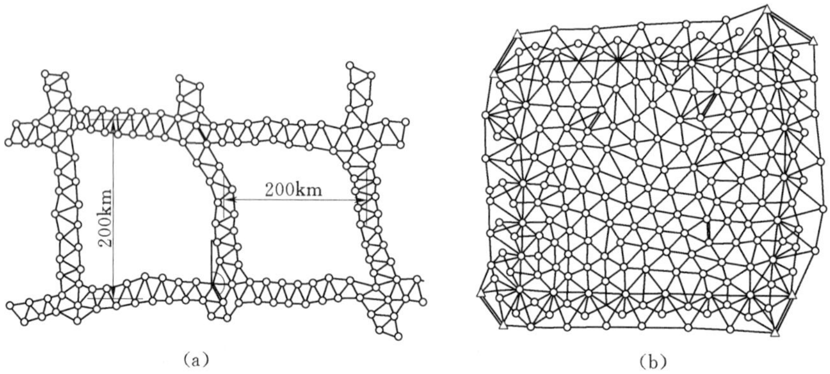

图 6.3　国家平面控制网

国家三角网中的控制点称为三角点,国家等级的三角点或导线点统称“大地点”。选定的大地点必须按规范要求埋设永久性标石作为标志,同时建立觇标作为照准标志,如图 6.4 所示。

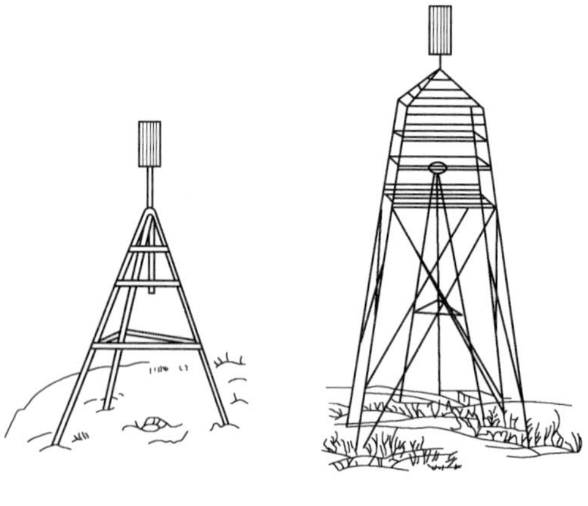

图 6.4　三角点标志（觇标）

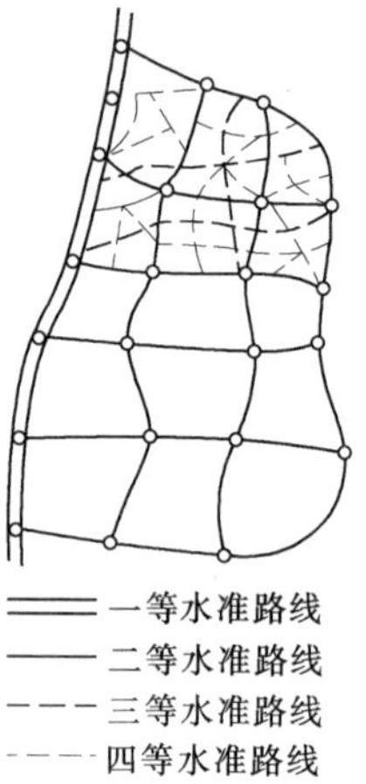

图 6.5　国家高程控制网

2. 国家高程控制网的布设

国家高程控制也是按照“分级布网，逐级控制”的原则布设的。与平面控制网相对应，我国的国家高程控制网也划分为一、二、三、四等 4 个等级，一等精度最高，从高级到低级，一级控制一级。

国家高程控制是采用水准测量方法施测的，故高程控制网又称为水准网，选定的高程控制点又称为水准点。

一等水准网是国家高程控制的骨干，同时也是研究地壳垂直形变等科学问题的依据。二等水准网布设在一等水准网内，它是国家高程控制的全面基础。一、二等水准路线一般沿铁路、公路或河流布设，用精密水准测量方法测定水准点的高程。三、四等水准路线加密于一、二等水准网内，作为地形测量和工程测量的高程控制，一般布设成闭合或附合水准路线，如图 6.5 所示。

为便于保存和使用，各等级水准点都必须按规范要求埋设永久性的固定标志（标石），如图6.6所示。

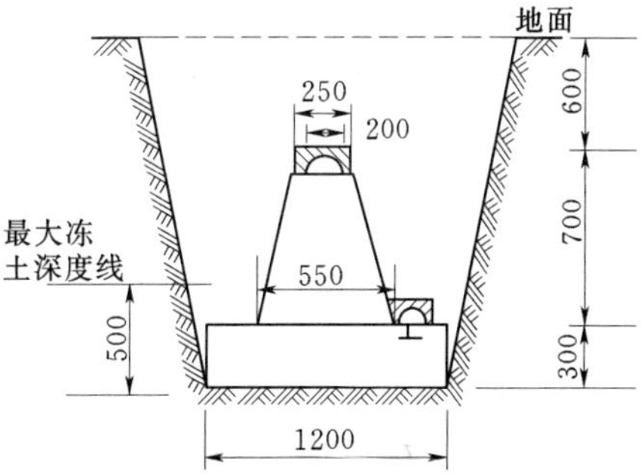

图 6.6 国家等级水准点（单位：mm）

6.1.3 小区域控制网的布设

国家控制点的密度是很小的，例如最低的四等三角点的平均边长约为4km左右，远远满足不了小范围测区大比例尺测图或施工放样的需要，而工程建设大多都是在小范围内进行的，所以下面从测图角度出发，简要叙述一下小范围测区控制网的建立方法。

6.1.3.1 小区域平面控制网的布设

小范围测区的平面控制，亦应按照“分级布网，逐级控制”的原则来布网。分级的多少视测区大小及测图比例尺的大小而定，多数情况下，在国家控制网基础上分两级布设。

1. 首级控制网

首级控制网通常采用五等三角或五等导线的方法布设。五等三角锁网、五等导线的主要技术指标见表6.2、表6.3。

表 6.2 五等三角锁网主要技术指标

级　别	测角中误差（″）	三角形最大闭合差（″）	最小求距角	平均边长（km）		起始边相对中误差	最弱边相对中误差
				建筑区或枢纽区	一般地区		
一级	±5	±15	30°	1	2	1/40000	1/20000
二级	±10	±30	30°	0.5	1	1/20000	1/10000

表 6.3 五等导线主要技术指标

级 别	测角中误差（″）	角度闭合差（″）	导线长度（m）	最 多 折 角 数				边长两次丈量不符值（cm）	导线全长相对闭合差
				1∶500 1∶1000	1∶2000	1∶5000	1∶10000		
一级	±5	$\pm10\sqrt{n}$	2.5M	6	15	20	25	$10\sqrt{k}$	1/14000
二级	±10	$\pm20\sqrt{n}$	1.5M	5	8	10	15	$15\sqrt{k}$	1/10000

注 表中M为测图比例尺分母；k为导线边长（km）；n为导线转折角个数。

2. 图根控制网

图根控制网是直接为测图服务的一级控制网，它是在首级控制网基础上对控制点的进一步加密。图根网中的控制点称为图根点。它的密度应满足测图的需要。图根点的密度要求与测图比例尺有关，见表6.4。

图根控制网的建立方法，通常有导线测量法、小三角测量法、交会法等。图根点的标志一般采用木桩或埋设简易混凝土标石，并用标旗作为觇标，如图6.7所示。

表 6.4　　图根点密度表

测图比例尺	每平方公里的控制点数	每幅图的控制点数	相邻控制点最大边长
1∶5000	4	20	540
1∶2000	15	15	280
1∶1000	40	10	170
1∶500	120	8	100

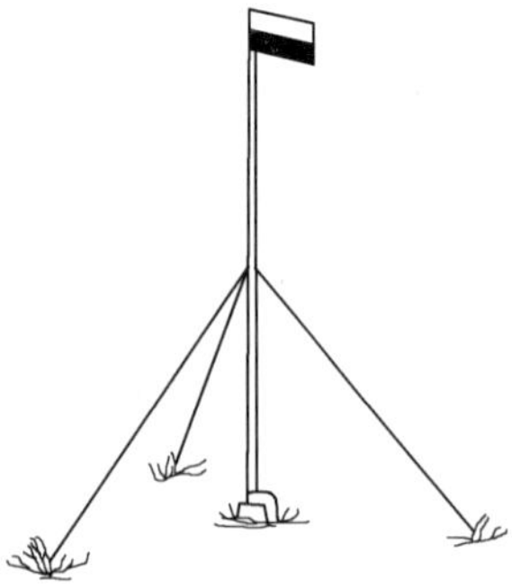
图 6.7　图根点标志

应当指出，对于小范围测区，根据实际工作需要，控制网可以附合于国家高级控制点上，形成统一的坐标系统；也可以布设成独立控制网，采用假定坐标系统。

6.1.3.2　小区域高程控制网的布设

小范围测区的地形测图，高程控制网通常分两级布设：基本高程控制（国家四等或四等以上的水准网）、加密高程控制（等外水准或三角高程）。加密高程控制点通常不埋石，只是在地面上打一大木桩或在坚固地基表面（如屋基、桥墩、裸露岩石等）上标定点位即可。地形测量中，图根点往往同时又是高程控制点，故亦可称其为平高点。

本章只讨论小范围测区控制测量的有关内容。平面控制主要介绍大比例尺测图图根导线和交会法测量的基本作业方法；高程控制介绍三、四等水准测量和三角高程测量的基本作业方法。

6.2　导线测量

6.2.1　导线的布设形式

导线的布设形式通常有以下三种：

(1) 闭合导线。从某一已知点出发，顺序连接各个未知点，最后又闭合到该已知点的导线，称为闭合导线，如图 6.8 (a) 所示。

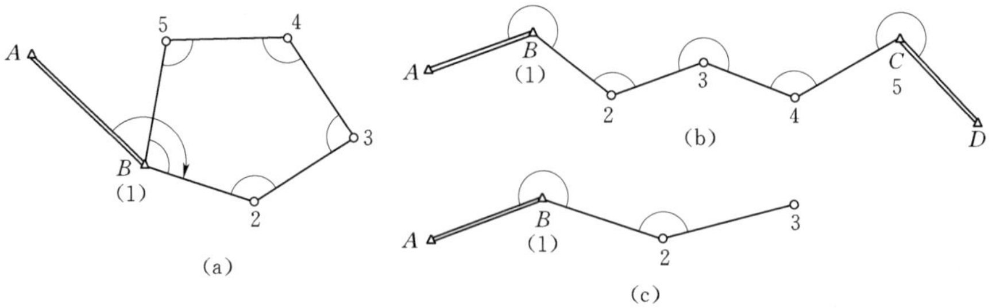

图 6.8　导线的布设形式

(2) 附合导线。从某一已知点出发，顺序连接各个未知点，最后又附合到另一已知点的导线，称为附合导线，如图 6.8 (b) 所示。

(3) 支导线。从某一已知点出发，顺序连接各个未知点，既不闭合又不附合的导线，称为支导线，如图 6.8（c）所示。

以上三种导线形式中，闭合导线、附合导线均具有严格的几何条件供检核，所以实际工作中得到了广泛应用；支导线没有检核条件，一般不宜采用，特殊情况下需要采用时，最多只能支出两点。

6.2.2 导线测量的外业工作

1. 选点

在实地上选择、落实和标定控制点点位的工作叫选点。

选点前应根据测区的形状、大小，已有的已知控制点情况以及测图比例尺对图根点的密度要求（表 6.4），在已有的地形图上初步拟定控制点的位置和导线的布设形式，然后到实地上落实并标定点位。对于面积较小的测区，亦可直接到实地选择并标定点位。点位的选择应符合下述要求：

（1）点位应选在视野开阔、土质坚实，便于安置仪器和测绘地形的地方。

（2）相邻点间必须通视，以便于测角和测距。如果采用钢尺量距的方法测定边长，则要求相邻两点间的地势比较平缓且没有障碍。

（3）相邻两导线边长应大致相等，以防测角时因望远镜调焦幅度过大引起测角误差。

（4）导线总长应不超过 0.8Mm（M 为测图比例尺分母）；边长最短不应短于 50m，最长不应超过表 6.4 中的规定。

点位选好后，打下大木桩（桩顶钉小钉）或埋设混凝土柱石（顶面刻划“+”标记）以示点位，并按前进顺序编写点名或点号（闭合导线应按逆时针方向编号）。最后竖立观测标志（图 6.7）。

为了便于日后寻找，应量出导线点与附近固定而明显地物点的距离，绘一草图（示意图），如图 6.9 所示，这种图称为“点之记”。

2. 测角

在导线的各转折点上观测水平角。一般观测左角。对于闭合导线，由于前进顺序为逆时针方向，故左角亦即多边形的内角。

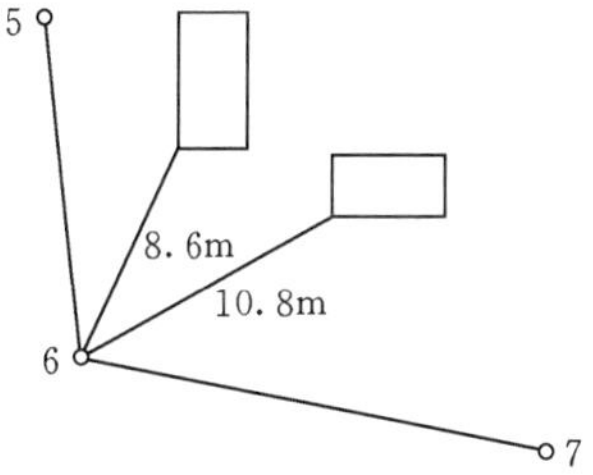

图 6.9 控制点点之记

水平角观测一般采用 DJ_6 型经纬仪，以测回法观测两测回，测回间变动度盘位置 90°，两半测回角值差应不超过 ±36″，两测回角值差应不超过 ±24″。

当导线边与高级控制边连接时，应在连接点上观测连接角，如图 6.8（a）中的 $\angle AB2$、（b）中的 $\angle AB2$ 及 $\angle 4CD$、（c）中的 $\angle AB2$。不与高级控制边连接的独立闭合导线，应用罗盘仪测定起始边的磁方位角作为起始坐标方位角。

3. 测边

测定各个导线边的边长（两导线点间的水平距离）。

边长测定可采用第 4 章中所讲任一方法进行。如果采用视距法测距，则称导线为“视距导线”；如果采用钢尺量距，则称为“量距导线”；如果采用电磁波测距，则称为“电磁波测距导线”。

不论用何种方法测距，要求测距精度不大于 1/2000。用视距方法测距，远远达不到精度要求，故图根控制中不能采用视距导线。

6.2.3　导线测量的内业计算

内业计算的目的就是通过计算消除各观测值之间的矛盾，最终以求得各点的坐标。下面讲解手工计算（借助计算器）的作业步骤和方法。

6.2.3.1　计算前的准备工作

（1）检查外业观测手簿（包括水平角观测、边长观测、磁方位角观测等），确认观测、记录及计算成果正确无误。

（2）绘制导线略图，如图6.10所示。略图是一种示意图，绘图比例、用线粗细没有严格要求，但应注意美观、大方，大小适宜，与实际图形保持相似，且与实地方位大体一致。所有的已知数据（已知方位角、已知点坐标）和观测数据（水平角值、边长）应正确抄录于图中，注意字迹工整，位置正确。

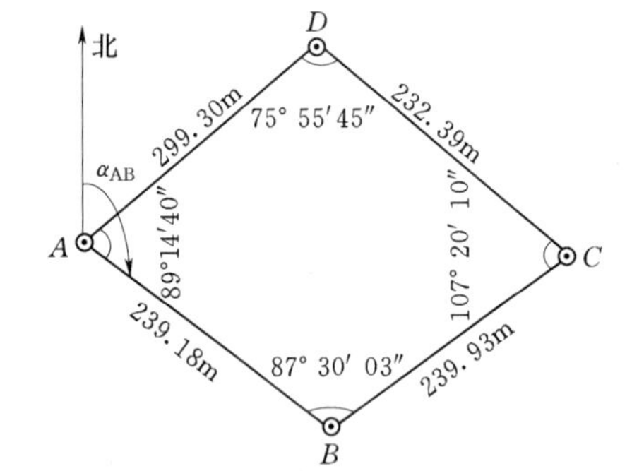

$\alpha_{AB}=133°46'40''$　$x_A=1540.00\text{m}$　$y_A=1500.00\text{m}$

图6.10　闭合导线计算略图

（3）绘制计算表格，见表6.5。在对应的列表中抄录已知数据和观测数据，应注意抄录无误。在点名或点号一列应按推算坐标的顺序填写点名和点号。

表6.5　　**闭合导线计算表**

点名	观测角 (° ′ ″)	改正后角值 (° ′ ″)	坐标方位角 (° ′ ″)	边长 (m)	坐标增量（m） Δx	坐标增量（m） Δy	改正后坐标增量(m) Δx	改正后坐标增量(m) Δy	坐标值（m） Δx	坐标值（m） Δy
1	2	3	4	5	6	7	8	9	10	11
A									1540.00	1500.00
			133 46 40	239.18	+0.03 −165.48	0 +172.69	−165.45	+172.69		
B	−9 87 30 03	87 29 54							1374.55	1672.69
			41 16 34	239.93	+0.03 +180.32	0 +158.28	+180.35	+158.28		
C	−10 107 20 10	107 20 00							1554.90	1830.97
			328 36 34	232.39	+0.03 +198.38	0 −121.04	+198.41	−121.04		
D	−10 75 55 45	75 55 035							1753.31	1709.93
			224 32 09	299.30	+0.03 −213.34	−0.01 −209.92	−213.31	−209.93		
A	−9 89 14 40	89 14 31							1540.00	1500.00
			133 46 40							
B										
Σ	360 00 38	360 00 00		1010.80	−0.12	+0.01	0	0		
计算公式	$f_\beta=360°00'38''-360°=+38''$　$f_{\beta允}=\pm60''\sqrt{4}=\pm120''$　$f_x=-0.12$　$f_y=+0.01$ $f_D=\sqrt{f_x^2+f_y^2}=0.12$　$K=\frac{f_D}{\sum D}=\frac{0.12}{1010.80}\approx\frac{1}{8400}$									

6.2.3.2 闭合导线的计算

下面结合图 6.10 和表 6.5 所示示例说明闭合导线的计算步骤与方法。

1. 角度闭合差的计算与调整

闭合导线是由折线组成的多边形，由平面几何可知，n 边形内角和的理论值为

$$\sum\beta_{理} = (n-2)\times 180^\circ$$

设实际观测的各个内角的内角和为 $\sum\beta_{测}$。由于观测误差的存在，致使内角和的观测值不等于其理论值，两者的差值称为角度闭合差，以 f_β 表示，则

$$f_\beta = \sum\beta_{测} - \sum\beta_{理}$$

于是得闭合导线角度闭合差的计算公式为

$$f_\beta = \sum\beta_{测} - (n-2)\times 180^\circ \tag{6.1}$$

角度闭合差 f_β 的大小在一定程度上标志着测角的精度。对于图根导线，角度闭合差的允许值为

$$f_{\beta允} = \pm 60''\sqrt{n} \tag{6.2}$$

如果角度闭合差超过允许值，应分析原因，进行外业局部或全部返工。当角度闭合差不大于允许值时，可将闭合差按“反号平均法则”分配到各个观测角中，即给每个观测角分配一个改正数

$$v_\beta = -\frac{f_\beta}{n} \tag{6.3}$$

如果 f_β 的数值不能被内角数 n 整除而有余数时，可将余数调整分配在短边的邻角上。本例所示的闭合导线，按上式算得角度改正数为 $v_\beta = -38''/4 = 9.5''$，可先按 $-9''$ 分配给各角，剩余共有 $-2''$ 的余数，可分别再给 C 角和 D 角各分配 $-1''$（因 CD 边长最短），亦即 C 角和 D 角的改正数各为 $-10''$。各角的改正数应写在表中各相应观测角值的上方位置，如表 6.5 中第 2 栏所示。为避免改正数的计算或分配错误，应按下式作角度改正数的检校

$$\sum v_\beta = -f_\beta \tag{6.4}$$

如改正数计算和分配无误，将各角观测值加上相应的改正数即得各角改正后的角值，如表 6.5 中第 3 栏所示。不难理解，改正后角值之和应该等于内角和的理论值，以此可检核改正后角值的计算是否正确。

2. 导线边方位角的推算

从已知方位角的边开始，结合各角改正后的角值，依序推算各边的方位角，见表 6.5 中第 4 栏。由第 4.5 节知，方位角的推算公式为

$$\alpha_{前} = \alpha_{后} + 180^\circ + \beta_{左} \tag{6.5}$$

应当注意，算出的方位角值大于 360°时，应减去 360°。为检核方位角推算的正确性，方位角应推算至已知边，推算得的方位角值应等于其已知值，否则说明方位角推算有误，应重新推算。

3. 计算各边的坐标增量

各边方位角推出后，即可根据边长和方位角按坐标正算公式计算导线各边的坐标增量，即

$$\Delta x_i = D_i \cos\alpha_i \qquad \Delta y_i = D_i \sin\alpha_i \tag{6.6}$$

式中　i——第 i 条导线边（i =1、2、…、n）。

计算结果应填写在表 6.5 第 6 栏、第 7 栏相应位置中。计算结果的取位应当和已知点坐标的取位一致。

4. 坐标增量闭合差的计算与调整

从图 6.11（a）可以看出，闭合导线各边纵、横坐标增量的代数和在理论上应等于零，即 $\sum\Delta x_{理} = 0$，$\sum\Delta y_{理} = 0$。

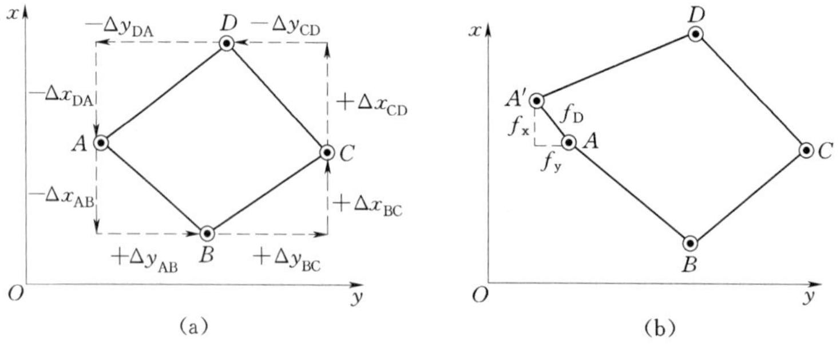

图 6.11　闭合导线坐标闭合差

（a）闭合导线理论闭合差；（b）闭合导线坐标闭合差

由于角度和边长测量均存在误差，尽管角度进行了闭合差的调整，但调整后的角值也不一定是该角的真值，所以由边长、方位角计算出的纵、横坐标增量，其代数和 $\sum\Delta x_{测}$、$\sum\Delta y_{测}$一般都不等于其理论值，那么它们和理论值（即零）的差值称为纵、横坐标增量闭合差，分别以 f_x、f_y 表示，则

$$f_x = \sum\Delta x_{测} \qquad f_y = \sum\Delta y_{测} \tag{6.7}$$

由于 f_x、f_y 的存在，使闭合导线由 A 点出发，最后不是闭合到 A 点，而是落在 A' 点，产生了一段差距 $A'A$，如图 6.11（b）所示，这段差距称为导线全长闭合差，用 f_D 表示，从图中可以看出

$$f_D = \sqrt{f_x^2 + f_y^2} \tag{6.8}$$

导线全长闭合差 f_D 主要是由测边误差引起的。一般来说，导线愈长，全长闭合差愈大，因而单纯用导线全长闭合差 f_D 还不能正确反映导线测量的精度，通常采用 f_D 与导线全长 $\sum D$ 的比值并化成分子为 1 的形式来衡量导线测量的精度，这种表示形式称为导线全长相对闭合差，以 K 来表示，则

$$K = \frac{f_D}{\sum D} = \frac{1}{\sum D / f_D} \tag{6.9}$$

图根导线测量中，一般情况下，K 值不应超过 1/2000，困难地区也不应超过 1/1000。若 K 值不满足限差要求，首先检查内业计算有无错误，其次检查外业成果，若均不能发现错误，则应到现场重测可疑成果或全部重测；若 K 值满足限差要求，即可进行坐标增量闭合差的调整。

由于坐标增量闭合差主要是由边长误差的影响而产生的，而边长误差的大小与边长的长短有关，因此，坐标增量闭合差的调整方法是将增量闭合差 f_x、f_y 反号，按与边长成正比的法则，分配到各边坐标增量中，使改正后的坐标增量之和等于其理论值（零）。换言之，即为了消除闭合差，应给各边的坐标增量施加一个改正数。设第 i 边的边长为 D_i，坐标增量改正数为 $V_{\Delta xi}$、$V_{\Delta yi}$，则

$$V_{\Delta xi} = -\frac{f_x}{\sum D}D_i \qquad V_{\Delta yi} = -\frac{f_y}{\sum D}D_i \tag{6.10}$$

改正数的计算结果应填写在表 6.5 中第 6 栏、第 7 栏相应坐标增量的上方位置，改正数计算结果的取位应当与坐标增量的取位一致。坐标增量改正数计算的正误，可用下式来进行校核

$$\sum V_{\Delta x} = -f_x \qquad \sum V_{\Delta y} = -f_y \tag{6.11}$$

由于收舍误差的影响，有时会使改正数之和与增量闭合差相反数有一微小的差值，即上式不能绝对得到满足，此时可将这一微小差值分配到较长的导线边上。本例所示的闭合导线，$f_x=-0.12$，但 $\sum V_{\Delta x} = 0.03+0.03+0.03+0.04=+0.13 \neq -f_x=+0.12$，而是多了 0.01，这是由于收舍误差造成的，因此可将 DA 边（长边）的纵坐标增量改正数减去 0.01，即使 DA 边的纵坐标增量改正数为 +0.03。

坐标增量改正数经检核无误后，即可计算各边改正后的坐标增量，填写在表 6.5 中第 8 栏、第 9 栏相应位置中。不难理解，改正后的坐标增量之和应等于其理论值（即等于零），以此可检核改正后坐标增量计算的正确性。

5. 导线点的坐标计算

坐标增量调整后，即可根据起点（如本例中的 A 点）的坐标和改正后的坐标增量，依序推算各导线点的坐标，填写于表 6.5 中第 10 栏、第 11 栏中相应的位置。推至最后一个点的坐标后，还要再推算出起点的坐标，看是否与其已知坐标相等，以此来检核坐标推算的正确性。

6.2.3.3 附合导线的计算

附合导线的计算与闭合导线的计算基本上相同，但由于两者的形式不同，在某些方面的计算上存在差别，现仅将其不同之处说明如下。

1. 角度闭合差的计算

在图 6.12 所示的附合导线中，A、B、C、D 为已知点，α_{AB} 和 α_{CD} 分别为起边和终边的已知方位角。根据方位角推算公式，有

$$\alpha_{12} = \alpha_{AB} + 180° + \beta_1$$

$$\alpha_{23} = \alpha_{12} + 180° + \beta_2 = \alpha_{AB} + 2\times 180° + (\beta_1 + \beta_2)$$

$$\vdots$$

$$\alpha'_{CD} = \alpha_{(n-1)n} + 180° + \beta_n = \alpha_{AB} + n\times 180° + (\beta_1 + \beta_2 + \cdots + \beta_n)$$

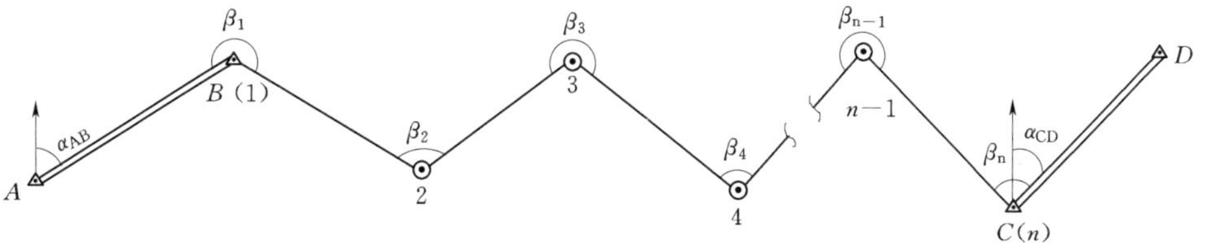

图 6.12 附合导线的计算

即

$$\alpha'_{CD} = \alpha_{AB} + \sum\beta_{测} + n \times 180° \tag{6.12}$$

式中　n——观测角的个数；

$\sum\beta_{测}$——观测角的总和；

α'_{CD}——推得的 CD 边（终边）的方位角。应当注意，当推算出的 α'_{CD}超过 360°时，应减去一个或若干个 360°。

由于测量误差的存在，使得推得的 CD 边的方位角 α'_{CD}不等于其已知方位角 α_{CD}。两者的差值（方位角闭合差）即角度闭合差 f_β，即

$$f_\beta = \alpha'_{CD} - \alpha_{CD} \tag{6.13}$$

附合导线角度闭合差允许值的计算以及角度闭合差的调整方法与闭合导线相同。但须注意，改正后角值的检核应按下式进行：

$$\sum\beta_{改} = \sum\beta_{测} - f_\beta \tag{6.14}$$

式中　$\sum\beta_{改}$——各角改正后的角值之和。

2. 坐标增量闭合差的计算

由于附合导线是从一个已知点出发，附合到另一个已知点，因此，各边纵、横坐标增量的代数和理论上不是零，而应等于起、终两已知点间的坐标增量（即两已知点坐标之差）。如不相等，其差值即为附合导线的坐标增量闭合差，计算公式为

$$f_x = \sum\Delta x_{测} - (x_{终} - x_{起})$$
$$f_x = \sum\Delta y_{测} - (y_{终} - y_{起}) \tag{6.15}$$

式中　$x_{起}$、$y_{起}$——导线起点的纵、横坐标；

$x_{终}$、$y_{终}$——导线终点的纵、横坐标。

附合导线全长闭合差的计算以及坐标增量闭合差的调整方法与闭合导线相同。但需注意，改正后坐标增量的检核应按下式进行：

$$\sum\Delta x_{改} = x_{终} - x_{始}$$
$$\sum\Delta y_{改} = y_{终} - y_{始} \tag{6.16}$$

式中　$\sum\Delta x_{改}$——各边改正后的纵坐标增量之和；

$\sum\Delta y_{改}$——各边改正后的横坐标增量之和。

附合导线的算例见图 6.13 及表 6.6。

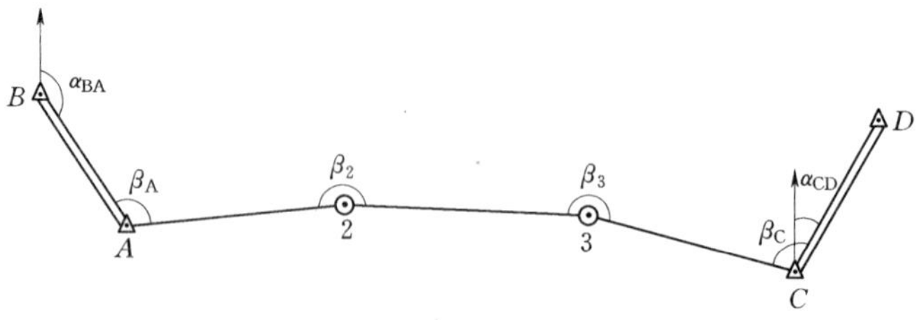

图 6.13　附合导线算例

6.2.3.4　支导线的计算

支导线没有检核条件，不存在角度闭合差和坐标增量闭合差的调整问题，所以它的计

表 6.6 附合导线计算表

点名	观测角	改正后角值	坐标方位角	边长	坐标增量（m）		改正后坐标增量(m)		坐标值（m）	
	(° ′ ″)	(° ′ ″)	(° ′ ″)	(m)	Δ*x*	Δ*y*	Δ*x*	Δ*y*	*x*	*y*
1	2	3	4	5	6	7	8	9	10	11
B										
			149 40 00							
A	−10 168 03 24	168 03 14							3806.00	3785.00
			137 43 14	236.02	−0.09 −174.62	−0.05 +158.78	−174.71	+158.73		
2	−10 145 20 48	145 20 38							3631.29	3943.73
			103 03 52	189.11	−0.07 −42.75	−0.04 +184.12	−42.82	+184.08		
3	−10 216 46 36	216 46 26							3588.47	4127.81
			139 50 18	147.62	−0.05 −112.82	−0.02 +95.21	−112.87	+95.19		
C	−11 49 02 48	49 02 37							3475.60	4223.00
			8 52 55							
D										
Σ	579 13 36	579 12 55		572.75	−330.19	+438.11	−330.40	+438.00		
计算公式	$\alpha'_{CD}=\alpha_{AB}+n\times180°+\sum\beta_{测}=8°53'36''$　$f_\beta=\alpha'_{CD}-\alpha_{CD}=+41''$　$f_{\beta允}=\pm60''\sqrt{4}=\pm120''$　$f_x=+0.21$　$f_y=+0.11$　$f_D=\sqrt{f_x^2+f_y^2}=0.24$　$K=\dfrac{f_D}{\sum D}\approx\dfrac{1}{2300}$									

算十分简单，只需推出各边的方位角，计算出各边的坐标增量，即可求得各点的坐标。但由于缺乏检核条件，难于发现计算中的错误，所以应审慎计算，最好采用二人对算的方法进行。

6.3 交会法测量

交会法测量是加密图根点的常用方法，尤其适合于测区内已知点较多而需要加密图根点较少的局部地区。根据观测元素的不同，交会法测量可分为测角交会和测边交会两种，这里仅介绍测角交会。

6.3.1 交会法的布设形式

交会法有三种布设形式：

(1) 前方交会。如图 6.14（a）所示，在两个已知点 A 和 B 上，分别对待定点 P 观测水平角 α 和 β，从而求得待定点 P 的坐标的方法称为前方交会法。

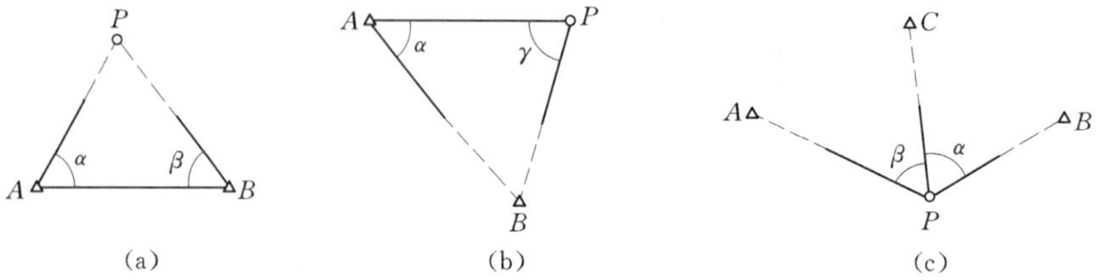

图 6.14 交会法布设形式

(2) 侧方交会。如图 6.14 (b) 所示，在由两个已知点 A、B 和待定点 P 所组成的三角形中，分别在一个已知点和待定点上观测水平角 α 和 γ，从而求得待定点 P 的坐标的方法称为侧方交会法。

(3) 后方交会。如图 6.14 (c) 所示，在待定点 P 上对 3 个已知控制点 A、B、C 观测水平角，从而求得待定点 P 的坐标的方法称为后方交会法。

为了提高交会定点的解算精度，待定点上的交会角应不小于 30°、不大于 150°。水平角采用 DJ_6 型经纬仪观测两测回。

6.3.2 前方交会的坐标计算公式

三种交会形式中，以前方交会应用最为广泛，下面直接给出前方交会的坐标计算公式，其他交会形式的计算可参阅其他教科书目。

如图 6.14 (a) 所示，设 A、B 为已知控制点，P 为待定点，A、B、P 三点按逆时针顺序排列。A、B 点的坐标分别为 x_A、y_A 和 x_B、y_B，在 A、B 两点上的分别观测了角 α 和 β，则 P 点坐标 x_P、y_P 的计算公式为：

$$x_P = \frac{x_A\cot\beta + x_B\cot\alpha - y_A + y_B}{\cot\alpha + \cot\beta}$$

$$y_P = \frac{y_A\cot\beta + y_B\cot\alpha + x_A - x_B}{\cot\alpha + \cot\beta} \tag{6.17}$$

式 (6.17) 即著名的戎格公式，又称为余切公式。

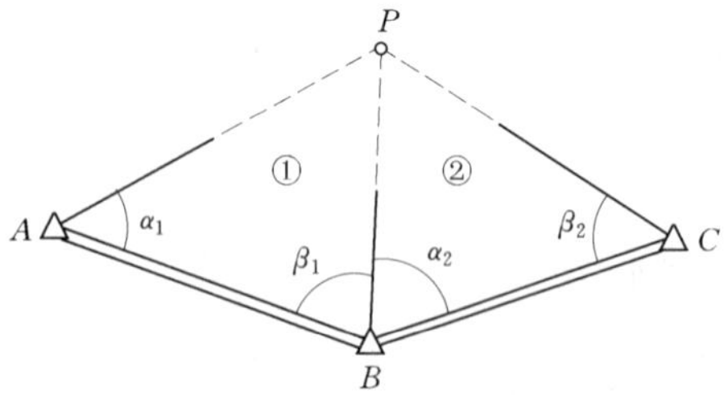

图 6.15 两组图形交会

如图 6.15 所示，为了检核和提高点位精度，待定点 P 应由两个不同的三角形分别进行交会，分别由余切公式计算 P 点坐标，当两组坐标计算的点位较差符合要求时，取两组坐标的平均值作为最后结果。点位较差 f 的计算公式为

$$f = \sqrt{(x'_P - x''_P)^2 + (y'_P - y''_P)^2} \tag{6.18}$$

式中 x'_P、y'_P，x''_P、y''_P——第 1 个、第 2 个图形推算的 P 点坐标。

f 的允许值为 0.0002Mm 或 0.0003Mm (M 为测图比例尺分母；前者适用于 1∶5000 或 1∶10000 测图，后者适用于 1∶500～1∶2000 测图)。

前方交会的计算示例见表 6.7。

表 6.7 前方交会点计算

<table>
<tr><td>原理图</td><td colspan="3">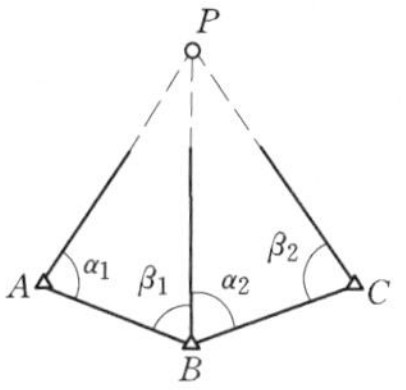
</td><td>野外略图</td><td colspan="3">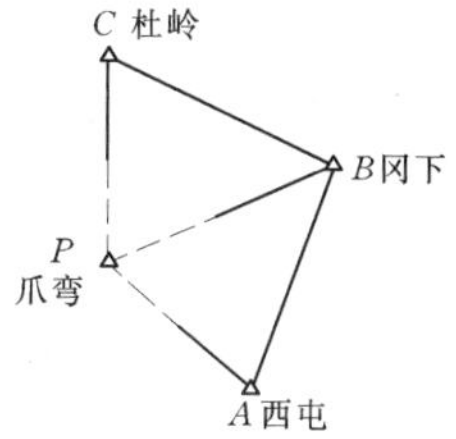
</td></tr>
<tr><td colspan="2">点 名</td><td colspan="2">观 测 角 值</td><td colspan="4">坐 标（m）</td></tr>
<tr><td>A</td><td>西屯</td><td>α_1</td><td>59°20′59″</td><td>x_A</td><td>5522.01</td><td>y_A</td><td>1523.29</td></tr>
<tr><td>B</td><td>冈下</td><td>β_1</td><td>54°09′52″</td><td>x_B</td><td>5189.35</td><td>y_B</td><td>1116.90</td></tr>
<tr><td>P</td><td>爪弯</td><td></td><td></td><td>x'_P</td><td>5059.93</td><td>y'_P</td><td>1595.34</td></tr>
<tr><td>B</td><td>冈下</td><td>α_2</td><td>61°54′29″</td><td>x_B</td><td>5189.35</td><td>y_B</td><td>1116.90</td></tr>
<tr><td>C</td><td>杜岭</td><td>β_2</td><td>55°44′54″</td><td>x_C</td><td>4671.79</td><td>y_C</td><td>1236.06</td></tr>
<tr><td>P</td><td>爪弯</td><td></td><td></td><td>x''_P</td><td>5060.02</td><td>y''_P</td><td>1595.35</td></tr>
<tr><td colspan="4">检核：$f_{计}=0.09$（m） $f_{允}=0.6$（m）</td><td colspan="4">中数：$x_P=5059.98$ $y_P=1595.34$</td></tr>
</table>

注 本例 M=2000。

6.4 三、四等水准测量

在地形测图和工程测量中，常常以三、四等水准测量方法建立高程控制网。三、四等水准测量所使用的仪器、工具相同，作业方法也基本相同，区别主要是限差不同。三、四等水准测量的主要技术要求见表 6.8。

表 6.8 三、四等水准测量技术要求

	三 等	四 等		三 等	四 等
测站观测程序	后—前—前—后	后—后—前—前	黑、红面高差之差(mm)	≤±3	≤±5
最大允许视距（m）	75	100	前后视距累积差（m）	≤±5	≤±10
前、后视距差（m）	≤±2.0	≤±3.0	路线总长 L（km）	≤200	≤80
黑、红面读数差(mm)	≤±2	≤±3	高差闭合差（mm）	$\leqslant \pm 12\sqrt{L}$	$\leqslant \pm 20\sqrt{L}$

注 L 以 km 为单位。

三、四等水准路线一般根据地形测量或工程建设的需要布设，通常采用闭合或附合路线。为便于施测和减小测量误差，所选路线应当是坡度比较平缓，避免通过土质松软和具有不良地质现象的地段。点位选定后，应按要求埋设标石或凿刻标记，并按施测的前进方向依序编号，同时为便于日后寻找，应仿照 6.2.2 中所述方法绘制点位略图，称为水准点点之记。

下面以四等水准测量为例说明内外业作业方法。

6.4.1 外业观测、记录、计算及检核方法

6.4.1.1 观测程序和记录方法

四等水准一般采用 DS_3 型水准仪和双面水准尺施测。为消除尺底因磨损而造

成的零点差的影响，每测段（相邻两水准点间的段落）的测站数应设置为偶数站。

每一测站上，先安置水准仪，概略整平后分别瞄准前后水准尺，估读视距，最大视距不应超过100m，前后视距差应不超过3m。否则，应当移动前视水准尺或水准仪以满足要求。然后按下述步骤进行观测和记录，记录格式见表6.9。

(1) 照准后视尺黑面，调整水准管气泡居中，按下丝（1）、上丝（2）、中丝（3）的顺序读数、记录。

(2) 照准后视尺红面，调整水准管气泡居中，读取中丝读数（4），记录。

(3) 照准前视尺黑面，调整水准管气泡居中，按下丝（5）、上丝（6）、中丝（7）的顺序读数、记录。

(4) 照准前视尺红面，调整水准管气泡居中，读取中丝读数（8），记录。

以上观测顺序简称为"后—后—前—前"。所有读数以"m"为单位，读记至"mm"。观测完毕后应立即进行测站的计算与检核，符合要求后方可迁站，不符合要求需重新观测。

6.4.1.2 测站计算与检核

1. 视距部分

后视距：(9)=[(1)−(2)]×100　　(式中100为视距乘常数，下同)

前视距：(10)=[(5)−(6)]×100

前后视距差：(11)=(9)−(10)

前后视距累积差：(12)=本站(11)+上站(12)，绝对值不应超过10.0m。

2. 高差部分

后尺黑红面读数差：(13)=k+(3)−(4)　　(式中k为后尺尺常数，其值为4.687或4.787)，只注记毫米数，绝对值不应超过3mm。

前尺黑红面读数差：(14)=k+(7)−(8)　　(式中k为前尺尺常数，其值为4.787或4.687)，只注记毫米数，绝对值不应超过3mm。

黑面高差：(15)=(3)−(7)

红面高差：(16) = (4) − (8)

黑红面高差之差：(17)=(15)−[(16)±0.1]=(13)−(14)，只注记毫米数，绝对值不应超过5mm。由于两水准尺红面起点读数相差±0.1m（即4.687与4.787之差），因此红面测得的高差应加上或减去0.1m才等于实际高差。到底是加还是减可以黑面高差为准来确定。应当注意，当前后两点间的高差小于0.1m时，红面高差与黑面高差的符号有可能相反，见表6.9中第2站及第3站所示，此时，如果黑正红负，前视尺必定是4.787，则红面高差应加0.1m；若黑负红正，前视尺必定是4.687，则红面高差应减去0.1m。

黑红面高差中数：(18)={(15)+[(16) ±0.1]}/2，取至0.0001m。

6.4.1.3 测段计算与校核

一个测段所有测站的观测、记录、计算、校核全部完成后，立即进行测段的计算与校核。测段计算与校核的项目如下（参见表6.9）。

表 6.9 **四等水准测量观测记录**

测段：自 BM_4 至 BM_5　　仪器型号：DS_3　　观测者：刘均　　记录者：张焉

时间：2004 年 3 月 29 日　　天气、呈像：晴，良　　($k_A=4.687$　$k_B=4.787$)

测站编号	后尺 下丝 / 上丝	前尺 下丝 / 上丝	方向及尺号	标尺读数		k+黑−红	高差中数
	后距	前距		黑面	红面		
	视距差 d	$\sum d$					
	(1)	(5)	后	(3)	(4)	(13)	
	(2)	(6)	前	(7)	(8)	(14)	
	(9)	(10)	后−前	(15)	(16)	(17)	(18)
	(11)	(12)					
BM_4	0.920	2.770	后 A	0.820	5.509	−2	
	0.720	2.585	前 B	2.677	7.465	−1	
1	20.0	18.5	后−前	−1.857	−1.956	−1	
	+1.5	+1.5					−1.8565
2	1.068	1.079	后 B	0.880	5.667	0	
	0.689	0.688	前 A	0.885	5.572	0	
	37.9	39.1	后−前	−0.005	+0.095	0	
	−1.2	+0.3					−0.0050
3	2.571	2.566	后 A	2.082	6.769	0	
	1.593	1.596	前 B	2.081	6.867	+1	
	97.8	97.0	后−前	+0.001	−0.098	−1	
	+0.8	+1.1					+0.0015
4	2.010	1.523	后 B	1.706	6.494	−1	
	1.400	0.900	前 A	1.210	5.896	+1	
BM_5	61.0	62.3	后−前	+0.496	+0.598	−2	
	−1.3	−0.2					+0.4970
测段校核	∑(9)	216.7	∑(3)　∑(4)	5.488	24.439		
	∑(10)	216.9	∑(7)　∑(8)	6.853	25.800		
	∑(11)	−0.2	∑(15)　∑(16)	−1.365	−1.361	∑(18)	−1.363
	L_i	433.6	{∑(15)+∑(16)}/2 = −1.363 = ∑(18)				

1. 视距部分

测段后距全长：∑(9)

测段前距全长：∑(10)

测段视距累积差：∑(11)　　检核：∑(11) = ∑(9) − ∑(10) = 本测段末站的(12)

测段全长 L_i：L_i = ∑(9) + ∑(10)　　（式中 i 为测段编号）

2. 高差部分

测段后尺黑面读数和：∑(3)

测段后尺红面读数和：$\sum(4)$

测段前尺黑面读数和：$\sum(7)$

测段前尺红面读数和：$\sum(8)$

测段黑面高差：$\sum(15)$　　检核：$\sum(15) = \sum(3) - \sum(7)$

测段红面高差：$\sum(16)$　　检核：$\sum(16) = \sum(4) - \sum(8)$

测段高差中数：$\sum(18)$　　检核：$\sum(18) = \{\sum(15) + \sum(16)\}/2$（测站数为偶数时）

$\sum(18) = \{\sum(15) + [\sum(16) \pm 0.1]\}/2$

（测站数为奇数时）

6.4.1.4　全线的计算与检核

一条水准路线所有测段的作业完成后，立即汇总出全线的路线长度 L（即各测段的长度之和）以及全线高差 $\sum h_{测}$（即各测段高差中数之和），然后按下式计算高差闭合差 f_h

$$f_h = \sum h_{测} \quad （闭合水准路线）$$

$$f_h = \sum h_{测} - (H_{终} - H_{始}) \quad （附合水准路线）$$

式中　$H_{终}$、$H_{始}$——终点、始点高程。

对于四等水准测量，高差闭合差的允许值为 $\pm 20\sqrt{L}$（mm）（L 以 km 为单位）。如果闭合差超限，应分析原因，作部分测段或全线返工。

6.4.2　内业计算

外业工作全部结束以后，即可投入内业计算。内业计算的任务是对高差闭合差进行调整并逐一推算各点的高程。内业计算的方法步骤同普通水准测量（参见第2.4节）。

三等水准测量一个测站上的观测顺序为“后—前—前—后”，即依序读取后尺黑面（下、上、中丝）、前尺黑面（下、上、中丝）、前尺红面（中丝）、后尺红面（中丝）读数。三等水准测量除上述观测程序以及各种限差要求与四等水准不同外，其余作业方法和四等水准测量相同。

6.5　三角高程测量

6.5.1　三角高程测量原理

三角高程测量是加密高程控制的常用方法，尤其适用于起伏变化较大的山丘区。在第4.2节中，曾经导出视距测量高差的计算公式，即

$$h = D\tan\alpha + i - v$$

式中　i——仪器高；

v——切尺读数；

α——切尺位置的竖直角；

D——两点间的水平距离。

如果我们已知两点间的平距 D（解析平距或电磁波测距），在被测点位上竖立观测标志，测定标志顶点的竖直角 α，同时又量取了仪器高 i 和标志高 v，通过上式即可求得两点间的高差，如果已知测站点高程，即可求得待定点高程，这就是三角高程测量的基本

原理。

6.5.2 考虑球气差影响时的高差公式

三角高程测量中，由于地球弯曲和大气折光的存在，将对观测高差产生很大影响，如何消除这种影响，则是三角高程测量需要考虑的问题。

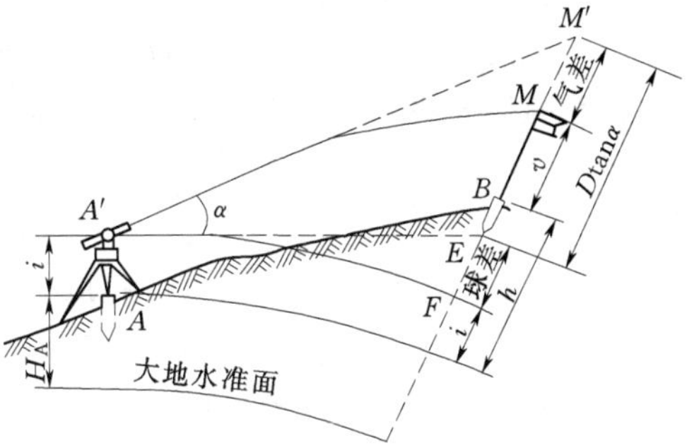

图 6.16 球气差的影响

如图 6.16 所示，在 A 点安置经纬仪观测 B 点，欲求 A、B 两点间的高差 h，$A'E$ 为通过竖盘中心的水平面，则 EF 即为地球弯曲对高差的影响（球差）；同时，由于大气折光的影响，望远镜照准标顶 M 时，视线不是直线而是弧线 $A'M$，望远镜的视准轴则沿该弧线的切线指向 M'，实际上等于观测 M' 的竖直角，致使观测高差中包含了差值 MM'，此即大气折光的影响（气差）。球差和气差的联合影响称为球气差，以 f 表示之。由图 6.16 可知

$$h = D\tan\alpha + i - v + (EF - MM')$$

即

$$h = D\tan\alpha + i - v + f \tag{6.19}$$

球差的影响可以用式（1.7）来计算，即 $EF=D^2/2R$。气差的影响比较复杂，它与测线附近的大气状态等因素有关。长期的实验和研究结果表明，在我国境内，气差（MM'）的平均值约等于 $0.11D^2/2R$。于是，球气差的计算公式可写作：

$$f = EF - MM' = D^2/2R - 0.11D^2/2R = 0.445D^2/R \tag{6.20}$$

式中 f——球气差改正数；

R——地球半径（$R=6371$km）；

D——A、B 两点间水平距离。

6.5.3 直觇和反觇的高程公式

如图 6.16 所示，在已知高程点 A 安置仪器，观测待定点 B，以求得 B 点的高程 H_B，称为直觇。直觇的计算公式为

$$H_B = H_A + h_{AB} = H_A + (D\tan\alpha_{AB} + i_A - v_B + f) \tag{6.21}$$

在待定点 B 安置仪器，观测已知高程点 A，以计算待定点 B 的高程 H_B，称为反觇。反觇的计算公式为

$$H_B = H_A - h_{BA} = H_A - (D\tan\alpha_{BA} + i_B - v_A + f) \tag{6.22}$$

在同一条边上只进行直觇或反觇观测，称为单觇或单向观测；单觇观测无检核条件，在高程控制中，不能只进行单觇观测。

在同一条边上，既进行直觇也进行反觇观测，称为复觇或对向观测。对向观测通过求平均值的方法可以抵消球气差的影响，从理论上讲可以不进行球气差改正，但为了对直觇和反觇的观测结果进行比较，衡量较差是否合乎要求，仍需计算球气差。另外，对向观测还可以抵消竖盘偏心差对观测高差的影响。所以，为保证成果质量，一般应采用对向观测的作业方法。

6.5.4 路线三角高程测量

从一个已知高程点开始，依序将各待定点连成一条高程施测路线，在每一条边上都按三角高程测量方法进行复觇观测，从而推算各点的高程，称为路线三角高程测量，又称为多角高程导线测量。

为了检核，三角高程路线也应组成闭合或附合路线的形式。对于加密高程控制，每条三角高程路线的长度不应超过1.0M（m）（M为测图比例尺分母）；边长不应超过0.3M（m）。

三角高程路线各边直、反觇高差不符值每百米不应超过3cm；边长在300m以内时，不应超过9cm。高差平均值的符号以直觇为准。全线高差闭合差不应超过基本等高距的2/7。高差闭合差按相反符号与边长成比例进行调整配赋。

三角高程路线计算实例见图6.17及表6.10。例中的推算路线为A—P_1—P_2—P_3—B，A为起点，高程为$H_{起}=279.86$m；B为终点，高程$H_{终}=279.29$m，测图基本等高距为1.0m。

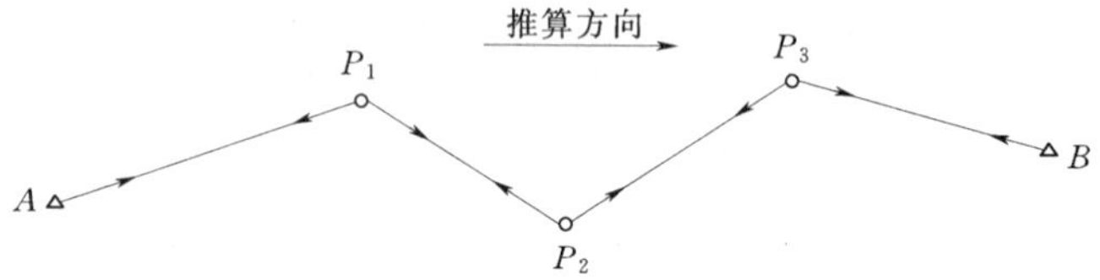

图6.17 三角高程路线

表6.10 三角高程路线计算

所求点	P_1	P_1	P_2	P_2	P_3	P_3	B	B
起点	A	A	P_1	P_1	P_2	P_2	P_3	P_3
觇法	直	反	直	反	直	反	直	反
D	258.48	258.48	326.87	326.87	154.44	154.44	268.21	268.21
α	2°28′42″	−1°48′30″	0°51′16″	−0°18′40″	1°41′36″	−0°29′57″	−3°10′12″	3°40′54″
i	1.47	1.46	1.39	1.46	1.40	1.38	1.49	1.37
v	3.00	3.00	3.00	3.00	3.00	3.00	3.00	3.00
f	0	0	0.01	0.01	0	0	0.01	0.01
h	+9.66	−9.71	+3.27	−3.30	+2.97	−2.97	−16.35	+16.42
高差中数	+9.68		+3.27		+2.97		−16.38	
高差改正数	−0.03		−0.04		−0.02		−0.03	
改正后高差	+9.65		+3.24		+2.95		−16.41	
$H_{起}$	279.86		289.51		292.75		295.70	
$H_{求}$	289.51		292.75		295.70		279.29	

实际工作中，在导线测量的同时往往用路线三角高程测量方法来确定未知点的高程。

6.5.5 独立交会高程测量

采用三角高程测量方法来测定独立交会点的高程，称为独立交会高程测量。如图

6.18 所示，在应用前方交会测定点的平面位置时，常常由 3 个已知点用单觇来测定待定点的高程，但参与推算高程的边长不应超过 0.3M (m)。由各单觇计算待定点高程的较差不超过基本等高距的 1/7 时，取平均值作为最后结果。

独立交会高程测量计算实例见图 6.18 及表 6.11。例中，A、B、C 为已知点，高程分别为 177.50m、164.69m 和 162.35m；P 为所求点，测图基本等高距为 1.0m。

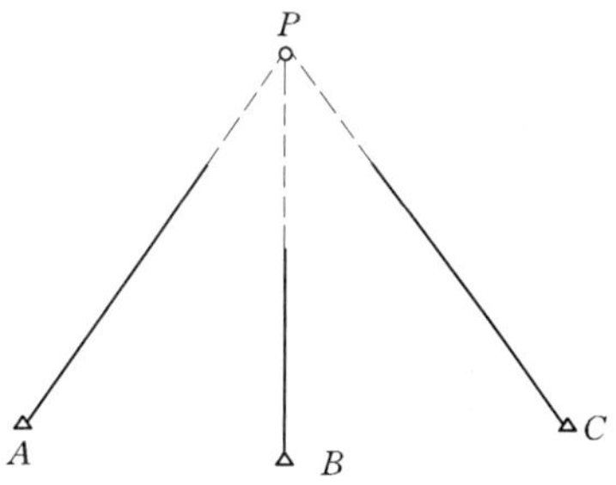

图 6.18　独立交会高程测量

表 6.11　**独立交会点高程计算**

所求点	P		
起始点	A	B	C
觇法	直	直	直
D	338.09	425.68	273.30
α	$-0°40'24''$	$1°15'46''$	$2°22'30''$
i	1.43	1.25	1.39
v	3.18	3.50	3.20
f	0.01	0.01	0
h	−5.71	+7.14	+9.52
$H_{起}$	177.50	164.69	162.35
H_P	171.79	171.83	171.87
中数 H_P	171.83		

6.6 GPS 定位技术简介

GPS（全球定位系统）是美国军方开发的全球性、全天候、连续、适时的无线电卫星导航定位系统。该系统从 1973 年开始研制，到 1993 年全部建成，原为美国军方服务，后部分功能向民用开放。GPS 定位具有精度高、速度快的显著优点，迅速成为测量工作（特别是控制测量）的主要方法。

GPS 定位系统由 GPS 卫星星座、地面监控系统和用户接收设备三大部分构成。

GPS 卫星星座，共有 24 颗卫星（其中 3 颗为备用卫星）组成。如图 6.19 所示，24 颗卫星分布在 6 个等间隔近似圆形的轨道面上（每个轨道面上有 4 颗卫星），轨道面相对于地球赤道面的倾角为 55°，相邻轨道面的邻近卫星在相位上相差 30°。卫星高度约 20200km，运行周期为 11 小时 58 分。这样的卫星分布，可以保证全球任何地区、任何时刻都有不少于 4 颗卫星（最多达 11 颗）可供观测。

GPS 卫星发射 L_1（1575.42MHz）、L_2（1227MHz）两种载波频率的无线电信号，在 L_1 上调制有 1.023MHz 的伪随机噪声码（粗捕获码或 C/A 码）、10.23MHz 的伪随机噪

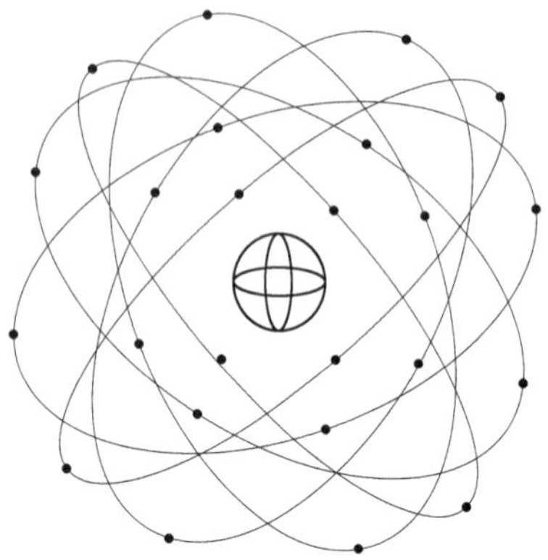

图 6.19　GPS 卫星星座

声码（精码或 P 码）以及 50bit/s 的导航电文；在 L_2 上调制有精码和导航电文。精码用于精密测距，而粗码的作用在于通过它捕获精码。

地面监控系统由分布在全球的 5 个监控站、3 个注入站和 1 个主控站组成。监控站的任务主要是取得卫星观测数据并传送至主控站。主控站的任务是收集监控站对卫星的全部观测数据；利用这些观测数据计算每颗卫星的轨道和卫星钟改正值；外推 1 天以上的卫星星历及钟差，并按一定格式转化为导航电文传送至注入站。注入站的任务是在每颗卫星运行至上空时将导航数据及主控站的指令注入卫星。

用户接收设备包括 GPS 接收机、数据处理软件、微处理机及其终端设备等。GPS 接收机是用户设备的核心，由主机、天线和电源三部分组成，如图 6.20 所示。接收机的功能主要是跟踪、接收 GPS 卫星发射的信号，并利用本机产生的伪随机噪声码取得距离观测量和导航电文。微处理机和数据处理软件的功能是根据导航电文提供的卫星位置和钟差改正信息，解算出接收机的位置——即测站点的三维坐标。

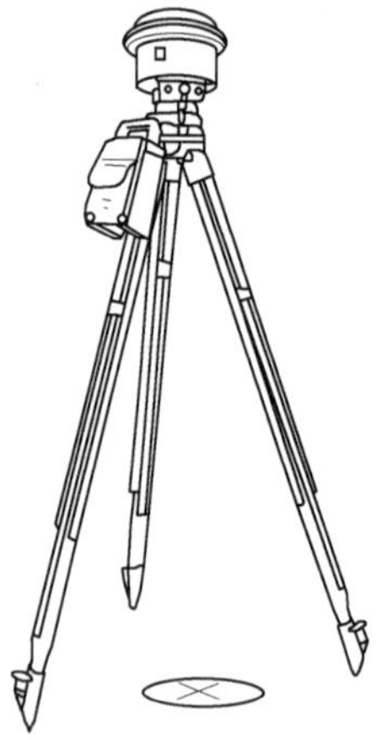

图 6.20　GPS 接收机

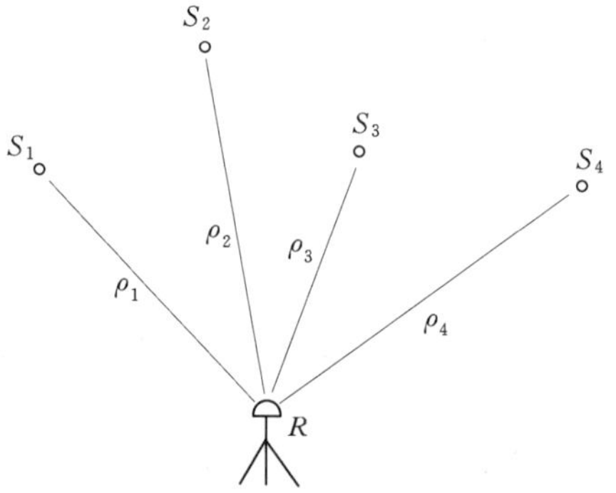

图 6.21　GPS 定位原理

GPS 定位的几何原理是距离后方交会。观测时刻的卫星坐标可通过导航信息获得，即卫星相当于已知坐标点，如图 6.21 所示，接收机只需观测到 3 颗卫星的距离 ρ_1、ρ_2、ρ_3，即可用距离交会方法求得测站点的坐标。事实上，接收机时钟是存在偏差的，为求得时钟钟差，接收机应同时观测至少 4 颗卫星，这样才能解算出测站点的三维坐标和钟差 4 个未知数。

小　　结

本章主要讲述了小区域控制测量的基本作业方法。通过学习，应弄清控制测量任务和作用是什么；熟悉建立控制网的基本方法，熟悉控制网的布设原则和布设形式；平面控制测量应掌握导线测量和交会法测量的内外业作业方法；高程控制测量应掌握三、四等水准测量和三角高程测量的内外业作业方法。

思 考 题

6.1 什么是控制测量，控制测量分为哪两种？

6.2 建立平面控制网的常用方法有哪些？各有何特点？

6.3 国家平面控制网的布设原则、方法是什么？有哪些技术要求？

6.4 小区域平面控制网的布设原则、方法是什么？有哪些技术要求？

6.5 单一导线有哪三种布设形式？各有何特点？

6.6 选取导线点时应注意哪些问题？

6.7 交会法测量有哪几种布设形式？各有何特点？

6.8 三、四等水准测量各自观测程序如何？有哪些主要限差？

6.9 三角高程测量测定的高差为何要加两差改正？

6.10 何为直觇观测和反觇观测？何谓单向观测和双向观测？路线三角高程测量中为什么要采用双向观测？

习 题

6.1 完成图 6.22 所示闭合导线的计算。已知：$x_1=5100.00\text{m}$；$y_1=6440.00\text{m}$；$\alpha_{12}=123°36'00''$。

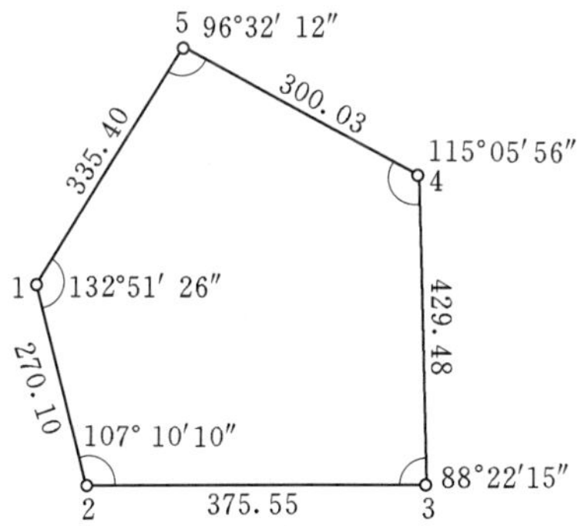

图 6.22 闭合导线计算

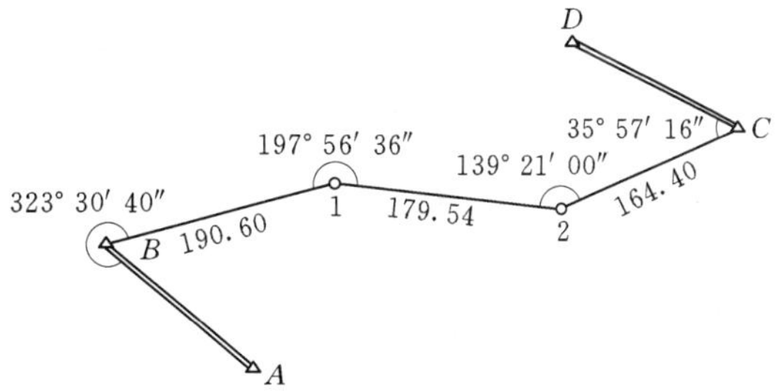

图 6.23 附合导线计算

6.2 完成图 6.23 所示附合导线的计算。已知点坐标为：

$x_A=2005.10\text{m}$；$x_B=2100.74\text{m}$；$x_C=2102.94\text{m}$；$x_D=2153.43\text{m}$

$y_A=7701.45\text{m}$；$y_B=7575.30\text{m}$；$y_C=8087.99\text{m}$；$y_D=7884.63\text{m}$

6.3 图 6.24 所示的前方交会图形中，已知 A、B、C 三点的坐标为：

$x_A=3646.35\text{m}$；$x_B=3873.96\text{m}$；$x_C=4538.45\text{m}$

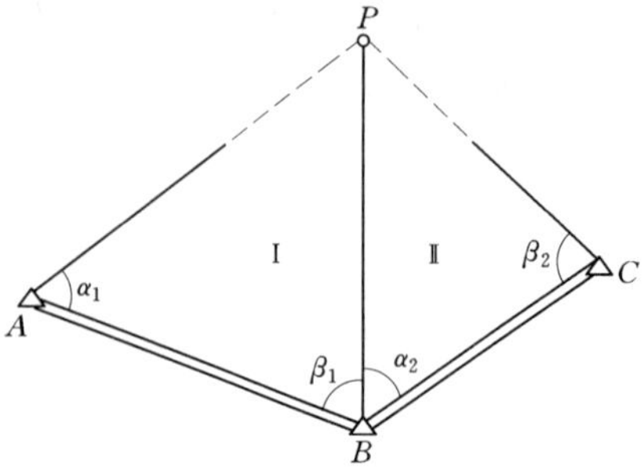

图 6.24　前方交会计算

$y_A=1054.54$m；$y_B=1772.68$m；$y_C=1862.57$m。

观测数据为：$\alpha_1=64°03'30''$，$\beta_1=59°46'40''$；$\alpha_2=55°30'36''$，$\beta_2=72°44'47''$。试计算 P 点的坐标 x_P、y_P（测图比例尺为 1∶2000）。

6.4　在图 6.18 中，若 A、B、C 三点的高程分别为 112.42m、130.96m 和 111.89m；边长和观测数据见表 6.12，请在表中完成 P 点高程的计算（测图基本等高距为 1.0m）。

表 6.12　　**独立交会点高程计算**

所求点	P		
起始点	A	B	C
觇法	直	直	直
D	235.78	359.25	187.42
α	2°32′18″	−1° 17′10″	3° 20′39″
i	1.45	1.38	1.42
v	3.00	3.00	3.00
f			
h			
$H_{起}$			
H_P			
中数 H_P			

6.5　试完成表 6.13 四等水准观测手簿的计算与校核。

表 6.13　　**四 等 水 准 观 测 手 簿**

($k_A=4.687$　　$k_B=4.787$)

测站编号	后尺 下丝 / 上丝；后距；视距差 d	前尺 下丝 / 上丝；前距；$\sum d$	方向及尺号	标尺读数 黑面	标尺读数 红面	k+黑−红	高差中数
BM_1 1	1.412	1.451	后 A	1.297	5.982		
	1.186	1.221	前 B	1.338	6.125		
			后—前				
2	1.375	1.472	后 B	1.265	6.052		
	1.156	1.249	前 A	1.360	6.049		
			后—前				

续表

测站编号	后尺 下丝 / 上丝	前尺 下丝 / 上丝	方向及尺号	标尺读数 黑面	标尺读数 红面	k+黑−红	高差中数
	后距	前距					
	视距差 d	$\sum d$					
3	1.431	1.390	后 A	1.356	6.041		
	1.280	1.231	前 B	1.310	6.098		
			后−前				
4 BM_7	1.410	1.380	后 B	1.330	6.116		
	1.250	1.231	前 A	1.305	5.991		
			后−前				
测段校核			后				
			前				
			后−前				

第7章　地形图测绘

学习指导

本章重点讲述大比例尺地形图的传统测绘方法。要求熟悉地形图的基本知识和地形图的表示方法；熟练掌握大比例尺地形图的测绘方法；对数字化测图只要求作一般了解。

7.1　地形图的基本知识

7.1.1　地形图、平面图、地图

地形图是按一定的比例尺，用规定的符号表示地物、地貌平面位置和高程的正射投影图。它不仅能确切的反映地面上各种物体的平面投影轮廓，而且还能准确表达地面高低起伏的相貌。地形图是工程规划、设计、使用和管理过程中的重要资料和基本依据。

平面图是只表示地物平面位置而不反映地表起伏形态的图。

地图是采用特定的数学法则和符号系统，通过制图综合，将地面上的各种自然现象和社会现象转绘于平面上的图件。一般来讲，地图的制图范围较大、比例尺较小，所以地图具有一览性特点。地图总是存在变形（角度、长度或面积变形）的，人们总是通过一定的投影方法将某种变形限制在一定的范围内，以满足各种不同领域的需要。根据包含内容的不同，地图又分为普通地图和专门地图两种。

7.1.2　比例尺和比例尺精度

7.1.2.1　比例尺概念

地形图上任意两点间的距离与地面上相应两点间的水平距离之比，称为地形图的比例尺。

比例尺通常用数字形式或图示形式表示。

1. 数字比例尺

数字比例尺一般用分子为1的分数形式来表示。设地形图上某直线的长度为d，地面上相应的水平长度为D，则地形图的比例尺为

$$\frac{d}{D}=\frac{1}{\frac{D}{d}}=\frac{1}{\mathrm{M}} \tag{7.1}$$

式中　M——比例尺分母。

比例尺的大小是以比例尺的比值大小来衡量的，比例尺的分母愈大，比例尺愈小；分

母愈小，则比例尺愈大。工程上通常使用 1∶500、1∶1000、1∶2000、1∶5000、1∶1 万、1∶2.5 万、1∶5 万、1∶10 万比例尺地形图，其中 1∶500、1∶1000、1∶2000 地形图习惯上称为大比例尺地形图；1∶5000、1∶1 万地形图称为中比例尺地形图；1∶2.5 万、1∶5 万、1∶10 万地形图称为小比例尺地形图。

在地形图上，数字比例尺通常书写于图幅下方正中处。

2. 图示比例尺

为了避免因图纸伸缩而引起的量距误差，在绘制地形图时，通常在地形图上同时绘制图示比例尺。如图 7.1 所示，在一直线上截取若干相等的线段（一般为 2cm），称为比例尺的基本单位，再把最左端的一个基本单位分成十等分（每等分 2mm）；然后将基本单位和最左端等分后的单位所表示的实地水平距离如图 7.1 中所示方向作出标记，即成为图示比例尺，又叫直线比例尺。图 7.1 所示为 1∶2000 比例尺的图示比例尺，其基本单位为 2cm，所表示的实地长度应为 40m，分成十等分后，每等分 2mm 所表示的实地长度即为 4m。

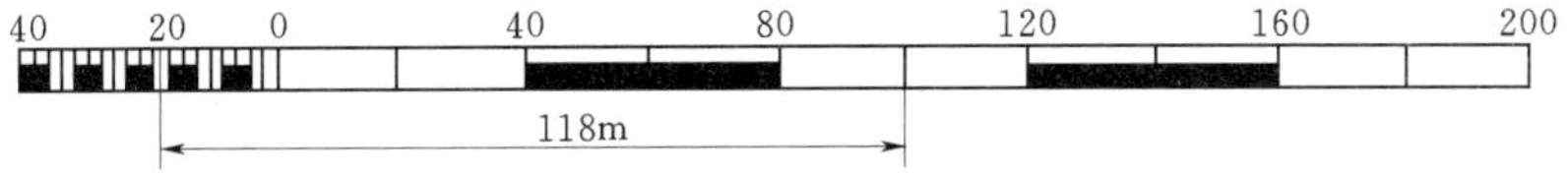

图 7.1 图示比例尺

使用图示比例尺时，只需用两脚分规在图上卡定线段长度，然后移分规于图示比例尺上，即可直接在尺上读出该线段表示的实地长度。如图 7.1 中所示线段表示的实地长度为 118m。

7.1.2.2 比例尺精度

由于人眼的分辨能力只能达到图上 0.1mm，因此，把图上 0.1mm 长度所代表的实地距离，称为比例尺精度。表 7.1 列举了部分比例尺地形图的比例尺精度。

表 7.1 比 例 尺 精 度

比例尺	1∶500	1∶1000	1∶2000	1∶5000	1∶10000
比例尺精度（m）	0.05	0.10	0.20	0.50	1.00

比例尺精度具有重要的实用价值：

（1）测图时根据比例尺精度可以确定距离丈量应准确到什么程度才有实际意义。例如，测绘 1∶1000 比例尺地形图，其比例尺精度为 0.1mm×1000＝0.1m，因此，距离丈量只需量至 0.1m（小于 0.1m 在图上表示不出来）即可。

（2）当规定了图上表示地面线段必须达到的精度，则根据比例尺精度，可以确定测图比例尺。例如，要求图上表示地面线段必须达到 0.2m 的精度，则测图比例尺应不小于 $\frac{0.1\text{mm}}{0.2\text{m}}=\frac{1}{2000}$。

（3）根据比例尺精度，可以确定地面上多大物体在图上能以相似图形表示，多大物体不能以相似图形表示或无法表示，这就为不同大小地物的表示方法提供了理论上的依据。

7.1.3　大比例尺地形图的分幅与编号

为了大范围测区的测图需要，同时也为了便于地形图的管理和使用，需要对地形图进行分幅，并对分幅的地形图进行系统编号。中小比例尺地形图采用国际上统一的分幅和编号方法（可参阅其他教科书），大比例尺地形图的分幅和编号方法则比较灵活。

大比例尺地形图的图幅通常采用矩形或正方形分幅法分幅，即按纵横坐标线划分图幅。一般规定图幅大小为40cm×40cm、40cm×50cm、50cm×50cm。分幅是以整公里或整百米的坐标线进行的；如果测区为狭长地带，为了减少图幅数量和接图方便，也可采用任意坐标线来划分图幅。

对测区分幅，一般应绘制一张分幅图。图7.2所示为某测区1∶1000比例尺测图时的分幅图。该测区有整幅图8幅及不满一整幅的图共16幅。

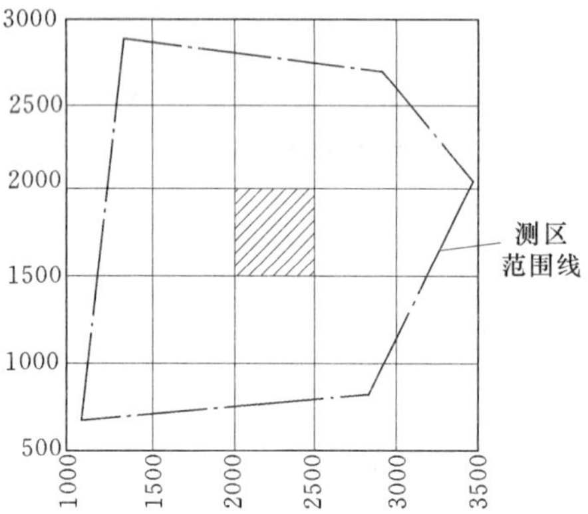

图7.2　1∶1000地形图的分幅

图7.3　1∶1000地形图的编号

大面积测图，一般采用坐标编号法对图幅进行编号，即用该图幅西南图廓点的坐标（以km为单位）值作为图幅编号。图7.3为图7.2中绘有斜线的图幅，其西南图廓点的坐标为x=1500m，y=2000m，故该图幅的编号为1.5—2.0。

小面积测图，可采用流水编号法或行列编号法。流水编号法是将测区各图幅按从左到右、从上到下的顺序用阿拉伯数字依序编号，如1，2，3，…。行列编号法是从上到下、从左到右给横行和纵列编号，用“行—列”表示图幅编号，例如：A—1，A—2，…，D—1，…。

7.2　地形图的表示方法

地面上各种地物、地貌在地形图上都是用符号来表示的。地形图符号由国家测绘主管机关根据地形图的用途、比例尺以及地物、地貌等情况统一制定，国家统一制定的符号规定称为《地形图图式》，《地形图图式》是制图作业的规范，测图、绘图、用图都必须严格遵照执行。表7.2列举了《1∶500、1∶1000、1∶2000比例尺地形图图式》中的部分符号。

表 7.2　　　　1∶500，1∶1000，1∶2000 地形图符号

编号	符号名称	图　　例
1	坚固房屋 4—房屋层数	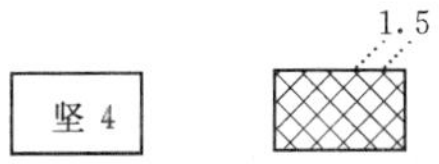
2	普通房屋 2—房屋层数	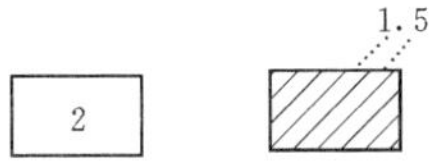
3	窑洞 1. 住人的 2. 不住人的 3. 地面下的	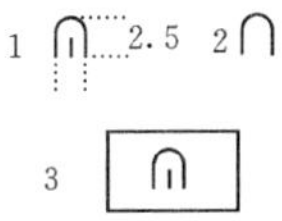
4	台阶	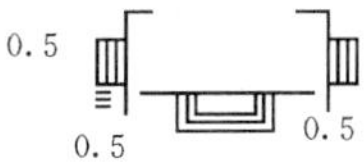
5	花圃	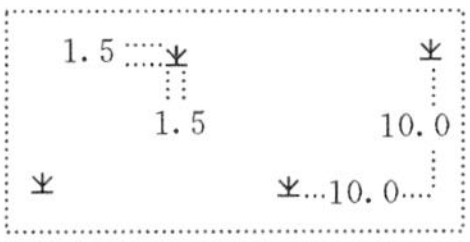
6	草地	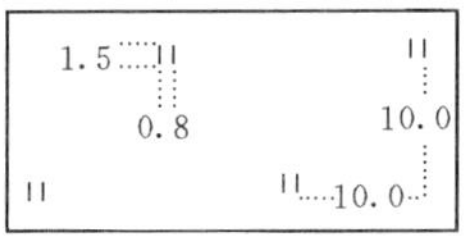
7	经济作物地	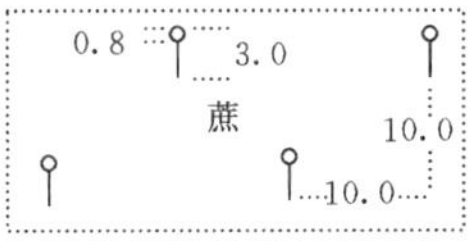
8	水生经济作物地	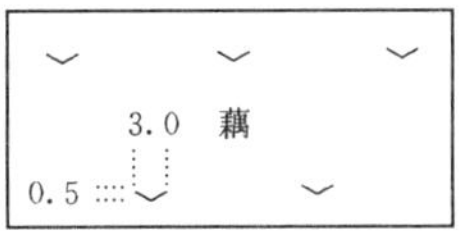
9	水稻田	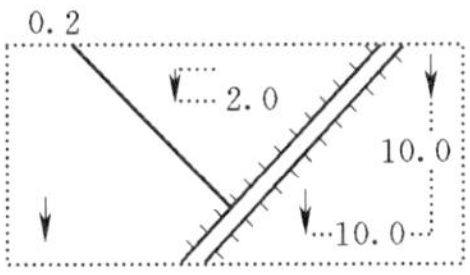
10	旱地	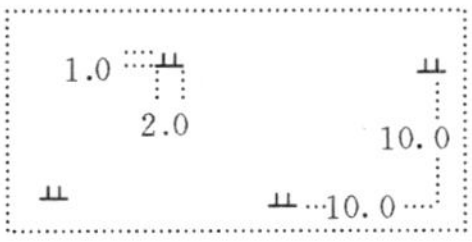
11	灌木林	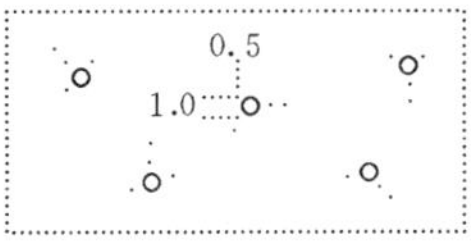
12	菜地	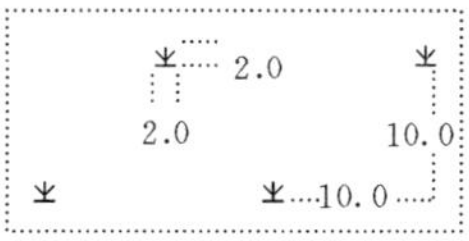
13	高压线	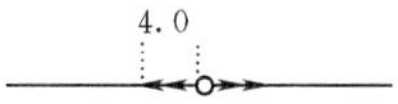
14	低压线	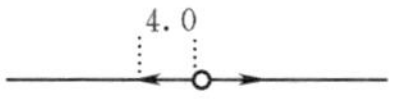
15	电杆	
16	电线架	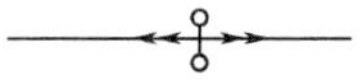
17	砖、石及 混凝土围墙	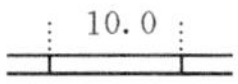
18	土围墙	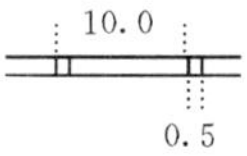
19	栅栏、栏杆	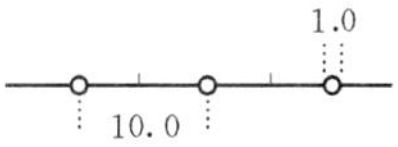
20	篱笆	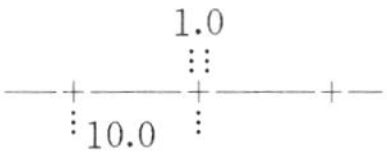
21	活树篱笆	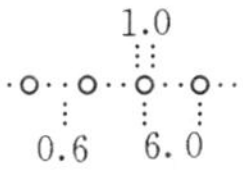
22	沟渠 1. 有堤岸的 2. 一般的 3. 有沟堑的	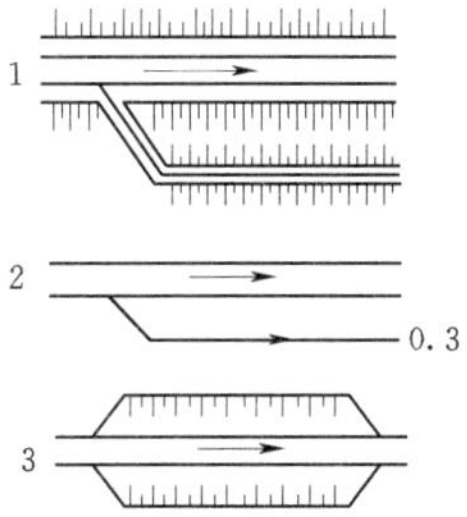
23	公路	
24	简易公路	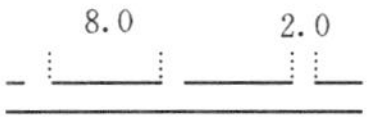
25	大车路	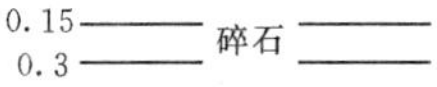

续表

编号	符号名称	图　　例
26	小路	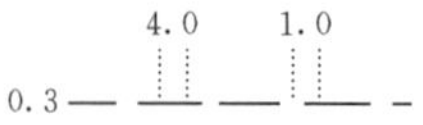
27	三角点 凤凰山—点名 394.468—高程	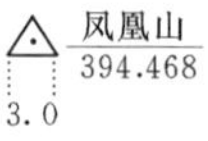
28	图根点 1. 埋石的 2. 不埋石的	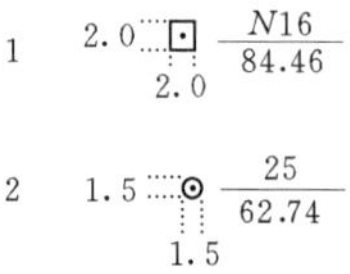
29	水准点	
30	旗杆	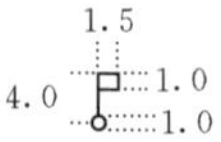
31	水塔	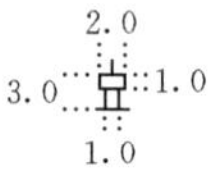
32	烟囱	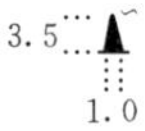
33	气象站（台）	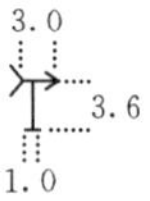
34	消火栓	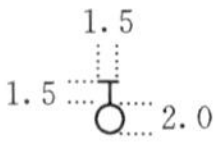
35	阀门	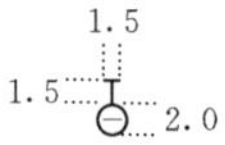
36	水龙头	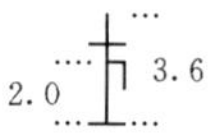
37	钻孔	
38	路灯	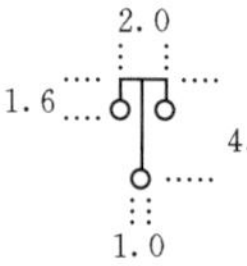
39	独立树 1. 阔叶 2. 针叶	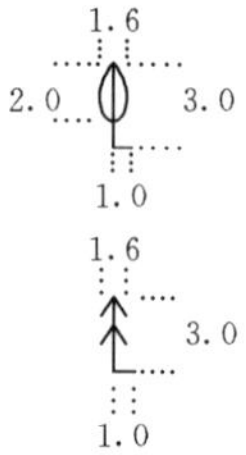
40	岗亭、岗楼	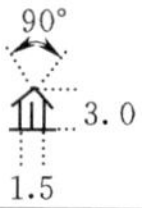
41	等高线 1. 首曲线 2. 计曲线 3. 间曲线	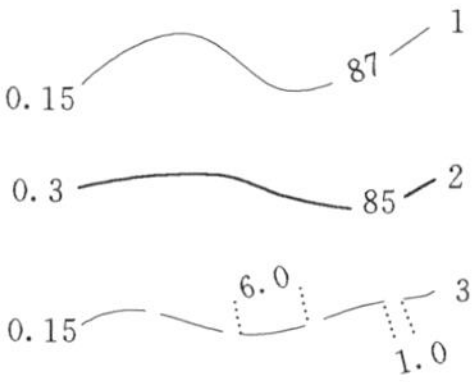

7.2.1　地物在地形图上的表示方法

地面上具有真实位置和明显轮廓的固定物体称为地物。地物包括自然地物与人工地物，前者如河流、湖泊、森林等，后者如房屋、道路、桥涵、电力线、渠道等。

地物在地形图上是用规定的符号来表示的。

根据符号与实物的比例关系，地物符号可分为以下3类。

1. 依比例尺符号

地物的平面投影轮廓很大，完全可以按照测图比例尺把它缩绘于图上，这样得到的符号称为依比例尺符号，如房屋、运动场、湖泊、森林等。从符号外形看，依比例尺符号都是面状或带状符号。依比例尺符号的形状、大小和方向就代表了实物的形状、大小和方向，所以依比例尺符号是可以在图上进行量测的。

2. 半依比例尺符号

如果地物的平面投影轮廓在纵向上很长，完全可以按照测图比例尺把它缩绘于图上；然而这类地物的宽度却很小，不能按比例尺缩绘，于是就规定一个宽度或线粗来表示，这样得到的符号称为半依比例尺符号，如通信线、管道、小路、围墙等。从符号外形看，半依比例尺符号都是条状或线状符号。半依比例尺符号的长度和方向就代表了实物的长度和方向，但是它的宽度不代表实物的宽度，所以半依比例尺符号只能在图上量测它的长度，而不能量测它的宽度。

半依比例尺符号上代表实物中心线的线，称为符号的定位线。大比例尺图上规定一律用符号的中心线作为定位线。

3. 不依比例尺符号

如果地物的平面投影轮廓很小，无法按比例尺缩绘（缩绘于图上仅为一个点），于是就在其点位上规定一个符号来表示，这样得到的符号称为不依比例尺符号，如控制点、电杆、路灯、独立树等。从符号外形看，不依比例尺符号都是点状或独立符号。不依比例符号只能表示实物的位置，而不能反映实物的形状和大小，所以不依比例尺符号是不可量测的。

不依比例尺符号上代表实物中心位置的点，称为符号的定位点。对于不依比例尺符号的定位点有以下规定：

（1）规则的几何图形符号（圆形、正方形、三角形、星形等），以图形的几何中心点为定位点。

（2）宽底符号（烟囱、水塔等），以符号的底部中心为定位点。

（3）底端为直角形的符号（独立树、路标等），以符号的直角顶点为定位点。

（4）底部开口的符号（窑、山洞等），以符号下端两端点连线的中心为定位点。

（5）几何图形组合符号（路灯、消火栓等），以符号下方图形的几何中心为定位点。

（6）不规则的几何图形符号（溶洞、沙丘等），以符号的中心为定位点。

以上三类符号，是用来直接表示地面物体的，习惯上称它们为实体符号。另外还有一类符号，如流向符号、植被范围内的填绘符号等，它们并不直接表示地面物体，只是起说明物体性质的，这类符号称为说明符号。

7.2.2 地貌在地形图上的表示方法

地球表面高低起伏的相貌称为地貌，如山地、丘陵、平原、盆地等。地貌是用等高线来表示的。用等高线来表示地貌，不仅能表示地面的起伏形态，而且还能表示地面的坡度和高度。

7.2.2.1 等高线的概念及原理

地面上高程相等的点的连线称为等高线。

如图 7.4 所示，有一山头被水平面 P_1、P_2、P_3 所截，在各平面上得到相应的截线，不难想象，同一截线上各点的高程都相等，所以这些截线即为实地上的等高线。将这些截线沿铅垂线方向投影到大地水准面 M 上，并按一定比例尺缩绘到图纸上，便得到了地形图上的等高线，这就是等高线的基本原理。

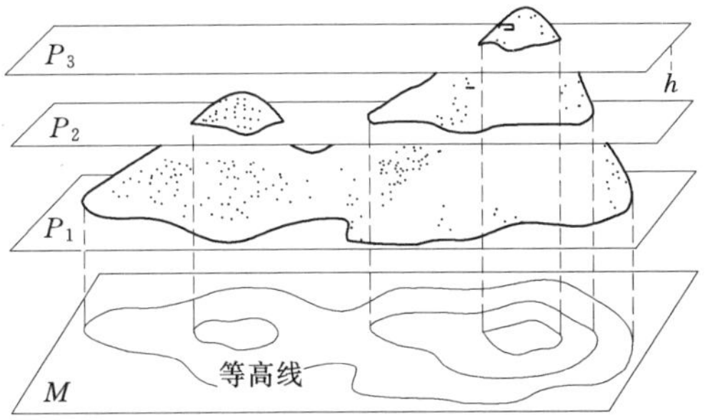

图 7.4 等高线原理图

实际工作中，我们不可能采用上述方法来获得等高线，通常是根据测绘到图纸上的高程点和相邻两高程点间的平距采用插绘等高线的方法来插绘的。插绘等高线的方法将在 7.4 中讨论。

7.2.2.2 等高距和等高线平距

等高线分别表示了不同的地面高程。相邻两条等高线间的高程差称为等高距。容易理解，等高距愈小，则图上等高线愈密，地貌显示就愈详细；等高距愈大，则图上等高线就愈稀，地貌显示就愈概略。采用多大的等高距应当根据地形起伏状况、测图比例尺大小以及用图目的等因素来决定。结合我国实际情况，国家对各种不同比例尺测图的等高距已作出明确规定（见测图规范）。国家统一规定的等高距称为基本等高距，作业中必须严格遵照执行。必须指出：在同一测区或同一幅地形图上，采用的基本等高距应相同。

相邻两等高线之间的水平距离称为等高线平距。因为同一幅地形图上的等高距是相同的，所以等高线平距的大小反映了地面坡度的变化情况，等高线平距越小，地面上坡度越大；等高线平距越大，地面坡度越小。

7.2.2.3 等高线的分类

1. 基本等高线

按基本等高距测绘的等高线称为基本等高线。基本等高线是图上必须显示的等高线。为了计数的方便，规定：从大地水准面起（大地水准面的高程为 0m），每隔四条等高线加粗一条等高线，这个加粗的等高线称为计曲线，如图 7.5 中的②所示；其间没有加粗的等高线称为首曲线，如图 7.5 中的①所示。计曲线、首曲线统称基本等高线。

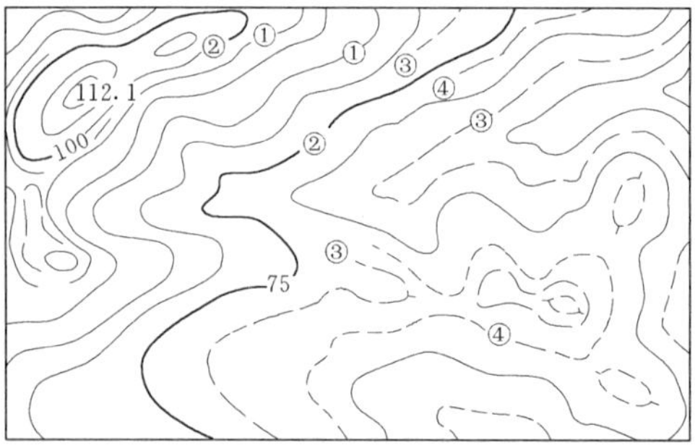

图 7.5 等高线分类示意图

2. 补充等高线

基本等高线表示地貌，对一些倾斜变化较大的局部地区可能显示不出来。为了弥补这一不足，可以在基本等高线的基础上加绘一些等高线，这些加绘的等高线称为补充等高线。按 1/2 基本等高距加绘的等高线称为间曲线，如图 7.5 中的③所示；按 1/4 基本等高距加绘的等高线称为助曲线，如图 7.5 中的④所示。间曲线、助曲线统称补充等高线。补充等高线在图上用虚线表示。由于补充等高线只用于局部地区，所以补充等高线不一定是闭合的。

7.2.2.4 典型地貌的等高线图形特点

地面上地貌的形态是多样的，对它进行仔细分析后，就会发现它们不外乎是山丘、洼地、山脊、山谷、鞍部等几种典型地貌形态的综合体。了解和熟悉这些典型地貌的等高线图形特点，将有助于识读、应用和测绘地形图。

1. 山丘、洼地

图 7.6（a）为山丘及其等高线图形；图 7.6（b）为洼地及其等高线图形。山丘和洼地的等高线都是一组闭合曲线。在地形图上区别山丘或洼地的方法是：凡是内圈等高线的高程注记大于外圈者为山丘，小于外圈都为洼地。如果没有高程注记，则用示坡线来表示。

示坡线是指示坡降的方向线，如图 7.6 中的短线所示。示坡线应垂直于等高线。示坡

(a) (b)

图 7.6 山丘及洼地等高线图形

线从内圈指向外圈者，说明中间高、四周低，由内向外为下坡，故为山丘；示坡线从外圈指向内圈者，说明中间低、四周高，由外向内为下坡，故为洼地。

2. 山脊、山谷

山的凸棱由山顶延伸至山脚者称为山脊。山脊最高点的连线称为山脊线，因雨水以山脊线为界流向山体两侧，故山脊线又称分水线。山脊等高线表现为一组凸向低处的曲线，如图 7.7（a）所示。图中点划线是山脊线。

相邻两山脊之间的凹部称为山谷，其两侧的斜坡称为谷坡，两谷坡相交部分称为谷底。谷底最低点的连线称为山谷线，又称为合水线。山谷等高线表现为一组凸向高处的曲线，如图 7.7（b）所示。图中的虚线是山谷线。

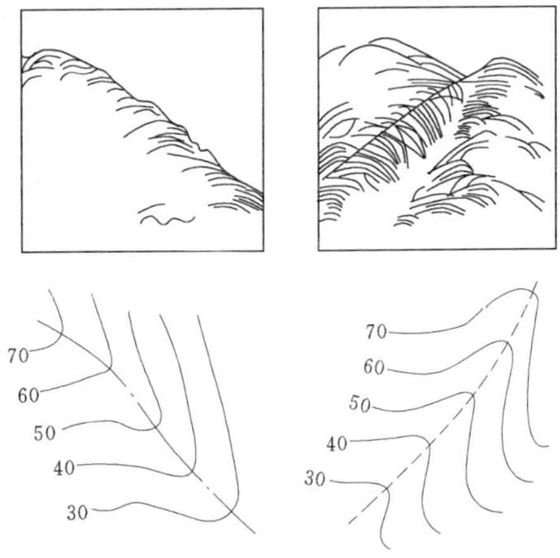

(a) (b)

图 7.7 山脊、山谷及其等高线

3. 鞍部

相邻两山头之间呈马鞍形的低凹部位称为鞍部，如图 7.8 所示。鞍部往往是山区道路必经之地，故又称为垭口（如图中的 K 点）。因鞍部是两个山脊与两个山谷的会合处，所以，鞍部等高线是两组相对的山脊等高线和山谷等高线的对称组合。

还有某些变形地貌，如滑坡、冲沟、悬崖、绝壁、崩崖等，其表示方法可参见《地形图图式》。掌握了典型地貌的等高线图形规律，就不难了解复杂的综合地貌。图 7.9 是某地区的综合地貌及其等高线图形，读者可对照阅读。

7.2.2.5 等高线的性质

（1）同一条等高线上，各点的高程都相等。

（2）基本等高线都是闭合的，若不在本图幅内闭合，则必然在其他图幅中闭合。

（3）不同高程的等高线不应相交或重叠。但在悬崖处等高线可能相交，在绝壁处等高

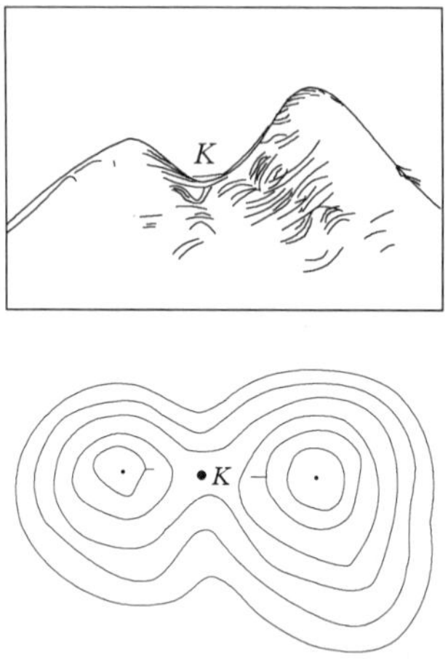

图 7.8 鞍部及其等高线

图 7.9 综合地貌和等高线

线可能重叠。由于悬崖和绝壁都是用特定符号来表示的，所以在图上不应看到等高线相交或重叠的现象。

（4）在等高距相等的情况下，等高线平距越小，等高线越密，表示坡度越陡；等高线平距越大，等高线越稀，表示坡度越缓；等高线平距相等则坡度相同。

（5）等高线通过山脊线时，与山脊线正交并向低处凸出；等高线通过山谷线时，与山谷线正交并向高处凸出。

应当指出，在地形图上，除了用符号表示地面现象外，还必须用文字、数字来说明它们的名称、性质和数量，这种起说明作用的文字、数字统称地形图注记。地形图注记分为名称注记（如街道、道路、村庄、河流、山脉名称等）、说明注记（如房屋性质、道路铺装材料、植被种类注记等）和数字注记（如路宽、水深、高程注记等）三种。注记是地形图的重要要素之一，没有注记的地形图将使人无法理解和不能使用。

7.3 测图前的准备工作

7.3.1 图纸准备

测绘地形图的图纸应该选用纸质细致、结实坚韧、颜色洁白且伸缩性小的纸张，通常使用的图纸为绘图纸或聚酯绘图薄膜。使用绘图纸时，为了减少图纸的伸缩，可将图纸裱糊在铝板或胶合木板上。聚酯薄膜属于近代合成树脂产品，它具有透明度好、伸缩性小、不怕潮湿、牢固耐用、可以水洗清洁图面以及可直接在底图上着墨复晒蓝图等优点，所以在生产中得到了广泛应用。但聚酯薄膜易燃、易折和易老化，故在使用过程中应注意防火防折，并注意妥善保管。测绘地形图应选用 0.07mm～0.1mm 厚度且表面磨毛后的聚酯薄膜。

7.3.2 绘制坐标格网

图纸准备好以后，首先要在图纸上精确地绘制直角坐标方格网。绘制坐标方格网的目的是为了准确地将控制点展绘到图纸上。绘制方格网的方法有：对角线法、坐标格网尺法、坐标仪法等。下面只介绍对角线法。

一般大比例尺地形图图幅为 50cm×50cm 或 40cm×50cm，通常要绘制 10cm×10cm 的方格网。现以绘制 50cm×50cm 图幅的坐标方格网为例，说明对角线法绘制坐标方格网的方法。

如图 7.10 所示，首先沿图纸的对角画出两条对角线，设其交点为 M。用钢板尺从 M 点沿对角线量取 MA、MB、MC、MD 四段相等的长度（略大于图幅对角线长度的一半），定出 A、B、C、D 四点，用直线顺序相连得矩形 $ABCD$。从 A 点起分别沿直线 AB 和 AD 每隔 10cm 定点，每条边上定出 5 个点；再分别从 B 点和 D 点起沿直线 BC 和 DC 每隔 10cm 定点，同样每条边上定出 5 个点。连接对边的相应点，即得 50cm×50cm 的方格网。

坐标格网通常采用 4～6H 绘图铅笔绘制，线粗 0.1mm。坐标格网绘制的技术要求是：图幅边长误差不得超过 0.2mm；对角线长度误差不得超过 0.3mm；各方格边长误差不得超过 0.1mm；对角线方向和平行于对角线方向各方格顶点应位于同一直线上，如图 7.10 中 ab 线所示，其偏离值不得超过 0.2mm。坐标格网绘好后，应立即进行检查，若不合要求，必须重新绘制。方格网绘制完毕，应擦去辅助线条。

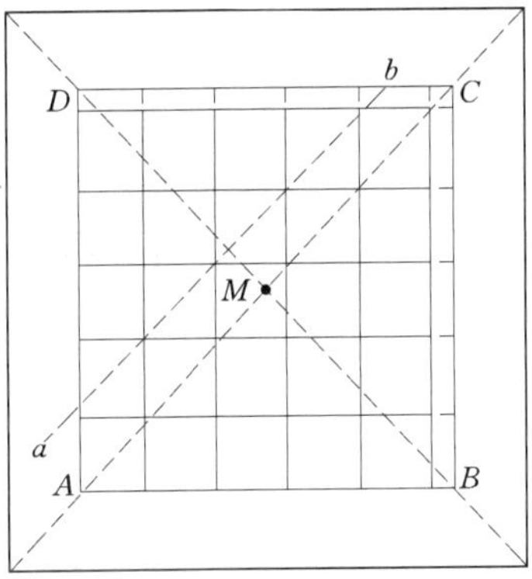

图 7.10 坐标方格网绘制方法

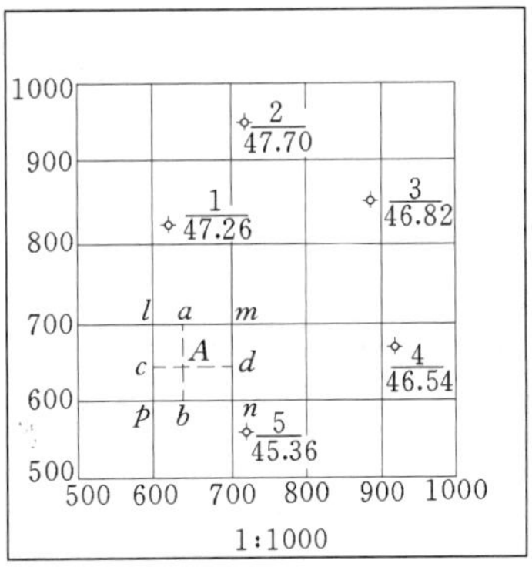

图 7.11 控制点展点方法

7.3.3 展绘控制点

坐标网格绘制好以后，可将控制点按其坐标值展绘到坐标格网纸上，这项工作称为展点。

展点前，首先应根据分幅图将本图幅坐标格网的坐标值注在相应坐标格网线的外侧，如图 7.11 所示。

展点时，首先根据图根点的坐标确定其所在的方格。如 A 点的坐标为 $x_A=647.43$m，$x_B=634.52$m，可以确定其位置在 $plmn$ 方格内。它与此格左下角点 p 的坐标差为：$\Delta x=47.43$m，$\Delta y=34.52$m。于是，分别从角顶点 p 和 l 起，沿方格网向右按测图比例尺量取一段 34.52m 的长度，定出 a、b 两点；再由 p、n 两点起分别向上量取 47.43m 得 c、d 两点；连接 ab、cd，则两直线的交点即为 A 点。用同样的方法将其他控制点展绘在图纸上。

最后用比例尺量取相邻两点间的长度，与相应的实际距离比较，其差值不得超过图上

0.3mm。若不符合要求，应重新展绘。

展点经检查合格后，在控制点的右边画一条8mm的横线，上方注明点号（或点名），下方标注高程。并将控制点按规定的符号整饰或绘“+”字形符号表示。

7.4 经纬仪测图法

地形图测绘的方法很多，本节讨论大比例尺测图常用的经纬仪测图法。所谓经纬仪测图法就是根据测图控制点，按极坐标法测定点的平面位置，按视距法测定点的高程，用量角器展绘成图的一种测图方法。

7.4.1 碎部点的选择

地面上地物和地貌的特征点统称为碎部点。地形（地形是地物和地貌的总称）测图就是以碎部点为依据来勾绘成图的。

要使地形图能准确的反映地形现状，碎部点的选择至关重要。

对于地物，碎部点应选在地物轮廓线的方向变化处，如房角点，道路转折点、交叉点，河岸线转弯点以及独立地物的中心点等。连接这些特征点，便得到与实地相似的地物图形。对于形状极不规则的地物，一般规定主要地物的凹凸部分在图上大于0.5mm时均应表示出来，小于0.5mm时，可直接用直线连接。

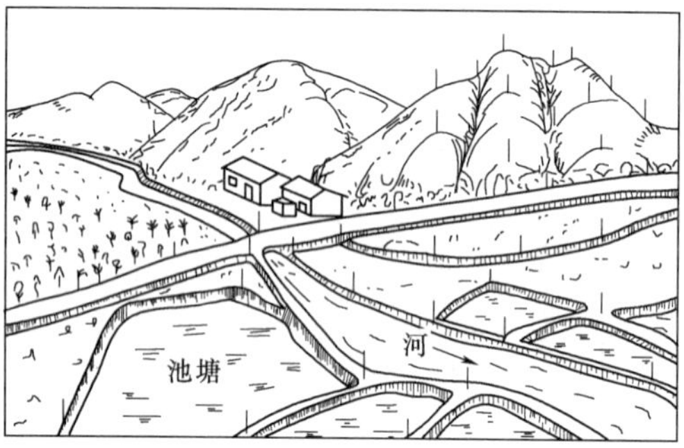

图7.12 碎部点的选择

对于地貌，碎部点应选在最能反映地貌特征的山脊线、山谷线等地性线上，如山顶、鞍部、山脚及坡地的方向和坡度变化处。根据这些地貌特征点的位置和高程内插勾绘等高线，即可将实际地貌在图上表示出来。

图7.12所示为碎部点选择的示例。图上立有尺子的地方表示碎部测量时，立尺员应选择的碎部点位置。

为了能准确的用等高线表示地貌形态，碎部点应有一定的密度。在平坦或坡度无显著变化地区，碎部点间的最大间距，应符合表7.4的规定。

表7.3 **碎部测量手簿**

测站：B　定向点：A　测站高程：54.060m　仪器高 i：1.47m

点号	水平角	竖盘读数	竖直角	视距	中丝	平距	高差	高程	备注
1	23°17′	87°07′	+2°53′	38.4	0.47	38.3	+2.92	56.98	房角
2	54°32′	90°58′	−0°58′	47.3	1.49	47.3	−0.81	53.25	房角
3	86°43′	87°36′	+2°24′	59.0	1.47	58.9	+2.45	56.51	路边
4	95°37′	92°18′	−2°18′	20.0	2.47	20.0	−1.81	52.25	塘角

7.4.2 一个测站上的测绘工作

1. 测站上的准备工作

(1) 如图 7.13 所示，将经纬仪安置在测图控制点 B 上，对中、整平，量取仪器高 i（量至 cm）。在测站附近适当位置安置图板（注意图板方位与实地方位应大体一致）。

(2) 测站定向。正镜照准另一控制点 A，将水平度盘读数配置为 $0°00'00''$。

(3) 在图上绘出控制点 B、A 的连线，并适当延长，作为该站的起始方向线（又称为定向线或零方向线）；然后在 B 点上刺入小针，将量角器（又称分度器，如图 7.14 所示）圆心的小孔套在小针上。

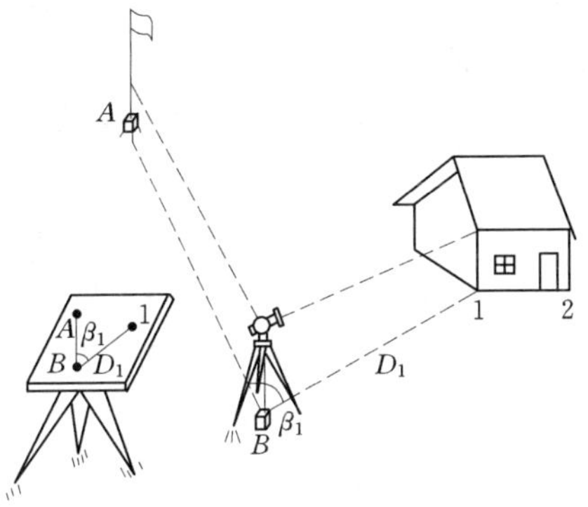

图 7.13 经纬仪测图法

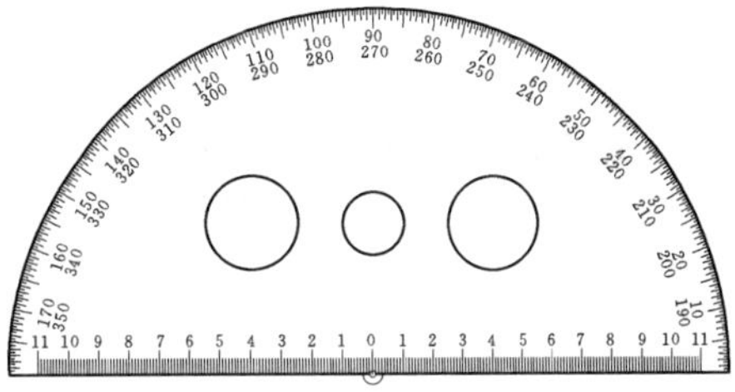

图 7.14 分度器

2. 碎部点的施测

(1) 立尺员立尺于待测点上。

(2) 观测员转动望远镜，以十字丝纵丝照准标尺中央，读取水平角 β（读至分）。

(3) 转动垂直微动螺旋使上丝或下丝与标尺上某一整刻划相重合，读取视距长度 kl（读至 0.1m）。

(4) 读取中丝读数 v（读至 cm）。

(5) 调整指标水准管气泡居中，读出竖盘读数 L（读至分），并换算出相应的竖直角 α。

(6) 由测得的视距及竖直角，按视距公式计算出相应的水平距离（取至 0.1m）和高差（取至 cm），并根据测站高程计算出被测点的高程（取至 cm）。碎部测量的观测手簿见表 7.3。

3. 碎部点的展绘

在碎部点施测的同时，绘图员应根据测得的水平角和计算出来的水平距离，用量角器，把已测得的碎部点展绘到图纸上。

展点时，使图上定向线对准量角器上等于水平角 β 的刻划线，沿量角器的直尺边量出按测图比例尺缩小后的水平距离，即可得到图上相应碎部点的位置；然后在点位右侧或其他位置标注高程（注记字头一律朝北；基本等高距为 0.5m 时，高程注记至 cm，等高距大于 0.5m 时，注记至 dm）。

点位展出后，绘图员应参照实地情况及时连线绘图，并勾绘出等高线。

4. 地物的描绘

对于依比例尺表示的地物，应按图式规定的线型、线粗描绘其轮廓线，并按要求填绘说明符号；对于半依比例尺表示的地物，应按规定的线型、线粗或符号宽度描绘符号；对于不依比例尺表示的地物，应按图式规定的规格在其点位上描绘规定的符号。

5. 地貌的描绘

能用等高线表示的地段，应先轻轻的描绘出山脊线、山谷线等地性线，然后按测点的高程勾绘出等高线。不能用等高线表示的地段，如悬崖、峭壁、陡坎、冲沟、雨裂等地貌，则按图式规定的符号绘出。

等高线是根据所测碎部点的高程勾绘出来的。等高线的高程是等高距的整倍数，而测得的碎部点高程则往往不是等高距的整倍数，因此必须在相邻碎部点之间，用内插法定出等高线通过的位置。由于地貌特征点是选在地面坡度变化处，因此可把相邻两点间的坡度看成是均匀坡度，这样即可按照两点间的平距与高差成正比的关系定出两点间各条等高线通过的位置。

如图7.15（b）所示，A、B两点的高程分别为30.9m和37.6m，设等高距为1m，则A、B两点间必有高程为31m、32m、33m、34m、35m、36m、37m共7条等高线通过。首先确定31m和37m等高线通过的位置，即图7.15（a）中的c点和i点，从图中不难看出

$$\frac{ac}{ab}=\frac{31-30.9}{37.6-30.9}=\frac{0.1}{6.7}=\frac{1}{67} \qquad \frac{ib}{ab}=\frac{37.6-37}{37.6-30.9}=\frac{0.6}{6.7}=\frac{6}{67}$$

即

$$ac=\frac{1}{67}ab \qquad ib=\frac{6}{67}ab$$

式中 ab——A、B两点间的图上平距，可用比例尺量得。

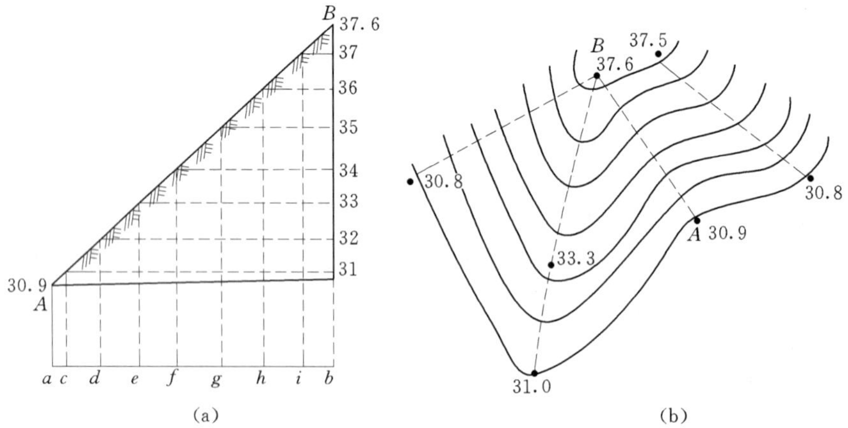

图7.15 等高线的插绘

算出ac、bi的距离后，即可定出c和i在图上的位置；然后将ci六等分，即得32m、33m、34m、35m、36m等高线的通过点d、e、f、g、h。

同法求出其他相邻两点间的等高线位置，将同名高程的等高线位置点用光滑曲线依序相连，就是所要插绘的等高线，如图7.15（b）所示。

上面所述是插绘等高线的基本原理。实际工作中，都是根据上述原理用目估的方法来插绘的。目估的方法可归纳为：“取头定尾、中间等分”，即判定两地形点间通过的等高线根数后，目估确定两端等高线的通过点，然后将这两条等高线之间的长度等分，从而确定其他等高线的通过点。

7.4.3　测图中应注意的问题

（1）碎部点测定是在盘左一个盘位下进行的，所以测图前应对竖盘指标差进行检校。一般认为，当指标差小于 1′时，对观测高差的影响可忽略不计。

（2）测图用的量角器是半圆形的，它是将全圆 360°刻划（格值为 30′或 20′）按逆时针方向刻在了半圆周上，对径度数共用同一刻度线。展点时应注意，凡水平角在 0～180°范围内时，应依分度器右侧的直尺边展点；凡水平角在 180°～360°时，应依分度器左侧的直尺边展点。

（3）测图时，碎部点的展绘应做到随展点随连线随描绘成图。同时应观察所绘地物、地貌与实际情况是否相符，以便及时发现问题，并及时改正。对各种地物、地貌符号，应注意配置各种有关注记（等高线注记时应注意字头朝向高处）。

（4）为了检核仪器是否变动，一站施测过程中，一般每测定 20～30 个点后，应重新照准零方向，检查起始方向是否为零。若误差大于 4′，所测碎部点作废；若误差小于 4′，起始方向重新置零。

（5）碎部点测定的最大视距应符合表 7.4 的规定。

表 7.4　　碎部点间的最大间距和碎部测量的最大视距

测图比例尺	地形点最大间距（m）	地物点		地表点	
		一般地区	城镇居住区	一般地区	城镇居住区
1∶500	15	60		100	70
1∶1000	30	100	80	150	120
1∶2000	50	180	150	250	200
1∶5000	100	300		350	

（6）为便于相邻图幅的拼接，每幅图均应测出图廓外 1cm。

（7）每个测站，碎部点测量前，应先进行测站检查：即照准另一控制点，仿照碎部点测量方法测定其平面位置和高程，要求平面位置误差图上不超过 0.8mm，高程误差不超过1/10等高距。第二站后每站还要进行重点检查：即重新测定已测过的明显地物点，要求平面位置误差图上不超过 1.2mm，高程误差不超过 1/5 等高距；重点检查最少应不少于两点。

7.5　地形图的拼接、检查与整饰

7.5.1　地形图的拼接

当测区面积较大时，整个测区要分成若干幅图来进行测绘。为了使相邻图幅接边处的地物轮廓线以及等高线完全吻合，需要进行地形图的拼接。

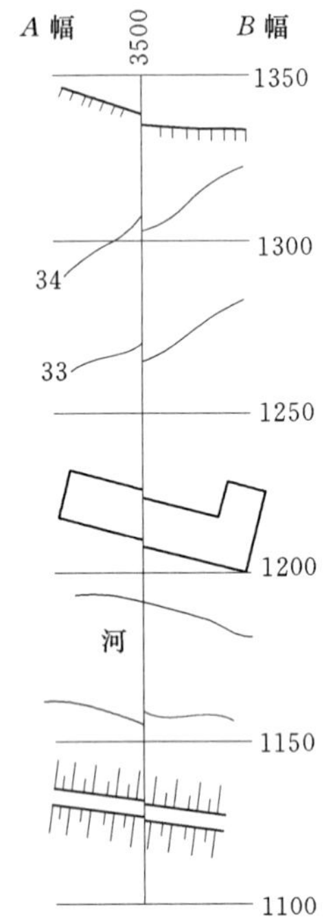

图 7.16　地形图的拼接

如果使用的是裱糊的测图板，如图 7.16 所示，拼接时用宽约 5cm 的透明纸带蒙在左边图幅的图边上，并把图廓线和靠近图边的格网线以及地物符号和等高线描绘在透明纸带上。然后把它蒙在右边图幅的接图边上，使图廓线与透明纸带上的图廓线对齐，即可检查接边处的地物和等高线的偏差情况。若偏差不超过表 7.5 中规定的 2 倍时，可将其平均位置绘在透明纸上，并以此为准修改两图边处的地物符号和等高线位置。修改时应保证原地物、地貌的相对位置和走向的正确性。

若使用聚酯薄膜测图时，可将相邻两图边的图廓线对齐，直接进行拼接即可。

拼接时如发现偏差过大，则应到实地检查，通过补测修正。

7.5.2　地形图的检查

为了保证地形图的质量，在测图过程中应随时进行检查，以便及时发现问题，及时纠正。地形图测完后，测图人员应再作一次全面检查，称为自检；然后由检查人员进行检查，称为他检。检查工作可分为室内检查、巡视检查和仪器设站检查等几种方式。

1. 室内检查

室内检查的主要内容有：坐标网格的绘制、控制点的展绘是否合乎要求；各种地物、地貌的表示和描绘是否正确、有无错漏；各符号间关系的处理是否正确；注记配置是否完备；等高线和地形点的高程是否相符；图边的拼接是否正确等。

表 7.5　　**地 形 点 点 位 中 误 差**

地区分类	点位中误差（图上 mm）	地物点间距中误差（图上 mm）	等高线高程中误差（等高距）			
			平　地	丘陵地	山　地	高山地
城镇居住区	0.6	±0.4	1/3	1/2	2/3	1
一般地区	0.8	±0.6				

2. 巡视检查

沿选定的巡视路线将原图与实地进行对照，查看地物有无遗漏，地物形状是否相似，等高线是否与实地地貌形态相符，注记是否正确等。对巡视检查中所发现的问题应及时改正，或进行补测修正。

3. 仪器设站检查

检查时可在原已知点设站，重新测定其周围部分碎部点的平面位置和高程，与原图相比较，误差不得超过表 7.5 中规定的 2 倍。如果问题太多，应返工重测。仪器检查量一般为整幅图的 10%～20%左右。

7.5.3　地形图的整饰

经过图边拼接、室内外检查均符合要求，最后进行地形图的整饰工作。整饰前应擦去图面上不必要的线条、符号等。整饰包括图内整饰和图廓整饰两大方面。图内整饰即严格按照图式规定对图幅内所有线条、符号、注记进行整饰，实际上这项工作是在测图过程中及时进行的。图廓整饰的内容有：坐标网格的整饰（擦去网格线，只保留方格交点处及内图廓周边处的网格线）；外图廓线的绘制；图廓点坐标注记；图名、图号的书写；分幅接合表的绘制；测图比例尺、坐标系统、高程系统、测图时间、测图单位、测量员、绘图员姓名注记等。图廓整饰的格式应按照图式的规定进行。图廓整饰的样式如图 7.17 所示。

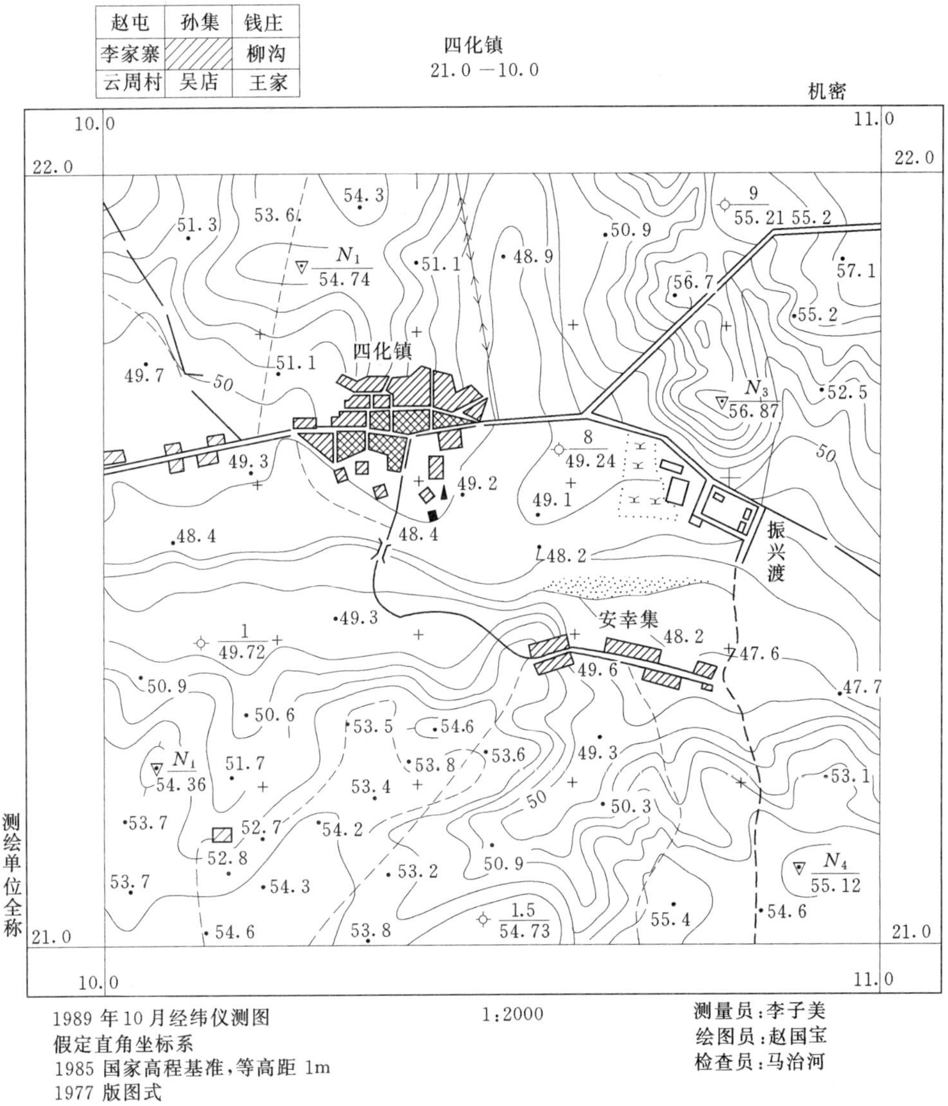

图 7.17 图廓整饰

7.6 大比例尺数字化测图简介

7.6.1 数字化测图概念

地形测图主要包括两项工作：一是测量碎部点，二是绘图。传统的作业方法中，这两项工作都是由测绘人员手工完成的，速度慢、劳动强度大、成图质量低。随着电子计算机、数据采集仪器、数字测图软件的迅速发展，出现了数字化测图这一全新技术。数字测图技术的出现，促进了测绘行业的自动化、现代化，使测量的成果不仅有绘在纸上的地形图，还有方便传输、处理和共享的数字信息，因此在测绘生产中很快得到了广泛应用。

数字测图是以计算机为核心，在外连输入输出设备条件下，通过计算机在测图软件的支持下对采集的地理空间数据进行数字化处理，从而得到数字地图的一种自动化作业过程。

按照数据采集方式的不同，数字测图可分为地面数字测图、航测数字测图、地图数字化测图等几种方法。大比例尺测图通常采用实地采集数据的成图方法，即地面数字测图，也称野外数字测图。

随着大比例尺数字化测图方法的日益普及，我国研制开发了一大批性能优越、操作简便的大比例尺数字测图软件，如南方 CASS 内外业一体化成图系统、武汉瑞得 RDMS 数字测图系统、清华三维 EPSW 电子平板测图系统、广州开思 SCS 成图系统等。这些软件的开发和使用已成为大比例尺测图由传统模式发展为自动化、智能化模式的一个重要标志。

7.6.2 数字地图的特点

数字地图具有以下特点。

1. 以数字形式表示地图内容

数字地图以数字坐标表示地物和地貌点的空间位置，以数字代码表示地形符号以及各种注记。它可以包含地表全部的空间位置信息，还可以将与空间位置有关的非图形信息一起在信息系统中进行管理。数字化测图的成果是分层存放的，不受图面负载量的限制，从而便于成果的加工利用，满足多用户、多用途需要。

2. 保持现势性

由于各种因素的影响，地形不断在发生变化，这就需要对地图进行连续的更新。数字测图只需将更新内容输入计算机，通过数据处理即可对原有数字地图及有关的信息作相应的修改、更新，使地图具有良好的现势性。

3. 成果形式的多样化

以数字形式储存的 1∶1 的数字地图，可以根据用户需要输出不同比例尺和不同幅面大小的地图，也可以输出各种分层叠合的专用地图，例如，地籍图、管线图、地貌图等。

4. 具有较高的精度

数字化测图属于自动化或半自动化的作业过程，人为因素的影响很小，几乎没有精度损失，所以数字地图具有较高的测量精度。

5. 可作为 GIS 的重要信息源

地理信息系统（GIS）具有方便的信息查询检索功能、空间分析功能以及辅助决策功能，在国民经济、办公自动化及人们日常生活中都有着广泛的应用。要建立起地理信息系统，数据采集工作是重要的一环。数字化测图作为 GIS 重要的信息源，能及时准确的提供各类基础数据，适时更新 GIS 数据库，保证了地理信息的可靠性和现势性，为 GIS 的辅助决策和空间分析发挥了重要作用。

7.6.3　大比例尺数字测图的作业过程

大比例尺数字测图的作业过程大体上分为数据采集、数据处理和图形输出三个阶段。

1. 野外数据采集

大比例尺数字测图野外数据采集通常采用全站仪进行，用全站仪内置的电子手簿记录测点的观测数据或经计算后的坐标数据，同时输入测点信息代码。

2. 数据处理

将全站仪的终端接口与计算机相连，通过测图软件对采集的数据进行处理。数据处理分为数据的预处理、地物点的图形处理和地貌点的等高线处理等环节。数据的预处理即检查原始数据、删除废点和修改错误的信息码，预处理后生成点文件。根据点文件形成图块文件，与地物有关的点记录将生成地物图块文件，与等高线有关的点记录将生成等高线图块文件。图块文件生成后即可在人机交互方式下进行地图编辑。

3. 图形输出

将计算机与绘图仪相连接，计算机将处理后的数据和绘图指令送往绘图仪，绘图仪即自动进行绘图。

小　　结

本章主要讲述了地形图的基本知识以及大比例尺地形图测绘的基本作业方法。通过学习，要弄清地形图、平面图、比例尺、比例尺精度、等高线、等高距等基本概念；熟悉地物、地貌在地形图上的表示方法；重点应掌握测图作业方法，包括坐标格网的绘制、控制点的展绘、地形图的绘制、地形图的拼接等；插绘等高线的方法应多加练习。

思　考　题

7.1　地形图与平面图有什么区别？

7.2　什么叫地形图比例尺？在地形图上为什么要绘制图示比例尺？

7.3　什么叫比例尺精度？比例尺精度具有哪些实用价值？

7.4　大比例尺地形图是如何分幅和编号的？

7.5　地物符号分为哪几类？试举例说明。

7.6　什么叫符号的定位点、定位线？符号的定位点、定位线是如何规定的？

7.7　什么叫等高线、等高距、等高线平距？

7.8　等高线是如何分类的？

7.9　山丘、洼地、山脊、山谷、鞍部等高线图形各有何特点？在地形图上如何区分山丘与洼地？

7.10　等高线有哪些特性？

7.11　测图时，应如何选择碎部点？

7.12　插绘等高线的原理是什么？

习 题

7.1 试述经纬仪测图的作业步骤。

7.2 根据表7.6中的观测数据，计算测站点与碎部点之间水平距离和碎部点高程。

表7.6 **碎部点观测记录**

测站 A 后视 B $i=1.45$m 测站点高程 $H_0=138.621$m $\alpha=90°-L$

点 号	视 距 (m)	水平角	中丝读数 (m)	竖盘读数	竖直角	平 距 (m)	高 差 (m)	高 程 (m)
1	78.2	94°23′	1.51	84°28′				
2	81.3	58°19′	1.42	89°19′				
3	45.6	195°04′	2.16	92°33′				

7.3 勾绘出图7.18中的等高线。图中实线表示分水线，虚线表示合水线。等高距为1m。

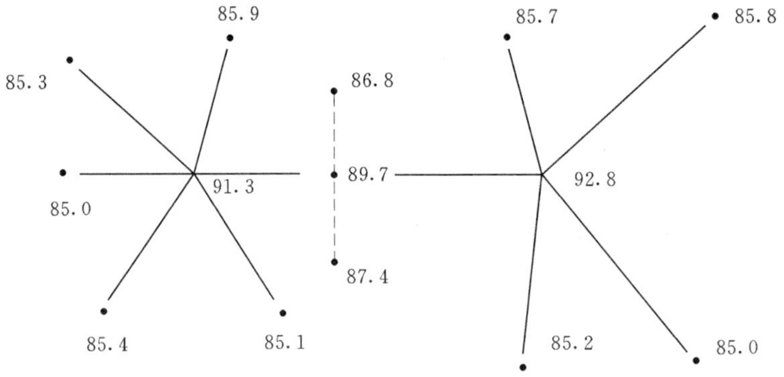

图7.18

第8章 地形图的应用

> **学习指导**
>
> 本章介绍地形图应用方面的基本知识。要求熟悉地形图识读的方法和内容，掌握地形图应用的基本内容以及在工程建设中的具体应用，掌握在图上进行面积量算的基本方法。

8.1 地形图的阅读

地形图在工程建设的规划设计、施工管理等各项工作中是不可缺少的基本资料，有着广泛的应用。对于一个工程技术人员来讲，正确阅读和使用地形图是十分必要的。

要用图首先要学会读图，读图则必须熟悉前面有关章节中所讲地形图的基本知识，熟悉地形图包含的内容，熟悉地形图图式及有关规定，熟悉数学要素以及地物、地貌的表示方法。特别是阅读用等高线表示的较为复杂的地貌，不但要熟悉等高线的一些基本知识，而且要具备一定的实践经验。下面以图8.1所示地形图为例来说明地形图的阅读方法。

8.1.1 室内判读

1. 地物方面

识读地物，要结合成图时采用版本的《地形图图式》进行。

对照1996年版图式，可以得知图8.1内有居民点李家村；有铁路和公路各一条贯穿图幅的东北角，沿铁路南侧和沿公路两侧分别有路堤（加固斜坡）和路堑（未加固斜坡）；有一条清水河从西北向东南贯穿图幅，该河除主河道外，南侧还有两条支流；从东至西，从南至北有小路通过，小路通至清水河边设有人渡，小路跨越清水河支流架设有一座人行小桥；在凤凰岭主峰上有小三角点一个，在向北的山坡上有一座宝塔，另外在图幅的中部有坟地一块和瓦窑一座；清水河两岸有大面积的稻田，李家村周围和铁路与公路之间分别有一片旱地，图幅内东北角有梨树园一块，南边山上长有大面积的灌木林，另外在李家村房屋周围有零星树木和竹丛。

2. 地貌方面

地貌主要用等高线表示，因此用图者应了解等高线的概念、特性以及各种基本地貌的等高线图形表示法，结合高程注记来判断地貌的类型。

本图幅南边有凤凰岭山，地势很陡，凤凰岭主峰向北延伸是该山的一条主要山脊，在主峰的东侧还有小山脊，两山脊之间便是山谷，紧靠主峰的这条山谷比较长，图幅东北角为山坡地，地势比较平缓；清水河河岸两侧地势平缓，是一狭长平坦地区。

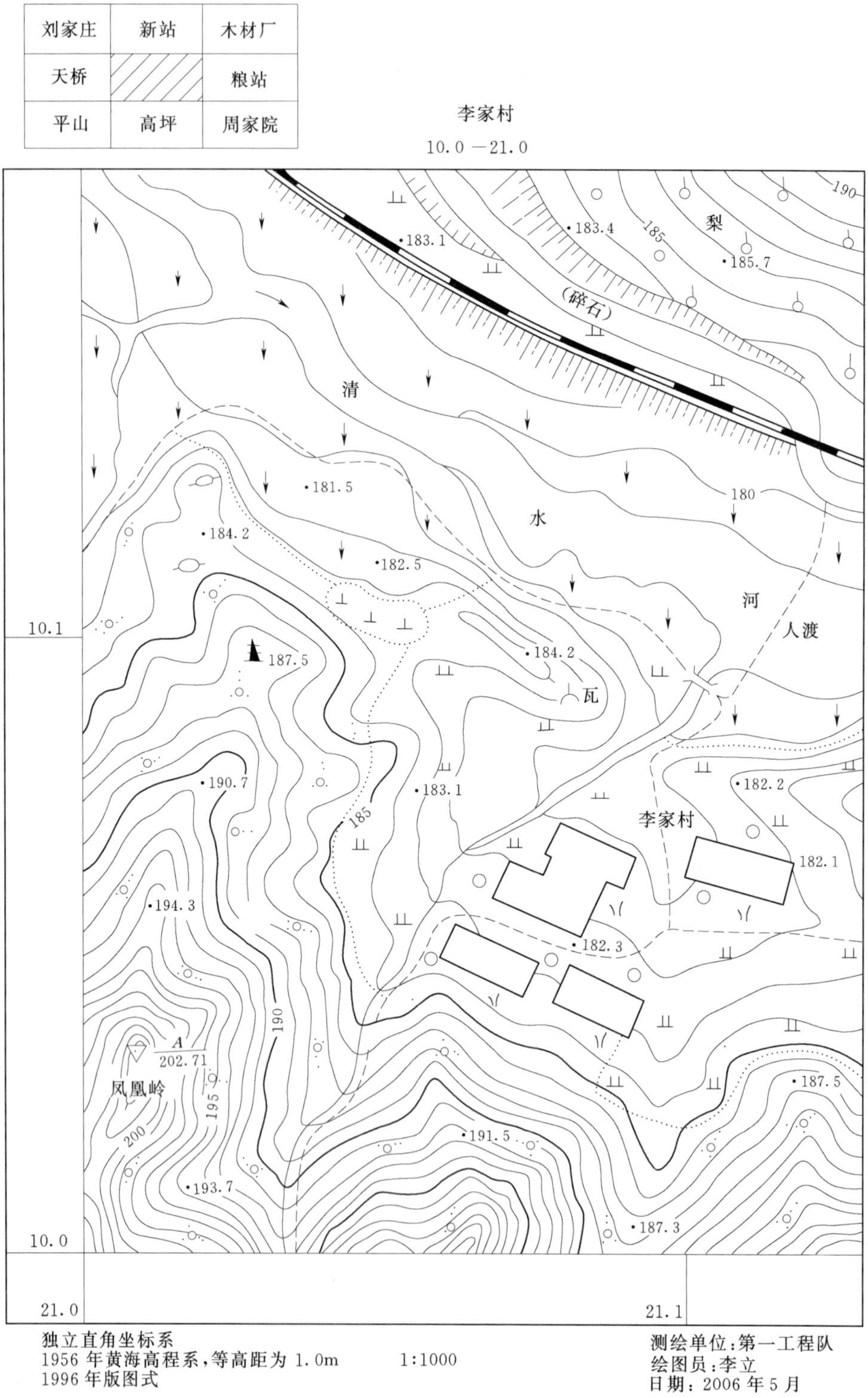
刘家庄
新站
木材厂
天桥
粮站
平山
高坪
周家院
李家村
10.0—21.0
清
水
河
人渡
梨
(碎石)
瓦
李家村
凤凰岭
A
202.71
10.1
10.0
21.0
21.1
独立直角坐标系
1956年黄海高程系,等高距为1.0m
1:1000
1996年版图式
测绘单位:第一工程队
绘图员:李立
日期:2006年5月

图 8.1 李家村地形图

3. 图廓外的有关注记

在图上方中央标有图名和图号，图名一般以图幅内主要的居民地或山名来命名，图号是按照西南角点的坐标取整米编号的，以千米为单位。

在图下方中央标有地形图的比例尺（本图比例尺为 1∶1000）。为了减小因图纸伸缩而引起的误差，有些地形图还绘有直线比例尺，可以用它直接量取图上直线段所表示的实地水平距离。

四个图廓标有图廓点坐标注记，在图的左下方标有采用的直角坐标系统和高程系统以及等高距等；在图的右下方标有测绘单位，绘图员及测图日期等；另外在图的左上方还标有图幅接合表，用来说明本幅图和其他图幅的关系。

图的方向以上方为北。地形图图幅的北方向都是以坐标北方向为准的，为了实地定向的需要，有的图幅上还绘有三北方向图。

在识读地形图时，还应注意地面上的地物和地貌不是一成不变的。由于城乡建设事业的迅速发展，地面上的地物、地貌也随之发生变化，因此，在应用地形图进行规划以及解决工程设计和施工中的各种问题时，除了细致的识读地形图外，还需进行实地察勘，以便对建设用地作出全面正确地了解。

8.1.2 野外判读

在野外使用地形图时，经常要进行地形图的定向、在图上确定站立点位置、地形图与实地对照以及野外填图等项工作。当使用的地形图图幅数较多时，为了使用方便则需进行地形图的拼接和粘贴，方法是根据接图表所表示的相邻图幅的图名和图号，将各幅图按其关系位置排列好，按左压右、上压下的顺序进行拼贴，构成一张范围更大的地形图。

1. 地形图的野外定向

地形图的野外定向就是使图上表示的地形与实地地形一致。常用的方法有以下两种：

（1）罗盘定向。根据地形图上的三北关系图，将罗盘仪的指北端指向北图廓，并使刻度盘上的南北线与地形图上的真子午线（或坐标纵线）方向重合，然后转动地形图，直至磁针北端指示的角值为磁偏角值（或磁坐偏角值）时为止，固定图板，即完成地形图的定向。

（2）地物定向。首先，在地形图上和实地上分别找出相对应的两个位置点，例如，本人站立点、房角点、道路或河流转弯点、山顶、独立树等，然后转动地形图，使图上位置与实地位置一致，即完成定向。

2. 在地形图上确定站立点位置

当站立点附近有明显地物和地貌时，可利用它们确定站立点在图上的位置。例如，站立点的位置是在图上道路或河流的转弯点、房屋角点、桥梁一端，以及在山脊的一个平台上等。

当站立点附近没有明显地物或地貌特征时，可以采用交会方法来确定站立点在图上的位置。

3. 地形图与实地对照

当进行了地形图定向和确定了站立点的位置后，就可以根据图上站立点周围的地物和地貌符号，找出与实地相对应的地物和地貌，或者观察了实地地物和地貌来识别其在图上的位置。地形图和实地对照通常是先识别主要和明显的地物、地貌，再按关系位置识别其他地物、地貌。通过地形图和实地对照，可进一步了解和熟悉地形情况，同时可以快捷的比较出实地地形是否发生了变化。

4. 野外填图

野外填图是指把土壤普查、土地利用、矿产资源分布等情况填绘于地形图上。野外填图时，应注意沿途具有方位意义的地物，随时确定站立点在图上的位置，同时，站立点要选择视线良好的地点，便于观察较大范围的填图对象，确定其边界并填绘在地形图上。通常用罗盘仪或目估方法确定填图对象的方向，用目估、步测或皮尺确定距离。

8.2 地形图的基本应用

8.2.1 在图上确定某点的坐标

如图8.2所示，欲求图上 A 点的坐标，首先要根据 A 点在图上的位置，确定 A 点所在的坐标方格 $abcd$，方格西南角点 a 的坐标为 $x_a=2100$m，$y_a=1100$m。过 A 点作平行于 x 轴和 y 轴的两条直线 gh、ef，与坐标方格相交于 g、h、e、f 四点，再按地形图比例尺量出 $ag=48.6$m，$ae=60.7$m，则 A 点的坐标为

$$x_A = x_a + ag = 2100 + 48.6 = 2148.6\ (\text{m})$$
$$y_A = y_a + ae = 1100 + 60.7 = 1160.7\ (\text{m})$$

如果精度要求较高，则应考虑图纸伸缩的影响，此时还应量出 ab 和 ad 的长度。设图上坐标方格边长的理论值为 l，则 A 点的坐标可按下式计算

$$x_A = x_a + \frac{l}{ab}ag \qquad y_A = y_a + \frac{l}{ad}ae$$

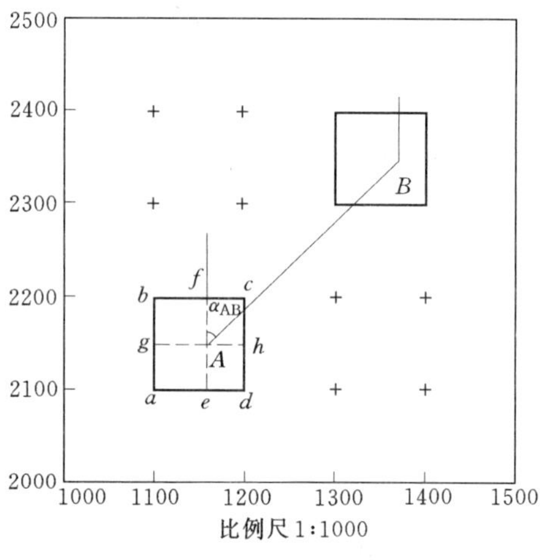

图8.2 在地形图上确定点的坐标和直线的方向

8.2.2 在图上确定两点间的距离

1. 图解法

用毫米尺量取图上长度 d 并按比例尺 M 换算为实地平距 D，即

$$D = dM$$

也可以用卡规在图上直接卡出线段长度，再在直线比例尺上比量，可直接读得实地平距。这种方法的优点是不受图纸伸缩的影响。

2. 解析法

用 A、B 两点的坐标反算直线 AB 的水平距离，即

$$D = \sqrt{(x_B - x_A)^2 + (y_B - y_A)^2}$$

8.2.3 在图上确定某直线的方位角

1. 图解法

如图8.2所示，求直线 AB 的坐标方位角时，可通过 A 点作平行于坐标格网纵线的

直线，然后用量角器直接量取 AB 的坐标方位角 α_{AB}。

2. 解析法

先求出 A、B 两点的坐标，然后按下式计算 AB 的坐标方位角

$$\alpha_{AB} = \arctan\frac{y_B - y_A}{x_B - x_A}$$

8.2.4 在图上确定某点的高程

地形图上某点的高程，可利用图上的等高线及其高程标注来确定。

(1) 如果某点的位置恰好在某一条等高线上，则该点的高程就等于这条等高线的注记高程，如图 8.3 中 A 点的高程为 50m。

(2) 如果某点的位置在两条等高线之间，则可用内插法求得这点的高程。图 8.3 中 B 点位于 51m 和 52m 两等高线之间，通过 B 点作一条垂直于相邻两等高线的线段 mn，设等高距为 d，则 B 点对 n 点的高差 Δh 为

$$\Delta h = \frac{nB}{nm}d$$

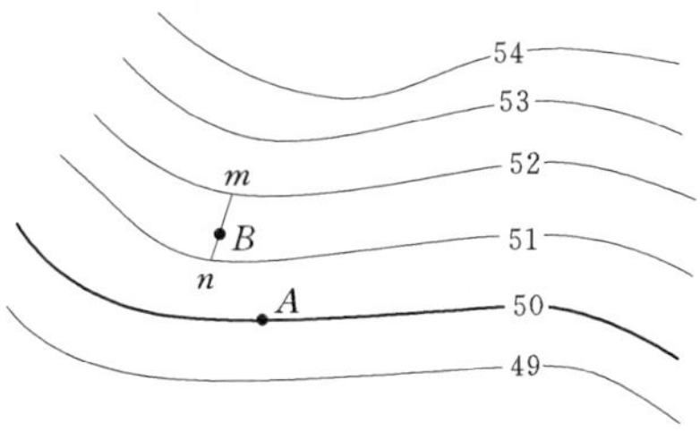

图 8.3 在图上确定某点的高程

假定量得 $nB=2.3$mm，$nm=5.7$mm，则 $\Delta h=\frac{nB}{nm}d=\frac{2.3}{5.7}\times1.0=0.40$ (m)，则 B 点的高程为 51+0.40=51.40 (m)。

在图上求某点的高程，通常可以根据相邻两等高线的高程采用目估的方法确定。

8.2.5 在图上确定某直线的坡度

设图上两点之间的实地平距为 D，高差为 h，则两点连线的坡度为

$$i = \frac{h}{D} = \tan\alpha$$

式中 α——直线的倾斜角；

i——坡度，一般用百分数或千分数表示。

例如，A、B 两点的实地平距 $D_{AB}=100$m，高程分别为 $H_A=51.53$m，$H_B=50$m，则直线 AB 的坡度为

$$i = \frac{h_{AB}}{D_{AB}} = \frac{50-51.53}{100} = -1.53\% = -15.3‰$$

其中“－”为下坡，若为“＋”，则为上坡。

在有坡度尺的地形图上，也可直接用坡度尺来确定两点连线的坡度。

当地面两点间穿过的等高线平距不等时，计算的坡度则为两点间的平均坡度。

8.3 面 积 量 算

在规划设计中，常常需要在地形图上量算一定轮廓范围内的面积。面积量算的方法有多种，下面介绍几种常用的方法。

8.3.1　方格法

使用以毫米为单位的透明方格纸或透明塑料模片（方格边长为 1mm、2mm、5mm 或 10mm）蒙在待测图形上，然后将待测图形的边界描绘在透明方格纸或透明塑料片上，首先读出完整的方格数，然后再用目估法将不完整的方格凑成完整的方格数。最后累加出图形轮廓线内的总方格数。用总方格数去乘每一方格代表的实地面积，即得待测图形的总面积。计算公式为

$$S = nA$$

式中　S——所量图形的面积；

n——所数的方格总数；

A——每个方格代表的实地面积。

如图 8.4 所示，方格边长为 5mm，图形的比例尺为 1∶2000，则 $A=(5\text{mm}\times2000)^2=100\text{m}^2$。完整的方格数为 41 个，不完整的方格凑整的方格数为 14 个，方格总数为 55 个，则所求图形的实地面积为 $S=nA=55\times100=5500\text{m}^2$。

方格法量算面积，为了保证量算精度，首先必须保证使用的方格纸或模片的方格大小合乎要求，当然，方格分的越细，精度越高。另外，为提高量算精度，最好将方格纸或模片按不同方向放置，进行两次量算，两次量算结果若在允许限差内，则取其平均值作为最后结果。

使用方格法量算面积，简便易行，只要操作认真，精度可以得到保证，缺点是比较费工费时。

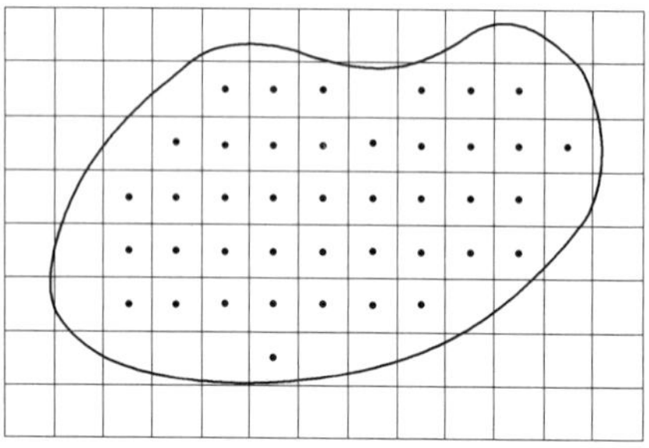

图 8.4　方格法

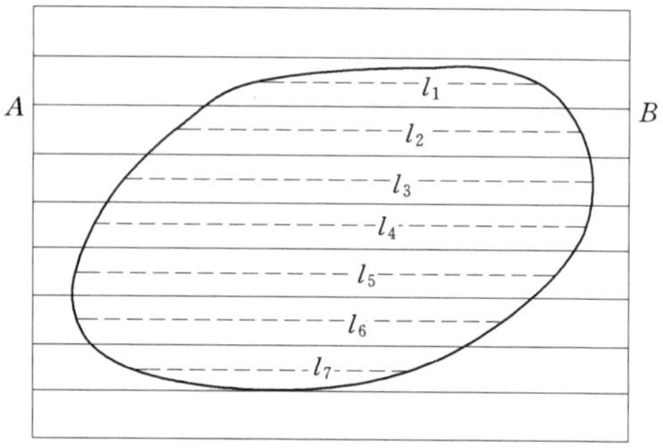

图 8.5　平行线法

8.3.2　平行线法（积距法）

当一图形被一组间隔相等的平行线所截，其图形面积则可按梯形面积的求算方法计算，即中位线长乘平行线间隔即梯形面积。

具体步骤是，用绘有相等间隔平行线的透明模片蒙在欲量算面积的图形上，并且使图形位于模片中央。为计算方便起见，图形下端最好切于一条平行线上，如图 8.5 所示。用直尺分别量取各条中位线的长度 l_i，则待测图形的面积为

$$S = l_1h + l_2h + l_3h + \cdots + l_7h = h\sum_1^7 l$$

式中　h——平行线的间距，一般为 1mm、2mm、5mm 或 10mm；

$\sum l$——中位线长之和。

图 8.5 中，欲测图形的上端边缘未与平行线相切，为提高量算精度，则在平行线 AB 之上这部分图形面积可单独计算，然后加入得总面积

$$S = h\sum_{2}^{7} l + h'l_1$$

式中 h'——平行线 AB 以上待测图形的高；

l_1——相应的中位线长度。

用平行线法量算面积的精度取决于平行线之间的间隔大小，平行线间隔愈小，则面积量算精度愈高。

8.3.3 解析法

如果欲求面积的图形边界为直线，图形为任意多边形，且各顶点的坐标已在图上量出或已在实地测定，则可利用各点坐标以解析法计算面积。具体步骤如下。

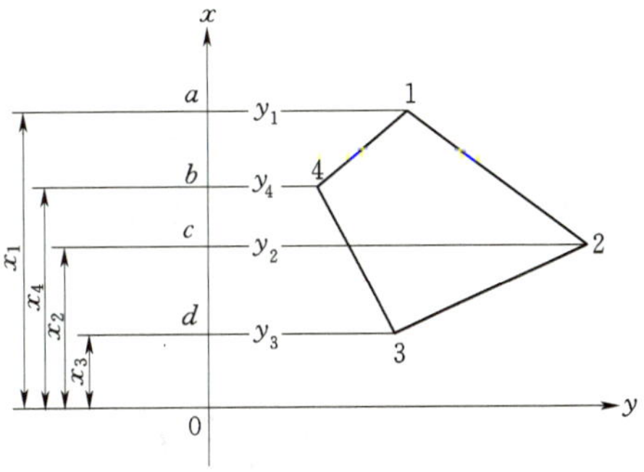

图 8.6 解析法

如图 8.6 所示，1234 为任意四边形，顶点按顺时针编号，其坐标分别为 (x_1, y_1)、(x_2, y_2)、(x_3, y_3)、(x_4, y_4)，则四边形 1234 的面积等于相应梯形面积的代数和，即

$$\begin{aligned} S &= S_{ac21} + S_{cd32} - S_{ab41} - S_{bd34} \\ &= \frac{1}{2}[(x_1 - x_2)(y_1 + y_2) + (x_2 - x_3)(y_2 + y_3) \\ &\quad - (x_1 - x_4)(y_1 + y_4) - (x_4 - x_3)(y_4 + y_3)] \\ &= \frac{1}{2}[x_1(y_2 - y_4) + x_2(y_3 - y_1) + x_3(y_4 - y_2) + x_4(y_1 - y_3)] \end{aligned}$$

若图形为 n 边形，则可得面积计算的通式为

$$S = \frac{1}{2}\sum_{i=1}^{n} x_i(y_{i+1} - y_{i-1})$$

或

$$S = \frac{1}{2}\sum_{i=1}^{n} y_i(x_{i-1} - x_{i+1})$$

式中，当 $i=n$ 时，$x_{i+1}=x_1$，$y_{i+1}=y_1$；当 $i=1$ 时，$x_{i-1}=x_n$，$y_{i-1}=y_n$。

实际计算中可同时采用两公式计算，以便检核，注意四边形的编号为顺时针。

使用解析法求面积，精度较高，缺点是计算复杂，推荐编制小程序计算，将大大减小计算工作量。

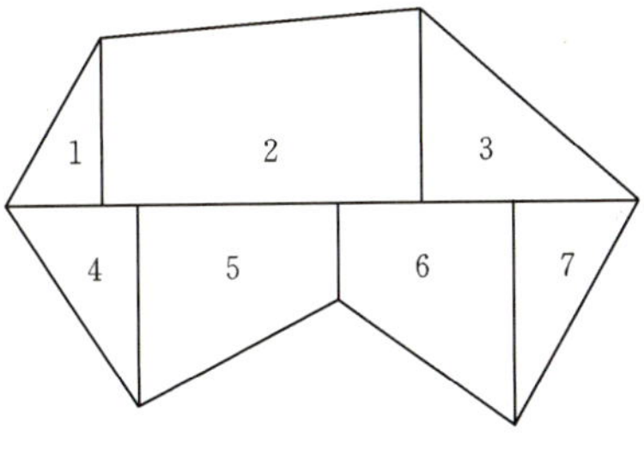

图 8.7 几何图形法

8.3.4 几何图形法

若图形是由直线连接的多边形，可将图形划分为若干个简单的几何图形，如图 8.7 所示的三角形、矩形、梯形等。然后用三棱比例尺量取计算所需的元素（长、宽、高），应用面积计算公式求出各个简单几何图形的面积。最后汇总出多边形的面积。

图形边界为曲线时，可近似地用直线连接成多边形。再计算面积。

8.3.5　求积仪法

求积仪是量测面积常用的一种仪器。其主要部件是计数器，计数器有机械计数器和电子微处理器数字计数器两种。求积仪法量测面积的优点是操作简便、速度快，适用于任意线型围成图形的面积量算，且能保证一定的精度。

8.3.5.1　机械求积仪

1. 机械求积仪的主要构成部分

（1）极臂。如图 8.8 所示，极臂的一端有重锤，其底面中部有一小针，使用时将小针刺于图纸上；另一端装有圆球头的支杆，用以插入描迹臂的圆孔中。

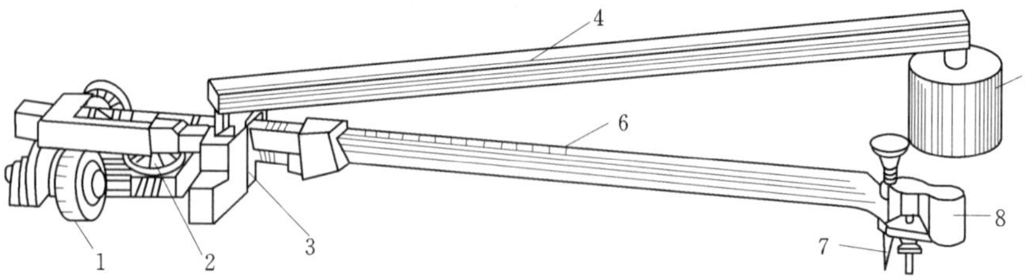

图 8.8　机械求积仪

1—测轮；2—计数圆盘；3—极臂圆球头支杆；4—极臂；5—重锤；6—描迹臂；7—描迹针；8—手柄

（2）计数器与描迹臂。计数器由测轮、计数圆盘和读数游标三部分组成，如图 8.8 及图 8.9 所示。测轮和计数圆盘随描迹臂的移动而转动，当测轮转动一周时，计数圆盘旋转一格。利用读数游标能读出测轮上一个分格的 1/10，所以应用计数圆盘（读出第一位数字）、测轮（读出第二、第三位数字）和游标（读出第四位数字）可读出四位数字。图 8.9 中所示的位置，其读数为 3688。

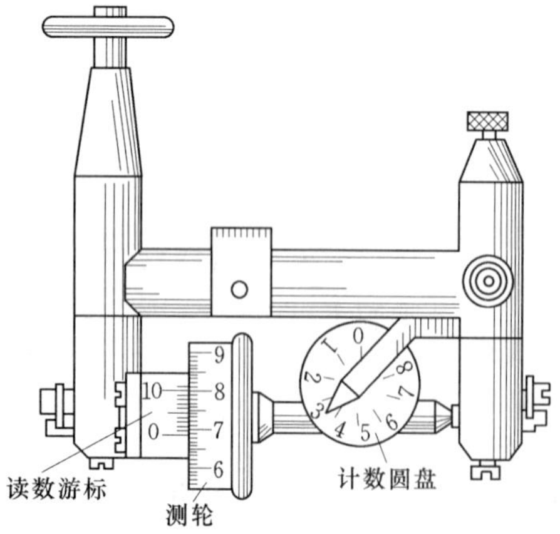

图 8.9　计数器

2. 机械求积仪的使用方法

用求积仪测定图形面积时，一般将极点放在图形之外。首先将描迹针（图 8.8 中的 7）对准图形轮廓线上的一点作为起点，读出起始读数 $N_{始}$，然后将描迹针按顺时针方向沿图形轮廓线绕行一周，再读出终了读数 $N_{终}$。面积的计算公式为

$$A = k(N_{终} - N_{始})$$

上式中的 k 为求积仪的单位分划值，即测轮转动一个单位分划时的图形面积。它与描迹臂长度有关，一般在仪器盒内的卡片上，载有描迹臂不同长度时的 k 值。当仪器盒中没有注明 k 值时，可自行检验求得。

3. 使用求积仪的注意事项

（1）量取面积时，应将图纸放在平整、光洁的图板上；固定极点时，应使描迹针能描

到图形轮廓线上的任何一点，两臂之间的夹角应尽可能接近于 90°。

(2) 描迹针沿图形轮廓线移动时，速度要均匀。

(3) 测量时描迹针应按顺时针方向绕行。若 $N_{终}-N_{始}$ 出现负数时，应在 $N_{终}$ 的读数上加 10000，然后再减去 $N_{始}$。

(4) 量测面积时，应选取左、右两个极点，使测轮在左、右两个位置各测一次，两次所测结果之差不应大于所量面积的 1/200～1/100。符合要求时取平均值作为最后结果。

(5) 对于较大面积的图形,可以分成若干小块,分别用求积仪测定,然后相加得总面积值。

8.3.5.2 电子求积仪

电子求积仪是一种数字式求积仪，它采用具有专用程序的微处理器代替传统的机械计数器，使所量面积直接用数字形式显示出来。图 8.10（a）为日制 KP—80 定极式电子求积仪；图 8.10（b）为 KP—90 动极式电子求积仪。

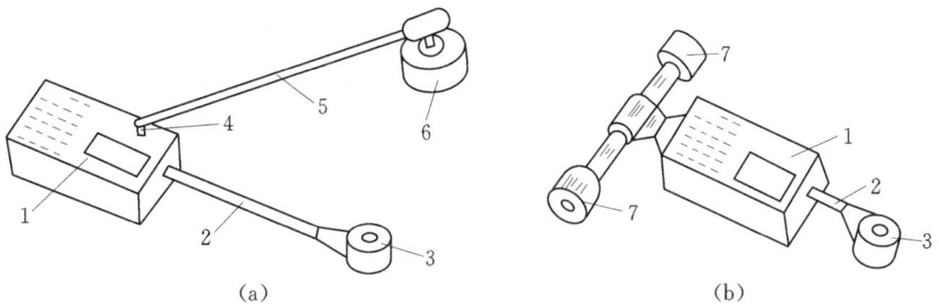

图 8.10 电子求积仪

1—计数器（正面有微处理器的键盘和显示窗，背面有积分轮及电池盒）；2—描迹臂；3—描迹点放大镜；4—极臂圆头支座；5—极臂；6—极点重锤；7—滚轮

电子求积仪的使用方法与机械求积仪一样，将描迹点自图形周界的某一点开始，顺时针沿周界转动一周仍回至原来一点，转动过程中计数器背面的积分轮随之转动，积分轮转动采集的信息通过微处理器处理后，在显示窗中显示相应的符号和所量测的面积值。

为了保证量测面积的精度和可靠性，应将图纸平整地固定在图板或桌面上。当需要测量的面积较大时，可以采取将大面积划分为若干块小面积的方法，分别量测这些小块面积，最后把量测的结果加起来。也可以在待测的大面积内划出一个或若干个规则图形（矩形、三角形、圆等），用几何图形法求算面积，剩下的边、角小块面积用求积仪求取。

8.3.6 数字化仪法

地图上各种图形都是由点、线、面组成的，通过数字化仪对图形进行数字化，以获得点的坐标值，计算出直线或曲线的长度，进而求出面状图形的面积，这种方法称为数字化仪法。量测时，一般用手扶跟踪方法，先将待测图形放在数字化仪平台上，然后按坐标键，将跟踪头的十字丝交点对准图形轮廓线上任一点，并使全机归零，接着手扶跟踪头以 0.7～1mm 的点距沿图形轮廓线数字化，记录每一点的平面直角坐标 x、y 值，数字化一周回到原点时，若检查 x、y 值已归零，则按面积键和面积显示开关，即可以获得所测图形的面积值。

8.3.7 光电扫描仪法

光电扫描仪法是通过光电扫描来量算面积的一种方法。目前国内根据光电扫描原理设计的量算面积的仪器已有多种，如长沙东风电器厂生产的ML—F型电子分色面积量测仪；武汉光学仪器厂生产的GDM—1型光电面积量测仪；广东安铺无线电总厂生产的ZMC—100型自动面积量测仪等。

光电面积量测仪器基本都是依据图形分割计数的原理设计的，它具有操作简便、速度快、精度较高等优点。例如，ML—F型电子分色面积量测仪，量测的最大幅面为450mm×560mm，当量测50mm×50mm面积时，相对误差小于1%；该仪器可对同一幅图上的三种不同类型的要素同时进行量测，在量测前首先应对各类要素分别用深、中、浅三种不同颜色进行涂色，然后进行扫描，即可读出面积。

8.4 地形图在工程建设中的应用

8.4.1 利用地形图绘制某方向的断面图

纵断面图是反映指定方向地面起伏变化的剖面图。在道路、管道等工程设计中，为进行填、挖土（石）方量的概算、合理确定线路的纵坡等，均需了解沿线路方向上的地面起伏变化情况，为此常根据大比例尺地形图的等高线绘制线路的纵断面图。

如图8.11（a）所示，欲绘制直线 AB 的纵断面图，具体步骤如下：

（1）在图纸上绘出表示平距 S 的直线 AB 作为横轴，如图8.11（b）所示；过 A 点的垂线作为纵轴，表示高程 H。平距的比例尺与地形图的比例尺一致；为了明显地表示地面起伏变化情况，高程比例尺往往比平距比例尺大10～20倍。图中平距比例尺为1∶1000；高程比例尺为1∶100。

（2）在纵轴上标注高程；在地形图上沿断面方向量取相邻两等高线间的平距，依次在横轴上标出，得 a、b、…、n 及 B 等点。

（3）从各点向上作横轴的垂线，在垂线上按各点的高程，对照纵轴标注的高程确定各点在剖面上的位置。

（4）用光滑曲线连接各剖面点，即得已知方向线 AB 的纵断面图。

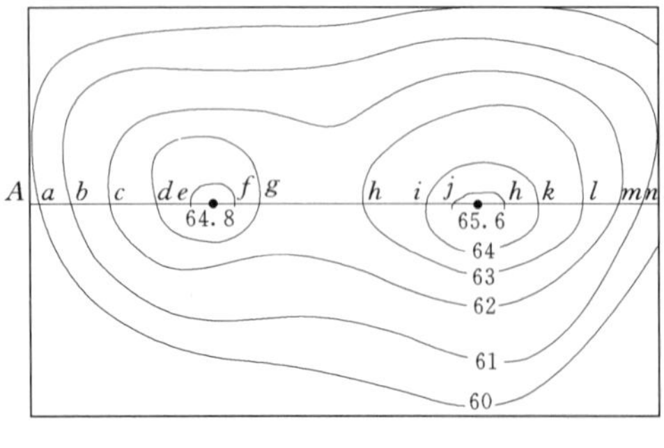

（a）

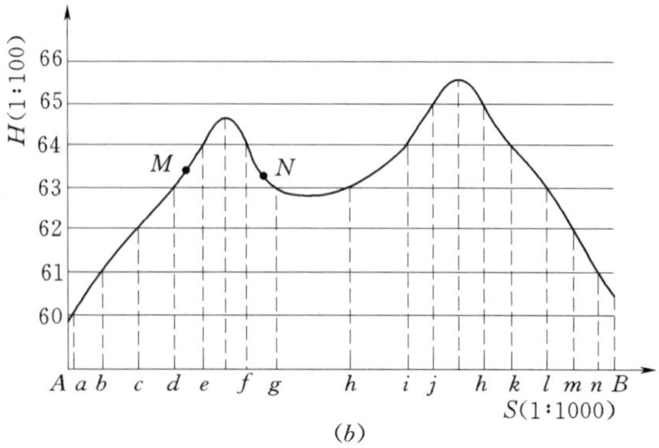

（b）

图8.11 绘制某方向的断面图

此外，我们还可以用断面图来判断两点之间的通视情况。用直线连接站立点和目标点，得观察视线，若视线全部高出剖面线，则两点之间相互通视，否则两点之间不通视，如图 8.11 中 M、N 两点。

8.4.2 在地形图上按限坡选择最短路线

在道路、管线等工程规划设计阶段，一般先在地形图上进行选线。线路的选择需要考虑很多因素，比如地质、地形条件，其中按限制坡度要求选定一条最短路线是一个重要的方面。下面说明根据地形图等高线，按规定坡度选择最短路线的方法。

如图 8.12 所示，设从公路旁 A 点到山头 B 点选定一条最短路线，限制坡度为 4%，地形图比例尺为 1∶2000，等高距为 2m。具体方法如下：

(1) 根据限制坡度 i 和等高距 h 确定线路上相邻两等高线间的最小平距。则实地平距 D 为

$$D = \frac{h}{i} = \frac{2}{0.04} = 50\ (\text{m})$$

测图比例尺为 1∶2000，则 50m 对应的图上距离 d 为

$$d = 50\text{m} \times \frac{1}{2000} = 25\ (\text{mm})$$

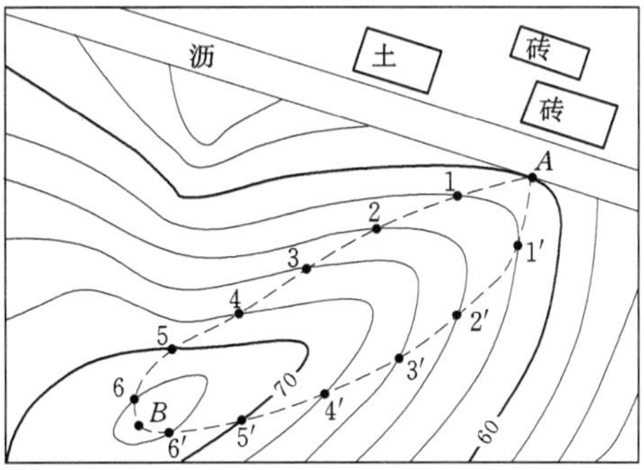

图 8.12 按限坡选择最短路线

(2) 以 A 点为圆心，以 d 为半径，用圆规画弧，交 62m 等高线于 1 点，再以 1 点为圆心同样以 d 为半径画弧，交 64m 等高线于 2 点，依次到 B 点。连接相邻点，便得同坡度路线 A—1—2—…—B。

在选线过程中，有时会遇到相邻两等高线间的最小平距大于 d 的情况，即所作圆弧不能与相邻等高线相交，说明该处的坡度小于限定的坡度，则以最短距离定线。

另外，在图上还可以沿另一方向定出第二条线路 A—1′—2′—…—B，以便作为方案比较。

在实际工作中，定线时还需考虑工程上的其他因素，如少占或不占耕地、居民地，避开不良地质构造，减少工程费用等，最后确定一条最佳路线。

8.4.3 在地形图上确定汇水面积

为了防洪、发电、灌溉等目的，需要在河道上适当位置修筑拦河坝。在坝的上游形成水库，以便蓄水。坝址上游分水线所围成的面积，称为汇水面积。汇集的雨水，都流入坝址以上的河道或水库中，图 8.13 中虚线所包围的部分就是汇水面积。

确定汇水面积时，需要勾绘出分水线（山脊线），勾绘分水线应注意以下几点：

(1) 分水线应通过山顶、鞍部及凸向低处等高线的拐点，在地形图上应先找出具有这些特征的地貌点，然后进行勾绘。

(2) 分水线与等高线正交。

(3) 边界线由坝的一端开始，最后回到坝的另一端，形成闭合环线。

闭合环线所围的面积，就是流经坝址的汇水面积。根据汇水面积再结合水文气象条件即可确定流经坝断面（图 8.13 所示的 AB）的水流量。

8.4.4 在地形图上计算水库库容

进行水库设计时，若坝的溢洪道高程已定，就可以确定水库的淹没面积，如图 8.13

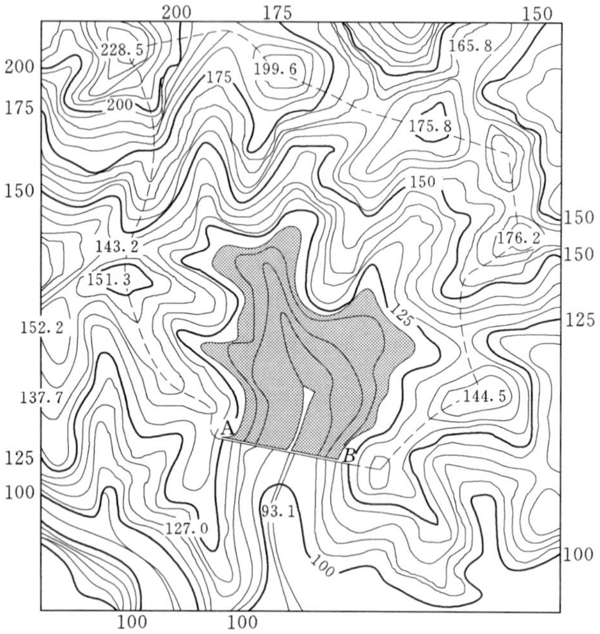

图 8.13　在地形图上确定汇水面积和水库库容

中的阴影部分所示，淹没面积以下的蓄水量（体积）即为水库的库容。水库的库容量是水库设计中的一项重要指标。

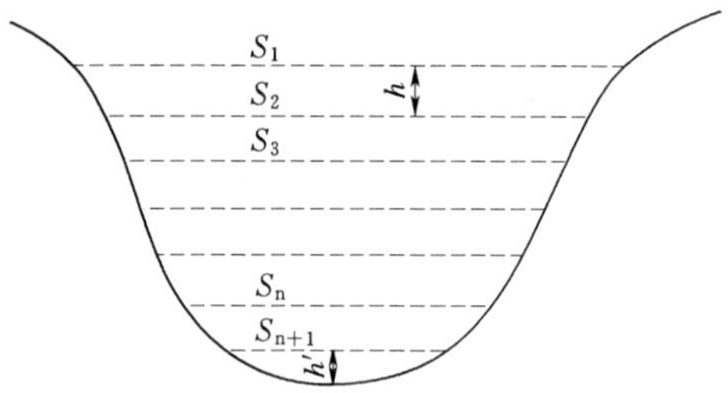

图 8.14　水库库容的计算

计算库容一般采用等高线法，先求出图 8.13 中阴影部分各条等高线所围成的面积，然后计算各相邻两等高线之间的体积，其总和即为库容。

如图 8.14 所示，设 S_1 为淹没线高程的等高线所围成的面积，S_2、S_3、…、S_n、S_{n+1} 为淹没线以下各等高线所围成的面积，其中 S_{n+1} 为最低一根等高线所围成的面积，h 为等高距，h' 为最低一根等高线与库底的高差，则相邻等高线之间的体积及最低一根等高线与库底之间的体积用平均断面法分别计算，计算公式为

$$V_1 = \frac{1}{2}(S_1 + S_2)h$$

$$V_2 = \frac{1}{2}(S_2 + S_3)h$$

$$\vdots$$

$$V_n = \frac{1}{2}(S_n + S_{n+1})h$$

$$V'_n = \frac{1}{3} \times S_{n+1}h'$$

于是，水库的库容为

$$V = V_1 + V_2 + \cdots + V_n + V'$$
$$= \left(\frac{S_1}{2} + S_2 + S_3 + \cdots + \frac{S_{n+1}}{2}\right)h + \frac{S_{n+1}}{3}h'$$

如果溢洪道高程不等于地形图上某一条等高线的高程时，就要根据溢洪道高程用内插法求出水库淹没线，然后计算库容，这时水库淹没线与下一条等高线间的高差不等于等高距。

根据等高线围成的面积来计算水库库容，其误差来源主要是地形图本身的误差和量测面积的误差。为了提高库容的计算精度，最好选用等高距较小一些的地形图。

8.4.5 利用地形图作场平计算

各种土建工程，在建筑施工前，往往要对原地貌作必要的改造，以便于布置各类建筑物，排除地面积水以及满足交通运输和敷设地下管线的需要。这种对原地貌的改造称之为场地平整。

场地平整，常常需要预算土（石）方工程量，即利用地形图进行填、挖土（石）方量的估概算。概算的方法有多种，其中方格法是应用最为广泛的一种。下面介绍方格法估算土（石）方量的方法步骤。

8.4.5.1 平整为水平场地

如图 8.15 所示，设地形图比例尺为 1∶500，场地面积为 80m×80m，欲按照填、挖土（石）方量平衡的原则将该场地改造成水平场地，其步骤如下。

1. 在地形图上绘制方格网

在地形图上拟建场地内绘制方格网。方格的大小取决于地形复杂程度、地形图比例尺大小以及土（石）方概算的精度要求。当采用 1∶500 地形图时，方格边长一般为 10m 或 20m。方格网绘制完后，根据地形图上的等高线，用内插法求出每一方格顶点的地面高程，并注记在相应方格顶点的右上方。

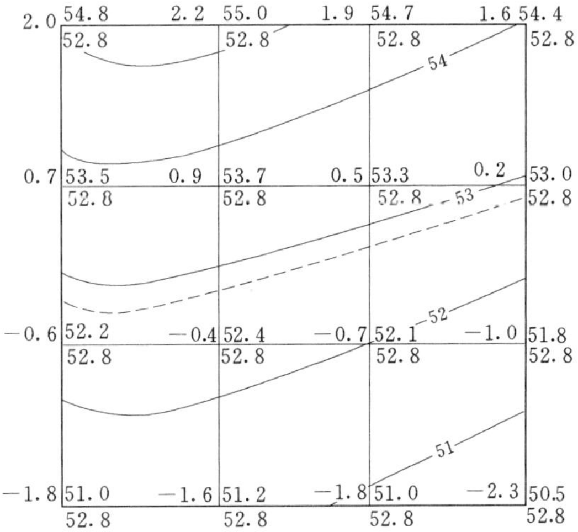

图 8.15 平整为水平场地的场平计算

2. 计算场平的设计高程

先将每一方格顶点的高程加起来除以 4，得到各方格范围内的平均高程，再把每个方格的平均高程相加除以方格总数，即得到场平的设计高程 $H_{设}$，即

$$H_{设} = \frac{\sum H_1 + 2\sum H_2 + 3\sum H_3 + 4\sum H_4}{4n}$$

式中 H_1——一个方格的顶点，即外转角点的高程；

H_2——两个方格的公共顶点，即边线点的高程；

H_3——三个方格的公共顶点，即内转角点的高程；

H_4——四个方格的公共顶点，即方格网内部各方格顶点的高程；

n——方格总数。

按照上式，图 8.15 所示的场平设计高程为

$$\begin{aligned} H_{设} = & [1 \times (54.8 + 54.4 + 50.5 + 51.0) \\ & + 2 \times (55.0 + 54.7 + 53.0 + 51.8 + 51.0 + 51.2 \\ & + 52.2 + 53.5) + 4 \times (53.7 + 53.3 + 52.1 + 52.4)] \div (4 \times 9) \\ = & 52.8 \text{ (m)} \end{aligned}$$

设计高程也可以根据工程要求直接给出。

3. 绘制填、挖边界线

根据 $H_{设}=52.8$m，在地形图上用内插法绘出 52.8m 的等高线，该线就是填、挖边界线，如图中的虚线所示。

4. 计算挖、填高度

根据设计高程和方格顶点的高程，可以计算出每一方格顶点的挖、填高度，即

挖、填高度 = 地面高程 − 设计高程。

将图中各方格顶点的挖、填高度写于相应方格顶点的左上方。正号为挖深，负号为填高，如图 8.15 所示。

5. 计算挖、填方量

计算挖、填方量分两种情况：一种是整个方格都是填方或都是挖方，另一种是既有填方又有挖方。例如第一列的方格一全为挖方，方格二既有填方又有挖方。下面以这两个方格为例说明计算方法。

方格一的挖方量为

$$V_1 = S_1 \times [(2.0 + 2.2 + 0.9 + 0.7) \div 4] = 1.45 S_1$$

方格二的挖方量为

$$V_{2挖} = S_{2挖} \times [(0 + 0 + 0.9 + 0.7) \div 4] = 0.4 S_{2挖}$$

方格二的填方量为

$$V_{2填} = S_{2填} \times [(0 + 0 - 0.6 - 0.4) \div 4] = -0.25 S_{2填}$$

式中　V——挖、填方量；

S——方格或方格中的挖、填面积。

最后根据各方格的填、挖方量，分别汇总场地的总填、挖方量。总填、挖方量应基本平衡。

8.4.5.2　平整为倾斜场地

当地面坡度较大时，可以按照填、挖土（石）方量基本平衡的原则，将地形整理成具有一定坡度的倾斜面。如图 8.16 所示，欲将图中的地面平整为倾斜场地，坡度要求从北到南为 −4%，具体步骤如下：

（1）绘制方格网。求方格网点的地面高程，方法与水平场地平整相同。图 8.16 中方格边长为 20m。

（2）计算各方格网点的设计高程。与水平场地平整计算设计高程的方法相同，计算出场地的平均高程，作为场地重心的设计高程（图中场地重心 P 的设计高程 $H_{设}=52.8$m）。

根据重心设计高程和设计坡度即可推算各网格点的设计高程。例如，最上一排各网格点的设计高程为 52.8＋30×4％＝54.0m，仿此可求得其他各排方格网点的设计高程。设计高程标注在相应点位的右下角。

（3）计算各方格网点的填挖深度。

（4）确定填挖边界线。用相邻方格网点的填挖深度确定零点位置，将其相连即为填挖分界线，如图 8.16 中的虚线所示。

（5）计算填挖方量。与水平场地平整计算填、挖方量的方法相同，计算出各方格的填、挖方量并汇总出总填、挖方量。

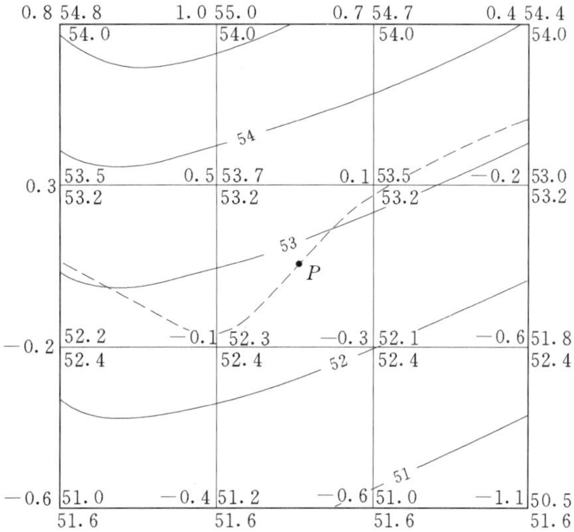

图 8.16　平整为倾斜场地的场平计算

小　　结

本章讲述了地形图识读、地形图应用的基本内容以及在工程建设中的应用。地形图识读必须掌握原则，熟悉识读的内容。对于地形图的基本应用、在工程建设中的应用以及面积量算，重点是多加练习、掌握方法。练习中应根据各专业特点以及仪器设备情况有所侧重。

思　考　题

8.1　地形图识读的目的是什么？主要从哪几个方面进行识图？

8.2　在地形图上如何确定点的坐标和高程？

8.3　在地形图上如何确定直线的长度、坐标方位角和坡度？

8.4　在地形图上如何按给定的坡度选定最短路线？

8.5　在地形图上求算某一区域内的面积主要有哪几种方法，各适用于什么情况？

8.6　试述方格法和几何图形法量算面积的方法。

8.7　在地形图上确定汇水面积时，为什么边界线要与山脊线一致？边界线为什么又要通过山顶和鞍部？

8.8　场平计算中，为什么要按填、挖土（石）方量基本平衡的原则来计算场平的设计高程？

8.9　场平中如何进行土（石）方量的估算？

习　　题

8.1　图 8.17 所示地形图的比例尺为 1∶2000，请在图中完成如下作业：

（1）求出 AB 的水平距离及两点间的高差。

（2）绘制 AB 间的断面图，并判断 A、B 两点间是否通视。

（3）从 C 到 D 作出一条坡度不大于 10%的最短路线。

（4）绘出通过 C 点的汇水面积。

图 8.17

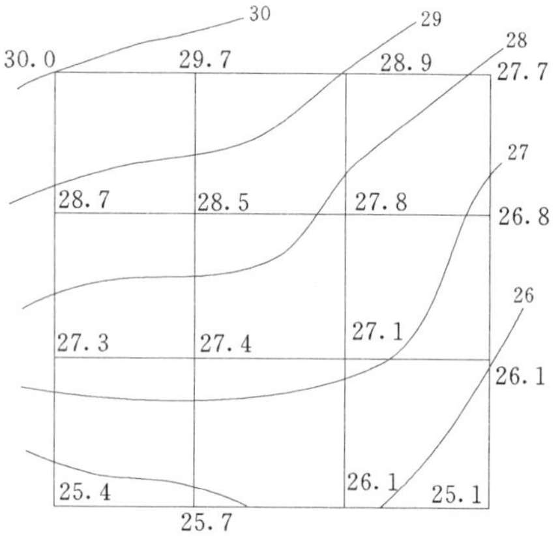

图 8.18

8.2　图 8.18 为 1∶2000 比例尺地形图，现要将图示方格网范围内的场地平整为水平场地，请完成如下作业：

（1）根据填、挖土（石）方量平衡的原则，计算场平的设计高程。

（2）在图中绘出填挖边界线。

（3）计算填挖土（石）方量。

第9章 施工测量基本方法

学习指导

本章介绍施工测量的基本方法。要求了解施工测量的任务及作用，施工控制网的布设方法；掌握角度、距离、高程放样的基本方法；掌握点位测设、圆曲线测设以及坡度线测设的基本方法。

9.1 施工测量概述

测量贯穿于工程建设的各个阶段,工程施工阶段测量的主要工作就是测设,又称施工放样。施工测量的任务就是根据工程设计图纸上待建建筑物、构筑物的轴线位置、尺寸及其高程,计算出待建建筑物、构筑物各特征点与控制点之间的距离、角度、高差等放样数据,然后以地面控制点为根据,将待建建筑物、构筑物的特征点在实地标定出来,以作为施工的依据。

测设的工作原则和测图工作一样，必须遵循“从整体到局部”、“先控制后细部”的测量原则。一般是先根据施工的需要建立施工控制网；再由控制网测设建筑物的主轴线，以主轴线来控制整个建筑物的位置，以保证各建筑物的相互位置关系满足设计要求；主轴线确定后，再根据它来测设建筑物的细部。

在精度要求方面，测绘地形图的精度要求分布均匀，而施工放样的精度，则有所侧重。对于同一建筑物，主轴线的测设虽然有些误差，也只是使整个建筑物的位置产生微小的偏移，影响不大；但对于建筑物的细部点而言，必须保证其位置准确，否则将直接影响到建筑物各个部位的几何关系和整个工程的质量。因此，测设细部的精度一般比测设主轴线的精度要求要高。这是与测图工作不一样的。例如，测设闸门中心线（主轴线）的误差可以不超过1cm，但闸门相对于闸门中心线的误差则不得超过3mm，以保证闸门的正常运行。当然对于大型水利枢纽中的主要工程、建（构）筑物分布密集的地带，其轴线间相互位置精度要求较高，也应该精确测设。另外，施工测设的精度与建筑物的功能特点、建筑物的大小、结构形式、建筑材料等因素有关。例如，测设高速公路的精度比测设一般公路的精度高；测设钢筋混凝土工程比土石方工程的精度高；金属构筑物的安装测量精度要求则更高。因此，在拟定施工放样方案时，应该根据不同的施工对象，选用不同精度的测量仪器和测量方法，在保证工程质量的同时，不浪费人力与物力。

9.2 施工控制网的布设

施工控制网与测图控制网一样，分为平面控制网和高程控制网两种。与测图控制网相比，施工控制网的控制范围小，控制点密度大，精度高，使用频繁，容易受施工干扰；局部控制网的精度往往高于整体控制网的精度。施工控制网的主要任务是测设建筑物的主轴线。如果测图控制网的精度和密度能够满足施工放样的要求，可以将测图控制网作为施工控制网使用，否则应重新建立施工控制网。

9.2.1 平面控制网的布设

施工平面控制网一般分两级布设，一级为基本网，组成基本网的控制点称为基本控制点，一般布设在施工区域以外，不受施工影响的地方，基本网用于加密施工控制网或测设建筑物的主轴线；另一级为施工放样网，一般布设在施工区域内，用于放样建筑物的辅助轴线和建筑物的细部点。

平面控制网常常采用三角网、边角网、导线网、建筑基线和建筑方格网等几种形式。采用何种形式的控制网，应根据建、构筑物的性质、规模、地形和施工方案等条件而定。对于山区和丘陵地区，常常采用三角网、边角网的形式；对于平坦地区，大多采用导线网的形式；对于平坦且建筑物分布较规则的场地，常采用建筑方格网的形式；对于面积较小的建筑区，往往布设一条或几条建筑基线作为控制网。建筑方格网和建筑基线的测设方法将在第12章工业与民用建筑施工测量中介绍，在此不再赘述。

9.2.2 测量坐标系与施工坐标系的转换

建筑物的规划设计一般是在地形图上进行的，因此建筑物的平面位置可以用测图坐标来表示。但是为了便于获得放样数据和便于施工放样，设计图上常常以建筑物的主轴线为基准建立另外一种独立的平面直角坐标系，这种坐标系称为施工坐标系，建筑物各轮廓点的平面位置以施工坐标来表示。这样，在建筑物的测设过程中，要时常进行测量坐标系与施工坐标系间的换算。下面给出两种坐标系间的换算公式。

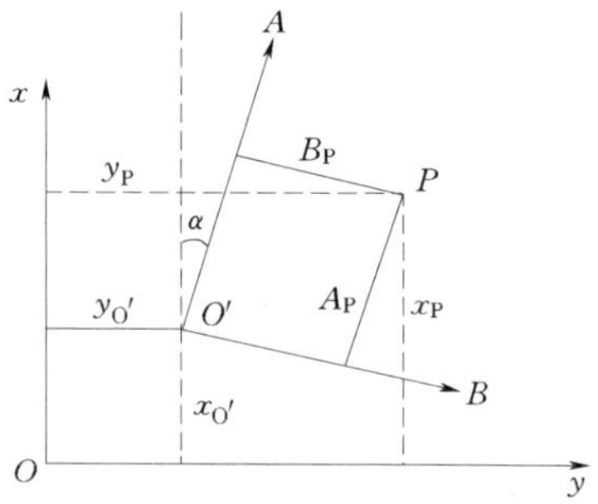

图 9.1 坐标系转换

如图9.1所示，设 xoy 为测量坐标系（第一坐标系），$AO'B$ 为施工坐标系（第二坐标系）。若已知施工坐标系的原点 O' 在测量坐标系中的坐标 $x_{O'}$、$y_{O'}$ 以及纵轴的旋转角（方位角）α，则 P 点的施工坐标（A_P、B_P）换算成测量坐标（x_P、y_P）的公式为

$$\left.\begin{aligned} x_P &= x_{O'} + A_P\cos\alpha - B_P\sin\alpha \\ y_P &= y_{O'} + A_P\sin\alpha + B_P\cos\alpha \end{aligned}\right\} \tag{9.1}$$

由测量坐标换算为施工坐标的公式为

$$\left.\begin{aligned} A_P &= (x_P - x_{O'})\cos\alpha + (y_P - y_{O'})\sin\alpha \\ B_P &= -(x_P - x_{O'})\sin\alpha + (y_P - y_{O'})\cos\alpha \end{aligned}\right\} \tag{9.2}$$

9.2.3 高程控制网的布设

施工高程控制网采用水准测量方法建立，通常也分两级布设。一级水准网与施工区域附近的国家水准点联测，布设成闭合或附合水准路线，称为基本网；基本网中的水准点称为水准基点，它是整个施工期间高程控制的依据；水准基点应布设在施工影响范围以外、

地质条件良好的地方，施测精度一般应在三等以上；水准基点应按规范要求埋设永久性固定标志。二级水准网，是基本网的加密网，加密网中的水准点一般为临时水准点；为便于放样时直接引测高程，临时水准点应布设在靠近建筑物的位置处，其高程一般采用四等水准测量方法引测，并根据不同情况设置各种临时水准标志。

9.3 基本测设工作

9.3.1 测设已知水平距离

测设已知的水平距离，就是在实地上由给定的直线起点，沿给定的方向，定出直线上另外一点，使得两点间的水平距离为给定的已知值。

1. 用钢尺测设水平距离

如图 9.2 所示，设 A 为直线起点，D 为设计的水平距离，要在地面上沿给定的 AB 方向测设水平距离 D，以定出直线上的另一端点 B。具体做法是：按一般量距方法，从 A 点开始，沿 AB 方向用钢尺量取水平距离 D，在地面上标定一点 B'；然后往返丈量 AB' 的距离，若相对误差在限差以内，取其平均值 D'，根据 D' 与 D 的差值对 B' 点加以改正，求得 B 点的最后位置。改正值 $\Delta D = D - D'$。当 ΔD 为正时，向外改正；反之，向内改正。

若测设精度要求较高，可在定出 B' 点后，用检定过的钢尺采用精密量距方法往返丈量 AB' 的距离，并加以尺长、温度和倾斜改正，求出 AB' 的精确水平距离 D'，然后根据 D' 与 D 的差值 $\Delta D = D - D'$ 沿 AB 方向对 B' 点进行改正。

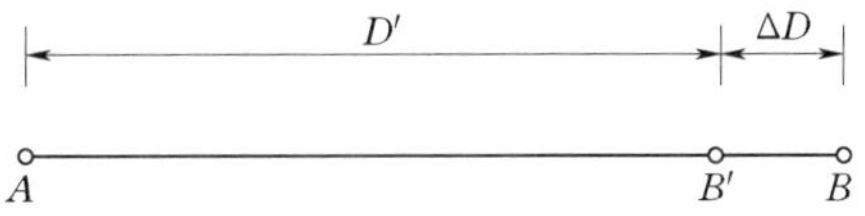

图 9.2 钢尺测设水平距离

2. 用红外测距仪测设水平距离

安置红外测距仪于测站点，照准已知方向。沿此方向移动反射棱镜位置，使仪器显示的距离值略大于欲测设的距离值 D，定出一临时点位。在临时点位安置反射棱镜，测出反射棱镜的竖直角以及斜距，计算水平距离 D'。然后根据 D' 与 D 的差值前后移动棱镜，直至测设的距离等于设计距离 D 为止。如果用全站仪测设水平距离，则更为方便，它能自动的将倾斜距离换算成水平距离并直接显示。当显示值等于设计的水平距离值或测量值与设计值的差值为零时，即可定出点位，得到设计长度。

9.3.2 测设已知水平角

测设已知水平角，就是根据地面上一定点和给定的方向，定出另外一个方向，使得两方向间的水平角等于给定的值。测设方法如下。

1. 一般方法

如图 9.3 所示，设 OA 为地面上的已知方向，欲测设 $\angle AOB$，使 $\angle AOB$ 等于已知角值 β。测设时将经纬仪安置在 O 点，盘左位置照准 A 点，读取水平度盘读数，然后顺时针方向转动照准部，当度盘读数增加 β 角值后，在视线方向上定出 B_1 点；盘右位置，重复上述操作，定出 B_2 点。若 B_1、B_2 两点不重合，取其中点 B，则 OB 方向就是所要测设的方向，$\angle AOB$ 即为要测设的 β 角。

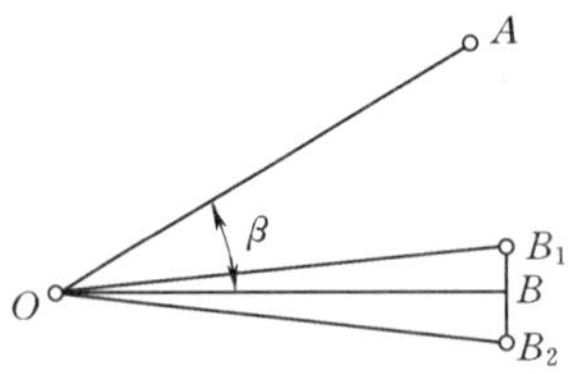

图 9.3　角度测设的一般方法

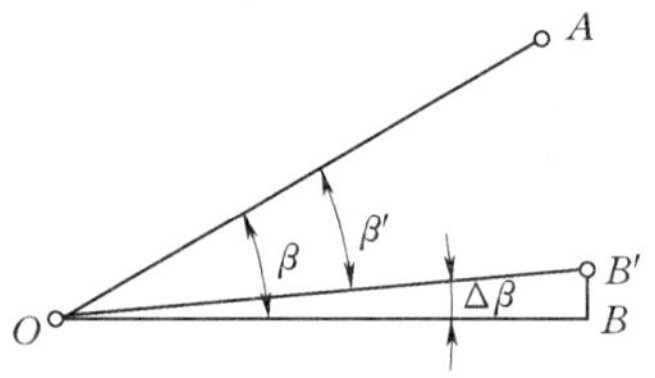

图 9.4　角度测设的精密方法

2. 精密方法

如图 9.4 所示，在 O 点安置经纬仪，先用一般方法测设 β 角值，在地面上定出 B'点，然后再用测回法观测$\angle AOB'$几个测回（测回数由精度要求决定），取各测回的平均值为 β'，即$\angle AOB'=\beta'$。设 $\Delta\beta=\beta'-\beta$，根据 OB'的长度和 $\Delta\beta$ 可计算过 B'点且垂直于 OB'方向的改正值 $B'B$，即

$$B'B = OB'\tan\Delta\beta \approx OB'\frac{\Delta\beta}{\rho} \tag{9.3}$$

过 B'点作 OB'的垂线，自 B'点起沿垂线方向量取 $B'B$，定出 B 点，则$\angle AOB$ 就是要测设的 β 角。当 $\Delta\beta<0$ 时，说明$\angle AOB'$偏小，应沿 OB'垂线方向向外改正；反之，应向内改正。

9.3.3　测设已知高程

已知高程的测设，就是根据附近已知水准点，采用水准测量方法，在给定的点位上标定出给定高程的位置。根据现场情况的不同，可采用不同的测设方法，分述如下。

1. 视线高程法

如图 9.5 所示，欲根据水准点 A 的高程 H_A，测设 B 点，使其高程为设计高程 H_B。测设方法如下：

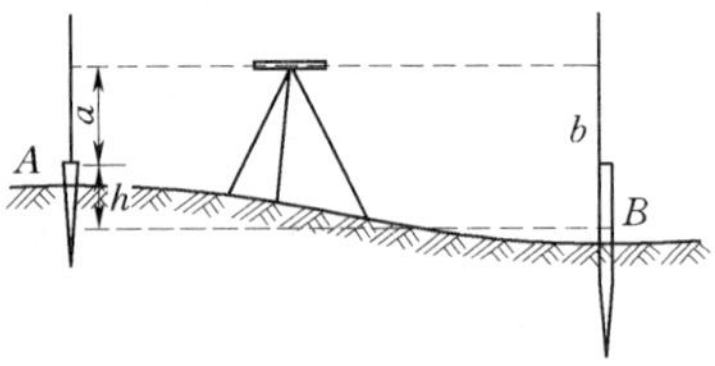

图 9.5　视线高程法

（1）安置水准仪于 A 与 B 点中间，整平仪器。

（2）后视水准点 A 上的立尺，读得后视读数为 a，则仪器的视线高 $H_i=H_A+a$；于是算得 B 点立尺上应有的前尺读数 $b=H_i-H_B$。

（3）将 B 点上水准尺紧贴 B 点木桩侧面上下移动，直至前视读数为 b 时，在桩侧面沿尺底画一横线，此线即为设计高程 H_B 的位置。

如果地面坡度较大，无法将设计高程在木桩一侧标出时，可立尺于桩顶，读取桩顶上的前视读数，根据下式计算出桩顶改正数

$$桩顶改正数 = 桩顶前视读数 - 应读前视读数$$

假如应读前视读数是 1.800m，桩顶前视读数是 1.650m，则桩顶改正数为－0.150m，表示设计高程的位置在自桩顶往下 0.150m 处，可在桩顶上注“向下 0.150m”即可。如果改正数为正，说明桩顶低于设计高程，应自桩顶向上量改正数得设计高程。

2. 高程传递法

当欲测设的高程与已知高程间的高差较大，单靠水准尺不能测设时，可借助于钢卷尺

进行高程传递（俗称“大高差测设”）。传递高程有从低处向高处传递和从高处往低处传递两种情况，其方法相同。现以高处向低处传递为例进行说明。

如图 9.6 所示，欲根据地面水准点 A 测定基坑内 B 点处的设计高程 H_B，可在坑边的木杆上悬挂钢尺（零点朝下），下端挂 10kg 重锤，在地面上和坑内各安置一台水准仪，分别读取地面水准点 A 的水准尺读数 a 和钢尺读数 b 及 c，则可根据 A 点的已知高程 H_A、B 点的设计高程 H_B，按下式求得 B 点上应有的立尺读数 d，即

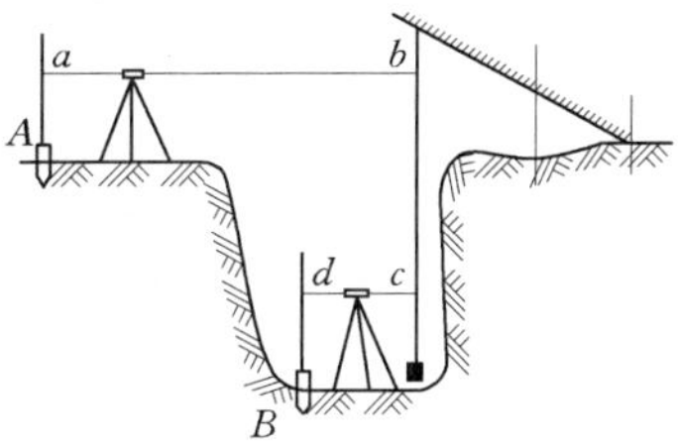

图 9.6　高程传递法

$$d=(H_A+a)-(b-c)-H_B \tag{9.4}$$

仿照前述同样的方法在 B 点处的木桩上标定设计高程位置即可。

当需要将高程由低处向高处传递时（例如地面上高程需往高层建筑上传递时），可采用同样的方法进行，但上式应作相应的改变。

9.4　测设点的平面位置

测设点的平面位置，应根据控制网的形式、实地情况、建筑物的特点、放样精度以及所采用的仪器设备等，选择最适宜的方法进行。常用的测设方法有以下几种。

9.4.1　直角坐标法

在建筑施工测量中，当施工场地已布设了建筑基线或建筑方格网时，常常采用直角坐标法测设点的平面位置。

图 9.7 所示为某建筑场地布设的建筑方格网，欲放样建筑上的某点 P。P 点在施工坐标系中的坐标为（A_P，B_P）。放样时先根据 P 点的坐标确定其所在的方格（图中为方格 $MNRQ$），算出 P 点与此格中最靠近的那个方格顶点（图中为 M 点）的坐标差 ΔA 和 ΔB，再用钢尺沿 MN 和 QR 各量取一段平距 $ME=QF=\Delta A$，定出 E 点和 F 点，然后在 EF 线上量取平距 $EP=\Delta B$，即定出 P 点。采用此法放样时，所用钢尺长度应大于或等于方格网边长，以便兼作定线之用。

9.4.2　极坐标法

极坐标法是在控制点上测设一个角度和一段距离来确定点的平面位置。此法适用于测设点离控制点较近且便于量距的情况。若用全站仪测设则不受这些条件限制。

如图 9.8 所示，A、B 为控制点，其坐标（x_A，y_A）、（x_B，y_B）为已知；P 为设计的点位，其坐标（x_P，y_P）可在设计图上查得。现欲将 P 点测设于实地，先按下列公式计算出放样数据（水平角 β 和水平距离 D_{AP}）

$$\left.\begin{aligned}\alpha_{AB}&=\arctan\frac{y_B-y_A}{x_B-x_A}\\ \alpha_{AP}&=\arctan\frac{y_P-y_A}{x_P-x_A}\\ \beta&=\alpha_{AP}-\alpha_{AB}\end{aligned}\right\} \tag{9.5}$$

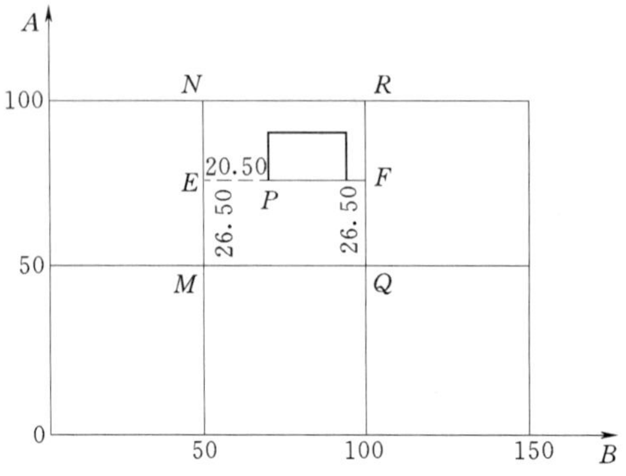

图 9.7 直角坐标法放样点位

P 点施工坐标：$A_P=76.50$，$B_P=70.50$

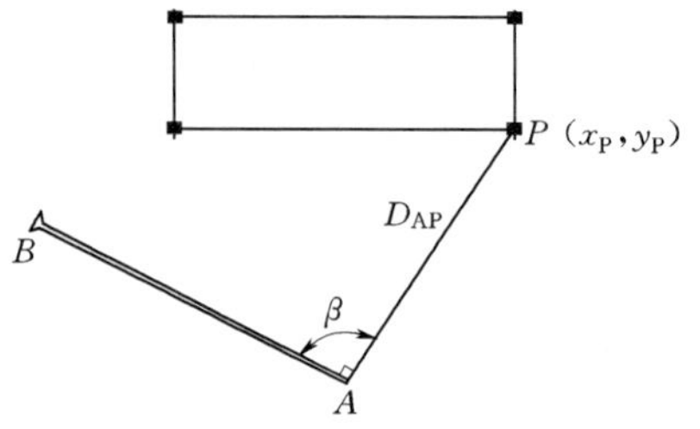

图 9.8 极坐标法放样点位

$$D_{AP}=\sqrt{(x_P-x_A)^2+(y_P-y_A)^2} \tag{9.6}$$

应当注意，计算 β 时，若 $\alpha_{AP}<\alpha_{AB}$，应将 α_{AP} 加上 360°再去减 α_{AB}。

测设时，在 A 点安置经纬仪，照准 B 点，按照上节中水平角的测设方法测设出 β 角以定出 AP 方向，沿此方向上用钢尺测设距离 D_{AP}，即定出 P 点。

9.4.3 方向交会法

方向交会法是在两个控制点上用两台经纬仪测设出两个已知数值的水平角，交会出点的平面位置。为提高放样精度，通常以三个控制点用三台经纬仪进行交会。此法适用于待测设点离控制点较远或量距较困难的地区。在桥梁等工程中，常采用这种方法测设点位。

如图 9.9 所示，A、B、C 为已有的三个控制点，其坐标为已知，放样点 P 的坐标也已知。先根据控制点 A、B、C 的坐标和 P 点设计坐标，计算出测设数据 β_1、β_2、β_4。测设时，在 A、B、C 点各安置一台经纬仪，分别测设 β_1、β_2、β_4 定出三个方向，其交点即为 P 点的位置。由于测设误差的存在，三个方向往往不交于一点，而形成一个误差三角形（称为示误三角形），如图 9.10 所示，如果示误三角形最长边不超过 3cm，则取三角形的重心作为 P 点的最终位置。

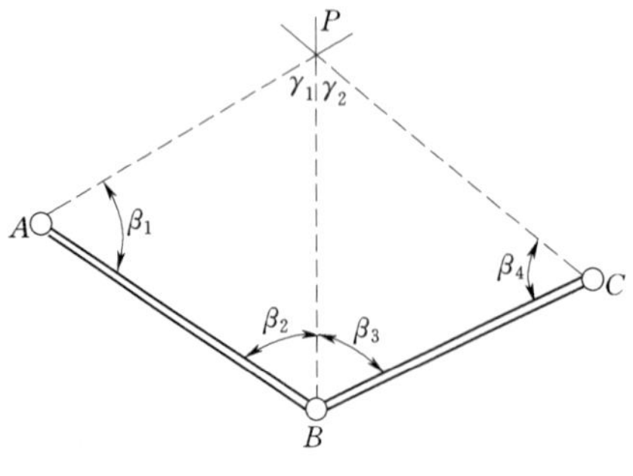

图 9.9 方向交会法放样点位

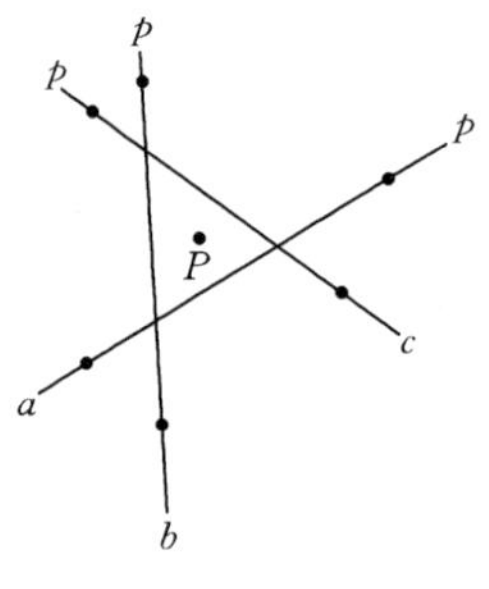

图 9.10 示误三角形

测设时，可先由三方向交会出 P 点的概略位置，并在此位置打一大木桩。然后由仪器指挥，用铅笔在桩顶面上沿三个方向各标出两点，将同方向的两点连接起来，即得到三个方向线，如图 9.10 中的 ap、bp、cp 所示，三方向不交于一点，即构成示误三角形。

测设时，各方向应用盘左、盘右测设取平均位置。另外，交会角 γ_1、γ_2 应不小于 30°和不大于 120°。如果只有两个方向，应重复进行交会。

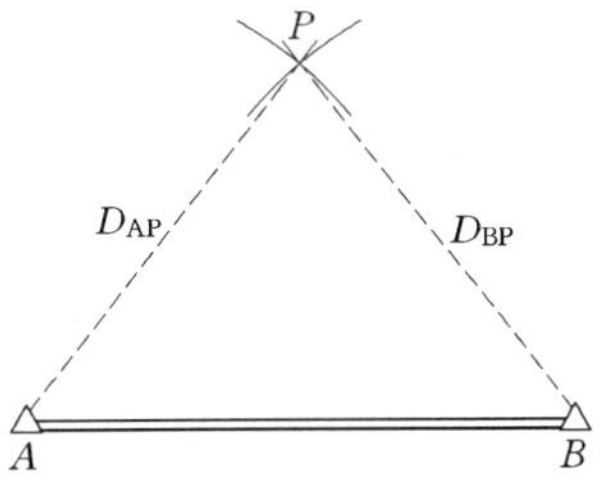

图 9.11 距离交会法放样点位

9.4.4 距离交会法

距离交会法是在两个控制点上各测设已知长度交会出点的平面位置。距离交会法适用于场地平坦，量距方便，且控制点离待测设点的距离不超过一整尺长的地带。

如图 9.11 所示，A、B 为控制点，P 为待测设点。先根据控制点 A、B 的坐标和待测设点 P 的坐标，按式（9.6）计算出测设距离 D_{AP}、D_{BP}。测设时，以 A 点为圆心，以 D_{AP} 为半径，用钢尺在地面上画弧；以 B 点为圆心，以 D_{BP} 为半径，用钢尺在地面上画弧，两条弧线的交点即为 P 点。

9.5 已知坡度线的测设

在平整场地、敷设管道及修建道路等工程中，需要在地面上测设给定的坡度线。坡度线的测设是根据附近水准点的高程、设计坡度和坡度线端点的设计高程，用高程测设的方法将坡度线上各点的设计高程，标定在地面上。常用的测设方法有水平视线法和倾斜视线法两种。

9.5.1 水平视线法

如图 9.12 所示，A、B 为设计坡度线的两端点，A 点的设计高程为 H_A，AB 的设计坡度为 i，在 AB 方向上，每隔距离 d 定一木桩，要求在木桩上标定出坡度为 i 的坡度线。现以 4 个桩点为例说明测设方法。

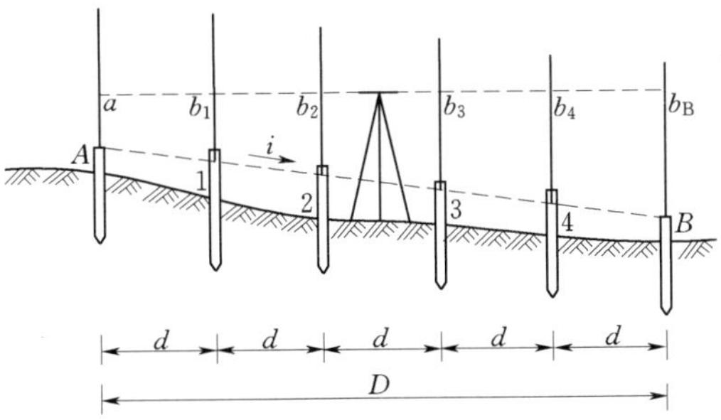

图 9.12 水平视线法测设坡度线

（1）沿 AB 方向，桩定出间距为 d 的中间点 1、2、3、4 的位置。

（2）计算各桩点的设计高程

第 1 点的设计高程：$H_1 = H_A + id$

第 2 点的设计高程：$H_2 = H_1 + id$

第 3 点的设计高程：$H_3 = H_2 + id$

第 4 点的设计高程：$H_4 = H_3 + id$

B 点的设计高程：$H_B = H_4 + id$ 或 $H_B = H_A + iD$（检核）

坡度 i 有正有负，计算设计高程时，坡度应连同其符号一并运算。

（3）在适当位置安置水准仪，后视 A 点上的立尺，读取后视读数 a，则仪器视线高为 $H_i = H_A + a$，然后根据各点设计高程计算各桩点的应读前视尺读数 $b_{应} = H_i - H_{设}$。

(4) 将水准尺分别贴靠在各木桩的侧面，上、下移动尺子，直至尺读数为 $b_{应}$ 时，紧靠水准尺底面在木桩上画一横线，该线即在 AB 的坡度线上。亦可立尺于桩顶，读得前视读数 b，再根据 $b_{应}$ 与 b 之差，自桩顶向下画线。

9.5.2 倾斜视线法

如图 9.13 所示，A、B 为坡度线的两端点，其水平距离为 D_{AB}，设 A 点的高程为 H_A，要沿 AB 方向测设一条坡度为 i 的坡度线，则先根据 A 点的高程，坡度 i 及 A、B 两点间的距离 D_{AB} 计算 B 点的设计高程，即

$$H_B = H_A + iD_{AB} \tag{9.7}$$

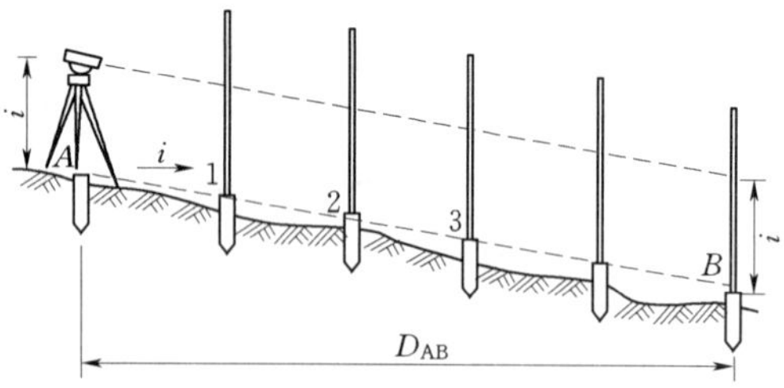

图 9.13 倾斜视线法测设坡度线

再按测设已知高程的方法，将 A、B 两点的高程测设在相应的木桩上。然后将水准仪（当设计坡度较大时，可用经纬仪）安置在 A 点上，使基座上一个脚螺旋在 AB 方向上，其余两个脚螺旋的连线与 AB 方向垂直，量取仪器高 i，再转动 AB 方向上的脚螺旋和微倾螺旋，使十字丝横丝对准 B 点水准尺上等于仪器高 i 处，此时，仪器的视线与设计坡度线平行。然后在 AB 方向的中间各点 1、2、3、… 的木桩侧面立尺，上、下移动水准尺，直至尺上读数等于仪器高 i 时，沿尺子底面在木桩上画一横线，则各桩横线的连线即为设计坡度线。

9.6 圆曲线的测设

铁路、公路、渠道等线路由一个直线方向转至另一直线方向时（其转折点称为交点，以 JD 表示），必须用平面曲线来连接。曲线的形式较多，其中圆曲线是最基本的一种平面曲线。圆曲线的参数有线路的转折角 α 和圆曲线的半径 R，其中 α 可在实地测定，R 则根据地形条件和工程要求在线路设计时选定。圆曲线的测设分两步进行，先测设曲线上起控制作用的主点（曲线起点 ZY、中点 QZ、终点 YZ），称为主点测设；然后以主点为依据，详细测设曲线上其他细部点，称为详细测设。下面分别讨论圆曲线主点测设和详细测设的作业方法。

9.6.1 圆曲线主点的测设

1. 圆曲线主点测设元素计算

如图 9.14 所示，圆曲线主点的测设元素（又称为曲线元素）包括切线长 T（线路转折点至曲线起点或终点的距离）、曲线长 L 及外矢距 E（线路转折点至曲线中点的距离）。在 α 和 R 已确定的情况下，从图中不难看出，主点测设元素的计算公式为

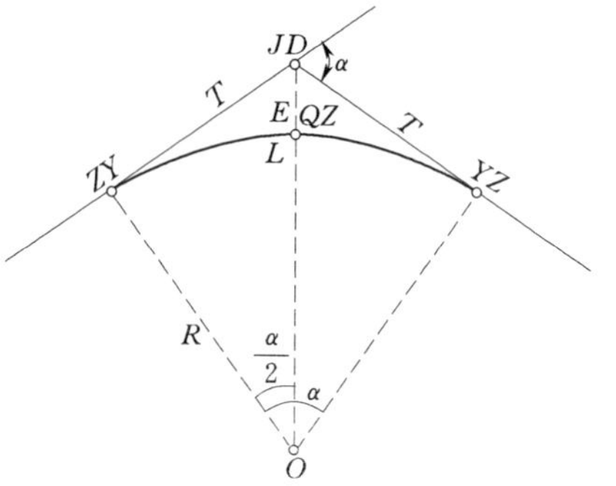

图 9.14 圆曲线主点及测设元素

$$T = R\tan\frac{\alpha}{2} \tag{9.8}$$

$$L = \frac{\pi}{180^\circ}R\alpha \tag{9.9}$$

$$E = R\left(\sec\frac{\alpha}{2} - 1\right) \tag{9.10}$$

两切线长之和与曲线长之差，即切曲差为

$$q = 2T - L \tag{9.11}$$

2. 圆曲线主点里程桩号的计算

线路测量中，路线上的点号通常用该点距线路起点的里程来表示，点号又叫做里程桩号。线路起点的里程桩号为 0＋000，“＋”左面数字表示公里，“＋”右面数字表示米。假设线路上某点至线路起点的距离为 3.450km，它的里程桩号便写成 3＋450。

交点的桩号可沿中线丈量得到，根据交点的桩号和曲线元素，可计算出各主点的桩号，由图 9.14 可以看出

$$ZY\text{ 点桩号} = JD\text{ 点桩号} - T \tag{9.12}$$

$$QZ\text{ 点桩号} = ZY\text{ 点桩号} + \frac{L}{2} \tag{9.13}$$

$$YZ\text{ 点桩号} = QZ\text{ 点桩号} + \frac{L}{2} \tag{9.14}$$

为了避免计算中的错误，可用下式进行计算检核

$$JD\text{ 点桩号} = YZ\text{ 点桩号} - T + q \tag{9.15}$$

【例 9.1】 设线路交点 JD 的里程桩号为 4＋522.31m，线路转折角 α 为 $10°49'$，圆曲线的设计半径 R 为 1200m，试计算圆曲线元素及主点里程桩号。

解 （1）曲线元素计算

切线长 $T = R\tan\frac{\alpha}{2} = 113.61\text{ (m)}$

曲线长 $L = \frac{\pi}{180^\circ}R\alpha = 226.54\text{ (m)}$

外矢距 $E = R\left(\sec\frac{\alpha}{2} - 1\right) = 5.37\text{ (m)}$

切曲差 $q = 2T - L = 0.68\text{ (m)}$

（2）主点里程桩号计算

$$ZY\text{ 点桩号} = JD\text{ 点桩号} - T = 4 + 408.70\text{ (m)}$$

$$QZ\text{ 点桩号} = ZY\text{ 点桩号} + \frac{L}{2} = 4 + 521.97\text{ (m)}$$

$$YZ\text{ 点桩号} = QZ\text{ 点桩号} + \frac{L}{2} = 4 + 635.24\text{ (m)}$$

检核 $JD\text{ 点桩号} = YZ\text{ 点桩号} - T + q = 4 + 522.31\text{ (m)}$

3. 圆曲线主点的测设

如图 9.14 所示，在交点 JD 上安置经纬仪，照准相邻后交点方向，自测站起沿该方向量取切线长 T，得曲线起点 ZY，打一木桩，标明桩号；照准相邻前交点方向，自测站起沿该方向量取切线长 T，得曲线终点 YZ，打一木桩，标明桩号；然后仍照准前交点方

向，配置水平度盘读数为 0°，顺时针转动照准部，使水平度盘读数为平分角值 $\beta=(180°-\alpha)/2$，沿此方向量取外矢距 E，得曲线中点 QZ，打一木桩，标明桩号。

9.6.2　圆曲线的详细测设

为了比较准确地反映圆曲线的形状，除了测设圆曲线的三个主点外，还应按照一定的桩距 l，在曲线上测设若干细部点，这项工作称为圆曲线的详细测设。曲线上细部点桩距的一般规定为：$R\geqslant 100$m 时，$l=20$m；50m$<R<$100m 时，$l=10$m；$R\leqslant 50$m 时，$l=5$m。下面介绍两种常用的测设方法。

9.6.2.1　偏角法

利用偏角（弦切角）和弦长来测设圆曲线细部点的方法称为偏角法。

1. 测设数据的计算

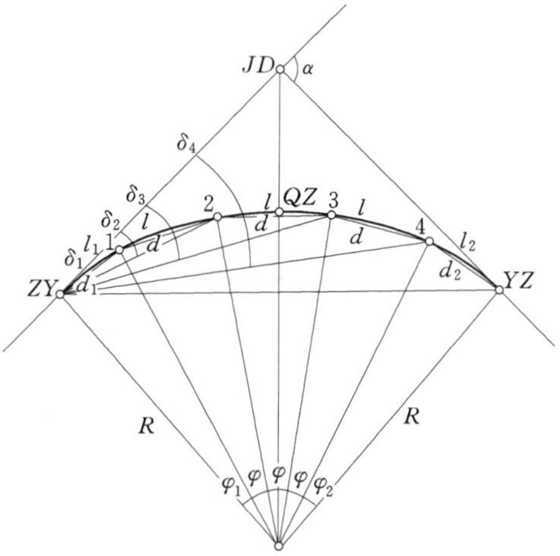

图 9.15　偏角法测设圆曲线

如图 9.15 所示，设圆曲线上每隔弧长 l 测设一细部点，首尾两段弧长为 l_1、l_2。弧长 l_1、l_2、l 所对应的圆心角 φ_1、φ_2、φ 分别为

$$\left.\begin{aligned}\varphi_1&=\frac{180°}{\pi R}l_1\\ \varphi_2&=\frac{180°}{\pi R}l_2\\ \varphi&=\frac{180°}{\pi R}l\end{aligned}\right\}\tag{9.16}$$

弧长 l_1、l_2、l 所对应的弦长 d_1、d_2、d 分别为

$$\left.\begin{aligned}d_1&=2R\sin\frac{\varphi_1}{2}\\ d_2&=2R\sin\frac{\varphi_2}{2}\\ d&=2R\sin\frac{\varphi}{2}\end{aligned}\right\}\tag{9.17}$$

曲线上各细部点对应的偏角（弦切角）为

$$\left.\begin{aligned}&\text{第 1 点}\quad &\delta_1&=\frac{\varphi_1}{2}\\ &\text{第 2 点}\quad &\delta_2&=\frac{\varphi_1}{2}+\frac{\varphi}{2}\\ &&&\vdots\\ &\text{第 } i \text{ 点}\quad &\delta_i&=\frac{\varphi_1}{2}+(i-1)\frac{\varphi}{2}\\ &&&\vdots\\ &\text{终点 } YZ\quad &\delta_{YZ}&=\frac{\alpha}{2}\end{aligned}\right\}\tag{9.18}$$

【例 9.2】 已知线路转折角 $\alpha=42°36'$，圆曲线半径 $R=150$m，曲线三主点的桩号分别为 $ZY=6+125.08$、$QZ=6+180.84$、$YZ=6+236.61$。设整桩距 $l=20$m，按偏角法放样，试计算各细部点测设数据。

解 （1）由题中知，第 1 个细部点的里程为 6+140，距 ZY 点的弧长为

$$l_1=140-125.08=14.92\text{（m）}$$

最后一个细部点的里程为 6+220，距 YZ 点的弧长为

$$l_2=236.61-220=16.61\text{（m）}$$

（2）由式（9.16）可算得首尾两段弧长 l_1、l_2 及整弧长 l 所对应的偏角为

$$\varphi_1=5°41'56''$$
$$\varphi_2=6°20'40''$$
$$\varphi=7°38'22''$$

（3）由式（9.17）可算得首尾两段弧长 l_1、l_2 及整弧长 l 所对应的弦长为

$$d_1=14.91\text{ m}$$
$$d_2=16.60\text{ m}$$
$$d=19.99\text{ m}$$

（4）由式（9.18）计算偏角，计算结果见表 9.1。

表 9.1 **偏角法测设数据计算**

细部点号	桩　　号	偏　角　值	相邻桩点间弧长（m）	相邻桩点间弦长（m）
	ZY　6+125.08	0°00′00″	0	0
1	6+140	2°50′58″	14.92	14.91
2	6+160	6°40′09″	20	19.99
3	6+180	10°29′20″	20	19.99
	QZ　6+180.84	10°38′58″	0.84	0.84
4	6+200	14°18′31″	19.16	19.15
5	6+220	18°07′42″	20	19.99
	YZ　6+236.61	21°18′02″	16.61	16.60

2. 测设步骤

以［例 9.2］为例，偏角法的测设步骤如下：

（1）将经纬仪安置在 ZY 点上，照准交点 JD，将水平度盘配置为 0°00′00″。

（2）转动照准部，使水平度盘读数为 1 点的偏角值 2°50′58″，自 ZY 点起沿此方向量取弦长 14.91m，定出第 1 个细部点。

（3）转动照准部，使水平度盘读数为 2 点的偏角值 6°40′09″，自 1 点起量取弦长 19.99m 与视线方向相交，定出第 2 个细部点。仿此测设其他各细部点。最后一个细部点至 YZ 点的距离应为 16.60m，作为检核。

应当指出，当线路左转时，各细部点实际放样的偏角值应为 360°减去计算值。

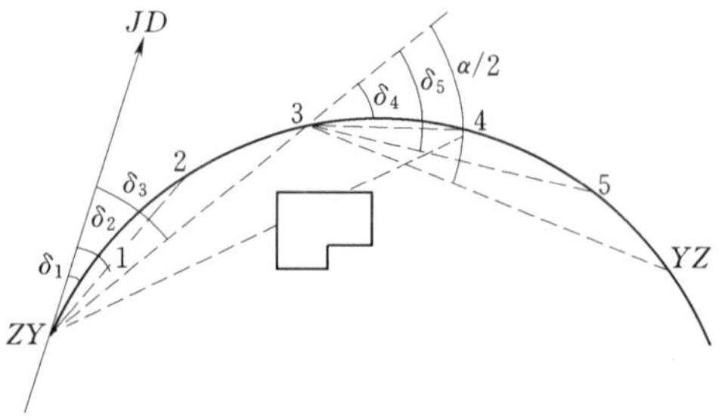

图 9.16　视线受阻时测设方法

用偏角法测设圆曲线的细部点，常常会遇到视线受阻的情况，如图 9.16 所示，经纬仪在曲线起点 ZY 点测设出细部点 1、2、3 后，视线被房屋挡住，这时，可把经纬仪移至 3 点，用盘右后视 ZY 点，将水平度盘配置为 0°00′00″，然后纵转望远镜变成盘左（水平度盘读数仍为 0°00′00″），转动照准部使水平度盘读数为 4 点的偏角值，此时视线方向即在 3 点至 4 点的方向上，沿此方向从 3 点起量取弦长 d，即可测设出 4 点。接着按原计算的偏角值可继续测设曲线上其余细部点。

9.6.2.2　切线支距法

切线支距法是以曲线的起点 ZY 或终点 YZ 为坐标原点，以切线为 x 轴，过原点的半径方向为 y 轴，建立平面直角坐标系，根据细部点在该坐标系中的坐标 x、y，按直角坐标法进行测设的一种方法。

1. 测设数据的计算

如图 9.17 所示，设圆曲线半径为 R，设前半段曲线上共有 3 个细部点 i（$i=1$，2，3）至曲线起点 ZY 的弧长为 l_i，则该段弧长所对应的圆心角 φ_i 为

$$\varphi_i = \frac{180°}{\pi R} l_i \tag{9.19}$$

以曲线起点 ZY 为坐标原点建立直角坐标系，则细部点 i 的坐标为

$$\left.\begin{aligned} x_i &= R\sin\varphi_i \\ y_i &= R(1-\cos\varphi_i) \end{aligned}\right\} \tag{9.20}$$

2. 测设方法

切线支距法测设曲线细部点的测设步骤如下：

(1) 自 ZY 点起，用钢尺沿切线方向量取距离 x_1、x_2、x_3，得各垂足点 N_1、N_2、N_3，在地面上作出标记。

(2) 在各垂足点上沿切线的垂线方向用钢尺量取距离 y_1、y_2、y_3，得曲线各细部点 1、2、3。

为了检核，测设时应测至 QZ 点，测设的点位应与主点测设时测得的点位相符。

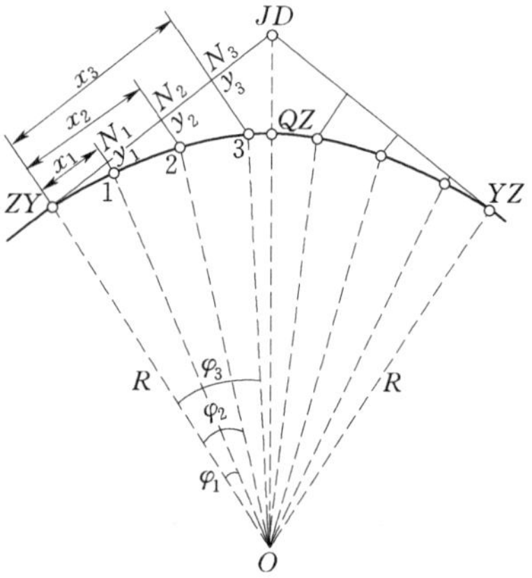

图 9.17　切线支距法测设圆曲线

为避免支距过长，前半段曲线一般由 ZY 点向 QZ 点施测，后半段曲线一般由 YZ 点向 QZ 点施测。

【例 9.3】　按切线支距法计算［例 9.2］中各细部点的坐标。

解　根据各点的里程，首先计算 1、2、3 点至曲线起点以及 4、5 点至曲线终点的弧长，然后按式（9.19）计算圆心角，最后按式（9.20）计算各细部点坐标，计算结果见表 9.2。

表 9.2 切线支距法测设数据的计算

细部点号	桩　号	弧长 l (m)	圆心角 φ	支距坐标 x (m)	支距坐标 y (m)
	ZY　6+125.08	0	0°00′00″	0	0
1	6+140	14.92	5°41′56″	14.90	0.74
2	6+160	34.92	13°20′18″	34.60	4.05
3	6+180	54.92	20°58′40″	53.70	9.94
	QZ　6+180.84	55.76	21°17′56″	54.48	10.24
4	6+200	36.61	13°59′02″	36.25	4.44
5	6+220	16.61	6°20′40″	16.58	0.92
	YZ　6+236.61				

9.6.3 全站仪放样圆曲线

利用全站仪测设圆曲线，具有速度快、精度高、现场条件适应性强的特点，因此得到了广泛应用。全站仪测设圆曲线的方法仍然是极坐标法。测设时，仪器安置在平面控制点或线路交点上，输入测站点坐标和后视点坐标（或后视方位角），再输入放样点的坐标，仪器即自动计算出测设角度和距离，据此进行放样。下面介绍放样点坐标的计算方法。

9.6.3.1 圆曲线主点坐标的计算

如图 9.18 所示，设 JD_1、JD_2、JD_3 的坐标分别为 (x_1, y_1)、$(x_2、y_2)$、$(x_3、y_3)$，JD_2 至 JD_1、JD_3 及圆心 O 的方位角分别为 $\alpha_{2\text{-}1}$、$\alpha_{2\text{-}3}$ 及 $\alpha_{2\text{-}0}$，则

$$\alpha_{2\text{-}1}=\arctan\frac{y_1-y_2}{x_1-x_2} \tag{9.21}$$

$$\alpha_{2\text{-}3}=\arctan\frac{y_3-y_2}{x_3-x_2} \tag{9.22}$$

$$\alpha_{2\text{-}0}=\alpha_{2\text{-}1}\pm(180°-\alpha)/2 \tag{9.23}$$

式中　α——线路转折角。当线路左转时，“±”中取“+”号，右转时取“−”号。

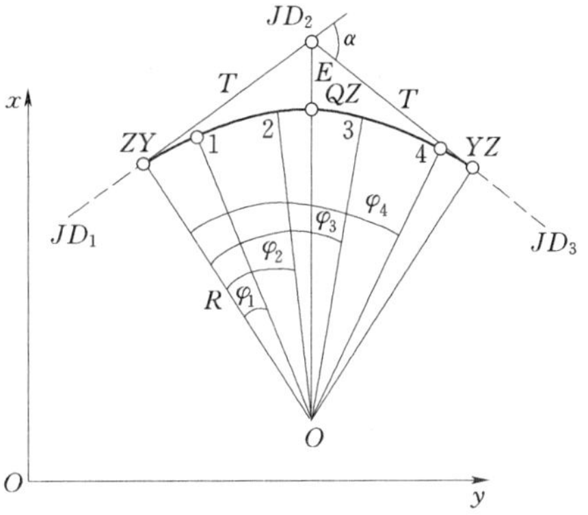

图 9.18　曲线点坐标计算

于是三主点的坐标为

$$\left.\begin{aligned}x_{ZY}&=x_2+T\cos\alpha_{2\text{-}1}\\y_{ZY}&=y_2+T\sin\alpha_{2\text{-}1}\end{aligned}\right\} \tag{9.24}$$

$$\left.\begin{aligned}x_{YZ}&=x_2+T\cos\alpha_{2\text{-}3}\\y_{YZ}&=y_2+T\sin\alpha_{2\text{-}3}\end{aligned}\right\} \tag{9.25}$$

$$\left.\begin{aligned}x_{QZ}&=x_2+E\cos\alpha_{2\text{-}0}\\y_{QZ}&=y_2+E\sin\alpha_{2\text{-}0}\end{aligned}\right\} \tag{9.26}$$

9.6.3.2 圆曲线细部点坐标的计算

1. 计算圆心坐标

如图 9.18 所示，设圆曲线半径为 R，则 ZY 点至圆心 O 方向的方位角为

$$\alpha_{ZY\text{-}O} = \alpha_{2\text{-}1} \pm 90° \tag{9.27}$$

式中，当线路左转时，“±”中取“+”号，右转时取“−”号。于是圆心坐标（x_O，y_O）为

$$\left.\begin{aligned} x_O &= x_{ZY} + R\cos\alpha_{ZY\text{-}O} \\ y_O &= y_{ZY} + R\sin\alpha_{ZY\text{-}O} \end{aligned}\right\} \tag{9.28}$$

2. 计算圆心至各细部点的方位角

设 ZY 点至曲线上细部点 i 的弧长为 l_i，其所对应的圆心角 φ_i 可按式（9.19）计算，则圆心 O 至细部点 i 的方位角 α_i 为

$$\alpha_i = (\alpha_{ZY\text{-}O} + 180°) + \varphi_i \tag{9.29}$$

3. 计算各细部点的坐标

细部点 i 的坐标为

$$\left.\begin{aligned} x_i &= x_O + R\cos\alpha_i \\ y_i &= y_O + R\sin\alpha_i \end{aligned}\right\} \tag{9.30}$$

小　　结

本章是施工测量的基础。通过本章的学习，应明确施工测量的任务和作用；明确施工控制网与测图控制网在密度和精度上的要求是不同的。三项基本测设工作、平面点位测设方法、坡度线测设方法、圆曲线测设方法必须熟练掌握。各种测设中，放样数据的准备是前提，因此放样数据的计算必须熟练掌握。

思　考　题

9.1　施工测量的任务和作用是什么？

9.2　施工控制网的布设原则是什么？施工控制网常用的布设形式有哪些？

9.3　施工控制网与测图控制网有何异同？

9.4　基本测设工作包括哪些？如何测设已知水平距离、已知水平角和已知高程？

9.5　测设点位的方法有哪几种？各适用于什么场合？

9.6　用水准仪按倾斜视线法测设已知坡度线时，安置仪器有何要求？

9.7　什么是圆曲线的主点？圆曲线元素有哪些？如何测设圆曲线的主点？

9.8　圆曲线细部点放样的方法有哪几种？各适用于什么情况？

9.9　如何使用全站仪放样圆曲线？

习　　题

9.1　在地面上要测设一段 84.200m 的水平距离 AB，现先用一般方法在 AB 方向上定出 B'点，再精确丈量 AB'=84.320m，丈量所用钢尺的尺长方程式为 $l_t = 30 + 0.006 + 1.25\times10^{-5}\times(t-20℃)\times30$（m），测设时的温度 t=28℃，施于钢尺的拉力与检定钢

尺时相同，A、B'两点的高差$h=0.96$m。问：如何改正B'点才能得到B点的正确位置？

9.2 在地面上要测设一个直角$\angle AOB$，先用一般方法测设出$\angle AOB$，再观测该角若干个测回取平均值得$\angle AOB=90°00'30''$，已知OB的长度为100m，问怎样移动B点才能得到90°的角度？

9.3 设水准点A的高程为16.163m，现要测设高程为15.000m的B点，仪器安置在AB两点之间，在A尺上读数为1.036m，则B尺上读数应为多少？如何进行测设？如欲使B桩的桩顶高程为15.000m，如何进行测设？

9.4 已知A、B两点的坐标分别为$x_A=1897.710$m，$y_A=759.314$m；$x_B=1842.802$m，$y_B=800.024$m。设计点P的坐标为$x_P=1865.611$m，$y_P=759.305$m。试分别用极坐标法、角度交会法及距离交会法计算测设P点所需的放样数据。

9.5 要在AB方向测设一条坡度为-2%的坡度线，已知A点的高程为36.425m，AB之间的水平距离为130m，则B点的高程应为多少？又AB间中点桩的高程应为多少？

9.6 已知线路交点的里程桩号为12+478.80，线路转折角（右角）为28°36′，圆曲线设计半径为300m，试计算圆曲线元素和各主点里程，并说明主点测设步骤。

9.7 对上题所述圆曲线，在ZY点上设站，用偏角法每隔20m放样一里程桩，试计算圆曲线上各放样点的里程、弦长及偏角，并说明测设步骤。

9.8 已知线路交点的里程桩号为4+342.68，测得转折角（左角）为25°30′，圆曲线设计半径为250m，曲线整桩距为20m。若采用切线支距法测设，试计算各桩点坐标（要求前半段曲线由ZY点开始测设，后半段曲线由YZ点开始测设），并说明测设步骤。

9.9 上题中，若交点的坐标为（2088.273，1535.011），交点至曲线起点（ZY）的坐标方位角为243°27′18″，试计算曲线主点坐标和细部点坐标。

第10章　渠　道　测　量

学习指导

本章介绍渠道测量作业方法。要求了解渠道测量的工作任务；掌握中线测量、纵横断面测量、纵横断面图的绘制、土（石）方量的计算以及渠道施工放样的基本方法。

渠道是常见的水工建筑物，主要用来引水发电、灌溉、排涝。在渠道勘测、设计和施工中所进行的测量工作，称为渠道测量。主要内容包括：踏勘选线、中线测量、纵横断面测量、土（石）方量计算和施工断面放样等。渠道测量的内容和方法与一般道路测量基本相同，都是沿着选定的路线方向进行，因此属于线路测量的范畴。

10.1　踏　勘　选　线

踏勘选线的任务，是根据工程规划所定的渠线方向、引水高程和设计坡度，在实地确定一条既经济又合理的渠道中线位置。这条中线应符合下列要求：

（1）尽量短而直。

（2）要避免修建过多的渠系过水建筑物（如渡槽、倒虹吸等），应尽量少占耕地，以减少工程费用和经济损失。

（3）沿线应有较好的地质条件，无严重渗漏和塌方现象。

（4）在山丘地区应尽量避免填方，以保证渠道边坡的稳定性。

（5）用于引水灌溉的渠道应选在地势较高的地带，以便自流灌溉；用于排水的渠道应尽量选在地势较低的地方，以便排除积水。

具体选线的方法步骤是：如果兴建的渠道较长，或规模较大，一般应经过实地查勘、室内选线、外业选线等步骤；对于灌区面积较小、路线不长的渠道，可以根据已有资料和选线要求，直接在实地进行查勘选线。

10.1.1　实地查勘

查勘前，最好先在比例尺为1∶10万～1∶1万的地形图上初选几条渠线方案，然后依次对所经地带进行实地查勘，了解和搜集有关资料（如土壤、地质、水文、施工条件等），并对渠线某些控制性的点（如渠首、沿线沟谷、跨河点等）进行简单测量，了解其相对位置和高程，以便分析比较，选定最佳渠线。

10.1.2　室内选线

室内选线就是在图上进行选线，即在适合的地形图上选定渠道中心线的平面位置，并在图上标出渠道转折点到附近明显地物点的距离和方向（由图上量得）。如果该地区没有适用的地形图，则应根据查勘时确定的渠道线路，测绘沿线宽100～200m的带状地形图，其比例尺一般为1∶5000或1∶1万。

在山区、丘陵地区选线时，为了确保渠道的稳定，应力求挖方。因此，环山渠道应先在图上根据等高线和渠道纵坡初选渠线，并结合其他要求在图上定出渠线位置。

10.1.3 外业选线

外业选线就是将室内所选渠道中心线标定于实地，其任务是：标出渠道的起点、转折点和终点。外业选线还要根据实地情况，对图上所选渠道中心线作进一步分析研究和补充修改，使之完善。实地选线时，一般应借助仪器选定各转折点的位置。平原地区的选线比较简单，一般要求尽量选成直线，只有在必须绕过居民区、厂矿区或其他重要地区时才需要转弯。山丘地区的渠道一般盘山而走，依着山势随弯就弯，但要控制渠线的高程位置，以保证符合引水高程和设计坡度的要求，为此，需要根据已知水准点来进行探测确定。对于较长的渠道线，为避免高程误差累积过大，最好每隔2～3km与已知水准点校核一次。如果选线精度要求较高，可用水准仪测定有关点的高程，以便准确测定渠线位置。

渠道中线选定后，应在起点、各转折点和终点用大木桩或水泥桩在地面上标定其位置，并绘略图注明桩点与附近固定地物相互之间的位置和距离，以便日后寻找。

为了满足渠线的探高测量和纵横断面测量的需要，在渠道选线的同时，应沿渠线附近每隔1～3km左右在施工范围以外布设一些水准点，并组成附合或闭合水准路线，当路线不长（15km以内）时，也可组成往返观测的支水准路线。水准点的高程一般用四等水准测量的方法施测（大型渠道应采用三等水准测量）。

10.2 中 线 测 量

中线测量的任务主要是在渠道起讫点间进行定线，测定渠线长度，用一系列的里程桩标定渠线经过的位置。在平原区，渠道转折处需要测定转折角和敷设圆曲线；在山丘区，渠道的高程位置需要进行探测确定。

10.2.1 平原区的中线测量

从渠首起点开始，朝着终点或转折点方向用花杆和钢尺或全站仪进行定线和测距，按照规定间距（一般为50m或100m）打桩标定中线位置，以该桩对起点的距离作为桩号，注在桩的侧面，称为里程桩。里程桩号按“×（km）+×××（m）”的方式编写：起点桩号为0+000；其余分别为0+050、0+100、…、1+000、1+050、…。在相邻两里程桩之间的重要地物（如道路）和坡度突变的位置上，应加设木桩，称为加桩；加桩亦按对起点的距离进行编号，但不是规定间距的整倍数。当桩定到转折点上时，应用经纬仪测定转折角α（即来水方向的延长线转至去水方向的角值，有左转和右转两种情况），并按设计要求测设圆曲线。规范要求：当$\alpha<6°$时，不测设圆曲线；当$6°<\alpha<12°$及$\alpha>12°$且曲线长度$L<100$m时，只测设曲线的三个主点桩；当$\alpha>12°$，且曲线长度$L>100$m时，需测设曲线的细部点。圆曲线的测设方法参见第9章。

图 10.1 山丘地区渠道中心桩探测示意图

10.2.2 山丘区的中线测量

从渠首起点开始，用钢尺或全站仪沿着山坡等高线向前测距，按规定要求标定里程桩和加桩，每量 50m 或 100m 用水准测量测定一下桩位高程，看渠线位置是否偏低或偏高。如图 10.1 所示，假设丈量到了 A 点，离渠首距离为 D；令渠首进水底板设计高程为 $H_{进}$，设计渠深（包括水深和安全超高）为 h，渠底设计坡度为 i。据此可以算得 A 点应有的渠岸地面高程为：$H_B=(H_{进}+h)-iD$，再按照第 9 章所述的测设方法，根据附近的水准点 BM_2 引测高程标定 A 点在山坡上的位置。但为了保证盘山渠道外边坡的稳定性，尽量减少填方，一般应根据山坡坡度将桩位适当提高，即将木桩打在略高于所定 A 点的位置上。

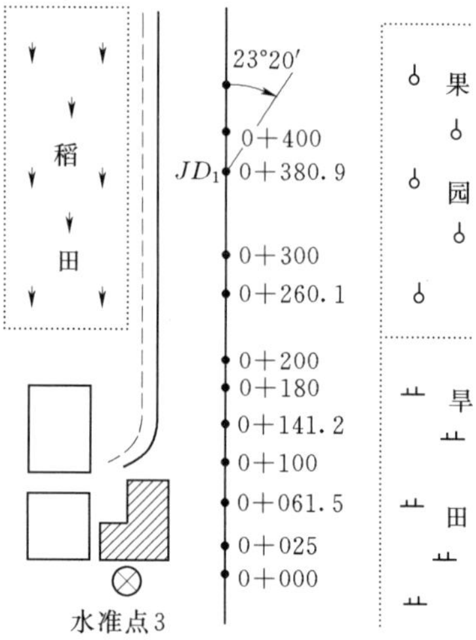

图 10.2 渠道中线草图

10.2.3 绘制中线桩草图

在测设中线桩的同时，还要在现场绘出草图，如图 10.2 所示。图中直线表示渠道中心线；直线上的黑点表示中线桩的位置，JD_1（桩号为 0+380.9）为转折点，在该点处偏角 $\alpha_{右}=23°20'$，即渠道中线在该点处改变方向右转 23°20′。但在绘图时改变后的渠线仍按直线方向绘出，仅在转折点用箭头表示渠线的转折方向（此处为右偏，箭头画在直线右边），并注明偏角值。至于渠道两侧的地形则可用目测法来勾绘。

10.3 纵横断面测量

10.3.1 纵断面测量

渠道中线测设后，应沿渠道中线进行纵断面测量，以便绘制纵断面图，进行渠道纵向坡度、闸、桥、涵和隧洞纵向位置的设计。

纵断面测量的任务就是用水准测量方法测定渠道中线各里程桩和加桩的地面高程。同时根据施工放样的要求，还应连测沿线临时水准点以及居民地、建筑物、水系和主要地物关键性部位的高程。

进行纵断面水准测量时，应利用渠道沿线布设的水准点，将渠线分成许多段，每段分别与邻近两端的水准点组成附合水准路线，然后从首段开始，逐段进行施测。附合路线的长度应不超过 2km，高程闭合差应不大于$\pm 40\sqrt{L}$（mm）（L 为附合路线长度，以千米为单位）。闭合差不用调整，但超限必须返工。

纵断面测量采用普通水准测量方法进行。由于相邻各桩之间距离不远，一站上可以测定若干个桩点的高程（地面高程），除其中最端头的一个桩点用作转点传递高程外，中间各个不用作传递高程的桩点称作间视点。在每一个测站上，标尺至水准仪的距离不应超过 150m，仪器至前后两转点的距离差不应超过 20m，仪器至各间视点距离与转点距离的不等差不加限制。观测和记录应按桩号顺序进行，先读取后视转点读数，再依次读取各间视点读数，最后读取前视转点读数（注意转点桩位观测时地面应放置尺垫）。采用视线高法计算各点高程。转点读数和高程计算取至 mm，间视点读数和高程计算取至 cm。图 10.3 为纵断面测量方法（图中共作了 9 站观测），记录格式见表 10.1。

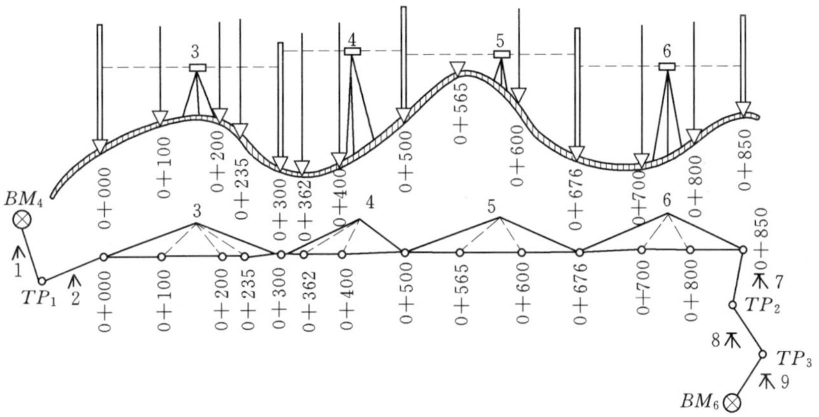

图 10.3 纵断面水准测量示意图

表 10.1 **纵断面水准测量记录表** 单位：m

点　号	后　视	视线高程	间　视	前　视	高　程	已知高程
BM_4	1.625	159.265			157.640	157.640
TP_1	1.730	160.099		0.896	158.369	
0+000	2.444	160.534		2.009	158.090	
0+100			1.65		158.88	
0+200			1.30		159.23	
0+235			1.96		158.57	
0+300	2.108	161.020		1.622	158.912	
0+362			2.85		158.17	
0+400			2.06		158.96	
0+500	0.683	160.778		0.925	160.095	

续表

点号	后视	视线高程	间视	前视	高程	已知高程
0+565			0.25		160.53	
0+600			2.47		158.31	
0+676	1.916	160.419		2.275	158.503	
0+700			2.38		158.04	
0+800			1.96		158.46	
0+850	1.434	160.955		0.898	159.521	
TP_2	1.203	159.535		2.623	158.332	
TP_3	1.325	159.000		1.860	157.675	
BM_6				1.662	157.338	157.308
校核	$\sum_{后}=14.468$ $\sum_{前}=14.770$ $\sum_{后}-\sum_{前}=-0.302$ $H_{终测}=157.338$ $H_{始}=157.640$ $H_{终测}-H_{始}=-0.302$					
闭合差计算	$f_h=h_{测}-(H_{终}-H_{始})=-0.302-(157.308-157.640)=+0.030\text{m}$ $f_{h允}=\pm 40\sqrt{L}=\pm 40\sqrt{1.3}=\pm 0.046$ (m)（本例 $L=1.3$km）					

沿线各连测点的高程应通过高差闭合差调整后计算求得。

10.3.2 横断面测量

横断面测量的任务，是在里程桩和加桩位置上，测定垂直于渠线方向的各坡度变化点对桩位地面的平距和高差，从而为绘制横断面图、确定渠道横向施工范围、计算土石方数量提供资料。

横断面测量的宽度视渠道大小而定，一般以能在横断面图上套绘出设计横断面为原则，并留有余地。横断面测量方法视仪器设备和地形条件而定，常用的方法有以下几种。

1. 花杆置平法

当横断面方向坡度较大或断面宽度较小时，可采用花杆置平法（或皮尺拉平法）施测横断面。测量时，先用目估法或用十字架（图 10.4）标定与渠线垂直的断面方向，然后从里程桩或加桩起，用两根花杆在此方向测量相邻两地面点间的平距和高差。如图 10.5 所示，使靠地面较高点的花杆着地，当这根花杆抬平时，另一端在垂直花杆上所截取的读数就是两点间的高差；其平距则根据平置花杆的分划读出。高差和平距都取至 dm。记录格式见表 10.2，分子表示相邻两点间的高差，分母表示相应的平距；高差的正负以断面延伸方向为准，延伸点较高则高差为正，延伸点较低则高差为负。如果延伸方向和已量过的两点间坡度一致，或和已到的一点高度相同，通常可以不再往前量，分别注“同坡”或“平”表示。左、右断面的区分以渠线的前进方向（即水流方向）为准，测量结果应分侧记录，左边各点间的高差和平距记在左侧，右边的记在右侧。

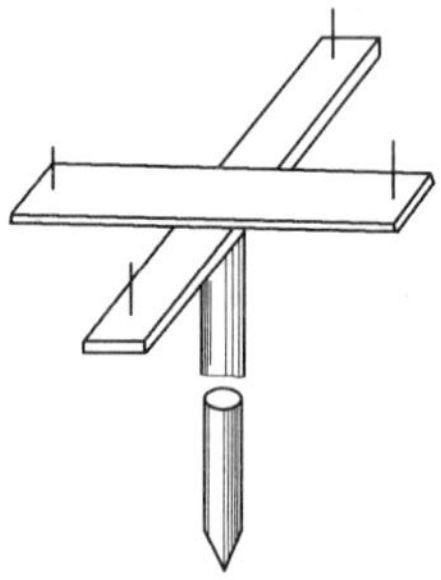

图 10.4 十字架

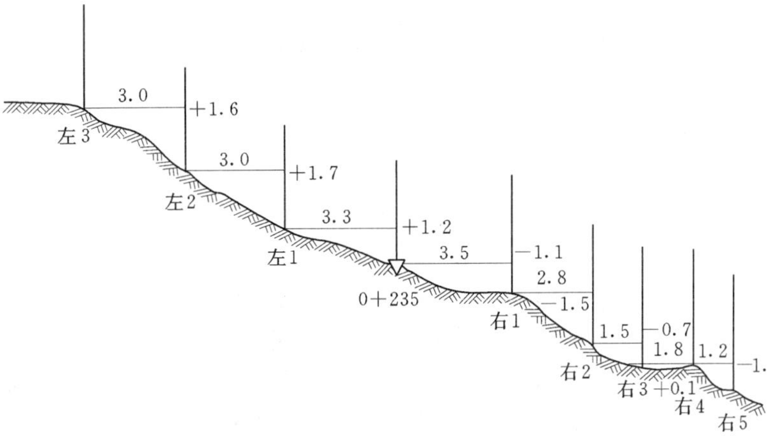

图 10.5　花杆置平法测量横断面

表 10.2　　**花杆置平法横断面测量记录表**

横断面左侧				中心桩	横断面右侧				
平	$\frac{+1.6}{3.0}$	$\frac{+1.7}{3.0}$	$\frac{+1.2}{3.3}$	$\frac{0+235}{158.57}$	$\frac{-1.1}{3.5}$	$\frac{-1.5}{2.8}$	$\frac{-0.7}{1.5}$	$\frac{+0.1}{1.8}$	$\frac{-1.0}{1.2}$
$\frac{+4.5}{12.3}$	$\frac{+4.5}{9.3}$	$\frac{+2.9}{6.3}$	$\frac{+1.2}{3.3}$	累计	$\frac{-1.1}{3.5}$	$\frac{-2.6}{6.3}$	$\frac{-3.3}{7.8}$	$\frac{-3.2}{9.6}$	$\frac{-4.2}{10.8}$

2. 水准仪量距法

当中心线两侧地形较平坦，或对测量精度要求较高时，可用水准仪量距法。采用水准仪量距法时，可用地形尺代替水准尺测定地面点高程。量距工具可用皮尺或测绳。横断面方向可用木制的十字架标定；当横断面每侧长度小于 50m 时，可用目测法标定方向。测量记录可采用间视法水准测量格式，地形点按左、右分别编号，用视线高原理计算测点高程。图 10.6 为水准仪量距法测量示意图。

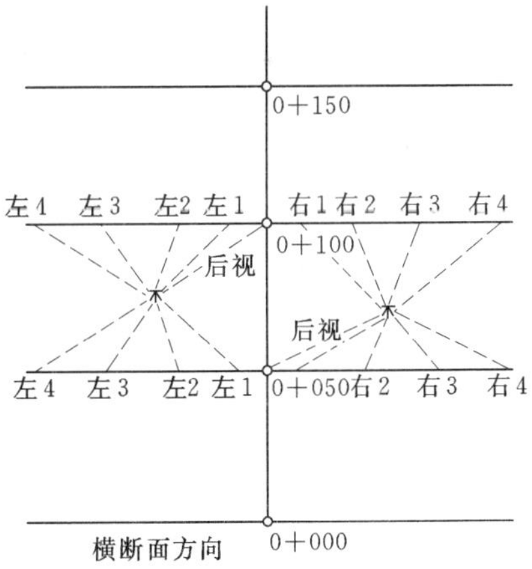

图 10.6　水准仪量距法测量横断面
⊼—水准仪位置

3. 经纬仪视距法

当横断面较宽时，可采用经纬仪视距法。测量时，经纬仪安置于中心桩上。当横断面一侧宽度小于 50m 时，容许用目测标定横断面方向；大于 50m 时，用经纬仪标定方向。如果断面过长或视线遇到障碍时必须转站，则转站点（即测站点）的平面位置和高程可以用视距法测定，视距时应用正、倒镜并以直、返觇观测，其往、返测距离较差不得大于 1/200；高差不符值应不大于 0.1m，山地可放宽为 0.2m。

10.4　纵横断面图的绘制

10.4.1　纵断面图的绘制

纵断面图是反映渠线所经地面起伏情况的图，依据里程桩和加桩的高程绘制在印有毫米方格的坐标纸上。图上纵向表示高程，横向表示里程（平距）。因为沿线地面高差的变化要比渠道长度小得多，为了明显反映地面起伏情况，通常高程比例尺要比平距比例尺大 10（山丘区）～20 倍（平原区）。常用比例尺：高程为 1∶100、1∶200 或 1∶500；平距为 1∶1000、1∶2000 或 1∶5000。纵断面图的绘制步骤和方法如下：

（1）在坐标纸的左下角绘制图标，自上至下依次分桩号、渠底比降、地面高程、渠底设计高程、挖深、填高等栏目。图标大小上下为 9cm，左右为 3cm，右方栏边线右侧适当位置作为渠道起点，自起点向上作一条纵坐标线（表示高程），同时将图标每栏横线向右延绘至坐标纸边缘，以图标上边线的延伸线为横坐标线（表示平距或里程），如图 10.7 所示。

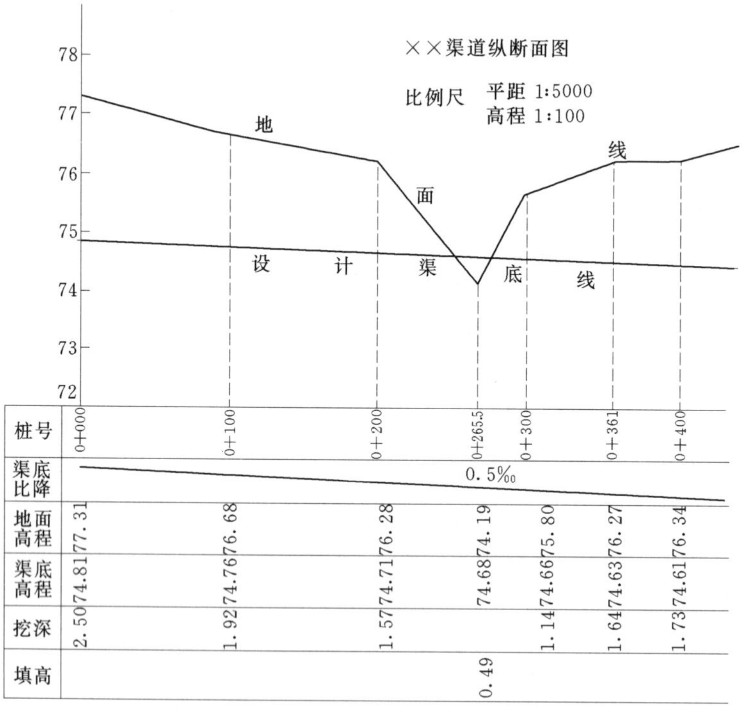

图 10.7　渠道纵断面图

（2）在桩号栏按平距比例尺标出里程桩和加桩的位置，并注明桩号；在坡度栏绘出渠底设计坡度线，并注明坡度值。在其他有关栏对应桩号的位置上注明地面高程、渠底设计高程、挖深和填高数值。其中渠底设计高程 $H_{底}$ 可根据渠首底板高程 $H_{进}$、渠底设计坡度 i 和该点对起点的里程 D 按公式

$$H_{底} = H_{进} - iD$$

计算求得。地面高程减去渠底设计高程即为挖填数值；其值为正表示挖深，其值为负表示填高。

(3) 根据下面栏目中注明的最小渠底设计高程确定标高线的起点高程，以保证地面最低点能在图上标出并留有余地。标高线的起点高程应为整米数，起点往上按高程比例尺划分每米区间，并标注相应的高程数值。

(4) 根据各里程桩和加桩的地面高程标出断面点的位置，用直线将各点依次连接起来，即绘成纵断面图。为便于直观反映地面线与渠底线的关系，应根据渠首的设计高程和渠底比降绘出渠底设计线，如图 10.7 所示。

10.4.2　横断面图的绘制

横断面图也用坐标纸进行绘制，但不需绘制图标。为了计算面积方便，图上平距和高程通常采用同一比例尺。常用比例尺为 1∶100 或 1∶200，小型渠道也可采用 1∶50；只有当断面很宽而地面又比较平坦时，才采用较小的平距比例尺和较大的高程比例尺。绘制横断面图时，先在适当位置标定桩点，并注上桩号和高程；然后以桩点为中心，以横向代表平距，以纵向代表高差，根据所测横断面成果标出各断面点的位置，用直线依次连接各点即得横断面线，如图 10.8 所示。由于横断面图数量较多，为了节约纸张和使用方便，在一张坐标纸上往往要绘许多个横断面，必须依照桩号顺序从上至下、从左至右排列；同一纵列的各横断面中心桩应在同一纵线上，彼此之间隔开一定距离。

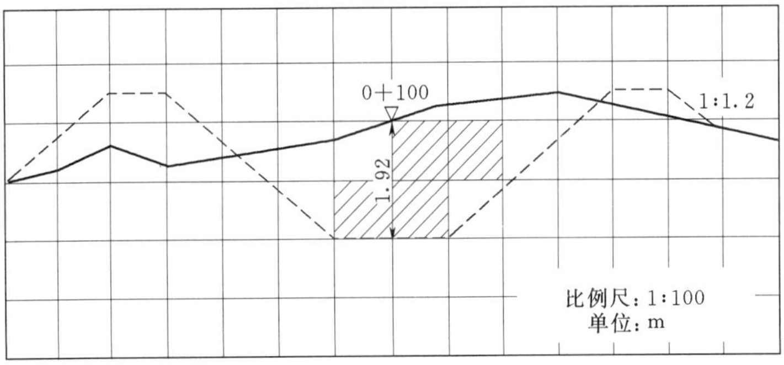

图 10.8　横断面图

10.5　土 石 方 计 算

编制渠道工程预算及组织施工，均需计算渠道开挖和填筑的土（石）方量。土（石）方量的计算方法通常采用“平均断面法”，如图 10.9 所示，先算出相邻两中心桩应挖或应填的横断面面积，取其平均值，再乘以两断面间的距离，即得两中心桩之间的土（石）方量，即

$$V = \frac{A_1 + A_2}{2} D \tag{10.1}$$

式中 V——两中心桩间的土（石）方量，m^3；

A_1、A_2——两中心桩处应挖或应填的横断面面积，m^2；

D——两中心桩间的距离，m。

采用平均断面法计算土（石）方量的步骤和方法如下。

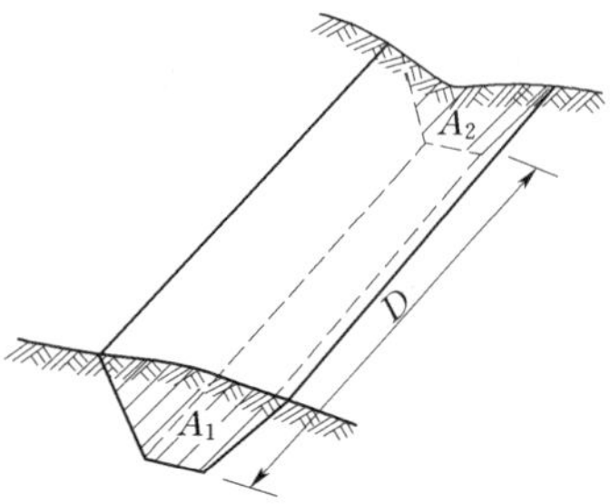

图 10.9 平均断面法示意图

10.5.1 确定断面的挖、填范围

渠道的设计断面是根据土壤情况和过水流量，由水力学公式计算确定的。土质渠段的设计断面采用等腰梯形，如图 10.10（a）所示。组成梯形断面的要素有内边坡，外边坡，渠底宽，渠顶宽，水深，超高和内、外肩宽及坡脚宽等。在岩石地带，设计断面采用矩形，此时内边坡垂直于渠底，如图 10.10（b）所示。

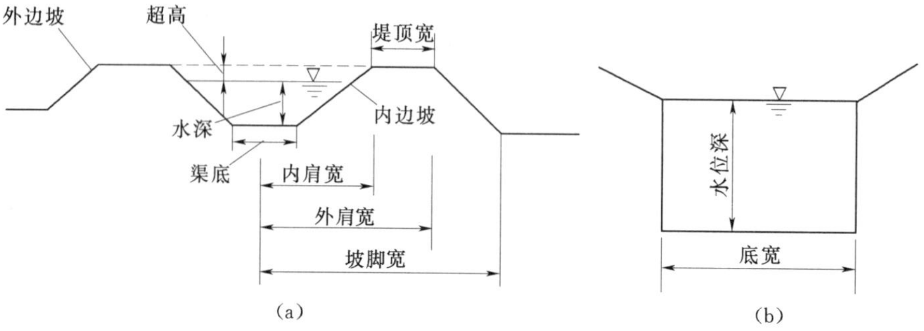

图 10.10 渠道设计横断面

确定挖填范围的方法是在各横断面图上套绘渠道设计横断面。即先在透明纸上画出渠道设计横断面（图 10.8 中的虚线所示），其比例尺与横断面图的比例尺应相同，然后根据中心桩挖深或填高的数值，将设计断面转绘到横断面图上，即可在横断面图上确定挖填范围。

以图 10.8 中所示的断面为例，套绘时，应先从纵断面图上查得中心桩 0+100 桩号应挖深度为 1.92m，再在该横断面图的中心桩处向下按比例量取 1.92m，得到渠底的中心位置，然后将绘有设计横断面的透明纸覆盖于实测断面图上，用针刺方法将设计断面的轮廓点转到图纸上，最后连接各点即完成设计横断面与实测横断面的套绘工作。这样，根据套绘在一起的地面线和设计断面线就能确定出应挖或应填范围。

10.5.2 计算断面的挖、填面积

计算挖、填面积的方法很多，常采用的有方格法、梯形法和电子求积仪法。

1. *方格法*

方格法是将透明方格纸蒙在欲测面积的图形上，数出图形范围内的方格总数，然后乘以每方格所代表的面积，从而求得图形面积。计算时，分别按挖方、填方范围数出该范围内完整的方格数目，再将不完整的方格用目估拼凑成完整的方格数，求得总方格数，如图 10.8 所示，中间部分为挖方，以厘米方格为单位，有 4 个完整方格（绘斜线的方格），其

余为不完整方格，将其凑整共有 4.2 个方格，则挖方范围的总方格数为 8.2 个方格。而图上方格边长为 1cm，即面积为 $1cm^2$，图的比例尺为 1∶100，则一个方格的实地面积为 $1m^2$，因此该处的挖方面积为：$8.2\times 1m^2 = 8.2m^2$。

2. 梯形法

梯形法是将欲测图形分成若干个等高的梯形，然后按梯形面积的计算公式进行量测和计算，从而求得图形面积。如图 10.11 所示，将中间挖方图形划分为若干个等高梯形，设 l_i 为第 i 个梯形的中线长，h 为梯形的高，则 n 个梯形所组成的图形面积 A 为

$$A = h(l_1 + l_2 + \cdots + l_n) = h\sum_{i=1}^{n} l_i \tag{10.2}$$

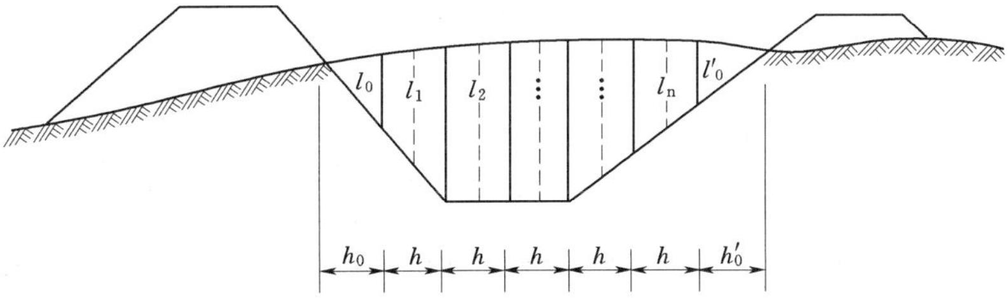

图 10.11 梯形法计算面积示意图

为了方便计算，梯形的高常采用 1cm，这样只需量取各梯形的中线长并相加，即为梯形图形的总面积。实际工作中常用宽 1cm 的长条方格纸逐一量取各梯形中线长，并在方格纸上依次累加，即从方格纸条的 0 端开始，先量第 1 个梯形的中线长 l_1，在纸条上得到 l_1 的终点，再以该点为第 2 个梯形的中线长 l_2 的起点，用方格纸条接着量取 l_2，得到 $l_1 + l_2$ 的终点，……，依次量取、累加即得总长，从而由方格纸即可直接得出梯形图形的总面积。

由于欲测图形是以 1cm 宽划分梯形，这样有可能使图形两端的三角形的高不为 1cm（如图中底边长为 l_0、高为 h_0 和底边长为 l'_0、高为 h'_0 的两三角形所示），这时应单独量算其面积，然后和梯形图形的面积相加即得所求图形的总面积。

电子求积仪量算面积的方法参见第 8 章。

10.5.3 土（石）方计算

土（石）方计算可按表 10.3 逐项填写和计算。计算时，应将纵断面图上查得的各中心桩挖（填）深度以及各桩横断面图上量得的挖、填面积填入表中，然后按式（10.1）计算两相邻断面之间的土（石）方量。

当相邻两断面之间，既有填方又有挖方时，应分别计算挖、填方量。如 0＋000 与 0＋100两中心桩之间的土方量为

$$V_{挖} = (8.40 + 8.12)/2 \times 100 = 826\ (m^3)$$

$$V_{填} = (3.15 + 3.01)/2 \times 100 = 308\ (m^3)$$

如果相邻两横断面的中心桩为一挖一填（如 0＋200 为挖 1.57m，0＋265.5 为填 0.49m），则中间必有一不挖不填的点，该点称为零点（即纵断面图上地面线与渠底设计线的交点）。零点位置可以从纵断面图上量得，也可按比例关系求得，如从图 10.7 中量得

表 10.3　××渠道土（石）方量计算表

桩　号	中心桩填挖（m）		填挖面积（m^2）		平均面积（m^2）		距离（m）	土方量（m^3）	
	挖　深	填　高	挖	填	挖	填		挖	填
0+000	2.50		8.12	3.15					
					8.26	3.08	100	826	308
0+100	1.92		8.40	3.01					
					6.13	4.06	100	613	406
0+200	1.57		3.86	5.11					
					2.28	5.28	50	114	264
0+250	0		0.70	5.45					
					0.35	6.29	15.5	5	97
0+265.5		0.49	0	7.13					
					…	…	…	…	…
…	…	…	…	…					
					…	…	…	…	…
0+800	0.47		5.64	4.91					
合计								4261	3606

桩号：自 0+000 至 0+800　　　　共____页 第 1 页

两零点的桩号分别为 0+250 和 0+276。渠线上零点处为不挖不填，而零点处横断面的挖方和填方面积不一定都为零，故还应到实地补测该两点处的横断面。然后分别计算其与相邻断面的土方量。

近年来，随着计算机在工程设计中的广泛应用，本章所讲的纵横断面图绘制、横断面面积量算、土（石）方量计算及工程造价预算均可由计算机来完成。

10.6　施 工 断 面 放 样

渠道施工前，应将设计横断面与地形横断面的交点，测设到地面上，并用木桩标定，并设置施工坡架，以作为施工的依据，这项工作称为施工断面放样或边桩放样。

渠道横断面有纯挖、纯填和半挖半填三种可能情况。图 10.12（a）为挖方断面（当挖深达 5m 时应加修平台）、图 10.12（b）为填方断面、图 10.12（c）为挖填方断面。

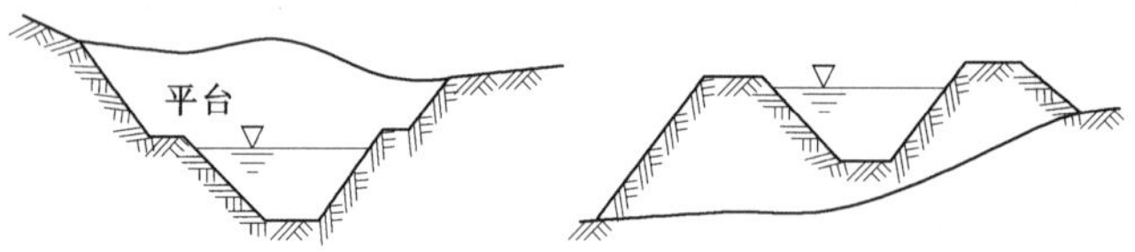

(a)　　(b)　　(c)

图 10.12　渠道横断面示意图

(a) 挖方断面；(b) 填方断面；(c) 挖填方断面

图 10.13 表示一个半挖半填断面，需要标定的边坡桩有渠道左右两边的开口桩、堤内肩桩、堤外肩桩和外坡脚桩等 8 个桩位。从套绘有设计断面的横断面图上，可以分别量出这些桩位至中心桩的距离，作为放样数据，根据中心桩即可在现场将这些桩标定出来。然

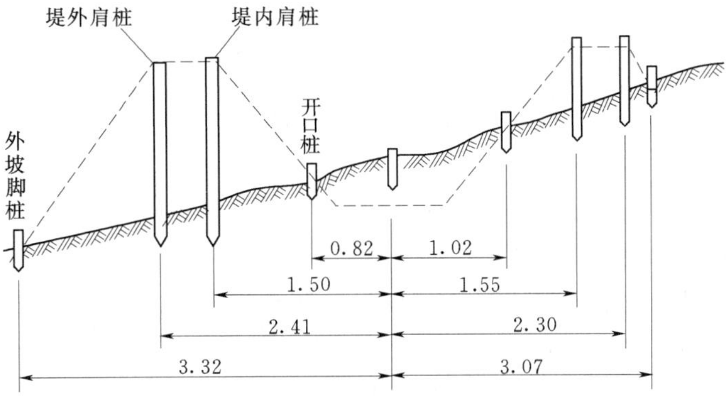

图 10.13　边坡桩放样示意图（单位：m）

后，在内、外肩桩位上按填方高度竖立竹杆，竹杆顶部分别系绳，绳的另一端分别扎紧在相应的外坡脚桩和开口桩上，即形成一个渠道边坡断面，称为施工坡架。施工坡架每隔一定距离设置一个，其他里程桩位只需放出开口桩和外坡脚桩，并用灰线分别将各开口桩和坡脚桩连接起来，表明整个渠道的开挖与填筑范围。为了放样方便，事先应根据横断面图编制放样数据表，见表 10.4。

表 10.4　　××渠道施工断面放样数据表

里程桩号	中心桩至边坡桩的距离（m）							
	开口桩		内堤肩桩		外堤肩桩		外坡脚桩	
	左	右	左	右	左	右	左	右
0+000	0.82	1.02	1.50	1.55	2.41	2.30	3.32	3.07
0+050	0.85	0.66	1.33	1.40	2.51	2.23	3.02	3.12
0+100	0.68	0.70	1.52	1.48	2.33	2.12	3.45	3.55

中心桩的地面高程、中心桩的填高或挖深等数据以及高程放样时所需的渠底高程可由纵断面图上查得，渠底高程加设计的水深加超高即为堤顶的设计高程。

为了保证渠道的修建质量，对于大中型渠道，在其修建过程中应及时进行检测，对已竣工渠段应进行验收测量。渠道的检测与验收测量一般是用水准测量的方法检测渠底高程、堤顶高程、边坡坡度等，以保证渠道按设计图纸要求完工。

小　　结

通过本章学习，应当明确中线测量、纵横断面测量、纵横断面图的绘制一方面是为渠道土（石）方量的计算作资料准备，另一方面是为渠道施工放样作资料准备。土（石）方量是总工程量的重要指标，它是制定合理施工方案、编制工程预算的依据。中线测量中，山丘区中线桩的高程探测是难点；纵断面测量采用间视水准测量方法进行，间视点的高程没有检核条件，应注意观测、读数和计算的正确性；横断面测量的方法较多，应根据断面长短、断面坡度以及所用仪器、工具、设备等情况灵活掌握；纵横断面图的绘制和土

（石）方量的计算是本章的重点，应多加练习。施工断面的放样方法并不复杂，关键是放样数据的准备应保证正确无误。

思 考 题

10.1 渠道测量的任务是什么？

10.2 渠道选线的方法与步骤是什么？

10.3 渠道中线测量包括哪些工作？何为里程桩？在什么情况下要设置加桩？

10.4 山丘区的渠道中线测量应如何进行？

10.5 间视法水准测量有何特点？纵断面测量中，为什么观测转点比观测间视点（中间点）的精度要求高？

10.6 横断面测量的方法有哪几种？各适用于何种断面的测量？

10.7 纵、横断面图的绘制要求有哪些主要区别？

10.8 如何计算土（石）方量？土（石）方计算时，为什么还要补测零点处的横断面？

10.9 如何进行渠道横断面的边坡桩放样？

习 题

10.1 试完成表10.5（纵断面测量观测手簿）中的计算。

表10.5 **纵断面测量手簿** 单位：m

桩号	后视读数	视线高程	前视读数		高程	备注
			间视	转点		
BM_1	0.760					92.470（已知）
TP_1	0.546			1.542		
0+000	0.864			0.734		
0+050			1.01			
0+100			0.76			
0+150			1.06			
0+178			1.60			
0+200	1.100			1.101		
0+250			1.06			
0+300			1.15			
0+350			1.02			
0+400			1.11			
0+450			1.27			
0+500	1.133			1.232		

续表

桩　　号	后视读数	视线高程	前　视　读　数		高　程	备　注
			间　视	转　点		
0+550			1.11			
0+600			1.09			
0+650			1.10			
0+700			1.01			
0+750			0.98			
0+800	1.455			0.482		
BM_2				0.430		92.820（已知）
校核						
闭合差计算						

第 11 章 水工建筑物施工测量

学习指导

本章介绍主要水工建筑物的施工测量。要求熟悉土坝、水闸及隧洞施工测量的工作内容与程序，掌握施工测量的基本方法。

11.1 土坝施工测量

大坝分为多种类型，按建筑材料可分为土坝、堆石坝、土石混合坝、浆砌石坝、混凝土坝等；按造型可分为直线型坝、拱坝等；按作用力的性质可分为重力坝、侧力坝等；按大坝的规模可分为小型、中型、大型甚至特大型坝。中小型大坝中以土坝居多，其优点是：可就地取材，施工简便。本节介绍土坝施工测量的基本方法。

11.1.1 土坝控制测量

11.1.1.1 坝轴线的测设

土坝一般为直线型重力坝，坝轴线即坝顶中心线，如图 11.1 所示。对于中小型土坝的坝轴线一般由工程设计人员和勘测人员组成选线小组通过实地踏勘，根据坝址的地形、地质和建筑材料等条件，经方案比较，在现场选定。对于大型土坝，一般经现场踏勘、图上规划和方案比较，确定建坝位置，在地形图上标定坝轴线，并采用角度交会方法将其测设于地面。

坝轴线的两端点在现场标定后，应埋设永久性标志。为防止施工时点位被破坏，应用经纬仪将其两端点延长到两侧山坡上不受施工干扰的地方。

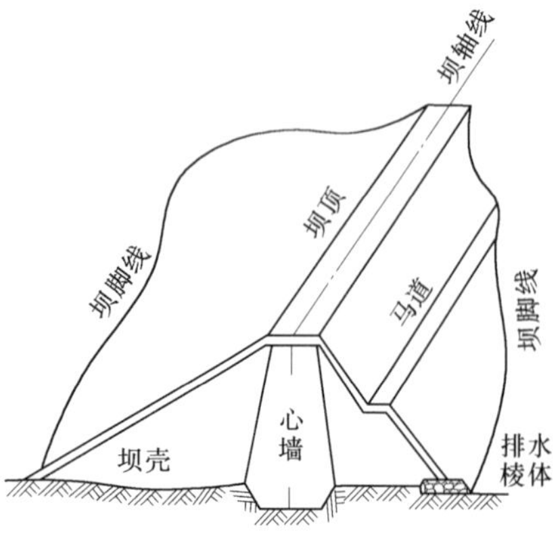

图 11.1 土坝结构示意图

11.1.1.2 坝身控制测量

坝轴线是土坝施工放样的主要依据。但是，要进行土坝的细部放样，尤其在施工干扰较大的情况下，仅有一条轴线是不能满足施工需要的。因此，还必须进行坝身控制测量。坝身控制测量包括平面控制测量和高程控制测量。

1. 平面控制测量

（1）平行于坝轴线的控制线的测设。平行于坝轴线的控制线可布设在坝顶上下游线、上下游坝坡面变化处、下游马道中线，也可按一定的间隔（如 10m、20m、30m 等）布设，以便控制坝体的填筑和进行收方。测设时应分别在坝轴线的端点 M、N

安置经纬仪。在 M 点安置经纬仪时，首先照准 N 点，然后用测设 90°角的方法作一条垂直于坝轴线的横向基准线 AB，如图 11.2 所示。然后沿该基准线量取各平行控制线距坝轴线的距离，得各平行线的位置，用木桩在实地标定，如图中的 1、2、…、6 诸点。在 N 点同理可定出 1′、2′、…、6′诸点，直线 11′、22′、…、66′即为坝轴线 MN 的平行线，把各平行线延长到两侧山坡上，并埋设标志。

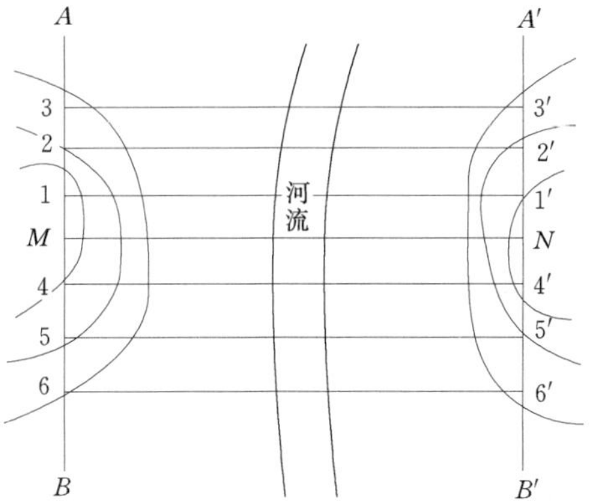

图 11.2 平行与坝轴线的控制线

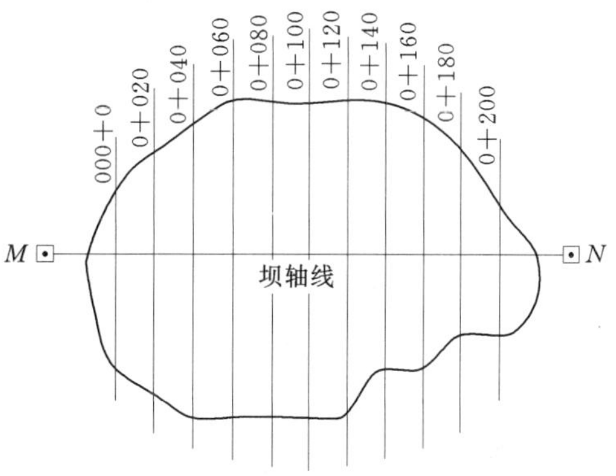

图 11.3 垂直于坝轴线的控制线

(2) 垂直于坝轴线的控制线的测设。垂直于坝轴线的控制线一般按 20m、30m 或 50m 间隔布设，地形复杂时，间距还可以再小一些。测设时由坝轴线的一端开始，在轴线上首先定出坝顶与地面的交点作为零号桩，其桩号为 0＋000。如图 11.3 所示，在 M 点安置经纬仪，照准轴线另一端点 N，得坝轴线方向，根据附近已知水准点上水准尺的后视读数 a 及坝顶高程，求得前视读数 b；使前视尺沿经纬仪视线（坝轴线）方向移动，当前视尺读数为 b 时，则该立尺点即为坝轴线上零号桩的位置。零号桩位置确定后，可沿坝轴线由零号桩起按选定的间距（图 11.3 中为 20m）丈量距离，并顺序打下里程桩，其桩号依次为 0＋020、0＋040、…，直至另一端坝顶与地面的交点处为止。然后在各里程桩上安置经纬仪，后视 M 或 N，按测设 90°角的方法定出各横断面方向；并分别在上下游清基范围以外，各打下两个横断面控制桩，作为测量横断面和放样坝坡脚的依据。

2. 高程控制测量

用于土坝施工放样的高程控制，除在施工范围外布设三等或四等精度的永久性水准点外，还应在施工范围内设置临时性水准点。临时性水准点直接用于坝体的高程放样，应布置在施工范围内不同高度的地方，以便于安置 1～2 次仪器就能放出需要的高程。临时水准点应根据施工进度及时设置，并与永久水准点构成附合或闭合水准路线，按四等或等外精度施测。并要根据永久水准点定期进行检测。

11.1.2 清基开挖线的放样

为了使坝体与基岩很好的结合，在坝体填筑前，必须先清除坝体范围内的自然表土，即所谓清基。清基前，应放出清基开挖线，即坝体与自然地面的交线。

清基开挖线的放样精度要求不高，可用套绘断面法求得放样数据，然后到现场放样。套绘断面法与渠道套绘断面的方法相似，即首先测定各里程桩高程，然后沿垂直线方向作横断面测量，在各横断面图上套绘坝体设计断面，并从图上量出两断面线交点（即清基开挖点）至中线桩的距离，如图 11.4 中所示的 d_1 和 d_2。求出各断面清基开挖点至中线桩的距离后，在实地上沿各断面方向量出相应的平距，即定出各清基开挖点的实地位置。将各断面上的清基开挖点顺序连接即为清基开挖线。由于清基开挖有一定的深度和坡度，所以实际的开挖线应向外放宽适当距离（一般为 1～2m），最后在地面上撒上白灰标明。

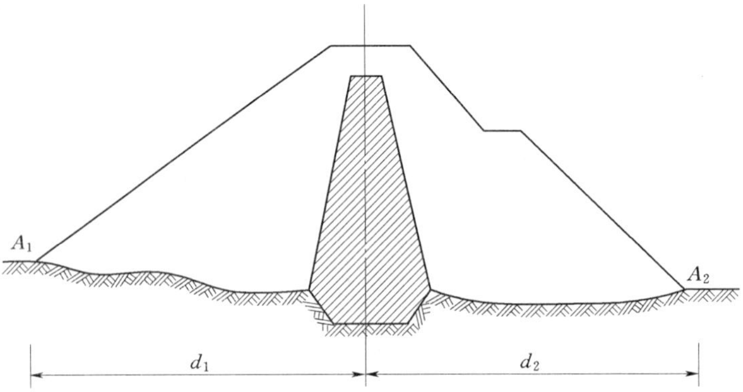

图 11.4　套绘断面法求土坝清基放样数据

11.1.3　坡脚线的放样

清基以后，应放出坡脚线（即坝体与清基后地面的交线），以便填筑坝体。下面介绍两种放样方法。

1. 套绘断面法

和上述清基开挖线的套绘断面法完全相同，只不过是采用这种方法前应首先恢复被破坏的里程桩，并测量其新的横断面，在新的横断面图上套绘坝体设计断面。由于坡脚线的放样精度要求较高，所以用这种方法放出的坡脚线必须进行检验。检验方法如下。

如图 11.5 所示，设放出的坡脚点位置为 P，测定其高程 H_P。设坝顶设计高程为 $H_{顶}$，坝顶宽度为 b，坝面设计坡度为 i。由图中不难看出，坡脚点 P 至中心桩的水平距离 d 为

$$d = \frac{b}{2} + \frac{H_{顶} - H_P}{i} \tag{11.1}$$

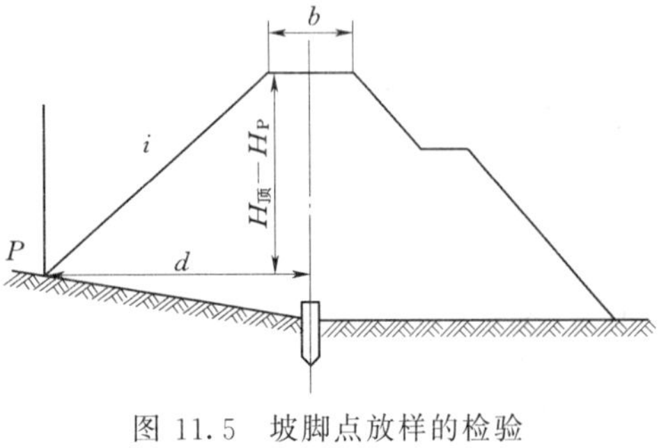

图 11.5　坡脚点放样的检验

按上式算得的平距与断面图上量得的平距之差，若相对误差小于 1/1000，即认为点位放样正确；若超出限差，应按算得的平距纠正点位。

2. 平行线法

在坝身控制测量时，曾经布设了平行于坝轴线的控制线。设任一平行控制线与坝坡面相交处的高程为 H_i，与坝轴线之间的平距为 d_i。

参照图 11.5 可得 H_i 的计算公式为

$$H_i = H_{顶} - i\left(d_i - \frac{b}{2}\right) \tag{11.2}$$

式中其他符号的意义同式（11.1）。

各平行控制线与坝坡面相交处的高程求得后，即可沿各平行线，用高程放样的方法测设高程为 H_i 的坡角点，具体施测方法与测定轴线上零号桩位置的方法相同。

各个坡脚点的连线，即为坝体的坡脚线。但是，为确保坡面碾压密实，一般坡脚处填土范围应当大一些，多余的填土部分称为余坡，余坡的厚度取决于土质及施工方法，一般为 1～2m。

11.1.4 坝体边坡线的放样

坝体坡脚线放出后，即可在坡脚线范围内填土。土坝施工时是分层上料的，每层填土厚度约 0.5m，上料后即进行碾压。为了保证坝体的边坡符合设计要求，每层碾压后应及时确定上料边界。各个断面上料桩的标定通常采用轴距杆法或坡度尺法进行，这里只介绍轴距杆法。

根据土坝的设计坡度，按式（11.1）计算坝坡面不同高程点至坝轴线的水平距离，该距离为坝体筑成后的实际轴距。在施工中，由于坝轴线上的里程桩无法保存，因此在坝体砌筑前，常在各里程桩的横断面上、下游方向，各预先在填土范围以外埋设一根竹杆，称为轴距杆，如图 11.6 所示。设轴距杆距坝轴线的平距为 d，上料桩至坝轴线的平距为 d_i，则上料桩距轴距杆的平距为：$\Delta d_i = d - d_i$。据此可定出上料桩的位置。随着坝体的增高，轴距杆可逐渐向坝轴线移近。

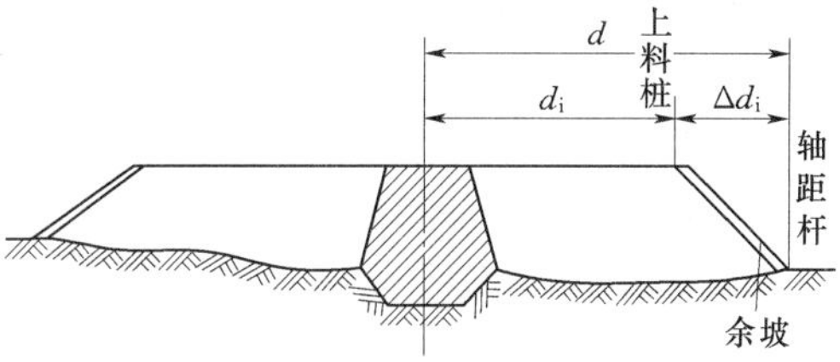

图 11.6　轴距杆法放样示意图

实际放样上料桩时应加上余坡厚度，如图 11.6 所示。

11.1.5 修坡桩的测设

坝体修筑到设计高程后，要根据设计的坡度修整坝坡面，修坡是根据标明削去厚度的修坡桩进行的。修坡桩常用水准仪或经纬仪测设。

1. 水准仪法

在已填筑的坝坡面上，钉上若干排平行于坝轴线的木桩。木桩的纵、横间距都不易过大，以免影响修坡质量。用钢卷尺丈量各木桩至坝轴线的距离，按式（11.2）计算桩的坡面设计高程；用水准仪测定各木桩的坡面高程，各点坡面高程与各点设计高程之差即为该点的削坡厚度。

2. 经纬仪法

首先根据设计坡度计算出坡倾角。例如，当坝坡面的设计坡度为 1∶2 时，坡面的倾角为

$$\alpha = \arctan\frac{1}{2} = 26°33'54''$$

在填筑后的设计坝顶边缘上安置经纬仪，如图 11.7 所示量取仪器高度 i。将望远镜视线向下倾斜 α 角，此时视线平行于设计坡面；然后沿视线方向每隔几米竖立标尺，设中丝读数为 v，则该立尺点的修坡厚度为

$$\delta = i - v \tag{11.3}$$

式中　i——经纬仪的仪器高，m；

v——经纬仪的中丝读数，m。

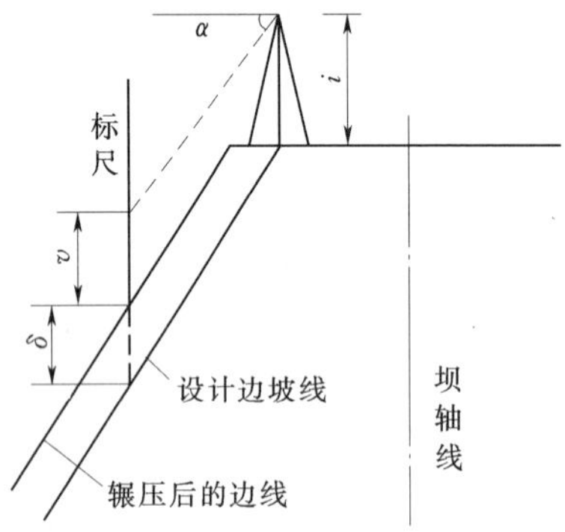

图 11.7　经纬仪坡面修整放样

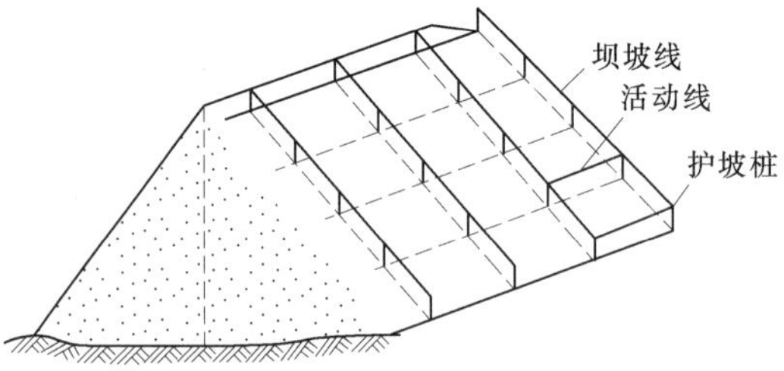

图 11.8　护坡桩测设

11.1.6　护坡桩的测设

坝坡面修整后，需用草皮或石块进行护坡。为使护坡后的坡面符合设计要求，应测设护坡桩。

如图 11.8 所示，护坡桩应从坝脚线开始，沿坝坡面高差每隔 5m 布设一排，每排都与坝轴线平行；在一排中每隔 10m 钉一木桩，使木桩在坝面上构成方格网状。将设计高程测设于木桩上，并在设计高程处钉一小钉，称为高程钉。在大坝横断面方向的高程钉上拴一根线绳，以控制坡面的横向坡度；在平行于坝轴线方向系一活动线，当活动线沿横断面的线绳上、下移动时，其轨迹就是设计的坝坡面。

11.2　水闸的施工放样

水闸由闸室段和上、下游连接段三部分组成。闸室是水闸的主体，包括：闸墩、底板、闸门、工作桥、交通桥等，图 11.9 为闸室的平面位置示意图。上、下游连接段主要包括防冲槽、消力池、护坦、翼墙、护坡等一些防冲设施。

由于水闸一般建筑在土质地基上，因此通常以较厚的钢筋混凝土底板作为整体基础，闸墩和翼墙就浇筑在底板上，与底板结成一个整体。放样时，应先放出整体基础开挖线；在基础浇筑时，为了在底板上预留闸墩和翼墙的连接钢筋，应放出闸墩和翼墙的位置。

11.2.1　水闸主轴线的测设

水闸主轴线由闸室中心线和河道中心线两条互相垂直的直线组成，如图 11.10 所示。

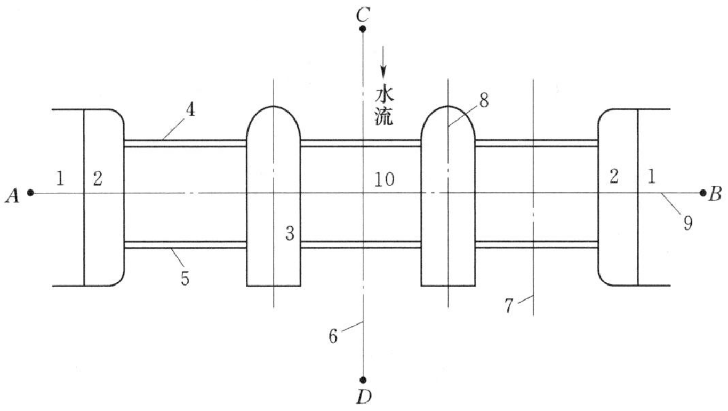

图 11.9 闸室平面位置示意图

1—坝体；2—边墩；3—闸墩；4—检修闸门；5—工作闸门；6—水闸中线；7—闸孔中线；8—闸墩中线；9—水闸中心线；10—闸室

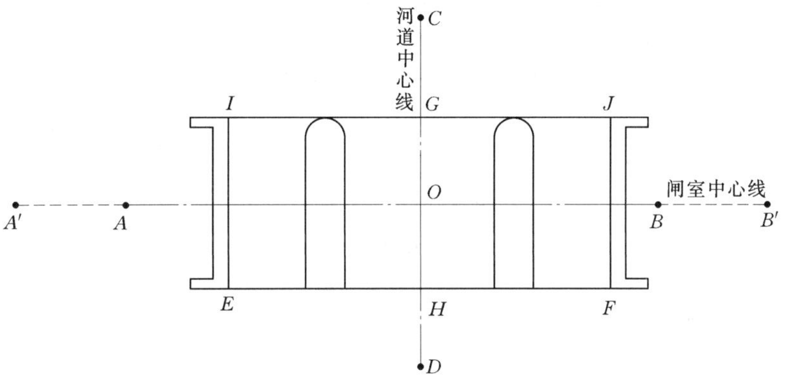

图 11.10 闸室主要轴线的放样

水闸主轴线的放样，就是在施工现场标定轴线端点的位置，如图 11.10 中的 A、B 点和 C、D 点的位置。

主轴线的放样，通常是先放出闸室中心线两端点 A、B 的位置。放样时，可从水闸设计图上量出其坐标，然后将施工坐标换算成测图坐标，利用测图控制点进行放样。对于独立的小型水闸，也可在现场直接选定。

主轴线端点 A、B 确定后，应精密测定 AB 的长度，并标定中点 O 的位置。在 O 点安置经纬仪，测设出 AB 的垂线 CD。其测设误差应小于 $10''$。主轴线测定后，应向两端延长至施工影响范围之外，每端各埋设两个固定标志以表示轴线方向。埋设两个标志的目的是为了检查端点位置是否发生变动，并作为恢复端点位置的依据。

11.2.2 基础开挖线的放样

水闸基础开挖线是由水闸底板的周界以及翼墙、护坡等与地面的交线决定的。为了定出开挖线，可以采用套绘断面法。首先，从水闸设计图上查取底板形状变换点至闸室中心线的平距，在实地沿纵向主轴线标出这些点的位置，并测定其高程和测绘相应的河床横断

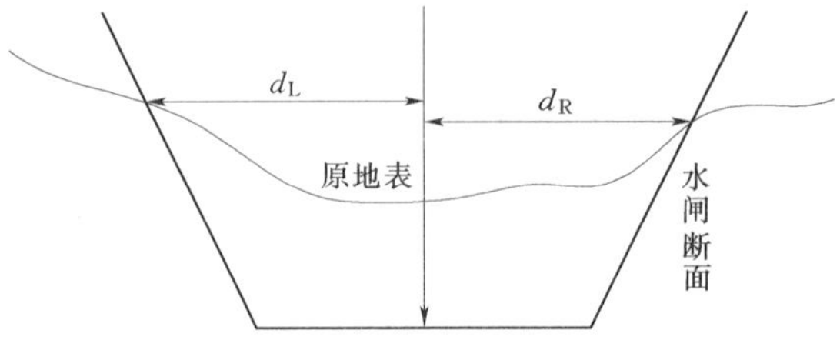

图 11.11　水闸基坑开挖点的确定

面图。然后根据设计数据（即相应的底板高程和宽度，翼墙和护坡的坡度）在河床横断面图上套绘相应的水闸断面（图 11.11），量取两断面线交点到纵轴的距离 d_L 和 d_R，即可在实地放出这些交点，连成开挖边线。

为了控制开挖高程，可将斜高注在开挖边桩上。当挖到接近底板高程时，一般应预留 0.3m 左右的保护层，待底板浇筑时再挖去，以免间隙时间过长，清理后的地基受雨水冲刷而变化。在挖去保护层时，要用水准测定底面高程，测定误差不能大于 10mm。

11.2.3　水闸底板的放样

闸孔较多的大中型水闸底板是分块浇筑的。底板放样首先应放出每块底板立模线的位置，以便装置模板进行浇筑。为了定出立模线，应先在清基后的地面上恢复主轴线及其交点的位置。然后进行底板放样。

闸室底板的放样，如图 11.10 所示，根据底板的设计尺寸，由主轴线的交点 O 起，在 CD 轴线上，分别向上、下游各测设底板长度的一半，得 G、H 两点，然后在 G、H 点上分别安置经纬仪，测设与 CD 轴线相垂直的两条方向线。两方向线与边墩中线的交点 I、J 、E、F，即为闸室底板的 4 个角点。

如果施工场地测设距离较困难，也可用闸室轴线的端点 A、B 作为控制点，同时假设 A 点的坐标为一整数、轴线 AB 为坐标轴，根据 AB 的长度可求得 B 点的坐标；根据闸底板 4 个角点到 AB 轴线的距离及其在 AB 轴线上的投影长度，即可推得 4 个角点的坐标。通过坐标反算求得放样角度，即可在 A、B 两点架设经纬仪，用前方交会法放样 4 个角点。

闸底板的高程，可根据底板的设计高程及临时水准点的高程，采用水准测量的方法进行放样。

底板浇筑结束后，要在底板上定出主轴线、各闸墩中线、各闸孔中心线和门槽控制线，然后以这些轴线为基准标出闸墩和翼墙的立模线。

11.2.4　闸墩的放样

闸墩的放样，是先放出闸墩中线，再以中线为依据放样闸墩的轮廓线。

闸墩的平面轮廓线，由直线和曲线两部分组成。直线部分可根据平面图上设计的有关尺寸，用直角坐标法放样。闸墩上游一侧一般设计成椭圆曲线，如图 11.12 所示。放样时，应根据计算出的曲线上相隔一定距离的点的坐标，求出椭圆的对称中心点 P 至各点的放样

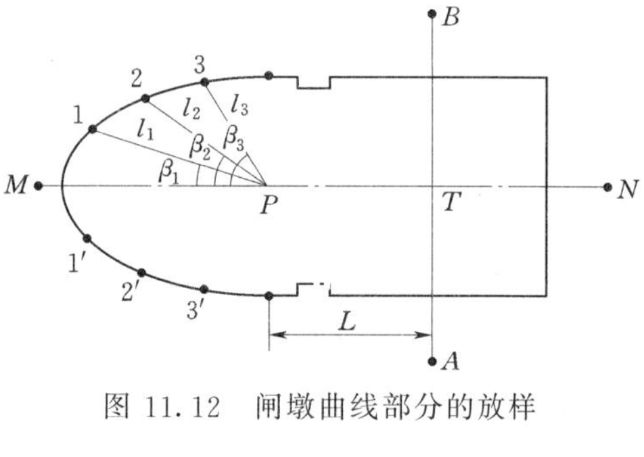

图 11.12　闸墩曲线部分的放样

数据β_i和l_i，根据已标定的水闸轴线AB，闸墩中线MN定出两轴线的交点T，沿闸墩中线测设距离L定出P点，在P点安置经纬仪，以PM方向为后视，用极坐标法放样1、2、3等点。由于PM两侧曲线对称，左侧的曲线点也可按上述方法放出。施工人员根据测设的曲线放样线立模。

闸墩各部位的高程，根据施工场地布设的临时水准点，按高程放样方法在模板内侧标出高程点。随着墩体的增高，可在墩体上测定一条高程为整米数的水平线，并用红漆标出来，作为继续往上浇筑时量算高程的依据；也可用钢卷尺从已浇筑的混凝土高程点上直接丈量放出设计高程。

当闸墩浇筑完工后，应在闸墩上标出闸的主轴线，再根据主轴线定出工作桥和交通桥的中心线。

11.3 隧洞施工测量

在水利工程建设中，为了施工导流、引水发电、泄洪、灌溉的需要，常常要修建隧洞。在其他一些线路工程中，如铁路、公路等，也常常要修建隧洞。

隧洞属于地下工程，一般情况下多由两端相向开挖；为了加快施工进度，有时还在隧洞中心线上增开竖井，或在适当的地方向中心线开挖平洞或斜洞，以增加工作面，这就需要严格控制开挖方向和高程，保证隧洞的正确贯通。所谓正确贯通，就是要保证隧洞贯通时在纵向、横向及竖向的误差（称为贯通误差）在允许范围以内。对于相向开挖的隧洞，如果中线不能理想的衔接，其长度沿中线方向伸长或缩短，这种误差称为纵向贯通误差，其允许值一般为±20cm；中线在水平面上互相错开的误差称为横向贯通误差，其允许值一般为±10cm；中线在竖直面内互相错开的误差称为竖向贯通误差，也称高程贯通误差，其允许值一般为±5cm。

隧洞的形式有直线型、折线型和曲线型之分。由于工程性质、地质和地形条件的不同，隧洞的施工方法也不相同，例如浅埋隧洞可采用明挖法，软质地层可采用盾掘法，硬质地层可采用矿山法。

由于隧洞的结构形式和施工方法不同，所以施工测量的方法也不尽相同。本节着重介绍直线型隧洞施工测量的基本方法。

隧洞施工测量的内容包括洞外定线测量、洞内定线测量、隧洞高程测量以及隧洞断面的放样等。

11.3.1 隧洞洞外控制测量

洞外控制测量的目的，是为了决定隧洞洞口的位置，并为确定中线掘进方向和高程放样提供依据。

1. 洞外平面控制测量

（1）三角测量。一般来讲，隧洞多位于地形复杂的山岭地区，故多采用三角测量的方法。三角网一般沿洞轴线方向布设成锁状。布点时应注意，点位不宜布设在由于隧洞的开挖可能产生形变的地点，在隧洞的每个洞口（包括支洞、斜井）都应布设三角点。三角锁的等级随隧洞长度、形式和贯通精度的要求而异。对于长度在1km以内，横向贯通误差允许值为±10～±30cm 的隧洞，布设三角网的精度应满足以下要求：基线丈量的相对误差应小于 1/20000；三角锁最弱边的相对误差应小于 1/10000；三角形角度闭合差应小于 30″（测角时用 DJ_2 型经纬仪观测一测回，DJ_6 型经纬仪需观测两测回）。

（2）导线测量。若采用导线作为平面控制时，导线宜构成环形。由于全站仪的广泛使用，用电磁波测距导线作洞外控制是行之有效的方法。导线的施测等级亦应随隧洞的长度、形式和贯通精度的要求而定。一般来讲，导线施测应满足以下要求：测边相对误差不得大于 1/5000；角度用 DJ_2 型经纬仪观测一测回或用 DJ_6 型经纬仪观测两测回，角度闭合差不应超过 $24''\sqrt{n}$（n 为折角个数）；导线的相对闭合差不应大于 1/5000。

2. 洞外高程控制测量

为了保证隧洞在竖直面内正确贯通，将高程从洞口或竖井传递到隧洞中去，以控制开挖坡度和高程，必须在地面上沿隧洞中线附近布设水准路线。按照三、四等水准测量的精度测定水准点的高程。基准水准点应布设在开挖爆破区域以外地基比较稳固的地方；作业水准点可布置在洞口或竖井附近，每一洞口要埋设两个以上的水准点，以便校核。

11.3.2　隧洞洞口位置与中线掘进方向的确定

在地面上确定洞口位置及中线掘进方向的测量工作称为洞外定线测量。洞外定线测量分为直接定线测量和解析法定线测量两种方法，现分述如下。

1. 直接定线测量

对于较短的直线隧洞，可在现场直接选定洞口位置，然后用经纬仪按正、倒镜定直线的方法标定隧洞中心线掘进方向，并求出隧洞的长度。如图 11.13 所示，A、B 两点为现场选定的洞口位置，且两点互不通视，欲标定隧洞中心线，首先在 A、B 的连线上初选一点 C'，将经纬仪安置在 C'点，瞄准 A 点，倒转望远镜，在 AC'的延长线上定出 D'点，为了提高定线精度可用盘左、盘右观测取平均，作为 D'点的位置。然后搬仪器至 D'点，仿照同样的方法在洞口定出 B'点。通常 B'与 B 不重合，此时量取 $B'B$ 的距离，并用视距法测得 AD'和 $D'B'$的水平长度，求出 D'点的改正距离 $D'D$，即 $D'D=(AD'/AB')\times B'B$。

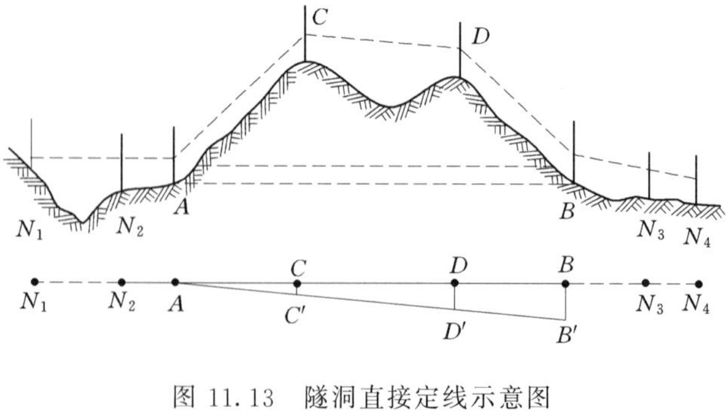

图 11.13　隧洞直接定线示意图

在地面上从 D'点沿垂直于 AB 方向量取距离 $D'D$ 得到 D 点，再将仪器安置于 D 点，用上述方法再次定线，由 B 点标定至 A 点，如此重复定线，直至 C、D 位于 AB 直线上为止。最后在 AB 的延长线上各埋设两个方向桩 N_1、N_2 和 N_3、N_4，以指示开挖方向。

直线隧洞的长度可直接用钢尺在实地量得，亦可用视距法求得。

2. 解析法定线测量

(1) 洞口位置的测设。如图 11.14 所示，A、B、C、D 为已知测量控制点；E、F 为洞口位置，其设计坐标由图纸给出。E、F 的测设可采用极坐标法、角度交会法或距离交会法任一种方法进行。洞口位置 E、F 测设后，打桩标定。

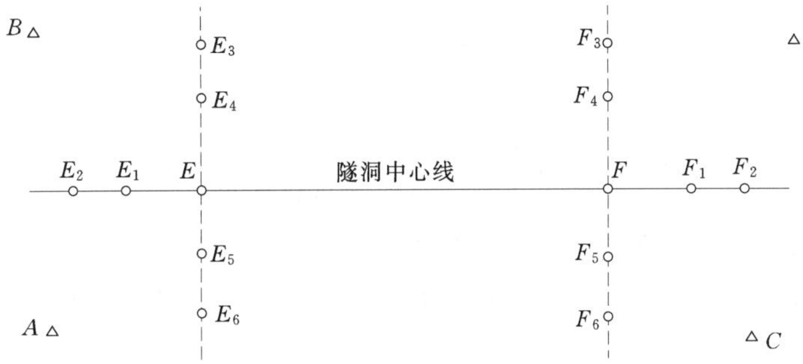

图 11.14 解析法定线测量

(2) 开挖方向定向桩及洞口位置定位桩的设置。在洞口位置标定后还要标定开挖方向，并设置开挖方向定向桩和洞口位置的定位桩，以便在开挖施工中随时检查或重新标定洞口位置和开挖方向。图 11.14 中洞口 E 处的定向桩为 E_1 和 E_2，洞口位置的定位桩为 E_3、E_4、E_5、E_6。下面说明洞口 E 处定向桩和定位桩的设置方法：由于洞口点 E、F 通常是不通视的，设置前应根据 E、F、A 三点的坐标反算方位角 α_{EF} 及 α_{EA}，则 EF 和 EA 两方向的夹角为 $\beta=\alpha_{EA}-\alpha_{EF}$；然后在 E 点安置经纬仪，后视 A 点用水平角放样方法标定 FE 方向，在洞口外适当位置放出 E_1、E_2 两点（注意放样时应采用盘左盘右的方法进行），打桩标定，即为开挖方向定向桩。在 E 点与 EF 垂直的方向上放出 E_3、E_4、E_5、E_6 点，打桩标定，即为洞口位置定位桩。仿照同样方法可放出洞口 F 处的定向桩 F_1、F_2 及定位桩 F_3、F_4、F_5、F_6。

(3) 隧洞长度的计算。根据洞口点的坐标通过坐标反算即可求得隧洞的长度。

11.3.3 隧洞掘进中的方向控制

隧洞掘进中的方向控制又称为洞内定线。

隧洞切口以后，就要在切口上标定出隧洞中心线，以指示掘进方向。如图 11.15 所示，在洞口点 A 上安置仪器，照准方向桩 E_1 或 E_2，倒转望远镜即为隧洞中线方向。标定时应采用盘左、盘右取平均的方法进行。

随着隧洞的掘进，需要继续把中心线向前延伸，应每隔一定距离（如 20m）在隧洞底部设置中心桩。施工中为便于目测掘进方向，在设置底部中心桩的同时，设置 3 个间距为 1.5m 的吊桩，用于悬吊垂球，如图 11.16 所示。然后，以 3 条垂球线为依据，用肉眼标定方向，直接在开挖工作面上标定中线方向。用这种方法标定开挖方向

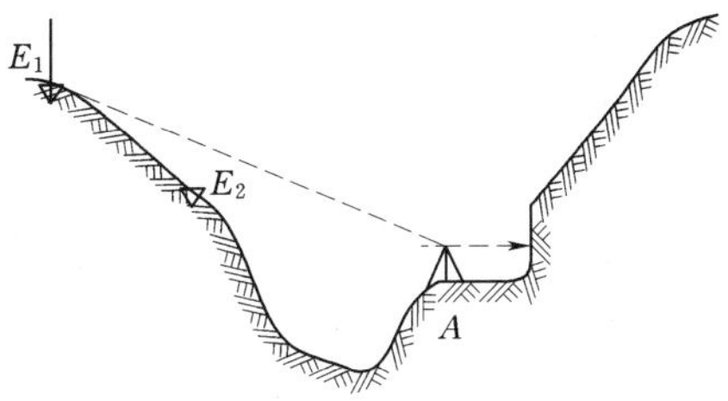

图 11.15 隧洞切口处中心线的标定

的误差较大，一般要求垂球线离工作面的距离不宜大于 30m。

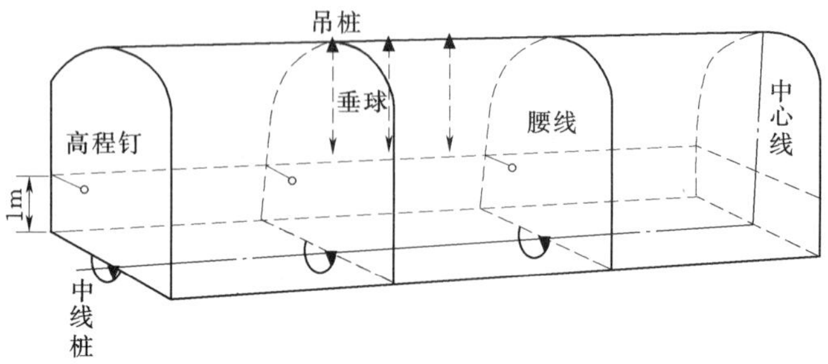

图 11.16　吊垂线标定隧洞掘进方向

对于较长的隧洞，为控制中线误差，可由洞外控制点开始向洞内敷设支导线。根据洞内导线点的坐标和隧洞中线点的设计坐标，计算出放样数据，采用极坐标法测设中线点，再由中线点按一般定线方法指示开挖方向。如图 11.17 所示，设 P_1、P_2 为洞内导线点，T 和 B 为隧洞中线上的点。用坐标反算公式求得边长 S_1、S_2 及水平角 β_T、β_B。在导线点 P_2 安置经纬仪，后视导线点 P_1，拨角 β_T 并沿经纬仪视线方向测设 S_1 的长度，得中线点 T 的位置。继续拨角 β_B，用同样的方法测设长度 S_2，即得到中线点 B 的位置。T 和 B 的连线方向即为隧洞的开挖方向。T 和 B 的间距一般为 10m 左右。当中线需要继续向前延伸时，可采用正倒镜延长直线的方法进行。

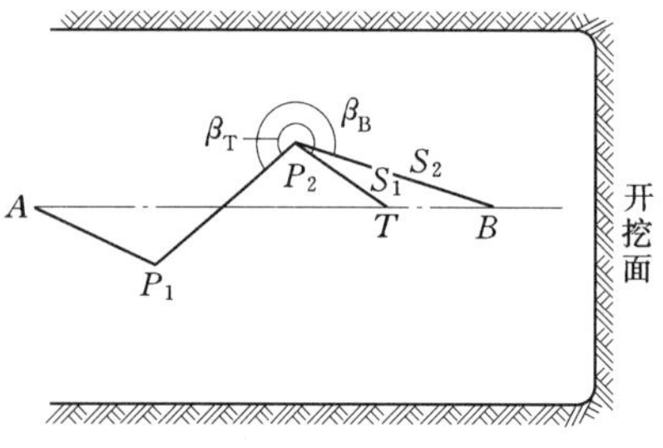

图 11.17　根据洞内导线测设隧洞中线

洞内导线是随着隧洞的掘进逐步向前延伸的支导线，一般每隔 50～100m 选一导线点。为了保证测量成果的正确性，应由两组人员分别进行观测和计算，以资校核。支导线的施测应保证测边相对误差不大于 1/5000；角度用 DJ_2 型经纬仪观测一测回或用 DJ_6 型经纬仪观测两测回。另外，由于洞内导线点的布设是随隧洞向前掘进逐步进行的，中间要相隔一段时间，故测定新点时，必须对已设置的导线点进行检测。

11.3.4　隧洞掘进中的高程控制

隧洞进出口的高程应根据其设计高程，利用洞口附近的水准点测设，并在洞口点位上标定。

在隧洞掘进中，为了保证隧洞的开挖符合设计的高程和坡度，还应由洞口水准点向洞内引测高程，在洞内每隔 20～30m 设一临时水准点，每隔 200m 左右设一固定水准点，可以在浇灌水泥中线桩时同时埋设。洞内水准点可采用四等水准测量的方法施测，但必须进行往返测。为了控制开挖高程和坡度，应先根据洞口的设计高程、隧洞的设计坡度和洞内各点的进深距离，算出各点处的洞底设计高程，然后依洞内水准点进行高程放样。放样时，常先在洞壁或撑木上每隔一定距离（5～10m）测设比洞底设计高程高出 1m 的一些点，点上钉钉，称为高程钉。连接这些高程点，即为高出洞底设计坡度线 1m 的平行线，称为腰线（图 11.16），利用腰线可方便的指导隧洞顶部和底部按设计纵坡开挖。

11.3.5 隧洞开挖断面的放样

隧洞施工时，为了选择炮眼和确定开挖范围，应及时进行断面放样，在工作面上标定开挖断面的范围。

断面放样，包括隧洞两边侧墙及拱顶的放样。洞轴线测设后，从洞轴线向两侧方向各测设开挖宽度的一半，即得侧墙位置。拱顶部分多为圆曲线或抛物线。在设计断面图上，已给出断面宽度、拱顶高度以及曲线半径等数据。开挖的毛洞，其精度要求不高，可用图解法求出各个放样数据。

隧洞衬砌要求精度较高，必须用解析法求出放样数据。图 11.18 为某隧洞城门式的横断面设计图，洞宽 5.00m，洞高 4.80m，圆拱曲线半径 R 为 3.00m，拱顶矢高（拱顶与拱脚的高差）1.60m。放样时，先在工作面上标定断面轴线 MN，并根据设计的里程桩号、洞轴线的设计坡度和设计断面尺寸，求得该里程点拱顶 M 的设计标高。然后，由腰线来确定 M 点的位置。

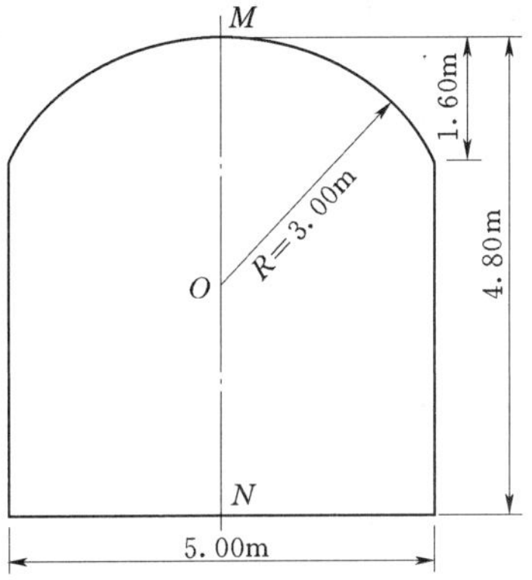

图 11.18 城门式设计断面

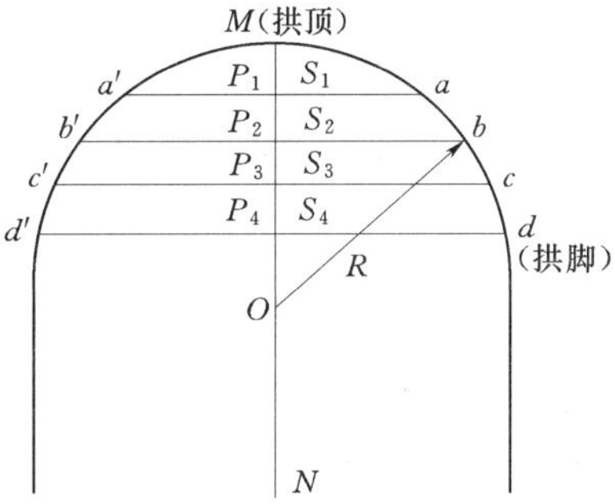

图 11.19 拱曲线放样

从图 11.19 可知，若把拱顶矢高 1.60m 分成四等份，则

$$MP_1 = 0.40\text{m},\ MP_2 = 0.80\text{m},\ MP_3 = 1.20\text{m},\ MP_4 = 1.60\text{m}$$

拱曲线点 a、b 至轴线 MN 的距离分别为

$$S_1 = aP_1 = a'P_1 = \sqrt{R^2-(R-MP_1)^2} = \sqrt{3.00^2-(3.00-0.4)^2} = 1.50\ (\text{m})$$

$$S_2 = bP_2 = b'P_2 = \sqrt{R^2-(R-MP_2)^2} = \sqrt{3.00^2-(3.00-0.80)^2} = 2.04\ (\text{m})$$

同理得

$$S_3 = cP_3 = c'P_3 = 2.40\ (\text{m})$$

$$S_4 = dP_4 = d'P_4 = 2.50\ (\text{m})$$

将上面数据列成拱曲线放样数据表，以便现场放样。

拱曲线放样步骤如下：

（1）由拱顶 M 沿轴线 MN 垂直向下量取 0.40m，得 P_1 点，自 P_1 点分别向两侧各量水平距离 1.50m，得 a 和 a' 两点。

（2）自 M 点垂直向下量取 0.80m，得 P_2 点，过 P_2 点向两侧各量取水平距离 2.04m，

得 b 和 b' 两点。

(3) 同理，根据拱曲线放样数据表，用上述方法定出其他曲线点，把各点用红漆连接起来，即为断面的轮廓线。

11.3.6 通过竖井传递掘进方向和高程

为增加工作面，有时在隧洞中线上要增开竖井。对于增开竖井的情况，在洞外定线测量时，必须同时确定竖井的中心位置，并在井口附近埋设中线桩；在洞外高程控制时必须在井口附近埋设水准点。根据井口的地面高程和该处隧洞底板的设计高程，可以算出竖井应挖的深度。当竖井开口以后，可以在井口附近的井壁上打入一个长铁钎或木桩，如图 11.20 (a) 所示，用水准仪测出铁钎或桩面的高程，计算出从此点向下应挖的深度，这样便能随时用钢尺检查井底是否达到设计高程。

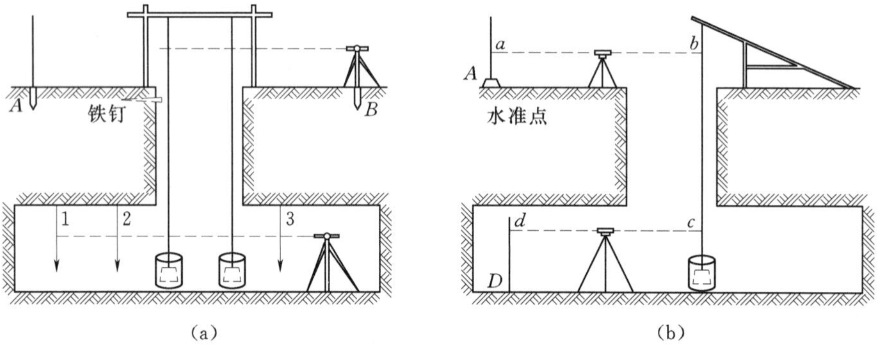

图 11.20 通过竖井传递掘进方向和高程

当竖井开挖到设计高程以后，应将隧洞中线方向传递到井下去。通过竖井传递隧洞中线的方法如图 11.20 (a) 所示，预先在井口处沿隧洞中线方向竖立一个 Π 型木架，从木架上顺着井壁吊下两个重约 15kg 左右的重锤，使重锤浸在盛有废油或水的桶内，以防止摆动。设 A、B 为洞外中线桩，在 B 点安置经纬仪，照准 A 点，指挥助手调整两钢丝使其严格位于视线 AB 上，则井下两钢丝就代表了隧洞中线方向。当隧洞向两头开挖到一定距离后，再在洞中离钢丝约 4～5m 的地方安置经纬仪，使仪器的视线与两钢丝的连线完全一致，然后在隧洞顶板上标出 1、2、3 等点，以控制隧洞掘进方向。

通过竖井传递高程的方法如图 11.20 (b) 所示。从井口的木架上吊一根钢尺下井，钢尺的零端系一重锤浸入盛有废油或水的桶内。然后在地面和井下隧洞内各安置一台水准仪，同时对钢尺进行读数，如图中的 b 和 c；设地面水准仪对已知水准点 A 的标尺读数为 a，隧洞内水准仪对底板水准点 D 的标尺读数为 d，则隧洞底板水准点上的高程 H_D 为

$$H_D = H_A + a - (b - c) - d \tag{11.4}$$

小 结

本章主要讲述了土坝、水闸及隧洞施工测量的内容和方法。通过学习，应熟悉土坝、水闸、隧洞施工控制网的布设以及施工测量的内容和程序；重点应掌握施工测量的基本作

业方法。对于土坝、水闸及隧洞可通过一些建筑物模型或实地参观来加深认识，这样有利于理解施工测量的作业方法。

思　考　题

11.1　土坝的坝轴线如何确定？平行于、垂直于坝轴线的控制线如何测设？

11.2　土坝坡脚线与清基开挖线的放样方法有何异同？怎样确定坡脚线？

11.3　坝体边坡线如何放样？

11.4　水闸的中心轴线如何标定？

11.5　闸墩如何放样？

11.6　隧洞洞外控制测量的作用是什么？

11.7　隧洞掘进过程中如何控制掘进方向？

11.8　隧洞掘进过程中如何控制开挖高程和坡度？

11.9　如何通过竖井传递隧洞的掘进方向和高程？

习　题

11.1　隧洞进出口底板设计高程分别为195.700m和194.700m，隧洞全长1000m，按匀坡考虑，离出口160m处的隧洞底板高程应为多少？

11.2　设在直线隧洞区布设一个三角锁，如图11.21所示。已知进口A和出口B的坐标为：$x_A=540.000$m，$y_A=1450.000$m；$x_B=601.000$m，$y_B=1908.000$m。方位角$\alpha_{A1}=40°30'00''$，$\alpha_{B3}=295°43'30''$。试问当A、B两点相向开挖时，应如何标定开挖方向？

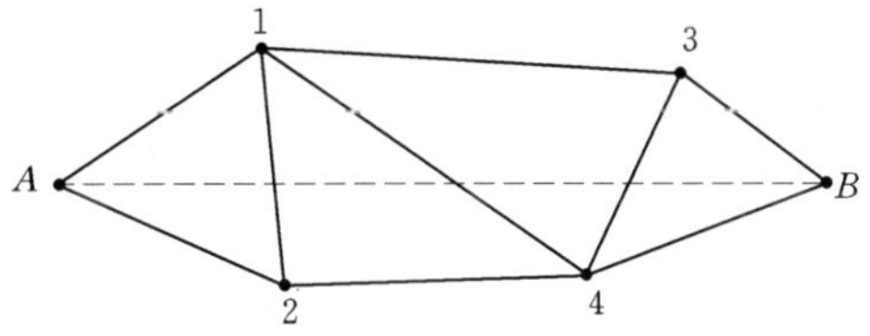

图11.21

第 12 章 工业与民用建筑施工测量

学习指导

本章介绍工业与民用建筑施工中的测量工作，要求掌握施工控制网的布设方法；掌握一般民用建筑物、工业厂房以及烟囱等构筑物的施工测量方法。对于高层建筑物，应重点掌握轴线投测和高程传递的方法。

12.1 建筑场地施工控制测量

施工控制网是建筑物放样的依据。在勘测阶段建立的测图控制网，主要是为测图服务的，未考虑施工的要求，控制点的分布、密度和精度，都难以满足施工测量的需要；另外，平整场地时控制点大多被破坏。因此，在施工之前，建筑场地上要重新建立专门的施工控制网。

12.1.1 施工平面控制网

工业与民用建筑场地的平面控制网视场地面积大小及建筑物的布置情况通常布设成建筑基线或建筑方格网的形式。

12.1.1.1 建筑基线

在面积不大、地势较平坦的建筑场地上，常常布设一条或几条基准线作为施工测量的平面控制，这样的基准线称为建筑基线。建筑基线的布设形式是根据建筑设计总平面图上建筑物的分布、现场地形条件以及原有测图控制点的分布情况来确定的，常见的布设形式有直线形、直角形、丁字形或十字形等几种，如图 12.1 所示。

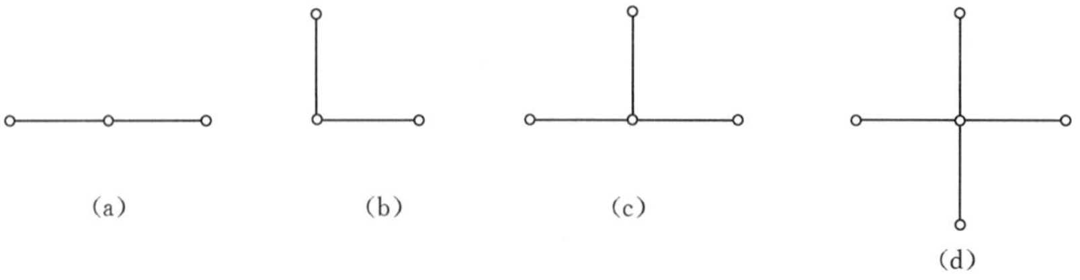

图 12.1 建筑基线示意图

(a) 三点直线形；(b) 三点直角形；(c) 四点丁字形；(d) 五点十字形

布设建筑基线时应注意，建筑基线应平行或垂直于主要建筑物的轴线，以便于采用直角坐标法测设建筑物轴线；建筑基线相邻点间应互相通视，点位不受施工影响，且能长期保存；基线点应不少于 3 个，以便检测基线点有无变动。

建筑基线通常采用以下两种方法测设。

1. 用建筑红线测设

在城市建设中，建筑用地的界址，由规划部门确定，并由拨地单位在现场直接标定界址点，界址点的连线通常是正交的直线，称为建筑红线。在建筑红线的范围内，拟建的主要建筑物或建筑群中的多数建筑物的主轴线与建筑红线平行。因此，可根据建筑红线来测设建筑基线。

如图 12.2 所示，Ⅰ—Ⅱ和Ⅱ—Ⅲ是两条互相垂直的建筑红线，A、O、B 三点是欲测设的建筑基线点。其测设过程：从Ⅱ点出发，沿Ⅱ、Ⅰ和Ⅱ、Ⅲ方向分别量取长度 d 得出 A'和 B'点；再过Ⅰ、Ⅲ两点分别作建筑红线的垂线，并沿垂线方向分别量取长度 d 得出 A 点和 B 点；然后，将 AA'与 BB'连线，则交会出 O 点。A、O、B 三点即为建筑基线点。

当把 A、O、B 三点在地面上作好标志后，将经纬仪安置在 O 点上，精确观测 $\angle AOB$，若 $\angle AOB$ 与 90°之差不在容许值以内时，应进一步检查测设数据和测设方法，并对 $\angle AOB$ 按水平角精确测设方法进行点位调整，使 $\angle AOB=90°$。

如果建筑红线完全符合作为建筑基线的条件时，可将其作为建筑基线使用，即直接用建筑红线进行建筑物的放样，既简便又快捷。

2. 用附近的控制点测设

在非建筑区，没有建筑红线作依据时，就需要在建筑设计总平面图上，根据建筑物的设计坐标和附近已有的测图控制点来选定建筑基线的位置，并在实地采用极坐标法或角度交会法把基线点在地面上标定出来。

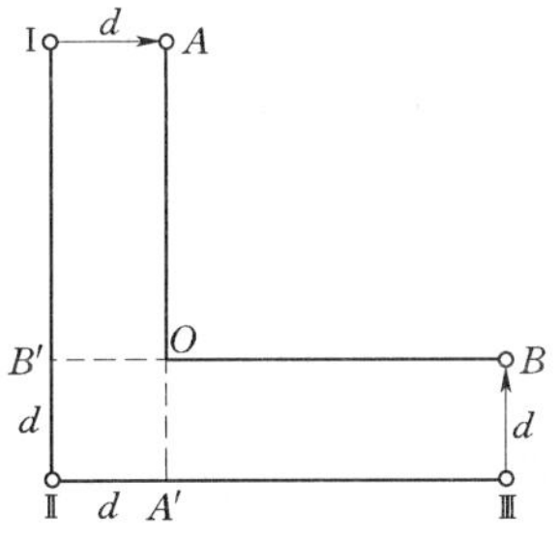

图 12.2　建筑红线

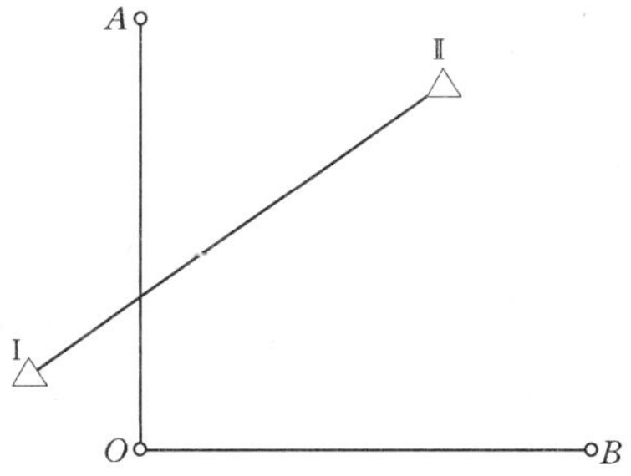

图 12.3　用附近的控制点测设

如图 12.3 所示，Ⅰ、Ⅱ两点为附近已有的测图控制点，A、O、B 三点为欲测设的建筑基线点。测设过程：先将 A、O、B 三点的施工坐标，换算成测图坐标；再根据 A、O、B 三点的测图坐标与原有测图控制点Ⅰ、Ⅱ的坐标关系，采用极坐标法或角度交会法确定 A、O、B 点的有关放样数据；最后在地面上分别测设出 A、O、B 三点。当 A、O、B 三点在地面上作好标志后，在 O 点安置经纬仪，测量 $\angle AOB$ 的角值，丈量 OA、OB 的距离。若角度误差与丈量边长的相对误差均不在容许值以内时，就要调整 A、B 两点的位置，使其满足规定的精度要求。

12.1.1.2　建筑方格网

在大中型的建筑场地上，由正方形或矩形格网组成施工控制网，称为建筑方格网，如

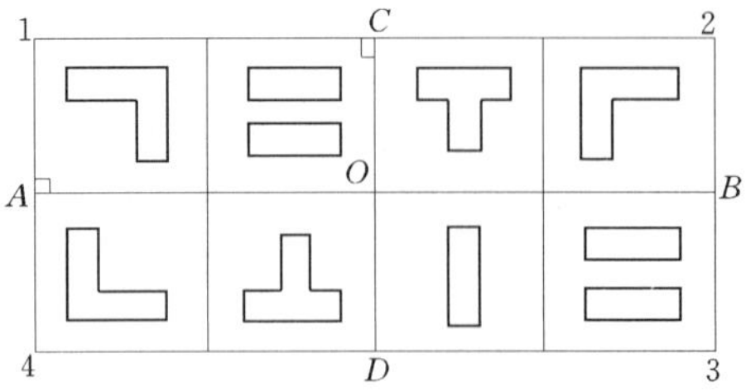

图 12.4　建筑方格网

图 12.4 所示。建筑方格网是根据设计总平面图中建筑物、构筑物、道路和各种管线的位置，结合现场的地形情况来布设的。布设时，先选定方格网的主轴线，如图中的 AOB 和 COD 所示，并使其尽可能通过建筑场地中央且与主要建筑物轴线平行，然后再全面布设成方格网。

方格网是建筑物测量放线的依据，其边长应根据测设对象而定，一般以 100～300m 为宜。建筑方格网的施测精度，对于建筑场地大于 $1km^2$ 或重工业区，宜建立相当于一级导线精度的方格网；对于建筑场地小于 $1km^2$ 或非重工业区，宜建立相当于二级导线精度的方格网。建筑方格网测设的主要技术要求见表 12.1。

表 12.1　　建筑方格网的主要技术要求

等　　级	边　　长（m）	测角中误差（″）	边长相对中误差
Ⅰ	100～300	5	≤1/30000
Ⅱ	100～300	8	≤1/20000

建筑方格网测设的方法如下。

1. 主轴线的测设

由于建筑方格网是根据场地主轴线布置的，因此在测设时，应首先根据场地原有的测图控制点，测设出主轴线的 3 个主点。

如图 12.5 所示，Ⅰ、Ⅱ、Ⅲ三点为附近已有的测图控制点，其坐标已知；A、O、B 为设计的主轴线三主点，其设计坐标亦为已知。则根据 3 个测图控制点Ⅰ、Ⅱ、Ⅲ，采用极坐标法即可测设出 A、O、B 3 个主点。

测设 3 个主点的过程：先将 A、O、B 三点的施工坐标换算成测图坐标；再根据它们的坐标与测图控制点Ⅰ、Ⅱ、Ⅲ的坐标关系，计算出放样数据 β_1、β_2、β_3 和 D_1、D_2、D_3，如图 12.5 所示，然后用极坐标法测设出 3 个主点 A、O、B 的概略位置为 A'、O'、B'。

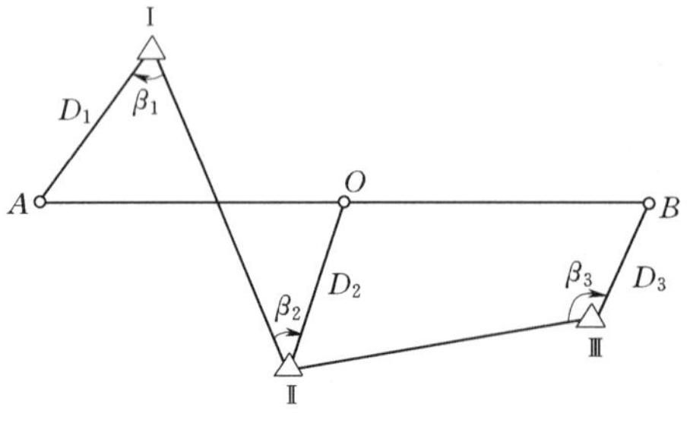

图 12.5　主轴线的测设

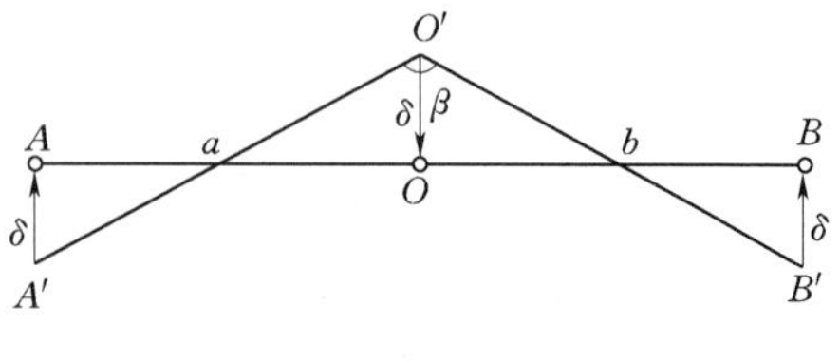

图 12.6　调整 3 个主点位置的示意图

当 3 个主点的概略位置在地面上标定后，要检查 3 个主点是否在同一条直线上。如图 12.6 所示，安置经纬仪于 O' 点，精确检测$\angle A'O'B'$的角值 β，如果 β 值与 180°之差，超过了表12.1规定的容许值，则需要对点位进行调整。

调整3个主点的位置时，应先根据3个主点间的距离 a 和 b 按下列公式计算调整值 δ，即

$$\delta=\frac{ab}{a+b}\left(90^{\circ}-\frac{\beta}{2}\right)\frac{1}{\rho''} \tag{12.1}$$

将 A'、O'、B' 三点沿与轴线垂直的方向各移动一个改正值 δ，但 O' 点与 A'、B' 两点移动的方向相反，移动后即得 A、O、B 三点。为了保证测设精度，应再次检测 $\angle AOB$，如果检测结果与180°之差仍超过限差时，需再进行调整；直到误差在容许值以内时为止。

除了调整角度之外，还需调整3个主点间的距离。先丈量检查 AO 及 OB 间的距离，若检查结果与设计长度之差的相对误差大于规定，则以 O 点为准，按设计长度调整 A、B 两点的位置。调整需反复进行，直到误差在容许值以内为止。

当主轴线的3个主点 A、O、B 标定后，就可测设与 AOB 主轴线相垂直的另一条主轴线 COD。如图12.7所示，将经纬仪安置在 O 点，照准 A 点，分别向左、向右测设90°角；并根据 CO 和 OD 间的距离，在地面上标定出 C、D 两点的概略位置 C'、D'；然后分别精确测出 $\angle AOC'$ 及 $\angle AOD'$ 的角值，其角值与90°之差 ε_1、ε_2［单位：(″)］若大于表12.1的规定，则按下式求改正数 l_1、l_2

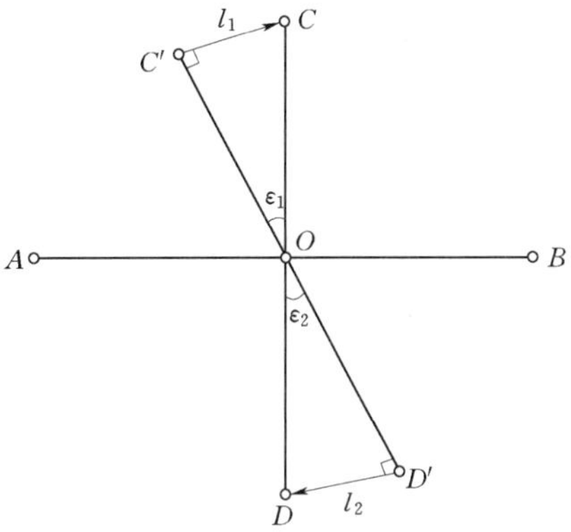

图12.7 测设主轴线 COD

$$l=L\frac{\varepsilon''}{\rho''} \tag{12.2}$$

式中 L——OC' 或 OD' 的距离。

根据改正数，将 C'、D' 两点分别沿 OC'、OD' 的垂直方向移动 l_1、l_2，得 C、D 两点。然后检测 $\angle COD$，其值与180°之差应在规定的限差之内，否则需要再次进行调整。仿照上述同样方法检测 CO、DO 的距离。

2. 方格网的测设

主轴线确定后，先进行主方格网的测设，然后在主方格网内进行方格网的加密。主方格网的测设，采用角度交会法定出格网点。其作业过程：用两台经纬仪分别安置在 A、C 两点上，均以 O 点为起始方向，分别向左、向右精确地测设出90°角，在测设方向上交会1点，交点1的位置确定后，进行交角的检测和调整，同法测设出主方格网点2、3、4，这样就构成了“田”字形的主方格网，如图12.4所示。

主方格网测设后，以主方格网点为基础，加密其余各方格网点。

方格网测设时，其角度观测应符合表12.2中的规定。

12.1.2 施工高程控制网

当建筑场地面积不大时，施工高程控制网通常按一级布设，采用四等水准测量施测。

表 12.2　　方格网角度观测的限差要求

方格网等级	经纬仪型号	测角中误差(″)	测回数	测微器两次重合读数差(″)	半测回归零差(″)	一测回 2c 值互差(″)	各测回方向值互差(″)
Ⅰ级	DJ_1	5	2	≤1	≤6	≤9	≤6
	DJ_2	5	3	≤3	≤8	≤13	≤9
Ⅱ级	DJ_2	8	2	—	≤12	≤18	≤12

当建筑场地面积较大时，可分为两级布设，即首级高程控制网和加密高程控制网。首级高程控制网，采用三等水准测量施测；加密高程控制网，采用四等水准测量施测。

首级高程控制网，应在高一级高程控制网的基础上，单独布设水准点，并建立永久性标志。水准点间的间距，宜小于 1km。距离建筑物、构筑物不应小于 25m；距离振动影响范围以外不应小于 5m；距离回填土边线不应小于 15m。凡是重要的建筑物附近均应设置水准点。整个建筑场地至少要设置 3 个永久性的水准点，并应布设成闭合水准路线或附合水准路线。高程测量精度，不应低于三等水准测量。

加密高程控制网，一般与建筑方格网合并，即在各格网点标志上加设一突出的半球状标志以示点位。加密水准点的密度应尽可能满足安置一次仪器即可放样出所需高程，必要时可在格网点间增设水准点。加密高程控制网，应按四等水准测量方法进行观测，并附合在首级水准点上。

12.2　民用建筑施工测量

民用建筑一般是指住宅、商店、医院、学校、办公楼、俱乐部等。施工测量的主要任务是按照设计要求，配合施工进度，测设建筑物的平面位置和高程，以保证工程按图有序施工。

12.2.1　测设前的准备工作

1. 熟悉图纸，了解设计意图

设计图纸是施工测量的依据。与测设有关的图纸主要有：建筑总平面图、建筑平面图、立面图、剖面图、基础平面图和基础详图。建筑总平面图是施工放样的总体依据，各建筑物都是根据总平面图上给定的尺寸关系进行定位的。建筑平面图给出了建筑物本身各轴线间的间距。立面图和剖面图给出了基础、室内外地坪、门窗、楼板、屋架、屋面等的设计标高。基础平面图和基础详图给出了基础轴线、基础宽度以及基础标高的尺寸关系。

在测设前，应熟悉建筑物的各种设计图纸，了解施工的建筑物与相邻建筑物的相互关系以及建筑物的尺寸和施工的要求等。对各设计图纸的有关尺寸及测设数据应仔细核对，必要时可将图纸上的主要尺寸摘抄于施测记录本上，以便于随时查找使用。

2. 现场踏勘，了解现场情况

现场踏勘的目的是为了了解施工现场上地物、地貌以及现有测量控制点的分布情况，以便根据实际情况考虑测设方案。现场踏勘时，应对原有测量控制点进行必要的检测，并对现场进行必要的平整和清理，以便于后序测设工作的顺利进行。

3. 制定测设计划，确定测设方案

按照施工进度的计划要求，制定测设计划，同时结合现场条件和实际情况，确定测设方案。测设方案包括测设方法、测设步骤、采用的仪器工具、精度要求等。在每次现场测设之前，应根据设计图纸和测设方法，准备好相应的测设数据，必要时还可绘出测设草图，把测设数据标注在图上，以使现场测设更加方便快捷。

12.2.2 建筑物的定位

建筑物外廓主要轴线的交点称为定位点或角点。建筑物的定位就是根据设计条件，将这些定位点测设到地面上，以作为细部轴线放线和基础放线的依据。由于设计条件和现场条件不同，建筑物的定位方法也有所不同，下面介绍三种常用的定位方法。

12.2.2.1 根据控制点定位

如果建筑物定位点的设计坐标已知，且场地附近有测量控制点可供利用，可根据实际情况选用极坐标法、角度交会法或距离交会法来测设定位点。在这三种方法中，极坐标法适用性最强，是用得最多的一种定位方法。

12.2.2.2 根据建筑方格网和建筑基线定位

如果建筑物定位点的设计坐标已知，且建筑场地已布设了建筑方格网或建筑基线，可利用直角坐标法测设定位点。用直角坐标法测设点位，所需测设数据的计算较为方便，在用经纬仪和钢尺实地测设时，建筑物总尺寸和四大角的精度容易控制和检核。

12.2.2.3 根据与原有建筑物或道路的关系定位

如果设计图上只给出新建建筑物与附近原有建筑物或道路的相互关系，而没有提供建筑物定位点的坐标，周围又没有测量控制点、建筑方格网和建筑基线可供利用，可根据原有建筑物的边线或道路中心线，将新建建筑物的定位点测设出来。

根据与原有建筑物或道路关系的定位方法随实际情况的不同而不同，但基本过程是一致的，下面分两种情况举例说明具体测设的方法。

1. 根据与原有建筑物的关系定位。

如图 12.8 所示，拟建建筑物的外墙边线与原有建筑物（图中绘有斜线的建筑物）的外墙边线在同一条直线上，两建筑物的间距为 10m，拟建建筑物长轴为 40m，短轴为 18m，轴线与外墙边线间距为 0.12m，可按下述方法测设其 4 条轴线的交点。

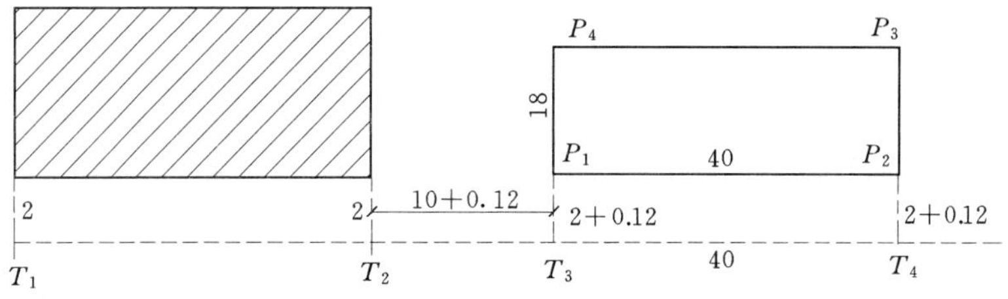

图 12.8 根据与原有建筑物的关系定位

(1) 沿原有建筑物的两侧外墙拉线，用钢尺顺线从墙角往外量一段较短的距离（这里设为 2m），在地面上标定 T_1 和 T_2 两点，T_1 和 T_2 的连线即为原建筑物的平行线。

（2）在 T_1 点安置经纬仪，照准 T_2 点，用钢尺从 T_2 点沿视线方向量取距离 10m＋0.12m，在地面上定出 T_3 点，再从 T_3 点沿视线方向量取距离 40m，在地面上定出 T_4 点，T_3 和 T_4 的连线即为拟建建筑物的平行线，其长度等于长轴尺寸。

（3）在 T_3 点安置经纬仪，照准 T_4 点，逆时针测设 90°角，在视线方向上量取距离 2m＋0.12m，在地面上定出 P_1 点，再从 P_1 点沿视线方向量取距离 18m，在地面上定出 P_4 点。同理，在 T_4 点安置经纬仪，照准 T_3 点，顺时针测设 90°角，在视线方向上量取距离 2m＋0.12m，在地面上定出 P_2 点，再从 P_2 点沿视线方向量取距离 18m，在地面上定出 P_3 点。则 P_1、P_2、P_3 和 P_4 点即为拟建建筑物的 4 个轴线定位点。

（4）在 P_1、P_2、P_3 和 P_4 点上安置经纬仪，检核 4 个大角是否为 90°，用钢尺丈量 4 条轴线的长度，检核长轴是否为 40m，短轴是否为 18m。

2. 根据与原有道路的关系定位

如图 12.9 所示，拟建建筑物的轴线与道路中心线平行，轴线与道路中心线的距离分别为 16m 和 12m，建筑物轴线长分别为 50m 和 20m，测设方法如下。

（1）在每条道路上选 2 个合适的位置，分别用钢尺测量该处的道路宽度，其宽度的 1/2 处即为道路中心点，连接每一道路的两中心点即得道路中心线，两道路中心线的交点为 O。自 O 起沿道路中心线依次量取距离 16m 和 50m，得 C_1 和 C_2 两点。

（2）在 C_1 点上安置经纬仪，测设 90°角，用钢尺依次测设水平距离 12m 和 20m，在地面上定出 P_1 和 P_4 两点。同理，在 C_2 点上安置经纬仪，在地面上定出 P_2 和 P_3 两点。

（3）分别在 P_1、P_2、P_3 和 P_4 点上安置经纬仪，检核角度是否为 90°，用钢尺丈量 4 条轴线的长度，检核长轴是否为 50m，短轴是否为 20m。

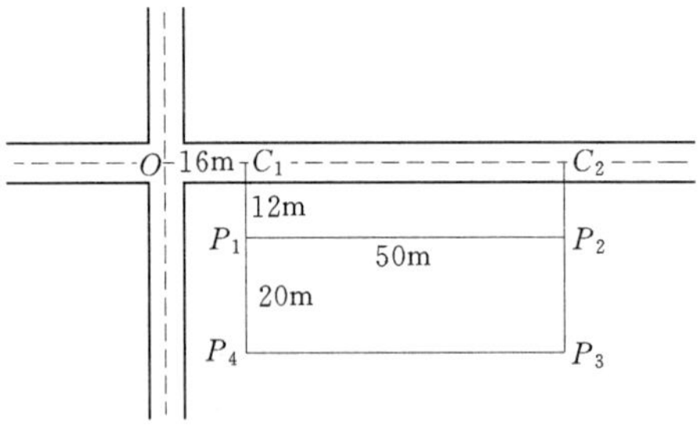

图 12.9　根据与原有道路的关系定位

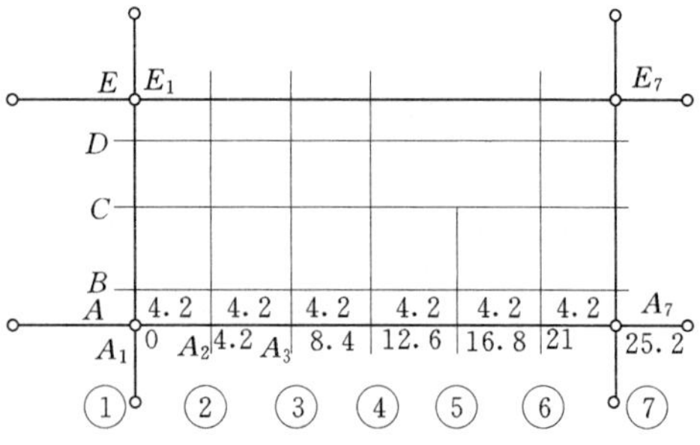

图 12.10　测设细部轴线交点

12.2.3　建筑物的放线

建筑物的放线，是指根据现场上已测设好的建筑物定位点，详细测设建筑物各细部轴线交点的位置，并将其延长到安全的地方做好标志。然后以细部轴线为依据，按基础宽度和放坡要求标定基础开挖边线。

12.2.3.1　细部轴线交点的测设

如图 12.10 所示，A 轴、E 轴、①轴和⑦轴是建筑物的 4 条外墙主轴线，其交点 A_1、A_7、E_1 和 E_7 是建筑物的定位点，这些点已在地面上标定。各主次轴线间距如图 12.10 中所示。各细部轴线交点的测设方法如下。

在 A_1 点安置经纬仪，照准 A_7 点，把钢尺的零点对准 A_1 点，沿视线方向拉钢尺，在钢尺上读数等于①轴和②轴间距 4.2m 的地方打下木桩，然后用经纬仪视线指挥在桩顶上画一条纵线，再拉好钢尺，在读数等于轴间距处画一条横线，两线交点即 A 轴与②轴的交点 A_2。仿照同样的方法测设 A 轴与③轴的交点 A_3，但须注意钢尺的零点仍然对准 A_1 点，并沿视线方向拉钢尺，而钢尺读数应为①轴和③轴间距 8.4m，这种做法可以减小钢尺的对点误差。如此依序测设 A 轴与其他细部轴线的交点。测设出最后一个交点后，用钢尺检查各相邻轴线桩间的间距，其误差应小于 1/3000。

测设完 A 轴上的轴线点后，用同样的方法测设 E 轴、①轴和⑦轴上的轴线点。如果建筑物尺寸较小，也可用拉细线绳的方法代替经纬仪定线，然后沿细线绳拉钢尺量距。

12.2.3.2 轴线引测

在基槽或基坑开挖时，定位桩和细部轴线桩将会被挖掉，为了使开挖后各阶段施工能准确地恢复各轴线位置，开挖前应把各轴线延长到开挖范围以外的地方并作好标志，这个工作称为轴线引测。常用的轴线引测方法有以下两种。

1. 龙门板法

（1）如图 12.11 所示，在建筑物四角和中间隔墙的两端，距基槽边线约 2m 以外，牢固地埋设大木桩，称为龙门桩，并使桩的一侧平行于基槽。

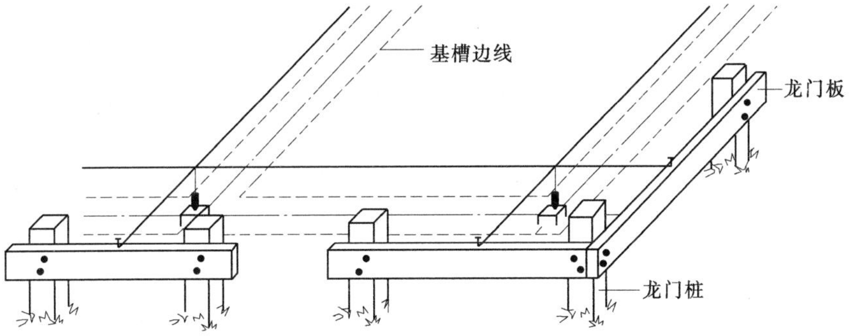

图 12.11　龙门桩与龙门板

（2）根据附近水准点，用水准仪将±0.000 标高测设在每个龙门桩的外侧上，并画出横线标志。

（3）在相邻两龙门桩上钉设木板，称为龙门板，龙门板的上沿应和龙门桩上的横线对齐，使龙门板的顶面标高位于同一水平面上，并且标高为±0.000，龙门板顶面标高的误差应在±5mm 以内。

（4）根据轴线桩，用经纬仪将各轴线投测到龙门板的顶面，并钉上小钉作为轴线标志，称为轴线钉，投测误差应在±5mm 以内。对小型的建筑物，也可采用吊垂球拉细线绳的方法延长轴线，再钉上轴线钉，如图 2.11 所示。

（5）用钢尺沿龙门板顶面检查轴线钉的间距，其误差不应超过 1/3000。

恢复轴线时，将经纬仪安置在一个轴线钉上方，照准相应的另一个轴线钉，其视线即为轴线方向，往下转动望远镜，便可将轴线投测到基槽或基坑内。也可用细线将相对的 2

个轴线钉连接起来，借助于垂球，将轴线投测到基槽或基坑内。

图 12.12 所示为龙门板设置和各轴线投测的平面示意图。

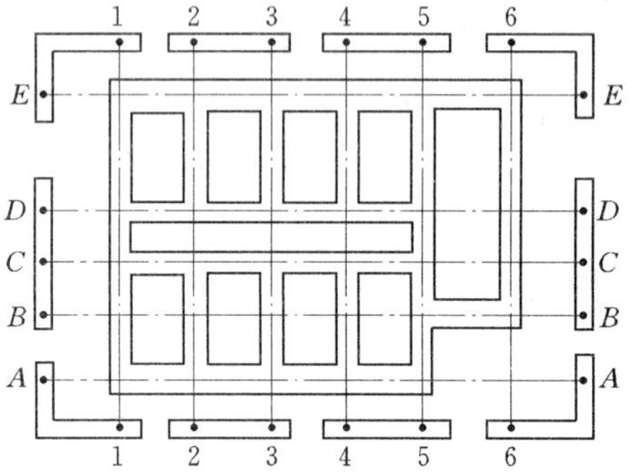

图 12.12　龙门板设置和轴线投测平面图

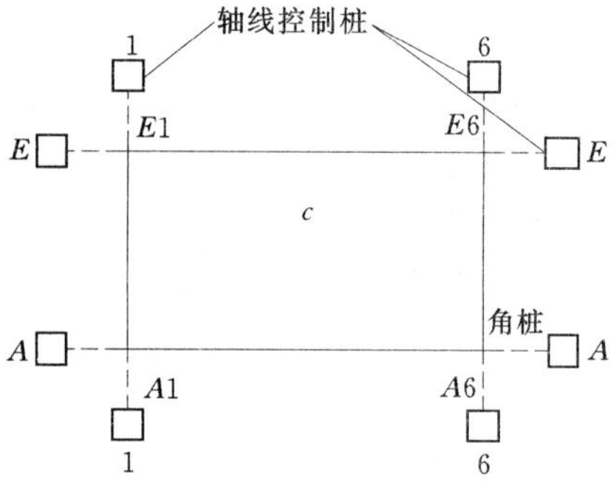

图 12.13　轴线控制桩示意图

2. 轴线控制桩法

由于龙门板需要较多木料，而且占用场地，使用机械开挖时容易被破坏，因此也可以在基槽或基坑外各轴线的延长线上测设轴线控制桩，作为以后恢复轴线的依据。轴线控制桩一般布设在距开挖边线 4m 以外的地方，如图 12.13 所示，采用经纬仪引测，引测时应采用盘左和盘右取中的方法进行。

12.2.3.3　标定开挖边线

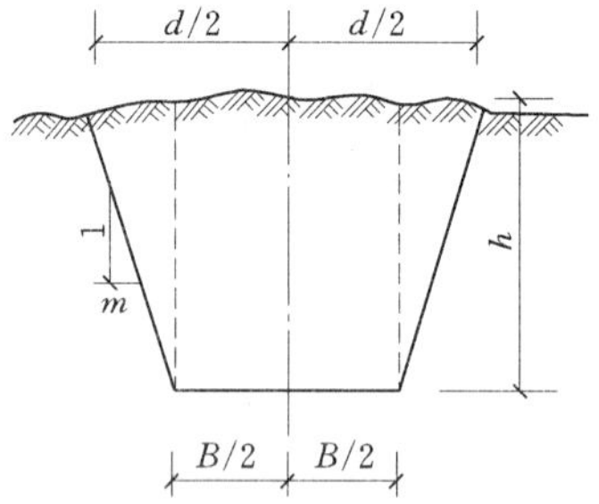

图 12.14　基槽开挖宽度

如图 12.14 所示，先按基础剖面图给出的设计尺寸，计算基槽的开挖宽度 d

$$d = B + 2mh \tag{12.3}$$

式中　B——基底宽度，可由基础剖面图查取；

h——基槽深度；

m——边坡坡度的分母。

根据计算结果，在地面上以轴线为中线向两边各量出 $d/2$，拉线并撒上白灰，即为开挖边线。如果是基坑开挖，则只需按最外围墙体基础的宽度、深度及放坡坡度确定开挖边线。

12.2.4　施工过程中的测量工作

12.2.4.1　基础施工测量

1. 开挖深度和垫层标高控制

基槽或基坑是根据开挖边线破土开挖的。当基槽开挖到接近槽底时，在基槽壁上自拐角起，每隔 3～5m 测设一比槽底设计高程高 0.3～0.5m 的水平桩，作为控制挖槽深度、修平槽底和打基础垫层的依据。

水平桩是根据施工现场已测设的±0.000 标高线或龙门板顶标高，用水准仪按高程测设的方法测设的。如图 12.15 所示，设槽底设计标高为－2.1m，水平桩高于槽底 0.5m，即水平桩的标高为－1.6m，用水准仪后视龙门板顶面上的水准尺，得读数 a＝1.286m，则水平桩上标尺的应有读数为 b＝a＋1.6＝1.286＋1.6＝2.886（m）。

测设时沿槽壁上下移动水准尺，当读数为2.886m时，沿尺底面水平地在槽壁上打一小木桩，即为要测设的水平桩。水平桩的测设误差应在±10mm以内。

垫层面标高的测设可以水平桩为依据在槽壁上弹线，也可在槽底打入垂直桩，使桩顶标高等于垫层面的标高。如果垫层需安装模板，可以直接在模板上弹出垫层面的标高线。

如果是机械开挖，一般是一次挖到设计槽底或坑底的标高，因此要在施工现场安置水准仪，边挖边测，随时指挥挖土机调整挖土深度，使槽底或坑底的标高略高于设计标高（一般为10cm，留给人工清土）。挖完后，为了给人工清底和打垫层提供标高依据，还应在槽壁或坑壁上打水平桩，水平桩的标高一般为垫层面的标高。当基坑底面积较大时，为便于控制整个底面的标高，应在坑底均匀地打一些垂直桩，使桩顶标高等于垫层面的标高。

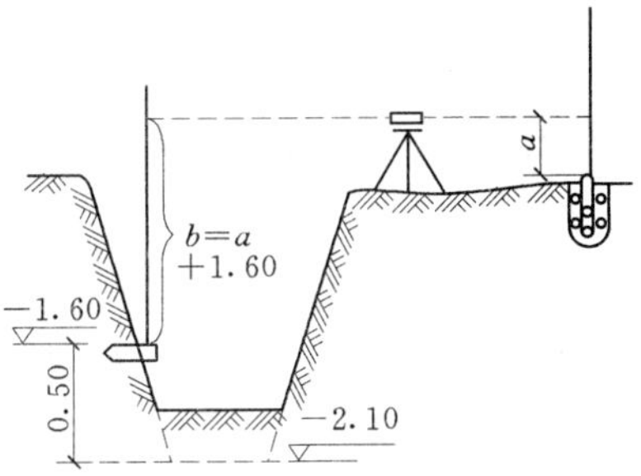

图 12.15 基槽水平桩测设

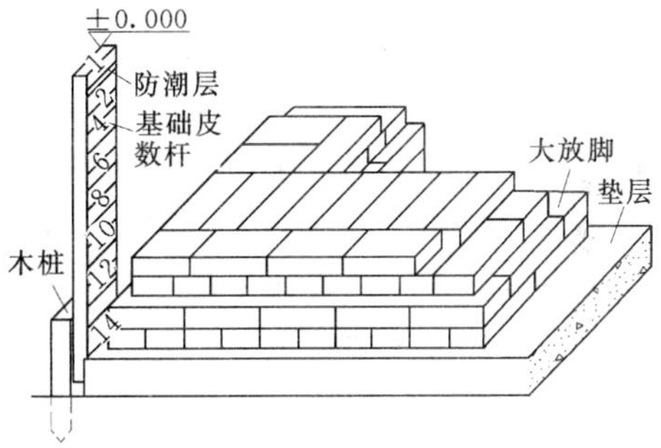

图 12.16 基础皮数杆

2. 在垫层上投测基础中心线

垫层打好后，根据龙门板上的轴线钉或轴线控制桩，用经纬仪或用拉线挂吊锤的方法，把轴线投测到垫层面上，并用墨线弹出基础中心线和边线（此项工作俗称“撂底”），以便砌筑基础或安装基础模板。

3. 基础标高控制

基础墙的标高一般是用“基础皮数杆”来控制的。皮数杆是用一根木杆做成，在杆上注明±0.000的位置，按照设计尺寸将砖和灰缝的厚度，分皮从上往下一一画出来，此外还应注明防潮层和预留洞口的标高位置，如图12.16所示。

立皮数杆时，如图12.16所示，可先在立杆处打一木桩，用水准仪在木桩侧面测设一条高于垫层设计标高某一数值（如0.2m）的水平线，然后将皮数杆上标高相同的一条线与木桩上的水平线对齐，并用铁钉把皮数杆和木桩钉在一起，这样立好皮数杆后，即可作为砌筑基础墙的标高依据。对于采用钢筋混凝土的基础，可用水准仪将设计标高测设于模板上。

当基础施工结束后，用水准仪检查基础面是否水平（此项工作俗称“找平”），以便竖立“墙身皮数杆”，砌筑墙体。

12.2.4.2 墙体施工测量

1. 首层楼房墙体施工测量

（1）墙体轴线测设。基础工程结束后，应对龙门板或轴线控制桩进行检查复核，以防

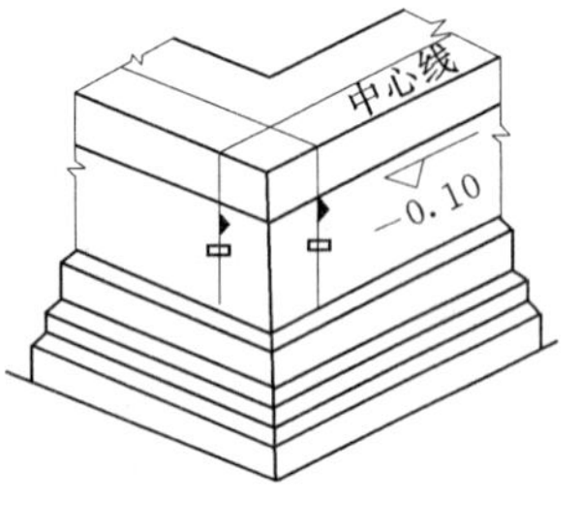

图 12.17　墙体轴线与标高线高

基础施工期间发生碰动移位。复核无误后，可根据轴线控制桩或龙门板上的轴线钉，用经纬仪法或拉线法，把首层楼房的墙体轴线测设到防潮层上，并弹出墨线，然后用钢尺检查墙体轴线的间距和总长是否等于设计值，用经纬仪检查外墙轴线 4 个主要交角是否等于 90°。符合要求后，把墙轴线延长到基础外墙侧面上并弹线和做出标志，作为向上投测各层楼房墙体轴线的依据。同时还应把门、窗和其他洞口的边线，也在基础外墙侧面上做出标志，如图 12.17 所示。墙体砌筑前，根据墙体轴线和墙体厚度，弹出墙体边线，照此进行墙体砌筑。砌筑到一定高度后，用吊锤线将基础外墙侧面上的轴线引测到地面以上的墙体上，以免基础覆土后看不见轴线标志。如果轴线处是钢筋混凝土柱，则在拆柱模后将轴线引测到桩身上。

(2) 墙体标高测设。墙体砌筑时，其标高用“墙身皮数杆”控制。如图 12.18 所示，在皮数杆上根据设计尺寸，按砖和灰缝厚度画线，并标明门、窗、过梁、楼板等的标高位置。杆上标高注记从±0.000 向上增加。墙身皮数杆一般立在建筑物的拐角和内墙处，固定在木桩或基础墙上。为了便于施工，采用里脚手架时，皮数杆立在墙的外边；采用外脚手架时，皮数杆应立在墙的里边。立皮数杆时，先用水准仪在立杆处的木桩或基础墙上测设出±0.000 标高线，测量误差在±3mm 以内，然后把皮数杆上的±0.000 线与该线对齐，用吊锤校正并用钉钉牢，必要时可在皮数杆上加 2 根钉斜撑，以保证皮数杆的稳定。墙体砌筑到一定高度后（1.5m 左右），应在内、外墙面上测设出+0.500m 标高的水平墨线，称为“+50 线”。外墙的+50 线作为向上传递各楼层标高的依据，内墙的+50 线作为室内地面施工及室内装修的标高依据。

2. 二层以上楼房墙体的施工测量

(1) 墙体轴线投测。每层楼面建好后，为了保证继续往上砌筑墙体时，墙体轴线均与基础轴线在同一铅垂面上，应将基础或首层墙面上的轴线投测到楼面上，并在楼面上重新弹出墙体的轴线，检查无误后，以此为依据弹出墙体边线，再往上砌筑。在这项测量工作中，从下往上进行轴线投测是关键，一般多层建筑常用吊锤线方法。将较重的垂球悬挂在楼面的边缘，慢慢移动，使垂球尖对准地面上的轴线标志，或者使吊锤线下部沿垂直墙面方向与底层墙面上的轴线标志对齐，吊锤线上部在楼面边缘的位置就是墙体轴线位置，在此画一条短线作为标志，便在楼面上得到轴线的一个端点，同法投测另一端点，两端点的连线即为墙体轴线。一般应将建筑物的主轴线都投测到楼面上来，并弹出墨线，用钢尺检查轴线间的距离，其相对误差不得大于 1/3000，符合要求之后，再以这些主轴线为依据，用钢尺内分法测设其他细部轴线。吊锤线法受风的影响较大，因此应在风小的时候作业，投测时应等待吊锤稳定下来后再在楼面上定点。此

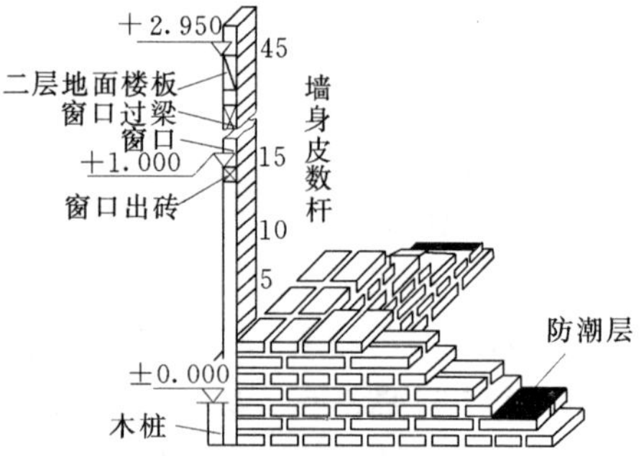

图 12.18　墙身皮数杆

外，每层楼面的轴线均应直接由底层投测上来，以保证建筑物的总竖直度，只要注意这些问题，用吊锤线法进行多层楼房的轴线投测的精度是有保证的。

(2) 墙体标高传递。多层建筑物施工中，要由下往上将标高传递到新的施工楼层，以便控制新楼层的墙体施工，使其标高符合设计要求。标高传递一般可采用以下两种方法。

1) 利用皮数杆传递标高。一层楼房墙体砌完并建好楼面后，把皮数杆移到二层继续使用。为了使皮数杆立在同一水平面上，用水准仪测定楼面四角的标高，取平均值作为二楼的地面标高，并在立杆处绘出标高线，立杆时将皮数杆的±0.000线与该线对齐，然后以皮数杆为标高依据进行墙体砌筑。如此，用同样的方法逐层往上传递高程。

2) 利用钢尺传递标高。当精度要求较高时，可用钢尺从底层的+50标高线起往上直接丈量，把标高传递到第二层，然后根据传递上来的高程测设第二层的地面标高线，以此为依据立皮数杆。在墙体砌到一定高度后，用水准仪测设该层的+50标高线，再往上一层的标高可以此为准用钢尺传递，依此类推，逐层传递标高。

12.2.5 高层建筑物施工测量

高层建筑的体形大、层数多、高度高、造型多样化、建筑结构复杂、设备和装修标准高，因此，在施工过程中对建筑物各部位的水平位置、轴线尺寸、垂直度和标高的要求都十分严格，对施工测量的精度要求也高。为确保施工测量符合精度要求，应事先认真研究和制定测量方案，拟定出各种误差控制和检核措施，所用的测量仪器应符合精度要求，并按规定认真检校。此外，由于高层建筑工程量大，机械化程度高，各工种立体交叉大，施工组织严密，因此施工测量应事先做好准备工作，密切配合工程进度，及时、快速和准确地进行测量放线，以便为下一步施工提供平面和标高依据。

12.2.5.1 高层建筑定位测量

1. 测设施工方格网

高层建筑一般采用专用的施工方格网来进行定位。施工方格网是测设在基坑开挖范围以外一定距离，平行于建筑物主要轴线方向的矩形控制网，如图12.19所示，M、N、Q、P为拟建高层建筑的4大角轴线交点，M'、N'、P'、Q'是施工方格网的4个角点。施工方格网一般在总平面布置图上进行设计，先根据现场情况确定其各条边线与建筑轴线的间距，再确定4个角点的坐标，然后在现场根据城市测量控制网或建筑场地上测量控制网，用极坐标法或直角坐标法，在现场测设出来并打桩。最后还应在现场检测方格网的4个内角和4条边长，并按设计角度和尺寸进行相应的调整。

2. 测设主轴线控制桩

在施工方格网的4边上，根据建筑物主要轴线与方格网的间距，测设主要轴线的控制桩。如图12.19中所示的1_S、1_N为轴线MP的控制桩，8_S、8_N为轴线NQ的控制桩，A_W、A_E为轴线MN的控制桩，H_W，H_E为轴线PQ的控制桩。测设时要以施工方格网各边的两端角点为控制点，用经纬仪定线，用钢尺拉尺量距来打桩定点。

除了四廓的轴线外，建筑物的中轴线等重要轴线也应在施工方格网边线上测设出来，与四廓的轴线一起，组成施工控制网中的控制线，一般要求控制线的间距为30～50m。如果高层建筑是分期分区施工的，为满足某局部区域定位测量的需要，应把对该局部区域有

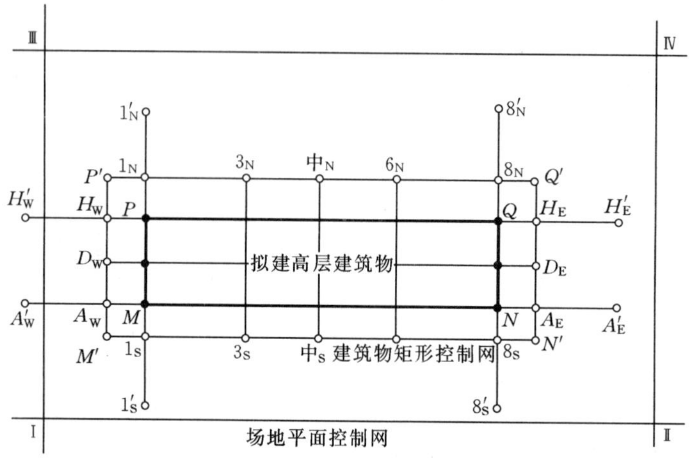

图 12.19　高层建筑定位测量

控制意义的轴线在施工方格网边线上测设出来。施工方格网控制线上的测距精度应不低于 1/10000，测角精度应不低于$\pm 10''$。

如果高层建筑准备采用经纬仪法进行轴线投测，还应把应投测轴线的控制桩引测到更远处安全稳固的地方。如图 12.19 中的 $1'_N$、$1'_S$、$8'_N$、$8'_S$、H'_W、H'_E、A'_W、A'_E所示。为避免用经纬仪投测时仰角太大，要求这些桩与建筑物的距离应大于建筑物的高度。

12.2.5.2　高层建筑基础施工测量

1. 测设基坑开挖边线

基坑开挖前，先根据建筑物的轴线控制桩确定建筑物的外围边线，再考虑边坡的坡度和基础施工所需工作面的宽度，测设出基坑的开挖边线并撒出灰线。

2. 基坑开挖时的测量工作

高层建筑的基坑一般都很深，需要放坡并进行边坡支护加固，开挖过程中，除了用水准仪控制开挖深度外，还应经常用经纬仪或拉线检查边坡的位置，防止出现坑底边线内收，致使基础位置不够的情况。

3. 基础放线及标高控制

(1) 基础放线。基坑开挖完成后，有三种情况：一是直接打垫层，然后做箱形基础或筏板基础，这时要求在垫层上测设基础的各条边界线、梁轴线、墙宽线和柱位线等；二是在基坑底部打桩或挖孔，做桩基础，这时要求在坑底测设各条轴线和桩孔的定位线，桩做完后，还要测设桩承台和承重梁的中心线；三是先做桩，然后在桩上做箱基或筏基，组成复合基础，这时的测量工作是前两种情况的结合。不论是哪种情况，在基坑下均需要测设各种各样的轴线和定位线，其方法基本是一样的。先根据地面上各主要轴线的控制桩，用经纬仪向基坑下投测建筑物的四大角、四廓轴线和其他主轴线，经认真校核后，以此为依据放出细部轴线，再根据基础图所示尺寸，放出基础施工中所需的各种中心线和边线，例如桩心的交线以及梁、柱、墙的中线和边线等。如果是在垫层上放线，可把有关轴线和边线直接用墨线弹在垫层上，由于基础轴线的位置决定了整个高层建筑的平面位置和尺寸，因此施测时要严格检核，保证精度。如果是在基坑下做桩基，则测设轴线和桩位时，宜在基坑护壁上设立轴线控制桩，既能保留较长时间，也便于施工时用来复核桩位和测设桩顶上的承台和基础梁等。从地面往下投测轴线时，一般是用经纬仪投测法，由于俯角较大，为了减小误差，每个轴线点均应盘左、盘右各投测一次，然后取中数。

(2) 基础标高测设。基坑开挖完成后，应及时用水准仪根据地面上的±0.000标高线，将高程引测到坑底，并在基坑护坡的钢板或混凝土桩上做好标高为负的整米数的标高线。由于基坑较深，引测时可多设几站观测，也可用悬吊钢尺代替水准尺进行观测。在施工过程中，如果是桩基，要控制好各桩的顶面高程；如果是箱基和筏基，则直接将高程标志测设到竖向钢筋和模板上，作为安装模板、绑扎钢筋和浇筑混凝土的标高依据。

12.2.5.3 高层建筑的轴线投测

当高层建筑的地下部分完成后，根据施工方格网校测建筑物主轴线控制桩，然后将各轴线测设到做好的地下结构顶面和侧面，同时将±0.000标高线也测设到地下结构顶部的侧面上，这些轴线和标高线，是进行首层主体结构施工的定位依据。

高层建筑物施工测量的主要问题是控制垂直度，也就是各层轴线如何精确地向上引测。一般要求高层建筑物层间垂直度测量偏差不应超过±3mm，全高垂直度测量偏差不应超过$3H/10000$（H为建筑物总高度），且不应大于：$30\text{m}<H\leqslant 60\text{m}$时，±10mm；$60\text{m}<H\leqslant 90\text{m}$时，±15mm；$H>90\text{m}$时，±20mm。

高层建筑物轴线的投测，常用的方法有外控法和内控法，外控法即经纬仪投测法；内控法即吊线坠法或垂准仪投测法。

1. 经纬仪法

当施工场地比较宽阔时，可使用经纬仪法进行竖向投测，如图12.20所示，安置经纬仪于轴线控制桩上，严格对中整平，盘左照准建筑物底部的轴线标志，往上转动望远镜，用其竖丝指挥在施工层楼面边缘上画一点，然后盘右再次照准建筑物底部的轴线标志，同法在该处楼面边缘上画出另一点，取两点的中间点作为轴线的端点。其他轴线端点的投测方法与此相同。

随着楼层的升高，经纬仪投测时的仰角将变大，这样一是操作不便，二是误差也较大，此时应将轴线控制桩用经纬仪引测到远处（大于建筑物高度）稳固的地方，然后继续往上投测。如果周围场地有限，也可将轴线控制桩引测到附近建筑物的房顶上，如图12.21所示，先在轴线控制桩A_1上安置经纬仪，照准建筑物底部的轴线标志，将轴线投测到楼面A_2点处，然后在A_2上安置经纬仪，照准A_1点，将轴线投测到附近建筑物屋面上A_3点处，以后就可在A_3点安置经纬仪，投测更高楼层的轴线。注意上述投测工作均应采用盘左、盘右取中法进行，以减少投测误差。

所有主轴线投测上来后，应进行角度和距离的检核，合格后再以此为依据测设其他轴线。

2. 吊线坠法

当周围建筑物密集，施工场地窄小，无法在建筑物以外的轴线上安置经纬仪投测时，

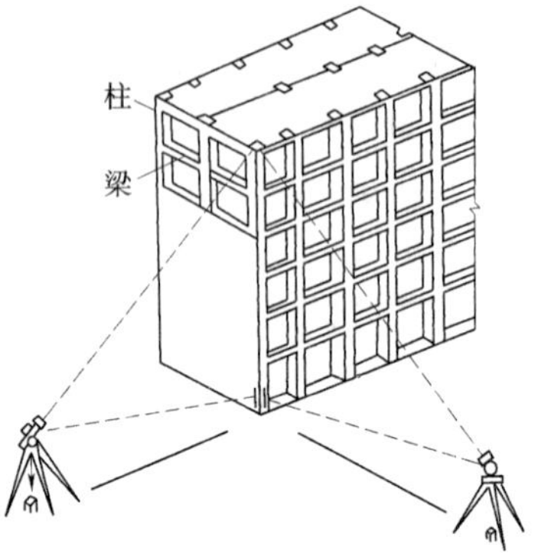

图 12.20　经纬仪轴线竖向投测

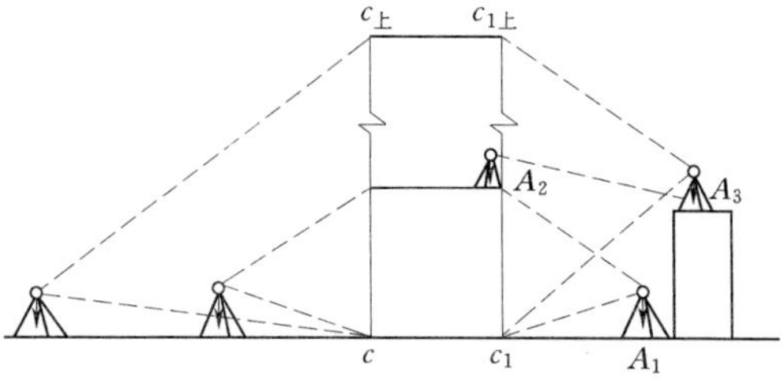

图 12.21　减小仰角的投测方法

可采用此法进行竖向投测。该法与一般的吊锤线法的原理是一样的，只是线坠的重量更大，吊线（细钢丝）的强度更高。此外，为了减少风力的影响，应将吊线坠的位置放在建筑物内部。

如图 12.22 所示，事先在首层地面上埋设轴线点的固定标志，轴线点之间应构成矩形或十字形等，作为整个高层建筑的轴线控制网。各标志的上方每层楼板都预留孔洞，供吊锤线通过。投测时，在施工层楼面上的预留孔上安置挂有吊线坠的十字架，慢慢移动十字架，当吊锤尖静止地对准地面固定标志时，十字架的中心就是应投测的点，在预留孔四周做上标志即可，标志连线的交点，即为从首层投上来的轴线点。同理测设其他轴线点。

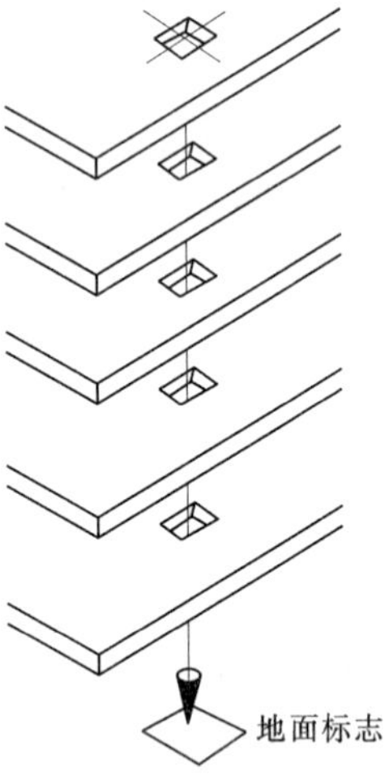

图 12.22　吊线坠法投测

3. 垂准仪法

垂准仪法就是利用能提供铅直向上（或向下）视线的专用测量仪器，进行竖向投测。常用的仪器有垂准经纬仪、激光经纬仪和激光垂准仪等。用垂准仪法进行高层建筑的轴线投测，具有占地小、精度高、速度快的优点，在高层建筑施工中用得越来越多。垂准仪法也需要事先在建筑底层设置轴线控制网，建立稳固的轴线标志，在标志上方每层楼板都预留孔洞（大于 15cm×15cm），供视线通过。

(1) 垂准经纬仪。如图 12.23 所示，该仪器的特点是在望远镜的目镜位置上配有弯曲成 90°的目镜，使仪器视准轴能够铅直指向正上方。使用时，将仪器安置在首层地面的轴线点标志上，严格对中整平，如图 12.24 所示，由弯管目镜观测，当仪器水平转动一周时，若视线一直指向一点，说明视线方向处于铅直状态，可以向上投测。投测时，视线通过楼板上预留的孔洞，将轴线点投测到施工层楼板的透明板上定点。为了提高投测精度，应将仪器照准部水平旋转一周，在透明板上投测多个点，这些点应构成一个小圆，然后取小圆的中心作为轴线点的位置。同法用盘右再投测一次，取两次的中点作为最后结果。

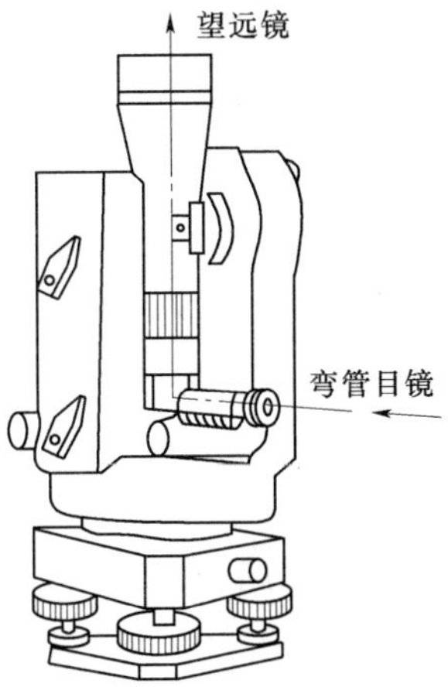

图 12.23 垂准经纬仪

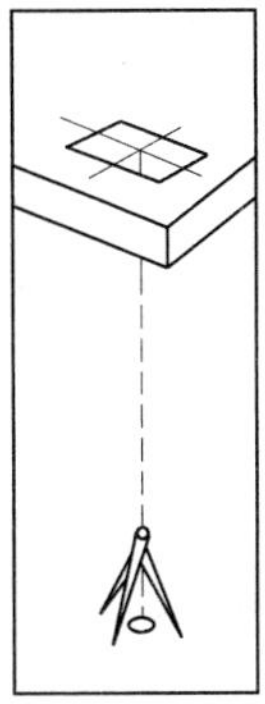

图 12.24 垂准经纬仪投测方法

(2) 激光经纬仪。图 12.25 所示为苏州第一光学仪器厂生产的 J2—JDE 型激光经纬仪，它是在望远镜筒上安装一个氦氖激光器，用一组导光系统把望远镜的光学系统联系起来，组成激光发射系统，再配上电源，便成为激光经纬仪。使用激光经纬仪进行轴线投测的方法与配弯管目镜的经纬仪是一样的，只不过是用可见激光代替人眼观测。投测时，在施工层预留孔中央设置用透明聚酯膜片绘制的接收靶，在地面轴线点处对中整平仪器，起辉激光器，调节望远镜调焦螺旋，使投射在接收靶上的激光束光斑最小，再水平旋转仪器，检查接收靶上光斑中心是否始终在同一点，或划出一个很小的圆圈，以保证激光束铅直，然后移动接收靶使其中心与光斑中心或小圆圈中心重合，将接收靶固定，则靶心即为欲投测的轴线点。

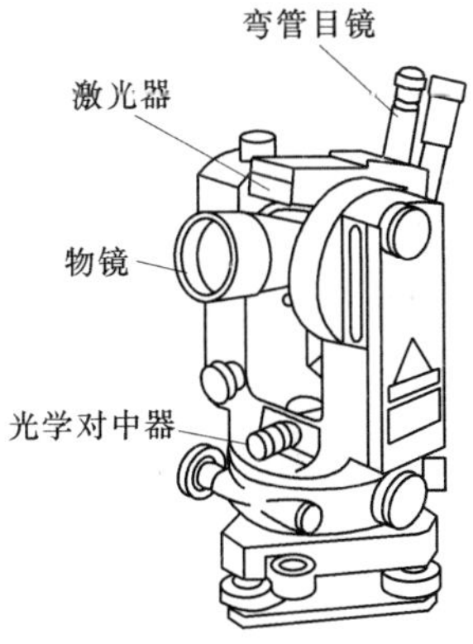

图 12.25 激光经纬仪

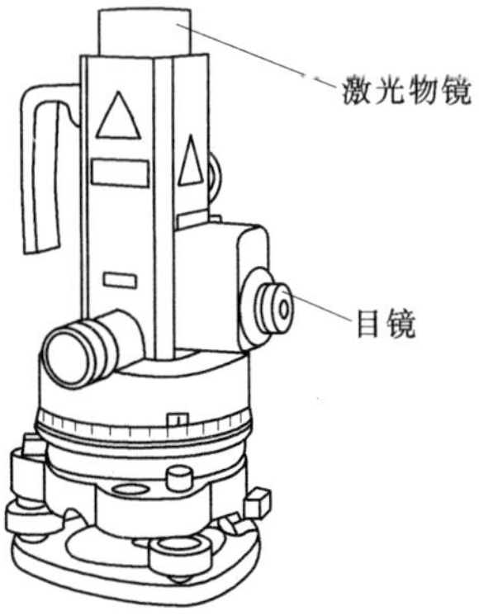

图 12.26 激光垂准仪

(3) 激光垂准仪。图 12.26 所示为苏州第一光学仪器厂生产的 DZJ2 型激光垂准仪，主要由氦氖激光器、竖轴、水准管、基座等部分组成。激光垂准仪用于高层建筑轴线投测的原理和方法与激光经纬仪基本相同，主要区别在于对中方法。激光经纬仪一般用光学对中器，而激光垂准仪用激光管尾部射出的光束进行对中。

12.2.5.4　高层建筑的高程传递

高层建筑各施工层的标高，是由底层±0.000 标高线传递上来的。标高传递的常用方法有以下两种。

1. 用钢尺直接测量

一般用钢尺沿结构外墙、边柱或楼梯间，由底层±0.000 标高线向上竖直量取设计高差，即可得到施工层的设计标高线。用这种方法传递高程时，应至少由 3 处底层标高线向上传递，以便于相互校核。由底层传递到上面同一施工层的几个标高点，必须用水准仪进行校核，检查各标高点是否在同一水平面上，其误差应不超过±3mm。合格后以其平均标高为准，作为该层的地面标高。若建筑高度超过一尺段（30m 或 50m），可每隔一个尺段的高度，精确测设新的起始标高线，作为继续向上传递标高的依据。

2. 悬吊钢尺法

悬吊钢尺法即大高差放样法，如图 12.27（a）所示，在外墙悬吊一根钢尺，分别在地面和楼面上安置水准仪，将标高传递到楼面上；亦可在楼梯间悬吊钢尺，进行标高传递，如图 12.27（b）所示。用于高层建筑传递高程的钢尺，应经过检定，测定高差时尺端应悬吊额定重量（等于额定拉力）的重锤，并应进行温度改正。

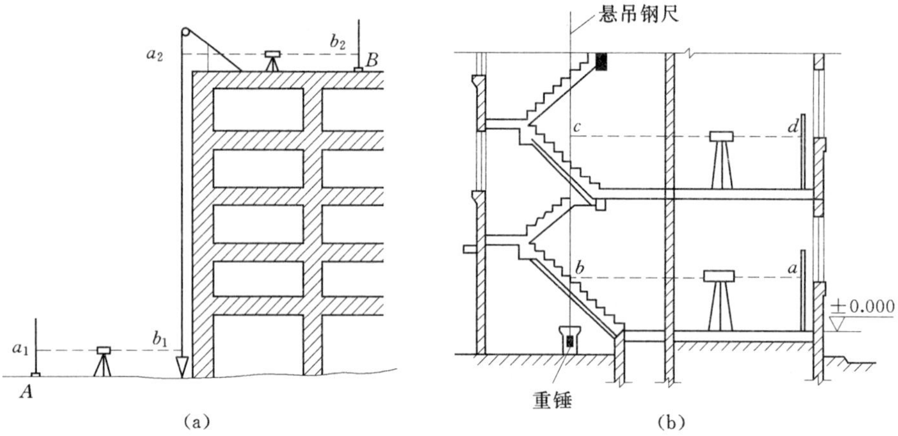

图 12.27　吊钢尺法传递高程

12.3　工业厂房施工测量

12.3.1　厂房控制网的测设

工业建筑主要以厂房为主，而工业厂房多为排柱式建筑，跨距和间距大，但隔墙少，平面布置简单，所以厂房施工中多采用由柱轴线控制桩组成的厂房矩形方格网作为厂房的基本控制网，如图 12.28 所示。

厂房矩形控制网应布置在基坑开挖范围线以外 1.5～4m 处，其边线与厂房主轴线平行，除厂房主轴线控制桩外，在控制网各边每隔若干柱间距埋设一个距离控制桩，其间距一般为厂房柱距的倍数，但不要超过所用钢尺的整尺长。

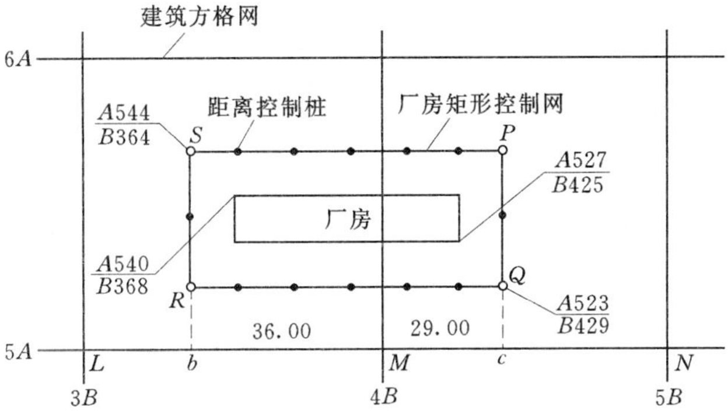

图 12.28 矩形控制网示意图

厂房矩形控制网的测设方法，如图 12.28 所示，将经纬仪安置在建筑方格网点 M 上，分别精确照准 L、N 点，自 M 点沿视线方向分别量取 $Mb=36.00$m 和 $Mc=29.00$m，定出 b、c 两点。然后，将经纬仪分别安置于 b、c 两点上，用测设直角的方法分别测出 bS、cP 方向线，沿 bS 方向测设出 R、S 两点，沿 cP 方向测设出 Q、P 两点，分别在 P、Q、R、S 4 点上钉立木桩，做好标志。最后用经纬仪检查矩形控制网 $PQRS$ 四大角是否符合精度要求，一般情况下，其误差不应超过 $\pm 10''$；用钢尺检查各边长度，其相对误差不应超过 1/10000。然后，在控制网各边上按一定距离测设距离指示桩，以便对厂房进行细部放样。

12.3.2 厂房柱列轴线的测设

如图 12.29 所示，A、B、C 及 1、2、3、…等轴线分别是厂房的纵、横柱列轴线，又称为定位轴线。纵向轴线的距离表示厂房的跨度，横向轴线的距离表示厂房的柱距。

在厂房控制网建立以后，即可按柱列间距和跨距用钢尺从靠近的距离控制桩量起，沿矩形控制网各边定出各柱列轴线桩的位置，并在桩顶上钉入小钉，作为桩基放线和构件安装的依据。但应注意，在进行柱基测设时，定位轴线不一定是柱的中心线，一个厂房的柱基类型很多，尺寸不一，放样时应特别注意。

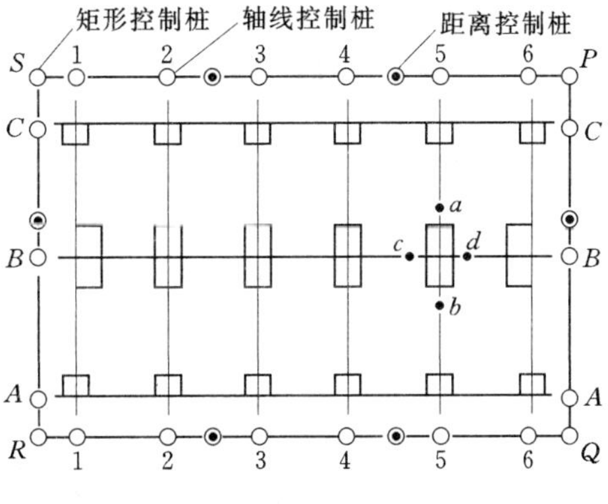

图 12.29 厂房柱列轴线测设

12.3.3 柱基测设

柱基的测设应以柱列轴线为基线，按基础施工图中基础与柱列轴线的关系尺寸进行。现以图 12.29 所示 B 轴与 5 轴交点处的柱基为例，说明柱基的测设方法。

首先将 2 台经纬仪分别安置在 B 轴与 5 轴一端的轴线控制桩上，瞄准各自轴线另一端的轴线控制桩，交会定出轴线交点作为该基础的定位点（注意：该点不一定是基础中心点）。在轴线上沿基础开挖边线以外 1～2m 处打入四个定位小木桩，如图中的 a、b、c、d

所示，并在桩上钉上小钉以标明点位。再根据基础详图的尺寸和基坑放坡宽度，量出基坑的开挖边线，并撒上白灰标明开挖范围。如图 12.30 所示。

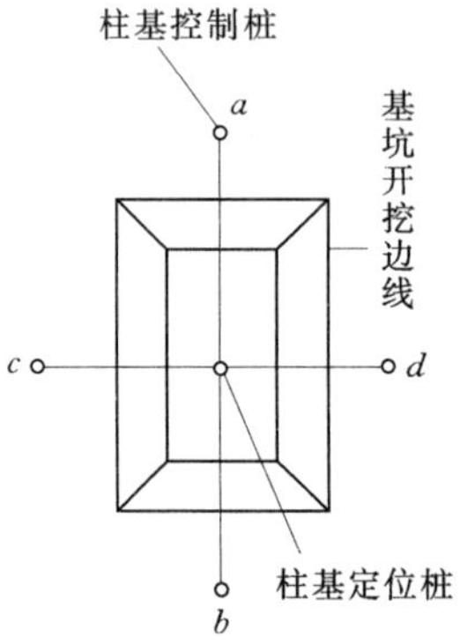

图 12.30　柱基测设

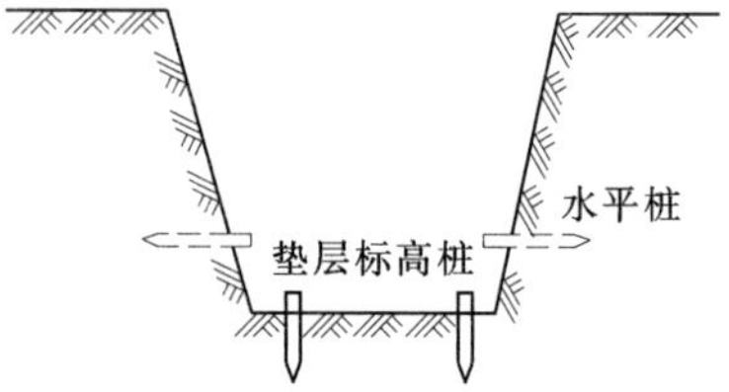

图 12.31　基坑水平桩和垫层标高桩测设

当基坑挖到一定深度后，用水准仪在坑壁四周离坑底 0.3～0.5m 处测设几个水平桩，作为检查坑底标高和打垫层的依据，如图 12.31 所示，图中垫层标高桩在打垫层前测设。

基础垫层做好后，根据基坑旁的定位小木桩，用拉线吊锤球法将基础轴线投测到垫层上，弹出墨线，作为柱基础立模和布置钢筋的依据。

立模板时，将模板底线对准垫层上的定位线，并用垂球检查模板是否垂直。最后将柱基顶面设计高程测设在模板内壁。

12.3.4　厂房构件的安装测量

装配式单层厂房主要由柱子、吊车梁、屋架、天窗架和屋面板等主要构件组成。一般工业厂房都采用预制构件在现场安装的办法施工。下面着重介绍柱子、吊车梁和吊车轨道等构件在安装时的测量工作。

12.3.4.1　柱子安装测量

1. 安装前的准备工作

（1）柱基弹线。柱子安装前，先根据轴线控制桩，把定位轴线投测到杯形基础顶面上，并用红油漆画上“▶”标志，作为柱子中心的定位线，如图 12.32 所示。当柱列轴线不通过柱子中心线时，应在基础顶面加弹柱子中心定位线，仍用红油漆画上“▶”标志。同时用水准仪在杯口内壁测设－0.600m 的标高线，并画出“▼”标志，作为杯底找平的依据。

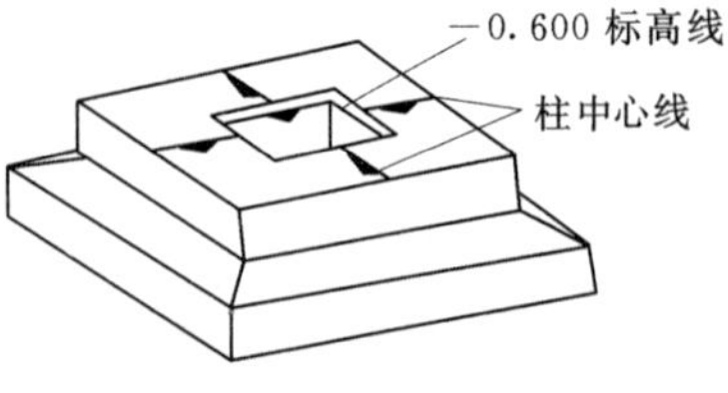

图 12.32　基础杯口弹线示意图（单位：m）

（2）柱子弹线。如图 12.33 所示，在每根柱子的 3 个侧面上弹出柱中心线，并在每条线的上端和下端近杯口处画“▶”标志。并根据牛腿面设计标高，从牛腿面向下用钢尺量出－0.600m 的标高线，并画出“▼”标志。

（3）杯底找平。先量出柱子－0.600m 标高线至柱底面的高度，再在相应柱基杯口内，量出－0.600m 标高线至杯底的高度，并进行比较，以确定杯底找平层厚度。然后用 1∶2 水泥砂浆在杯底进行找平，使牛腿面符合设计高程。

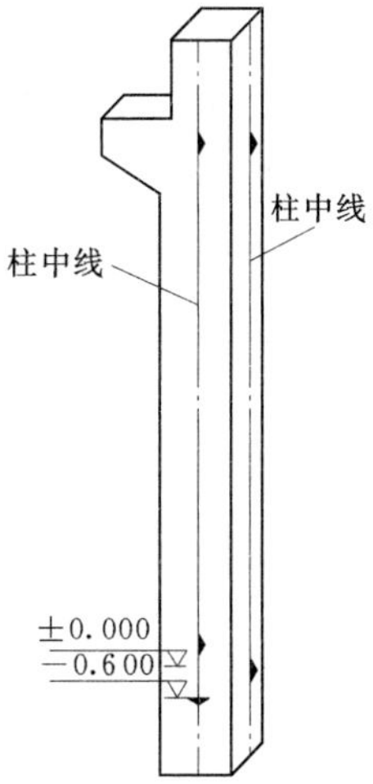

图 12.33 柱身弹线示意图（单位：m）

2. 柱子的安装测量

柱子安装测量的目的是保证柱子平面和高程位置符合设计要求，柱身竖直。

柱子吊起插入杯口后，使柱脚中心线与杯口顶面中心线对齐，用木楔或钢楔暂时固定，如有偏差，可用锤敲打楔子拨正。其允许偏差为±5mm。然后用两台经纬仪分别安置在互相垂直的两条柱列轴线上，离开柱子的距离约为柱高的 1.5 倍处同时观测，如图 12.34 所示。观测时，经纬仪先照准柱子底部的中心线，固定照准部，逐渐仰起望远镜，直至柱顶，校正柱顶轴线至竖直位置。

实际安装时，一般是一次把许多根柱子都竖起来，然后进行竖直校正。这时可把两台经纬仪分别安置在纵横轴线的一侧，与轴线夹角 β 在 15°以内的方向上，一次校正几根柱子，如图 12.35 所示。

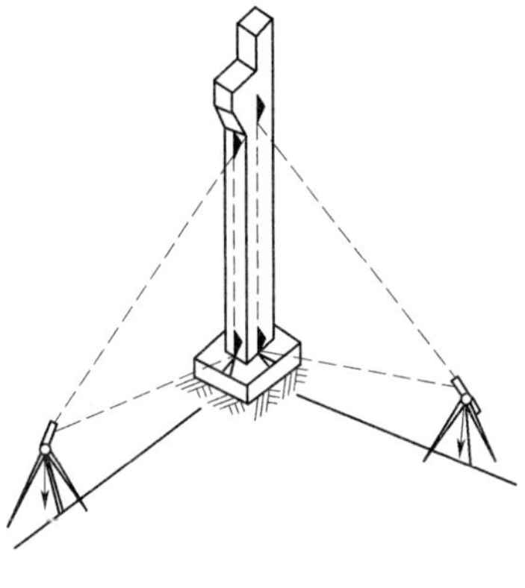
图 12.34 单根柱子校正示意图

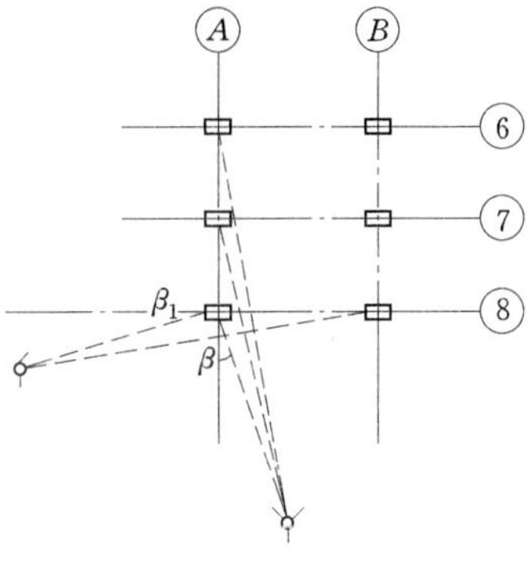

图 12.35 多根柱子校正示意图

3. 柱子安装测量的基本要求

（1）柱子中心线应与相应的柱列中心线一致，其允许偏差为±5mm。

（2）牛腿顶面及柱顶面的实际标高应与设计标高一致，其允许偏差为：当柱高不大于 5m 时应不大于±5mm；柱高大于 5m 时应不大于±8mm。

（3）柱身垂直允许误差：当柱高不大于 5m 时应不大于±5mm，当柱高为 5～10m 时应不大于±10mm，当柱高超过 10m 时，限差为柱高的 1‰，且不超过 20mm。

4. 柱子校正时的注意事项

（1）校正用的经纬仪事前应经过严格校正，因为校正柱子垂直度时，往往只用盘左或盘右观测，仪器误差影响很大。操作时还应注意使照准部水准管气泡严格居中。

（2）柱子在两个方向的垂直度都校正好后，应再复查平面位置，看柱子下部的中心线是否仍对准基础的轴线。

（3）考虑到过强的日照将使柱子产生弯曲，使柱顶发生位移，当对柱子垂直度要求较高时，柱子垂直度校正应尽量选择在早晨无阳光直射或阴天时校正。

12.3.4.2　吊车梁、吊车轨及屋架的安装测量

吊车梁的安装测量主要是保证梁的上、下中心线与吊车轨的设计中心线在同一竖直面内以及梁面标高与设计标高一致。安装前首先应检查各牛腿面的标高，并在吊车梁顶面和梁两端弹出中心线，再依柱列轴线将吊车梁中心线投到牛腿面上。安装时使梁端中心线与牛腿面梁中心线相重合，使梁初步定位，然后用经纬仪校正。校正方法是根据柱列轴线用经纬仪在地面上放出一条与吊车梁中心线相平行且距离为 d（如 1.000m）的校正轴线，如图 12.36 所示，在校正轴线一端点处安置经纬仪，固定照准部，上仰望远镜，照准放置在吊车梁顶面的木尺，移动吊车梁，使吊车梁中心线至校正轴线的距离为 d 时为止。

在校正吊车梁平面位置的同时，用吊锤球的方法检查吊车梁的垂直度，不满足时在吊车梁支座处加垫块校正。在吊车梁就位后，先根据柱面上定出的吊车梁设计标高线检查梁面的标高，不满足时用抹灰调整。再把水准仪安置在吊车梁上，精确检测实际标高，其误差应在±3mm 以内。

吊车轨按校正过的中心线安装就位，然后将水准仪安置在吊车梁上进行检测，轨面上每隔 3m 测定一点标高，误差应在±3mm 以内。最后用钢尺悬空丈量轨道上对应中心线点间的跨距，其误差不得超过±10mm。

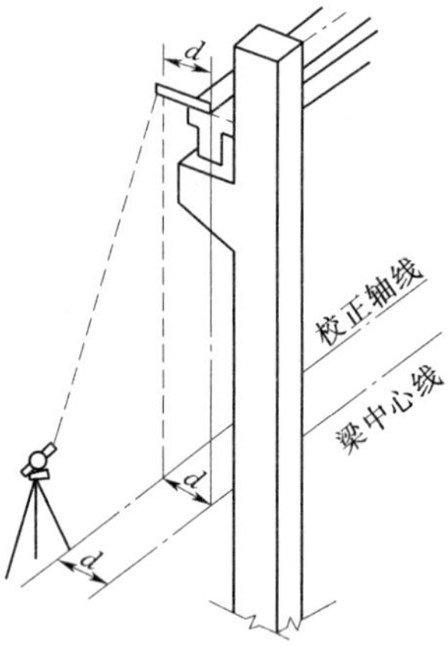

图 12.36　吊车梁安装校正示意图

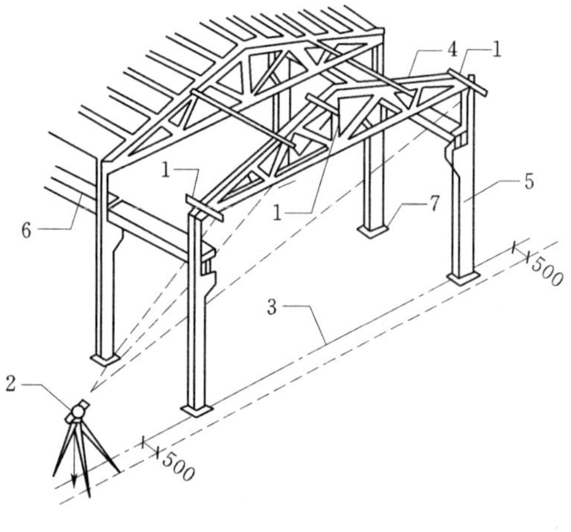

图 12.37　屋架安装测量示意图（单位：mm）
1—卡尺；2—经纬仪；3—定位轴线；4—屋架；
5—柱；6—吊车梁；7—基础

屋架的安装测量与吊车梁安装测量的方法基本相似。如图 12.37 所示，屋架的垂直度是靠安装在屋架上的 3 把卡尺，通过经纬仪进行检查、调整。屋架垂直度允许误差为屋架高度的 1/250。

12.4　烟囱（或水塔）施工测量

烟囱是典型的高耸构筑物，其特点是基础小，筒身高，抗倾覆性能差，因而施工测量

的主要任务是严格控制其中心位置，确保主体竖直。施工规范规定：筒身中心轴线垂直度偏差最大不得超过 110mm；当筒身高度 $H>100$m 时，其偏差不应超过 $0.05H\%$，烟囱圆环的直径偏差不得大于 30mm。

12.4.1 烟囱的定位测量

首先，按照图纸要求，根据已知控制点或与已有建筑物位置的尺寸关系，在地面上测设出烟囱中心位置 O。然后在 O 点上安置经纬仪，如图 12.38 所示，测设出以 O 点为交点的两条互相垂直的定位轴线 AB 和 CD。A、B、C、D 各控制桩至烟囱的距离应大于烟囱的高度。为便于检核桩位的稳定性，可在轴线上多设置几个控制桩。在接近烟囱而又不影响桩位稳固的轴线位置上设置 a、b、c、d 4 个定位小木桩，以作为修坑和恢复烟囱中心位置用。

12.4.2 烟囱基础施工测量

如图 12.38 所示，以烟囱中心 O 为圆心，以 $r+\delta$ 为半径（r 为烟囱底部半径，δ 为基坑的放坡宽度）在地面上画圆，撒上石灰线，标明基坑开挖范围。

当基坑开挖接近设计标高时，在基坑内壁测设水平桩，以作为检查基础深度和浇筑混凝土垫层的依据。

浇筑混凝土基础时，应在烟囱中心位置埋设钢筋，根据定位小木桩，用经纬仪准确的在钢筋顶面测设出烟囱的中心位置，并刻上“+”线，作为筒身施工时控制烟囱中心垂直度和控制烟囱半径的依据。

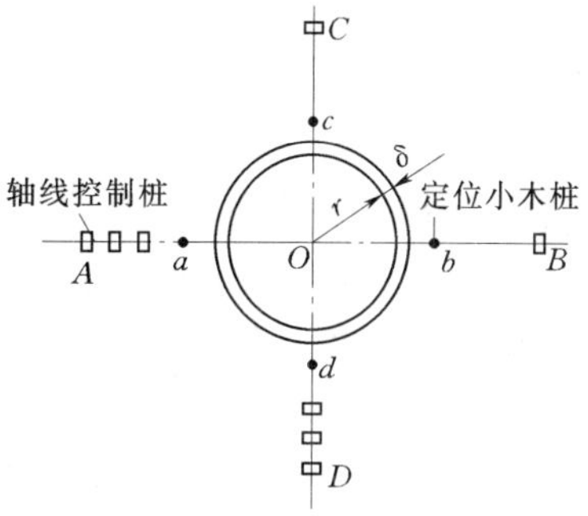

图 12.38 烟囱的定位与放线

12.4.3 烟囱筒身施工测量

1. 筒身中心线的引测

烟囱筒身向上砌筑时，一般砖烟囱每砌筑一步架或混凝土烟囱每升高一次模板，须将中心点引测到施工作业面上，作为架设烟囱模板的依据。引测的方法是：先在施工作业面上横向设置一根控制方木和一根带有刻度的旋转尺杆，如图 12.39 所示，尺杆零端铰接于方木中心。方木的中心下用细钢丝悬吊 8～12kg 重的锤球，如图 12.40 所示。移动方木，直至锤球尖对准基础面上的中心标志为止。此时方木中心即为烟囱中心。

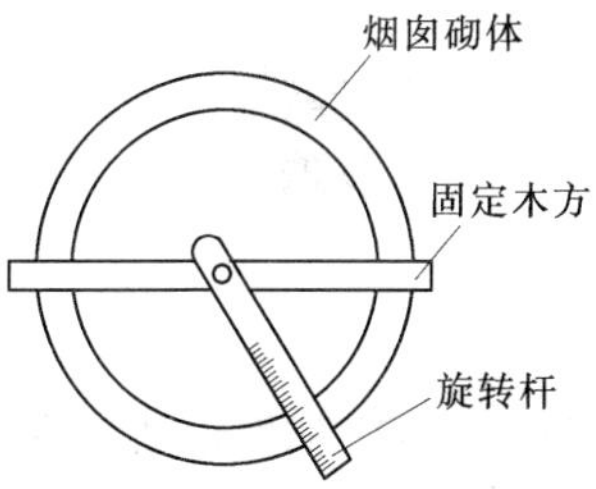

图 12.39 旋转尺杆

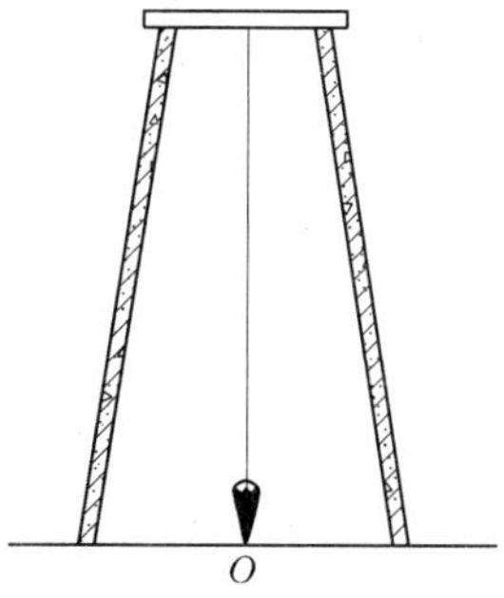

图 12.40 筒身中心线的引测

烟囱每砌完 10m 左右，必须用经纬仪检查一次中心。检查时分别在轴线控制桩 A、B、C、D 上安置经纬仪，如图 12.38 所示，照准各轴线相应一侧的定位小木桩 a、b、c、d，将轴线投测到施工作业面上，并做出标记；然后按标记拉两条细线绳，其交点即为烟囱中心点。将该中心点与用锤球引测的中心点相比较，以作校核，其偏差不应超过所砌高度的 1/1000。

对高度较高的烟囱，为保证精度要求，可采用激光经纬仪或激光垂准仪进行烟囱铅垂定位。定位时将仪器安置在烟囱基础的“+”字交点上，在工作面中央处安放激光仪接收靶，每次提升工作平台前和后都应进行铅垂定位测量，并及时调整偏差。

2. 筒身水平截面圆周控制

筒身水平截面的圆周尺寸，以引测的中心点为圆心，以施工作业面上烟囱的设计半径为半径，用旋转尺杆画圆控制，如图 12.39 所示。

任何施工高度的设计半径都可根据设计图求出。如图 12.41 所示，高度为 H' 时的设计半径 $r_{H'}$ 为

$$r_{H'} = R - H'm \tag{12.4}$$

式中　R ——筒体底面外侧设计半径；

m——筒体的收坡系数。

收坡系数的计算公式为

$$m = (R - r)/H \tag{12.5}$$

式中　r——筒体顶面外侧设计半径；

H——筒体的设计高度。

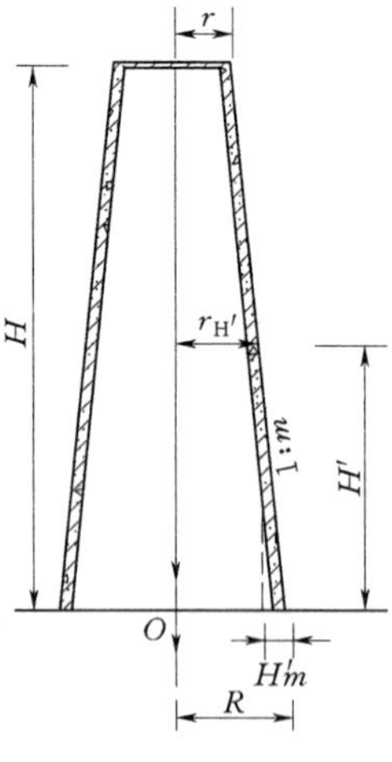

图 12.41　施工高度设计半径的计算

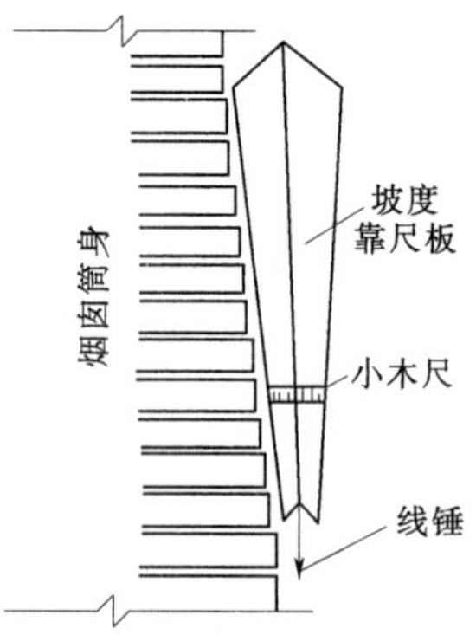

图 12.42　靠尺板示意图

3. 筒体外壁收坡的控制

为了保证筒体收坡符合设计要求，除了用旋转尺杆画圆控制外，还应随时用靠尺板来检查。靠尺的形状如图 12.42 所示，两侧的斜边是严格按照设计要求的筒壁收坡系数制作的。在使用过程中，把斜边紧靠在筒体外侧，如筒体的收坡符合要求，则锤球线正好通过

下端的缺口。如收坡控制不好，可通过靠尺上小木尺读数反映其偏差大小，以便使筒体收坡及时得到控制。

4. 筒体的标高控制

筒体的标高控制是用水准仪在筒壁上测出＋0.500m（或任意整分米）的标高控制线，然后以此线为准用钢尺直接向上量取。

12.5 管道施工测量

在城市和工业建设中，要敷设许多地下管道，如给水、排水、天然气、暖气、电缆、输油管道等。管道施工测量的主要任务，就是根据工程进度，及时提供管道的中线方向和标高位置。

管道测量属于线路测量的一种。施工测量前，应收集管道测量所需要的管道平面图、纵横断面图、附属构筑物图等有关资料，认真熟悉和核对设计图纸，了解精度要求和工程进度安排等，还要深入施工现场，熟悉地形，找出各交点桩、里程桩、加桩和水准点的位置。

12.5.1 施工前的测量工作

1. 恢复中线

管道中线测量时所钉设的交点桩和中线桩等，到施工时可能会有损坏或丢失，为了保证中线位置准确可靠，应根据设计的定线条件进行复核，并将损坏和丢失的桩点重新恢复。在恢复中线时，应将检查井、支管等附属构筑物的位置同时定出。

2. 施工控制桩的测设

由于施工时中线上各桩将被挖掉，为了便于恢复中线和附属构筑物的位置，应在不受施工干扰、引测方便、易于保存桩位的地方，测设施工控制桩。

施工控制桩分中线控制桩和附属构筑物位置控制桩两种，如图 12.43 所示。中线控制桩一般测设在管道起止点和各转折点处的中线延长线上，若管道直线段较长，可在中线一测的管槽边线外测设一排与中线平行的控制桩。附属构筑物控制桩测设在管道中线的垂直线上，恢复附属构筑物的位置时，通过两控制桩拉细绳，细绳与中线的交点即为构筑物的中心位置。

3. 施工水准点的加密

为了在施工过程中引测高程方便，应根据原有水准点，在沿线附近每隔 100～150m 左右增设一个临时水准点，其精度要求由管线工程性质和有关规范确定。

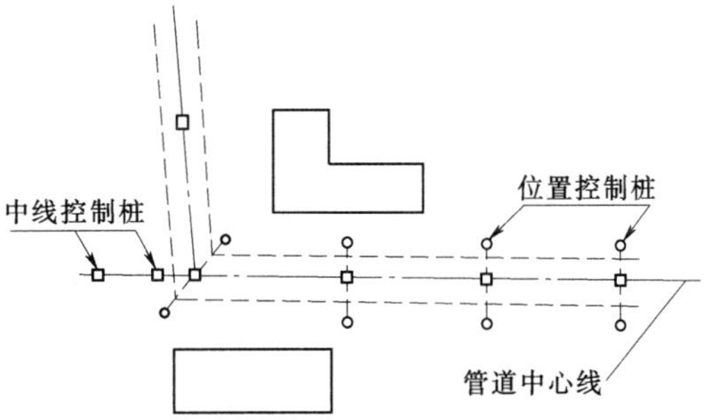

图 12.43 管道控制桩设置

12.5.2 管道施工测量

12.5.2.1 槽口放线

槽口放线是根据管径大小、埋设深度和土质情况，决定管槽开挖宽度，并在地面上钉设边桩，沿边桩拉线撒出灰线，作为开挖的边界线。

若埋设深度较小、土质坚实，管槽可垂直开挖，这时槽口宽度即等于设计槽底宽度；若需要放坡，且地面横坡比较平坦，槽口宽度可按下式计算

$$D_{左} = D_{右} = b/2 + mh \tag{12.6}$$

式中　$D_{左}$、$D_{右}$——管道中桩至左、右边桩的距离；

b——槽底宽度；

m——边坡系数；

h——挖槽深度。

12.5.2.2　施工过程中的中线、高程和坡度测设

管槽开挖及管道的安装和埋设等施工过程中，应根据进度，反复进行中线、高程和坡度的测设。下面介绍两种常用的方法。

1. 坡度板法

坡度板是用来控制中线和构筑物位置、掌握设计高程和坡度的标志，如图12.44所示。坡度板一般跨槽设置，线路上每隔10～20m设置一块，并编以桩号。坡度板应根据工程进度及要求及时设置，当槽深在2.5m以内时，应于开槽前埋设在槽口上；当槽深在2.5m以上时，应待开挖至距槽底2m左右时再埋设在槽内，如图12.45所示。坡度板应埋设牢固，板面要保持水平。

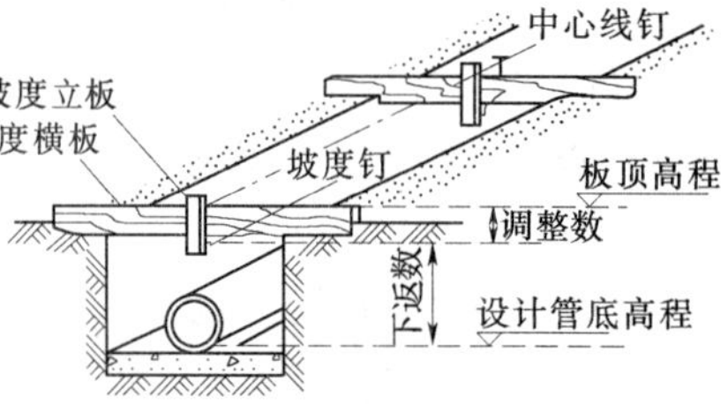

图12.44　坡度板

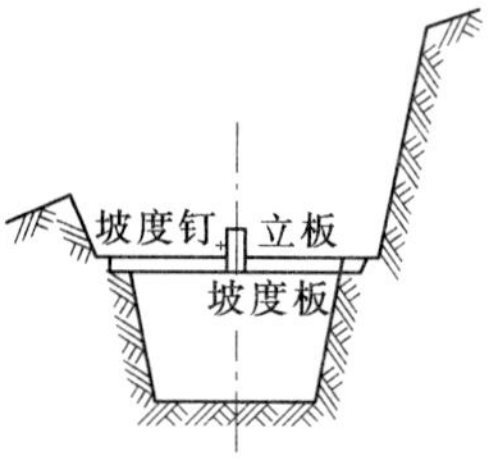

图12.45　深槽坡度板

坡度板设置后，根据中线控制桩，用经纬仪把管道中心线投测至坡度板上，钉上中心钉，并标上里程桩号。施工时，用中心钉的连线可方便地检查和控制管道的中心线。

再用水准仪测出坡度板顶面高程，板顶高程与该处管底设计高程之差，即为板顶往下开挖的深度。为方便起见，在各坡度板上钉一坡度立板，然后从坡度板顶面起算，向上或向下量取高差调整数，在坡度立板上钉出坡度钉，使坡度钉的连线平行于管道设计坡度线，并距管底设计高程为一整分米数（称为下返数）。施工时，利用这条线可方便地检查和控制管道的高程和坡度。

高差调整数可按下式计算

$$高差调整数 = (板顶高程 - 管底设计高程) - 下返数$$

若高差调整数为正，向下量取；若高差调整数为负，向上量取。

例如，预先确定下返数为2.0m，某桩号坡度板的板顶实测高程为80.928m，该桩号管底设计高程为78.8m，则高差调整数为：（80.928－78.8）－2.0＝0.128m，即从坡度

横板顶面沿坡度立板往下量 0.128m，钉上坡度钉，则由这个钉下返 2.0m 即为设计管底位置。

2. 平行轴腰桩法

当现场条件不便采用坡度板时，可采用平行轴腰桩法来测设中线、高程及坡度控制标志。如图 12.46 所示，开挖前，在中线一侧（或两侧）测设一排（或两排）与中线平行的轴线桩，平行轴线桩与管道中线的间距为 a，各桩间隔 20m 左右。当管槽开挖至一定深度以后，以地面上的平行轴线桩为依据，在高于槽底约 1m 的槽坡上再钉一排平行轴线桩，它们与管道中线的间距为 b，称为腰桩。用水准仪测出各腰桩的高程，腰桩高程与该处相对应的管底设计高程之差，即是下返数。施工时，根据腰桩可检查和控制管道的中线和高程。

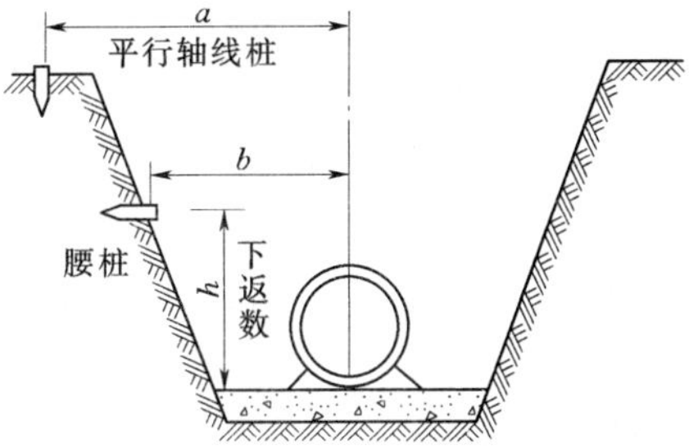

图 12.46　平行轴腰桩法

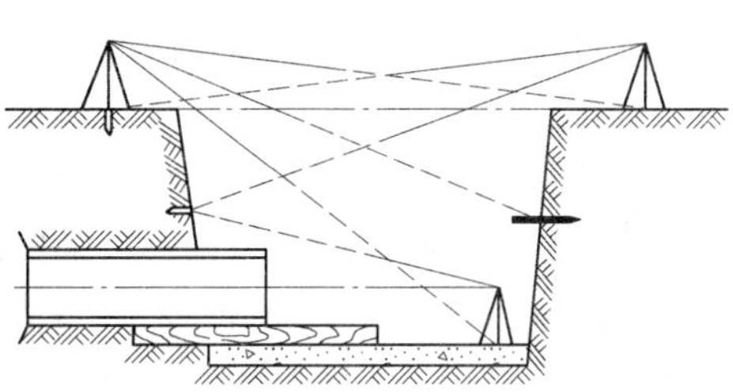

图 12.47　顶管中线测设

12.5.3　顶管施工测量

当管线穿越铁路、公路或其他建筑物基底时，如果不便采用开槽的方法施工，这时就需要采用顶管施工法。顶管时，需控制好管道中线方向以及管道的高程和坡度。

1. 顶管施工中的中线测设

如图 12.47 所示，先挖好顶管工作坑，根据地面上标定的中线控制桩，用经纬仪将顶管中心线引测到坑下，在前后坑底和坑壁设置中线标志。将经纬仪安置于靠近后壁的坑底中线点上，后视前壁上的中线点，则经纬仪视线即为顶管的中线方向。在顶管内前端水平放置一把直尺，尺上标明中心点，使该中心点与顶管中心一致。每顶进一段（0.5～1m）距离，用经纬仪在直尺上读出管中心偏离设计中线方向的数值，据此校正顶进方向。

如果顶进距离不长，也可在前后坑壁中线标志之间拉一条细绳，细绳上挂两个吊锤，两吊锤线的连线即为中线方向。

2. 高程测设

先在工作坑内设置临时水准点，将水准仪安置于坑内，后视临时水准点上的标尺，前视立于管内各测点的短标尺，即可测得管底各点的高程。将测得的管底高程与管底设计高程进行比较，即可得到顶管高程和坡度的校正数据。

小　　结

本章较为详尽地介绍了工业与民用建筑中施工测量的主要工作内容和作业方法。建筑场地施工平面控制网的布设，应掌握建筑基线、建筑方格网的测设方法以及测设的精度要求。民用建筑施工测量中，建筑物的定位、建筑物的放线、建筑物基础施工测量以及墙体施工测量是重点，应掌握基本方法；轴线引测中的龙门板设置、基础和墙体施工中的皮数杆设置应通过观摩加深理解；高层建筑施工测量中，重点是掌握轴线投测方法和高程传递方法。工业厂房施工测量中，柱列轴线的测设以及柱子和吊车梁的安装测量应重点掌握。烟囱施工测量中，筒身中心线的引测是关键，应掌握其作业方法。管道测量和渠道、道路、输电线测量等都属于线路测量，它们的基本作业方法有许多相似之处，应注意它们的不同点。

思　考　题

12.1　建筑场地施工平面控制网的布设形式有哪些？各有何特点？

12.2　建筑基线的常用形式有哪几种？基线点为什么不能少于 3 个？

12.3　建筑基线的测设方法有哪几种？试举例说明。

12.4　建筑方格网应如何布置？主轴线应如何选定？

12.5　建筑方格网应如何测设？施测精度应如何掌握？

12.6　施工高程控制网应如何布设？布设时应满足什么要求？

12.7　民用建筑施工测量前应进行哪些准备工作？

12.8　按施工进程，简述民用建筑施工测量的工作内容和作业方法。

12.9　施工控制桩和龙门板的作用是什么？设置施工控制桩和龙门板时应注意哪些问题？

12.10　一般民用建筑施工中，应如何投测轴线？如何传递标高？

12.11　在高层建筑施工中，应如何投测轴线？如何传递标高？

12.12　在工业厂房施工测量中，为什么要建立独立的厂房控制网？为何在控制网中设置距离控制桩？

12.13　简述工业厂房柱列轴线的测设方法。

12.14　简述工业厂房柱基的测设方法。

12.15　如何进行柱子吊装的竖直校正工作？有哪些具体要求？

12.16　烟囱筒身施工测量中如何控制其垂直度？

12.17　简述管道施工测量的内容及作业方法。

习　题

12.1　写出施工坐标与测量坐标相互换算的公式。已知施工坐标系原点 O' 的测量坐标为（1000.000，900.000），两坐标纵轴之间的夹角 $\alpha=22°00'00''$，控制点 A 的测量坐标为（2112.000，2609.000），试计算 A 点的施工坐标。

12.2　如图 12.48 所示，假设主轴线上 A、O、B 三点测设于地面上的点位为 A'、O'、B'，经检测 $\angle A'O'B'=\beta=179°59'36''$，已知 $a=150$m，$b=100$m。试求调整值 δ，并

说明如何调整才能使三点成一直线。

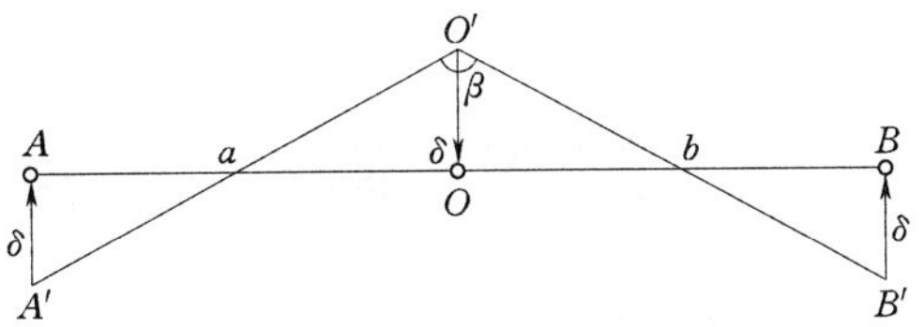

图 12.48

12.3　如图 12.49 所示，测设与轴线 AOB 垂直的轴线 COD。实际测设的轴线端点位置为 C' 和 D'。现测得 $\angle AOC'=89°59'36''$，$\angle BOD'=89°59'42''$，已知 $OC'=OD'=100\text{m}$。试求改正数 l_1 和 l_2。

12.4　图 12.50 中给出了原有建筑物与新建筑物的相对位置关系，新旧建筑物的外墙间距为 20m，右侧墙边对齐，新建筑物设计尺寸（算至外墙边线）为长 40m，宽 20m，外墙厚度为 0.24m。试述根据原有建筑物测设新建筑物轴线交点的步骤与方法。

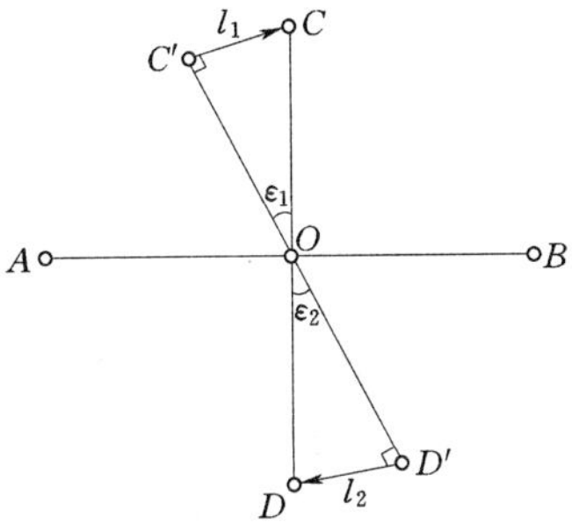

图 12.49

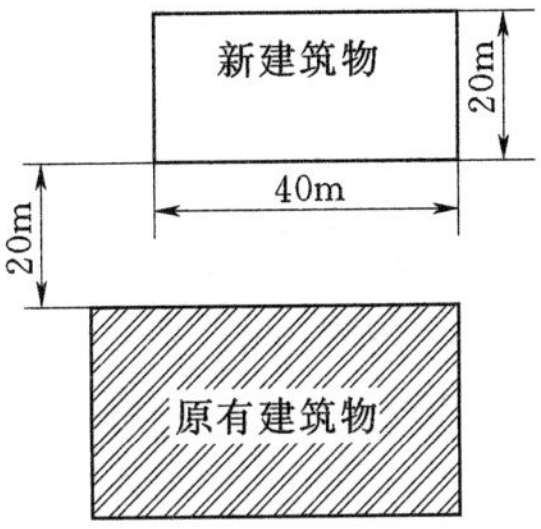

图 12.50

第 13 章　道路与桥梁施工测量

> **学习指导**
>
> 本章介绍道路与桥梁施工测量的内容和方法。要求了解道路、桥梁工程施工测量的工序及内容；掌握道路竖曲线测设以及路基、路面施工测量的基本方法；掌握桥梁墩、台的测设方法以及梁架吊装测量方法。

13.1　道路施工测量

13.1.1　道路工程测量概述

道路属于线路工程的一种。一般来讲，道路工程测量可分为初测、定测、施工测量和竣工测量等几个阶段。所谓初测，即对道路方案研究中认为有价值的几条或一条主要线路，结合现场实际情况，在实地进行选点、标定线路方向、进行导线测量和水准测量、施测沿线带状地形图等一系列工作。初测的目的是为线路的初步设计和纸上定线提供资料。所谓定测，即将初步设计选定的线路测设到实地上去。定测工作包括中线测量、纵横断面测量以及局部地形图测绘等。定测的目的是为线路的施工设计和施工测量提供资料和依据。

道路的施工测量是道路在施工过程中所要进行的测量工作，主要包括：恢复中线测量、施工控制桩的测设、竖曲线的测设、路基边桩和边坡的放样以及路面放样等。本节以公路为例主要讲述道路施工测量的部分内容。

13.1.2　恢复中线测量

道路从勘测到施工往往要相隔很长一段时间，在这段时间内，定测时标定的中线桩难免发生移动或损失，为了保证道路中线位置准确可靠，施工前应根据原定线条件或相关设计文件进行复核，并将丢失和碰动过的交点桩、里程桩进行恢复和校正，这一工作称为恢复中线测量，恢复中线测量的方法与中线测量时相同。对于部分改线地段，则应重新定线并测绘相应的纵、横断面图。恢复中线时，一般将附属构筑物（如涵洞、挡土墙等）的位置一并定出。

13.1.3　施工控制桩的测设

在道路施工时，中线桩将被挖掉，为了在施工中能够控制中线的位置，应在不受施工干扰、便于保存桩位的地方测设施工控制桩。其方法如下。

1. 平行线法

平行线法是在设计的路基范围以外，测设两排平行于道路中线的施工控制桩，如图

13.1所示。此法多用于地势平坦、直线段较长的地区。为了施工方便，控制桩的间距不宜过大，一般为10～20m。

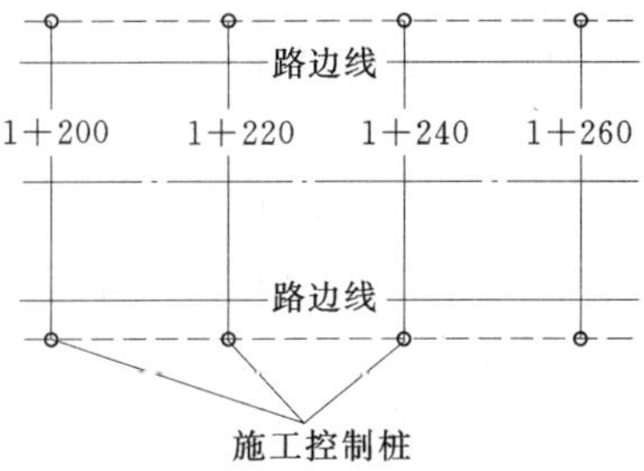

图13.1 平行线法

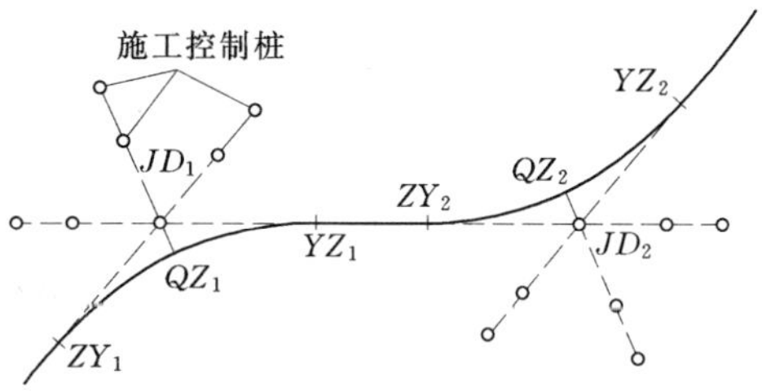

图13.2 延长线法

2. 延长线法

延长线法是在线路转折处的中线延长线上或者在曲线中点与交点连线的延长线上，测设2个能够控制交点位置的施工控制桩，如图13.2所示。控制桩至交点的距离应量出并做记录。此法多用于坡度较大和直线段较短的地区。

13.1.4 竖曲线的测设

13.1.4.1 竖曲线的概念

在线路中，除了水平路段外，不可避免的有上坡和下坡。上、下或下、上两坡段的相交点称为变坡点。当相邻两坡段坡度的代数差超过道路工程技术标准时，为了保证行车安全，在变坡点处的相邻坡段间要加设竖曲线（同一竖直面内的曲线称为竖曲线）。当变坡点位于曲线上方时，加设的竖曲线称为凸形竖曲线；反之，加设的竖曲线称为凹形竖曲线，如图13.3所示。竖曲线可以采用圆曲线，也可以采用抛物线，目前我国公路多采用圆曲线连接。

13.1.4.2 竖曲线元素的计算

如图13.3所示，i_1、i_2、i_3分别为设计的坡段坡度。上坡为正，下坡为负，α为竖曲线的转折角。由于路线设计时的允许坡度一般是不大的，所以可以认为α等于相邻两坡度的代数差，即$\alpha_1=i_2-i_1$，$\alpha_2=i_3-i_2$。α大于零时为凹形竖曲线，小于零时为凸形竖曲线。

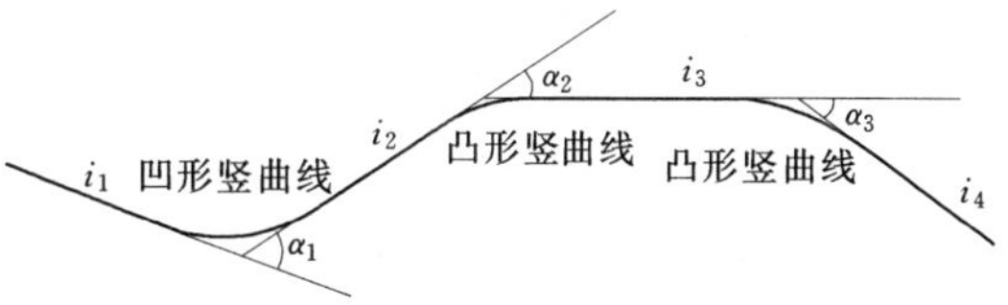

图13.3 竖曲线

根据纵断面设计中给定的竖曲线半径R，以及由相邻坡度求得的线路竖向转折角α，结合图13.4，则不难求得竖曲线各元素值。

1. 竖曲线切线长度T的计算

$$T = R\tan\frac{\alpha}{2}$$

因为α很小，故$\tan\frac{\alpha}{2}=\frac{\alpha}{2}$

则

$$T=R\frac{\alpha}{2} \tag{13.1}$$

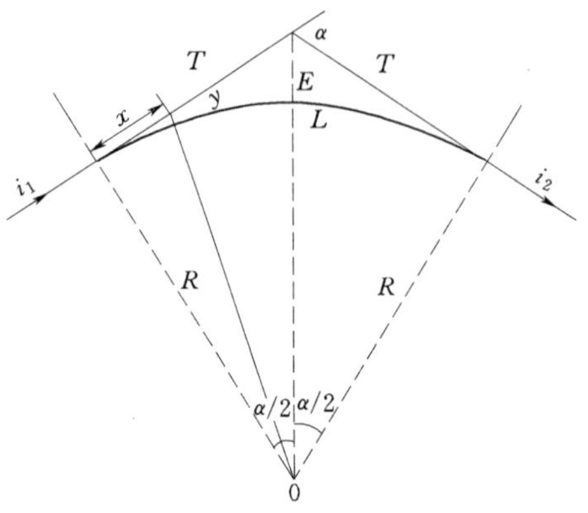

图 13.4　竖曲线元素的计算

2. 竖曲线长度 L 的计算

由于转折角 α 很小，所以 $L \approx 2T$。

3. 竖曲线上各点高程和外矢距 E 的计算

如图 13.4 所示，以竖曲线的起点或终点为坐标原点，切线方向为 x 轴，过切点垂直于切线的方向为 y 轴，建立平面直角坐标系。由于转折角 α 很小，所以可以认为曲线上各点的 y 坐标方向与曲线的半径方向一致，同时也可以认为切线与曲线上对应点的高程差为 y，于是

$$(R+y)^2 = R^2 + x^2$$

故

$$2Ry = x^2 - y^2$$

y^2 与 x^2 相比较，其值很小，可略去不计。故有

$$2Ry = x^2$$

即

$$y = \frac{x^2}{2R} \tag{13.2}$$

上式即切线与曲线上对应点的高程差的计算公式。得到了高差 y，即可按坡度线上各点的高程，计算曲线上相应点的高程。即

$$H_i = H'_i \pm y \tag{13.3}$$

式中　H_i——竖曲线上点的设计高程；

H'_i——切线上相应点的高程；

y——在凸形竖曲线中取负号，在凹形竖曲线中取正号。

从图中还可以看出，当 $x=T$ 时，y 值最大，约等于外矢距 E，所以

$$E = \frac{T^2}{2R} \tag{13.4}$$

13.1.4.3　竖曲线的测设

竖曲线各点的放样，可根据纵断面图上标注的里程及高程，以附近已放样的某整桩为依据，向前或向后量取竖曲线上各点(包括曲线起点、终点和变坡点)的水平距离，并设置竖曲线桩。然后，放样各个竖曲线桩的设计高程。下面结合示例说明竖曲线放样数据的计算方法。

设某公路凸形竖曲线的设计半径为 $R=3000$m，变坡点的里程桩号为 6+144，变坡点的高程为 $H_0=44.50$m，相邻坡段的坡度为 $i_1=+0.6\%$，$i_2=-2.2\%$。在曲线上每隔 10m 设置一曲线桩，其放样数据的计算步骤如下。

(1) 计算竖曲线元素 T、L 和 E。

转折角　$\alpha = i_2 - i_1 = 0.006 - (-0.022) = 0.028$

切线长　$T = R\dfrac{\alpha}{2} = (3000 \times 0.028)/2 = 42\ (\text{m})$

曲线长　$L = 2T = 2 \times 42 = 84\ (\text{m})$

外矢距　$E = \dfrac{T^2}{2R} = 0.29\ (\text{m})$

(2) 根据变坡点的里程，计算竖曲线主点的里程及其切线高程。

曲线起点的里程　　　$6+144-T=6+102$

曲线起点的切线高程　$44.50-0.6\%\times42=44.25$ (m)

曲线终点的里程　　　$6+144+T=6+186$

曲线终点的切线高程　$44.50-2.2\%\times42=43.58$ (m)

(3) 根据细部点间距，计算竖曲线上各细部点的里程及其切线高程 H_i'。

例如：从曲线起点起，竖曲线上第一个细部点的里程为 $6+102+10=6+112$；其切线高程为 $44.25+0.6\%\times10=44.31$ (m)。

又如：从曲线终点起，竖曲线上第三个细部点的里程为 $6+186-30=6+156$；其切线高程为 $43.58+2.2\%\times30=44.24$ (m)。

(4) 根据各细部点距曲线起点（或终点）的距离，由式（13.2）求相应各点的高程差 y 值。

例如：从曲线起点起，竖曲线上第一个细部点的 y 值为：$y=\frac{x^2}{2R}=\frac{10^2}{2\times3000}=0.02$ (m)。

又如：从曲线终点起，竖曲线上第三个细部点的 y 值为：$y=\frac{x^2}{2R}=\frac{30^2}{2\times3000}=0.15$ (m)。

(5) 根据各细部点的切线高程 H_i' 及相应的 y 值，由式（13.3）计算竖曲线上各细部点的高程 H_i。

计算结果见表 13.1。

表 13.1　竖曲线设计高程计算表

点　号	桩　号	x (m)	y (m)	坡度线高程 H_i' (m)	竖曲线设计高程 H_i (m)
起点	6+102	0	0.00	44.25	44.25
	+112	10	0.02	44.31	44.29
	+122	20	0.07	44.37	44.30
	+132	30	0.15	44.43	44.28
变坡点	6+144	42	0.29	44.50	44.21
	+156	30	0.15	44.24	44.09
	+166	20	0.07	44.02	43.95
	+176	10	0.02	43.80	43.78
终点	6+186	0	0.00	43.58	43.58

13.1.5 路基边桩的测设

路基放样就是根据设计断面图和各中桩的填挖高度，把路基两边的边坡与原地面的交点在地面上标定出来，以作为路基施工的依据。因此，若求出 2 个边桩距中心桩的距离，就可以在实地放出路基边桩。常用的路基边桩放样方法如下。

13.1.5.1 图解法放样边桩

如图 13.5 所示，在横断面图上套上设计断面，量取中桩至左右两侧设计边坡与地面线交点的水平距离。在现场用方向架定出横断面方向，据量得的中桩至左右两边桩的距离，即可定出边桩。如水平距离较长，地面坡度较大时，亦可采用抬杆法分段丈量。

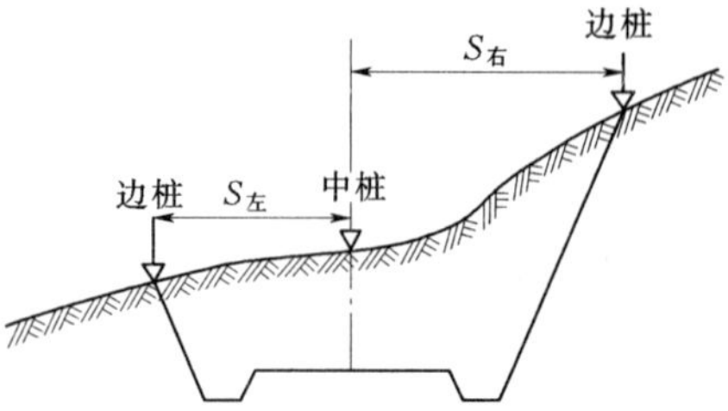

图 13.5　图解法放样边桩

13.1.5.2　解析法放样边桩

1. 平坦地段

图 13.6（a）所示为填土路基，称为路堤。路堤边桩至中桩的距离为

$$D = \frac{B}{2} + mh \tag{13.5}$$

式中　B——路堤宽度；

m——路基边坡系数；

h——路基填土高度。

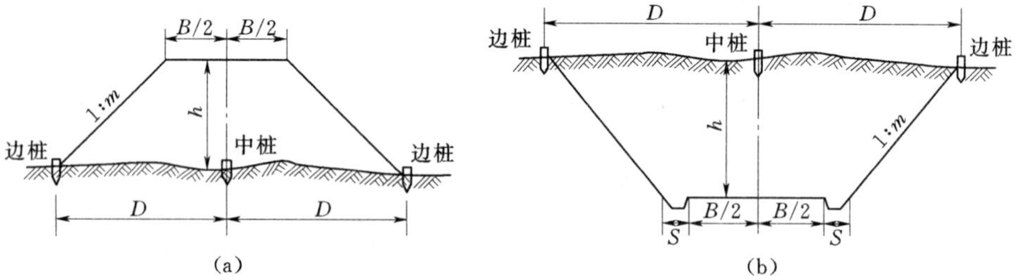

图 13.6　平坦地段解析法放样边桩

图 13.6（b）所示为挖土路基，称为路堑。路堑边桩至中桩的距离为

$$D = \frac{B}{2} + S + mh \tag{13.6}$$

式中　S——路堑边沟宽度；

h——路堑挖深。

2. 倾斜地段

路基在倾斜地段，边桩至中桩的距离随地面坡度的变化而变化。

图 13.7（a）所示为路堤，左右两边桩至中桩的距离分别为

$$D_左 = \frac{B}{2} + m(h_中 + h_左) \tag{13.7}$$

$$D_右 = \frac{B}{2} + m(h_中 - h_右) \tag{13.8}$$

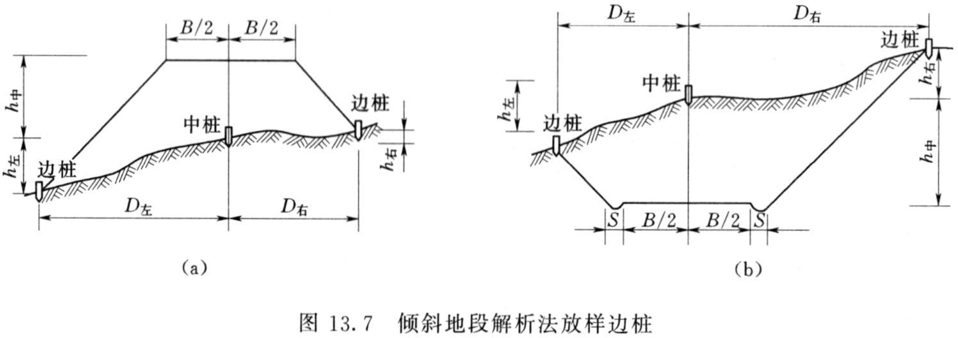

图 13.7　倾斜地段解析法放样边桩

图 13.7（b）所示为路堑，左右两边桩至中桩的距离分别为

$$D_{左} = \frac{B}{2} + S + m(h_{中} - h_{左}) \tag{13.9}$$

$$D_{右} = \frac{B}{2} + S + m(h_{中} + h_{右}) \tag{13.10}$$

上列各式中 $h_{左}$——路基左边桩与中桩的高差；

$h_{右}$——路基右边桩与中桩的高差；

$h_{中}$——中桩处的填挖高度。

高差 $h_{中}$ 可以从横断面设计图上查出，而 $h_{左}$、$h_{右}$ 未知。实际测设时可先估计出边桩与中桩的距离，后用逐渐趋近法确定。如图 13.7（a）所示，先估计出右边桩至中桩的距离 $D'_{右}$，到实地从中桩向右量 $D'_{右}$，得到右边桩的估计位置；然后测量该边桩相对于中桩的高差 $h_{右}$，并将 $h_{右}$ 代入式（13.8）计算 $D_{右}$。若算得的 $D_{右}$ 值和估计值 $D'_{右}$ 相等，则桩位即为正确位置；如不等，应根据算得的 $D_{右}$ 值和估计值 $D'_{右}$ 之差，再行调整 $D'_{右}$ 值，重复上述操作，直到满足条件为止。

13.1.6 路基边坡的测设

路基边桩放出后，为了保证填、挖的边坡达到设计要求，还应把设计边坡在实地标定出来，以指导施工。边坡放样通常采用的方法如下。

1. 标杆绳索法测设边坡

图 13.8(a)为用标杆、绳索测设边坡示意图，O 为中桩，A、B 为边桩，由中桩向两侧量出 $B/2$ 得 C、D 两点。在 C、D 处竖立标杆，在高度等于中桩填土高 h 的 C'、D' 处用绳索连接，同时用绳索将 C'、D' 分别连接到 A、B 桩上，设计边坡即展现于实地。当路堤填土不高时，可按上述方法一次把线挂好。当路堤填土较高时，可分层挂线，如图 13.8(b)所示。

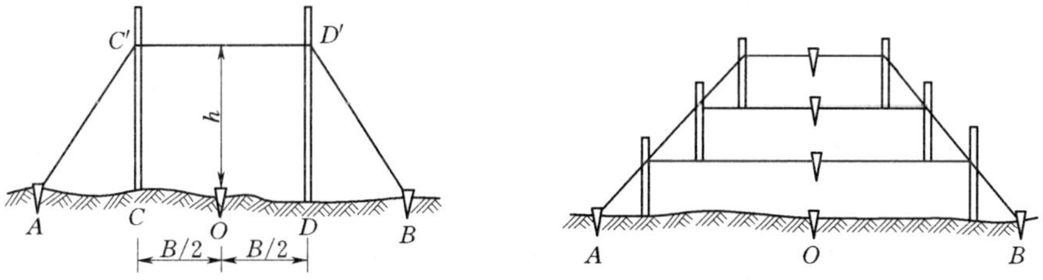

图 13.8 标杆绳索法测设边坡

2. 边坡样板法测设边坡

首先按照边坡坡度做好边坡样板，施工时可比照样板进行测设。活动边坡样板如图 13.9（a）所示，当边坡样板的水准器气泡居中时，斜边所指示的坡度即为设计边坡坡度。开挖路堑时，在坡顶边桩外侧按设计坡度设置固定边坡样板，施工时可随时指示并检核开挖或修整的边坡，如图 13.9（b）所示。

13.1.7 路面放样

路面施工各结构层的放样方法仍然是先恢复中线，由中线控制边线；各结构层的标高

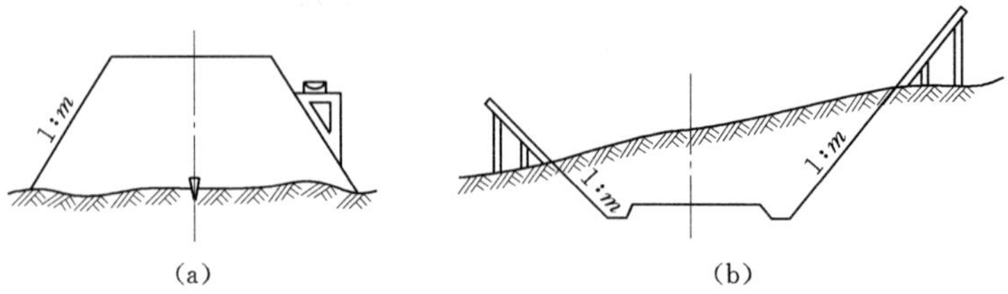

图 13.9　边坡样板法测设边坡

由高程放样控制。

13.1.7.1　路槽放样

在铺设公路路面时，应先把路槽放样出来，放样方法如下。

根据附近水准点，用水准仪测出各中桩的路基设计标高，然后在路基的中线上每隔一定间距（按施工要求）设立高程桩，用放样已知高程点的方法，使各桩桩顶高程等于将来要铺设的路面标高。

如图 13.10 所示，用皮尺从高程桩 M 起沿横断面方向左、右各量路槽宽度的一半，钉出路槽边桩 A、B，使其桩顶标高等于铺设路面的设计标高。在 A、B、M 桩旁边挖一小坑，在坑中钉一木桩，使桩顶的标高符合路槽底的设计标高，这样就可以开挖路槽了。

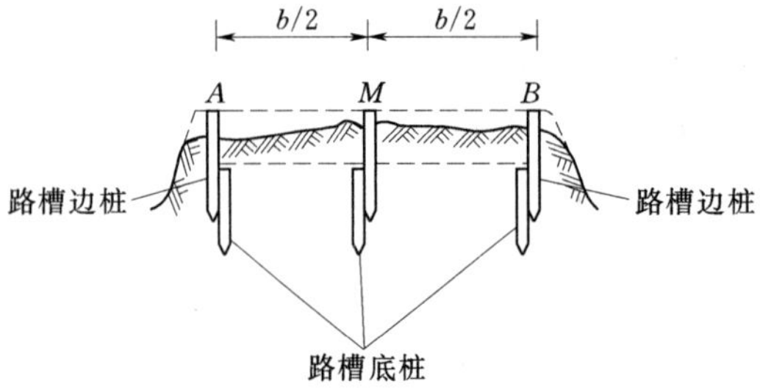

图 13.10　路槽放样示意图

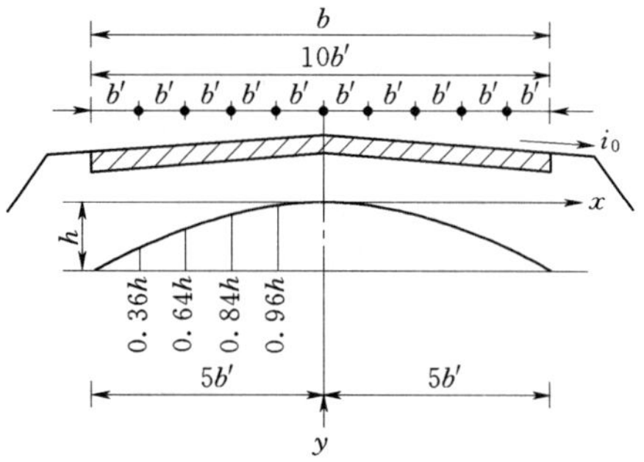

图 13.11　抛物线路拱

13.1.7.2　路拱放样

所谓路拱就是在保证行车平稳的情况下，为了有利于排水，沿横断面方向把路面按一定的曲线形式（抛物线、圆曲线）进行加高，使两侧倾斜而形成的拱形。

1. 抛物线形式的路拱放样

如图 13.11 所示，抛物线的方程为

$$x^2 = -2py$$

当 $x=\dfrac{b}{2}$时，$y=-h$，此时有

$$\frac{b^2}{4} = 2ph$$

即

$$2p = \frac{b^2}{4h}$$

由此可得
$$y=-\frac{4h}{b^2}x^2 \tag{13.11}$$

式中 x——横坐标；

y——纵坐标；

b——路拱宽度；

h——路拱高。

h 可按路拱坡度 i_0 确定

$$h=\frac{b}{2}i_0$$

将路拱宽度 b 等分为 10 等份，如图 13.11 所示，每等份宽度为 b'。当 $x=b'$时，$y=-0.04h$，相应的拱高为 $0.96h$；当 $x=2b'$时，$y=-0.16h$，相应的拱高为 $0.84h$；同理可求得其他等分点相应的拱高。

具体放样方法如下：

从中桩起沿横断面方向，向左、向右分别量取 b'距离，得各等分点，打桩标定。路基设计高程加上各点相应的拱高即为各点对应的拱面高程。用水准仪将各点的拱面高程测设于桩顶即可。

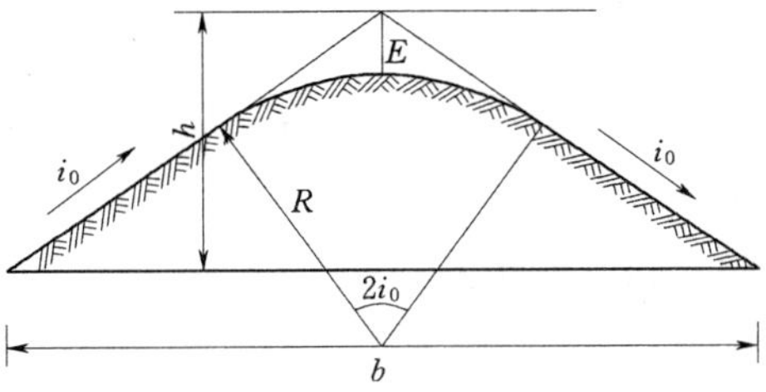

图 13.12 圆弧路拱

2. 圆弧形式的路拱放样

圆弧路拱是在两个斜面中间插入一段圆弧面而形成的路拱。

从图 13.12 可以看出，圆曲线的曲线长 $L=2i_0R$。通常情况下 $L=2.0$m，则圆曲线的半径为 $R=1/i_0$，$T\approx\frac{1}{2}L=1$，于是，

外矢距
$$E=\frac{T^2}{2R}=\frac{1}{2R}=\frac{1}{2}i_0$$

路拱高
$$h=\frac{b}{2}i_0$$

式中 R——圆弧半径；

h——路拱高；

b——路拱宽度；

E——外矢距；

i_0——路面横向设计坡度。

通常将路拱做成路拱模板，用模板进行放样，在施工过程中逐段检查。

13.2 桥梁施工测量

13.2.1 桥梁施工控制网的布设

1. 平面控制网的布设

建立平面控制网的目的是测定桥轴线长度和据以进行桥墩、台位置的放样；同时，也

可用于施工过程中的变形监测。对于跨越无水河道的直线小桥，桥轴线长度可以直接测定，桥墩、台位置也可直接利用桥轴线的 2 个端点测设，无需建立平面控制网。但跨越有水河道的大、中型桥梁，墩、台无法直接定位，则必须建立平面控制网。

桥梁平面控制网多布设成三角网的形式，如图 13.13 所示。

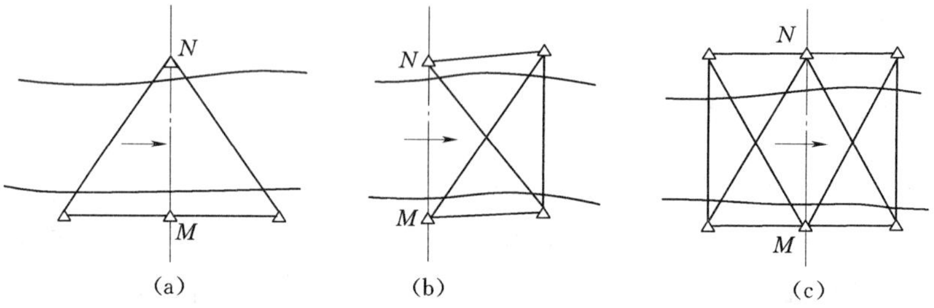

图 13.13　桥梁三角网布设形式

(a) 双三角形；(b) 四边形；(c) 双四边形

桥梁三角网布设时要尽可能将桥轴线包含在内，如图 13.13 中的 MN 所示。对于控制点的要求，除了图形结构要强外，还要求地质条件稳定、视野开阔、便于交会墩位，其交会角不宜太大或太小。在控制点上要埋设标石及刻有“+”字的金属中心标志。如果兼作高程控制点使用，则中心标志宜制成顶部为半球状。

控制网可采用测角网、测边网或边角网。在边、角精度互相匹配的条件下，边角网的精度较高。

桥梁平面控制测量的等级，应满足桥梁中线长度相对中误差的规定，当桥长小于 200m 时，相对中误差不应大于 1/10000；当桥长为 200～500m 时，相对中误差不应大于 1/20000。

2. 高程控制网的布设

在桥梁的施工阶段，为了进行高程放样，应在河流两岸建立若干个水准基点，组成高程控制网。为了便于复核和加密，每岸水准基点的数量一般不应少于 2 个。这些水准基点除用于施工放样外，也可作为以后变形观测的高程基准点。

桥梁水准基点应通过附合路线或闭合环线形式与国家水准点进行连测。水准连测的等级随桥梁的规模大小和施工放样的精度要求来定。跨河段的水准连测可采用跨河水准测量的方法进行（跨河水准测量方法可参阅其他教科书）。

直接用于桥墩、台高程放样的高程控制点可在水准基点控制下加密。

13.2.2　桥墩、台的测设

在桥梁墩、台的施工过程中，必须测设出墩、台的中心位置，其测设数据是根据控制点坐标和墩、台中心位置的设计坐标计算出来的。桥墩、台测设的常用方法有以下几种。

1. 直接测设法

如图 13.14 所示，A、E 为桥台中心，B、C、D 为桥墩中心，M、N 为桥轴线控制点，S_1、S_2、S_3、S_4、S_5、S_6 分别为桥轴线控制点与桥台中心、桥台中心与桥墩中心以及相邻两桥墩中心的设计距离。用经纬仪定线，用测距仪或钢尺量距方法自 M 点测设有关距离即可确定墩、台中心的实地位置。

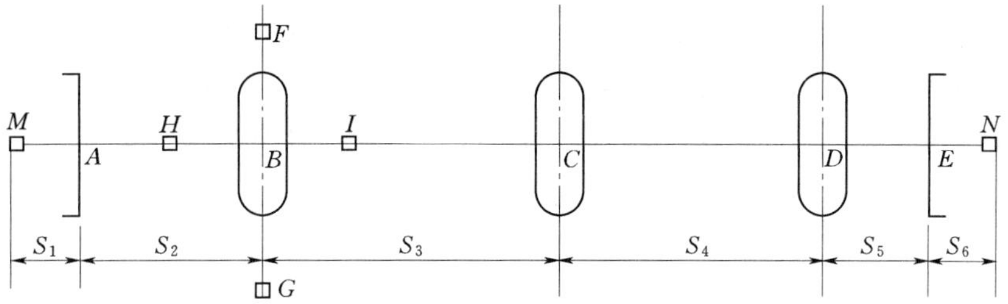

图 13.14 直接测设法放样桥墩

2. 角度交会法

大、中型桥梁在水中的墩、台位置，常用角度交会法测设。

角度交会应采用3台经纬仪同时进行，如图13.15所示，拟测设桥墩C的中心位置，其中一台经纬仪安置在桥轴线控制桩M上，照准另一桥轴线控制桩N；另2台经纬仪分别安置在控制点Q、R上测设水平角α、β进行交会。由于测量误差的影响，3个方向不交于一点，而形成如图中所示的三角形，这个三角形称为示误三角形。示误三角形的最大边长，在建筑墩、台下部时不应大于25mm，上部时不应大于15mm。如果在限差范围内，则将交会点C_1投影至桥轴线上，以垂足C作为桥墩的中心位置。交会定点时，一般采用DJ_2型经纬仪进行。

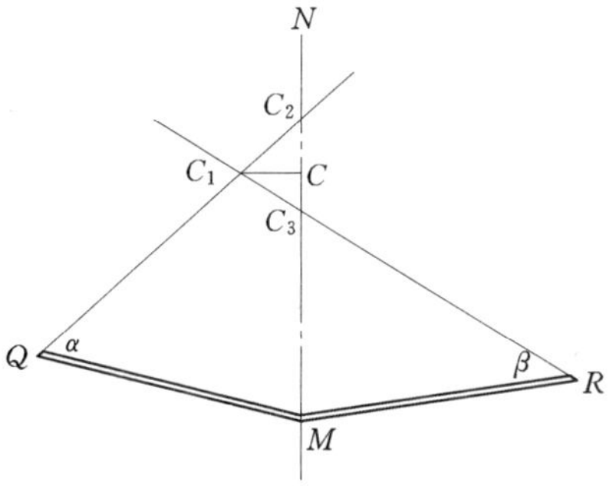

图 13.15 角度交会法测设桥墩、台位置

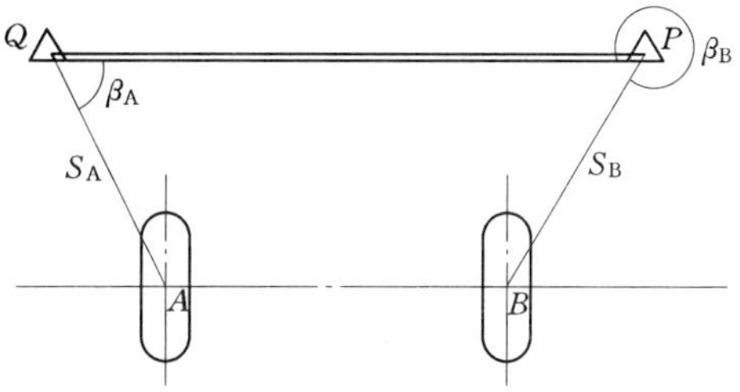

图 13.16 全站仪极坐标法测设桥墩、台位置

3. 全站仪极坐标法

如图13.16所示，拟测设桥台A的中心位置，在控制点Q安置全站仪，测设水平角β_A和水平距离S_A，即可确定桥台中心A的位置；同理，在P点安置全站仪，测设水平角β_B和水平距离S_B，即可确定墩中心B的位置。A和B的位置确定后，量测两台、墩中心的距离S_{AB}，与设计值比较，如果合乎要求，即予标定。

13.2.3 桥墩、台纵横轴线的测设

在墩、台定位以后，还应测设墩、台的纵横轴线，作为墩、台细部放样的依据。

墩、台纵轴线的测设，只需在桥梁轴线控制点上安置经纬仪，沿此轴线方向在各墩、台两侧加设轴线控制桩即可，如图13.14中B墩的H、I所示。墩、台横轴线的测设，则需在各墩、台中心安置经纬仪，自桥轴线方向测设90°角，即为横轴线方向，然后将横轴

线方向用轴线控制桩标定在地面上即可，如图 13.14 中 B 墩的 F、G 所示。

在施工过程中，墩、台中心的定位桩要被挖掉，但随着工程的进展，又经常需要恢复墩、台中心的位置，因而要在施工范围以外钉设护桩，据以恢复墩台的中心位置。在各墩、台的纵、横轴线上，于两侧应各钉设至少两个护桩，因为有 2 个桩点才可恢复轴线的方向。

13.2.4　梁架吊装测量

架梁是建造桥梁的最后一道工序。无论是钢梁还是混凝土梁，都是预先按设计尺寸做好，再运到工地吊装。

梁的两端由位于墩顶的支座支撑，支座放在底板上，而底板则用螺栓固定在墩、台的支承垫石上。架梁的测量工作，主要是测设支座底板的位置，即测设出它的纵、横中心线位置。支座底板的纵、横中心线与墩、台纵横轴线的位置关系是在设计图上给出的。因而在墩、台顶部的纵横轴线测设后，即可根据它们的相互关系，用钢尺将支座底板的纵、横中心线放样出来。

支座底板的纵、横中心线放出后，即可进行梁架的吊装测量。梁板安放时，必须仔细，使其就位准确且与支座密贴。就位不准时，必须吊起重放，不得用撬棍移动板梁。相邻板之间的缝隙必须按设计要求嵌填密实。吊装全部完成后，及时用防腐木丝板封缝，以保证在施工过程中施工杂物不进入缝隙内，影响梁体自由伸缩。

桥梁施工测量中有关墩、台基坑开挖线的测设以及施工过程中高程放样的方法可参见大坝、水闸等水工建筑物的施测方法，这里不再赘述。

小　结

本章主要讲述了道路与桥梁施工测量的基本知识和基本方法。通过本章学习，应了解道路、桥梁施工测量的内容与工序。对于道路，应掌握恢复中线测量、竖曲线测设、路基及路面测设的基本方法；对于桥梁，应重点掌握桥梁墩、台的定位方法。

思　考　题

13.1　道路在设计阶段应进行哪些测量工作？为什么要进行初测和定测？

13.2　道路在施工阶段应进行哪些测量工作？

13.3　道路施工控制桩的设置有什么要求？施工控制桩的测设方法有几种，各适用于何种地段？

13.4　若把 13.1.4.3 示例中的凸形竖曲线改为凹形竖曲线，试计算放样数据并说明放样方法。

13.5　道路路基边桩和边坡是如何放样的？

13.6　路拱的形式有哪些，各如何放样？

13.7　桥梁施工测量包括哪些主要内容？

13.8　桥墩、台定位的常用方法有哪几种？分别说明之。

第 14 章　架空输电线路测量

学习指导

本章介绍架空输电线路基本知识以及线路设计测量和线路施工测量等方面的内容。要求掌握输电线路定线测量、平断面测量、杆塔定位测量和线路施工测量的基本作业方法。

14.1　架空输电线路基本知识

发电厂生产的电能，是通过高压送电线路输送到用电中心的变电所，经过变电所降压，再送给用户的。送电线路分为电缆线路和架空线路两种。电缆线路一般是将导线敷设于地下，造价较高；架空线路是用杆塔把导线悬挂在空中，易于发现故障和检修。所以，远距离送电一般都采用架空输电线路（以下简称输电线路或线路）。

目前，我国常用的送电线路额定电压分为 10kV、35kV、110kV、220kV、330kV、500kV 6 种。本章主要介绍 35～330kV 送电线路的测量工作。

如图 14.1 所示，送电线路的基本元件是杆塔、导（地）线、绝缘子和金具，现分别介绍如下。

14.1.1　杆塔

杆塔的作用是悬挂和固定导(地)线,并使导线之间,导线与地线、杆塔、地面或交叉跨越物之间,保持容许的安全距离。杆塔按制作材料可分为铁塔和钢筋混凝土杆两种。铁塔是以型钢为基材,用螺栓连接或焊接而成的。它的特点是施工检修方便、牢固可靠、使用年限长,但耗钢量大、造价高。所以一般用于 220kV 以上的线路或施工困难地区的线路。钢筋混凝土杆以预制的为主体,使用年限长、节省钢材、造价较低,在送电线路中普遍采用。

杆塔按其在线路中承力作用不同，可分为直线型杆塔和耐张型杆塔两种类型。

直线型杆塔包括直线杆塔和直线转角杆塔，用于线路直线部分或线路转角小于 5°的部分。直线型杆塔的机械强度比耐张型杆塔低，造价较便宜。直线型杆塔的结构如图 14.2 所示。

耐张型杆塔又叫承力杆塔，它的机械强度较高，造价也较高。线路上每隔一定距离，应设一耐张杆塔，以便于线路施工和检修。耐张杆塔按其承力情况和在线路中设置位置的不同，又可分为终端杆塔和转角杆塔两种。终端杆塔用于线路的首末端，即靠近电厂或变电所的那一个杆塔，在运行情况下，它要承受线路上单侧导（地）线拉力，采用坚固的刚性式结构；转角杆塔用于线路转角处，在运行情况下，它承受导（地）线的角度合力。耐张杆塔的结构型较多，图 14.3 所示为常见的两种结构型。

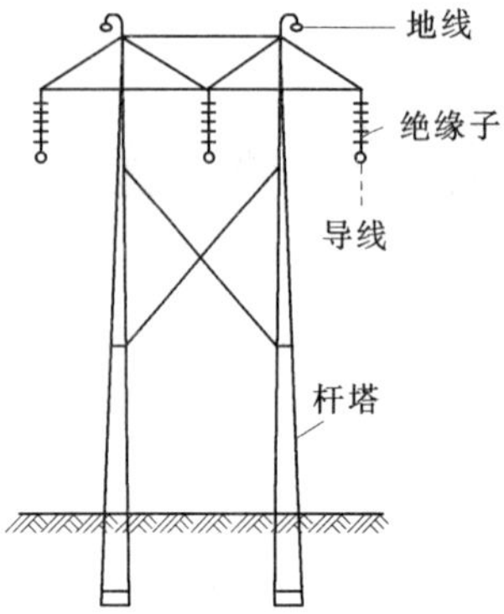

图 14.1　送电线路的基本元件

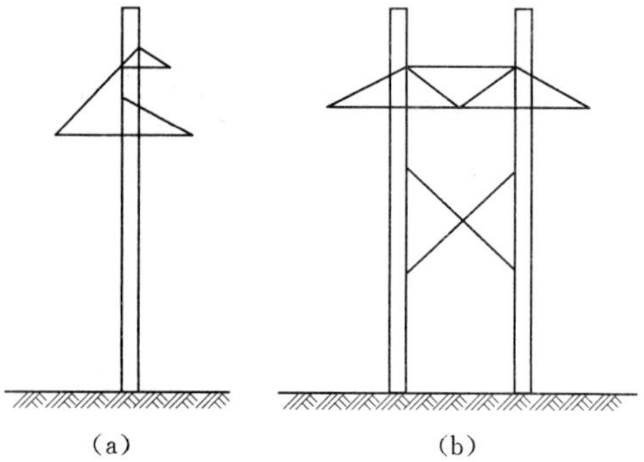

图 14.2　直线型杆塔

(a) 单杆型；(b) 门式双杆型

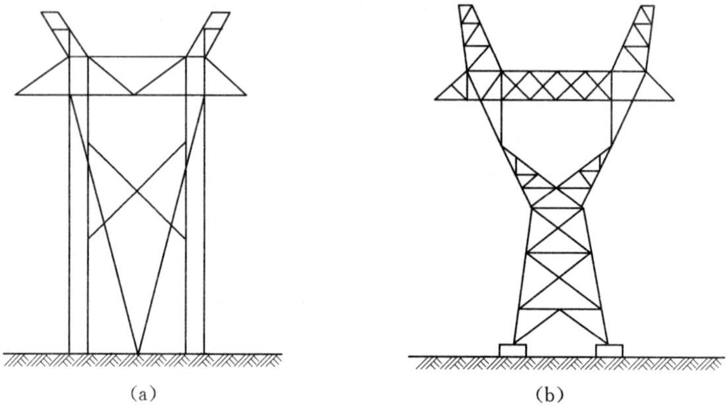

图 14.3　耐张杆塔

(a) 门式拉线双杆型；(b) 酒杯型铁塔

14.1.2　导（地）线

导线用于传送电能，它应有良好的导电性、足够的机械强度和防腐蚀性。目前我国架空线路多采用裸露的钢芯铝线，其内层芯线是多股钢绞线，主要用于承受拉力；外层是多股铝绞线，主要用于传导电流。

地线架设在导线上方，用于防止导线遭受雷击，把雷电流导入地下。地线一般采用钢绞线。

送电线路都采用三相三线制，所以单回路杆塔上有 3 根导线，双回路杆塔上有 6 根导线，导线在杆塔上的排列方式与杆塔结构形式有关。各相导线之间最小容许线间距离与线路电压等级有关，见表 14.1。

表 14.1　　最小容许线间距离

线路电压（kV）	35	110	220	330
容许线间距离（m）	3	4	6	8

14.1.3 绝缘子和金具

绝缘子又叫瓷瓶，它用于支持或悬挂导线，并使导线与杆塔绝缘。在直线杆塔上，绝缘子串是下垂的，称为悬垂绝缘子串，如图 14.4（a）所示；在耐张杆塔上，绝缘子串是沿导线方向拉紧的，叫耐张绝缘子串，如图 14.4（b）所示。直线杆塔上，悬垂绝缘子片数与线路电压等级的关系见表 14.2。

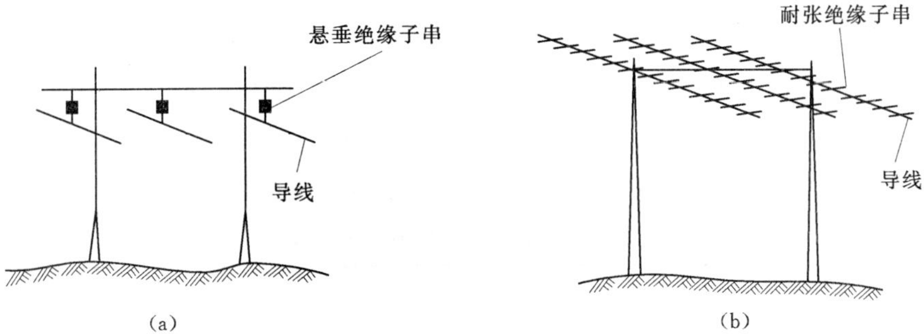

图 14.4 绝缘子串

表 14.2 直线杆塔上悬垂串的绝缘子片数

线路电压（kV）	35	110	220	330
X—4.5 型绝缘子片数（片）	3	7	13	19

把导线固定在绝缘子串上的装置叫线夹；把绝缘子串固定在杆塔横担上的装置叫挂线板，线夹和挂线板合称线路金具。

在送电线路上，相邻两杆塔导线悬挂点间的水平距离叫档距。线路档距的选择与线路电压等级、塔型和地形地物情况有关。一般来讲，35kV 线路的档距约为 150m；110kV 线路的档距约为 250m；220kV 线路的档距约为 300m；330kV 线路的档距约为 450m。相邻两耐张杆塔之间的水平距离叫做耐张段长度，一般约为 3～5km。

悬挂在两相邻杆塔之间的导线，因自然下垂而呈一弧线。导线上某点到两悬挂点连线的铅垂距离叫做导线在该点的弧垂，弧垂以 f 表示。在导线两悬挂点等高的情况下，导线弧垂 f 是指导线最低点到悬挂点的铅垂距离，它恰好就在档距中点处，如图 14.5（a）所示。在导线两悬挂点不等高的情况下，弧垂有两个，一个是最小弧垂 f_1；另一个是最大弧垂 f_2，通常所说的导线弧垂 f 是指档距中点处导线点的弧垂（此点并非导线下垂的最低点），称为中点弧垂，如图 14.5（b）所示。

当线路投入运行后，人、畜或其他被跨越物如接近或接触导线，就会造成重大事故。所以导线对地、对被跨越物的垂直距离应不小于一定的安全距离（限距）。导线对地、对交叉跨越物的限距与线路电压等级有关，见表 14.3。

线路边导线与建筑物之间的最小距离在最大计算风偏的情况下，110kV 线路不小于 4.0m；220kV 线路不小于 5.0m；330kV 线路不小于 6.0m，以保证线路运行安全。

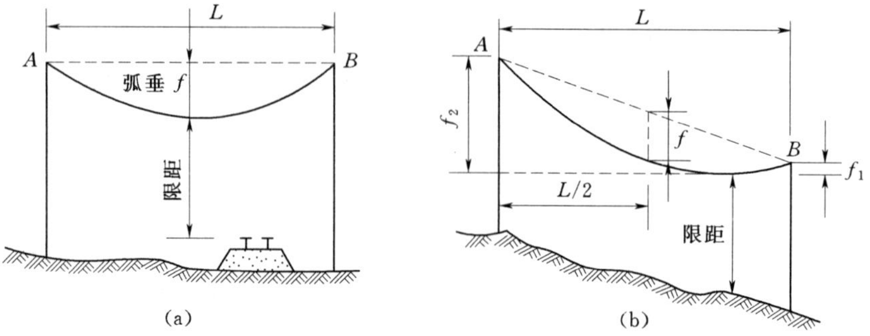

图 14.5 导线弧垂 f

(a) 两悬挂点等高时；(b) 两悬挂点不等高时

表 14.3 导线对地面、交叉跨越物的限距

经过地区与交叉跨越物限距 (m) \ 线路电压 (kV)	35～110	154～220	330
居民地	7.0	7.5	8.5
非居民地	6.0	6.5	7.5
交通困难地区	5.0	5.5	6.5
铁路轨顶	7.5	8.5	9.5
公　路	7.0	8.0	9.0
通信线	3.0	4.0	5.0
电力线	3.0	4.0	5.0
通航河道	6.0	7.0	8.0

14.2 路径方案的选择

送电线路所经过的地段叫做线路的路径。线路路径的大方向就是路径方案。线路设计测量的第一步，就是要进行线路路径方案的选择。

选择路径方案，就是要在线路的起点和终点之间，选择一条地形好、靠近交通线、地质稳定、路径较短的线路路径。在选择路径方案时，应尽可能使线路接近直线、不占或少占农田、沿地面平坦或起伏不大且土质坚实的路径方向进行。线路和铁路、公路、主要河流、高压送电线路等交叉跨越时，交角应接近于直角；线路跨越一级弱电线路时，交角应不小于 45°；跨越二级弱电线路时，交角应不小于 30°；跨越三级弱电线路时，交角无限制。线路若不得不与弱电线路平行布置时，应保持必要的距离，以免干扰通信系统。线路若从房屋近旁经过或不得不平行于铁路、公路或其他高压送电线路布置时，杆塔与地物间距应大于安全倒杆距离（一般为杆塔高度加 3m）。

路径方案的选择分为室内选线和实地勘察两个步骤。

1. 室内选线

室内选线一般在 1∶50000 或 1∶10000 比例尺地形图上进行。先在图上标定线路的起点和终点、中间必经点，将各点连线，得到线路布置的基本方向。再将沿线的工厂、矿山、军事设施、城市规划和农林建设的位置在图上标出，按照前述选择路径方案的各项原则，根据沿线地形地物、地质、交通运输等情况，选择出几个路径较短、转角少、施工、运行和维护都较方便的路径方案，在图上表示出路径的起止点、转角位置、与其他建筑设施接近或交叉跨越的情况，然后到实地进行勘察。

2. 实地勘察

实地勘察是根据室内选线确定的几个路径方案，到现场逐一察看，进行方案比较。察勘时，对路径方案有影响的重点区域、拥挤地段、大跨越、重要交叉跨越以及地形、地质、水文、气象条件复杂的地段，应重点察看。必要时要用仪器测绘相应区域或地段的平面图或路径断面图。实地勘察时要在路径必经点处留下标志。如发现图上对路径有影响的地物与实地不符，必要时应进行补测，并修改地形图。实地勘察后，通过经济技术综合比较，选出一两个经济合理、施工方便、运行安全的路径方案，供工程审核时确定。选定的路径应标绘在地形图上。

14.3 选定线测量

路径方案审批后，即可进行选线测量和定线测量。选线测量就是在实地标定线路起点、转角点和终点的位置。定线测量就是用仪器在实地路径方向上定出一系列直线桩，并测出转角。

在标有审批路径方案的地形图上，根据出发电厂或进出变电所的进出口、图上所定路径方向、图上选定的转角位置，量出转角角度，供现场选线时参考。实地选线时，参照图上标出的转角点位置，在实地察看地形，根据地形起伏、森林密度和各种障碍物存在的情况，在现场确定转角点位置。确定了转角点的位置后，打下转角桩，并依序编号，如 J_1、J_2 等，桩号书写在转角桩旁的护桩侧面上。为了防止转角桩丢失，在转角桩前后两方向线上，离转角点 10m 左右各打一方向桩。

线路各转角点在实地标定后，即可进行定线测量。

定线测量时，在相邻转角桩之间的直线上，一般每隔 400～600m 打一直线桩，依次编号为 Z_1、Z_2 等。为了便于进行平断面测量，在直线桩之间或直线桩与转角桩之间的直线上，每隔 200m 打一个测站桩，测站桩依次编号为 C_1、C_2 等，各桩位应选在便于安置仪器、能控制周围地形、便于测量断面点、且相邻桩间相互通视的地方。

定线测量时，如相邻转角点 J_1、J_2 相距较远，但能通视，可采用直接照准方法定线。如图 14.6 所示，经纬仪安置在 J_1 点，照准 J_2 点，固定照准部，在视线方向上定出直线桩 Z_1、Z_2 等。若 J_1、J_2 相距较远，定出 Z_1 点后，也可在 Z_1 点安置仪器，采用正倒镜分中法延长直线，如图 14.7 所示，先正镜后视 J_1 点，固定照准部后倒转望远镜，定出 Z'_2 点；再倒镜后视 J_1 点，固定照准部后倒转望远镜，定出 Z''_2 点，若 Z'_2、Z''_2 点间距离，每百米观测边长不超过 6cm 时，则认为合格，然后，取其连线中点为直线桩 Z_2 的位置。仿照同样的方法逐段延长直线，定出直线桩 Z_3、Z_4、…，直至转角点 J_2。

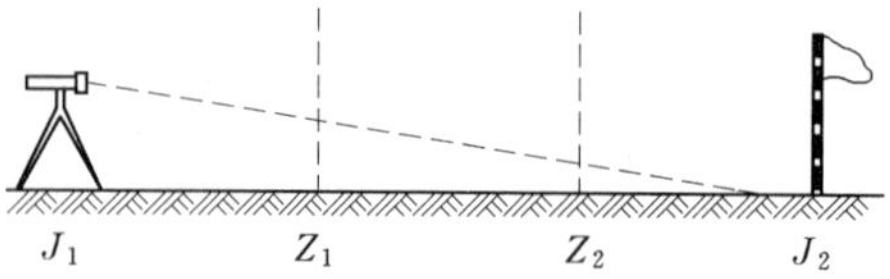

图 14.6 直接照准法定线

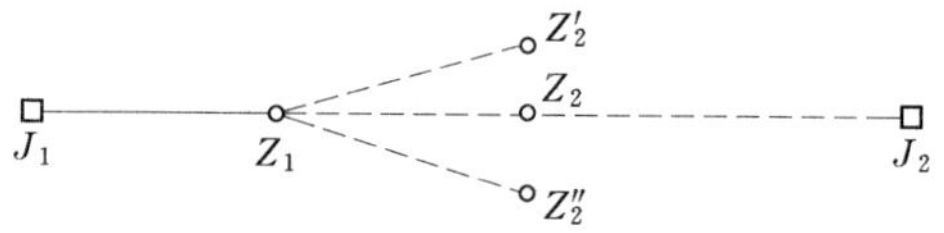

图 14.7 经纬仪正倒镜分中法延长直线

定线测量时，若相邻转角点 J_1、J_2 相距很远或不通视，则应在 J_1、J_2 的概略方向上选择一点 D_1（D_1 必须能看到转角点 J_2），如图 14.8 所示。在 D_1 点上采用目视方法在 D_1J_2 连线方向上标定一点 D_2（D_2 必须能看到转角点 J_1）；然后在 D_2 点上采用目视方法在 D_2J_1 连线方向上标定一点 D_3（D_3 必须能看到转角点 J_2）；如此逐渐趋近，直至定出 J_1J_2 连线上 D_n 和 D_{n+1} 点为止。最后趋近时，应当采用经纬仪标定方向。J_1J_2 连线上 D_n、D_{n+1} 点确定后，即可在 J_1D_n 和 D_nJ_2 直线上用直接照准法定出各直线桩的位置。

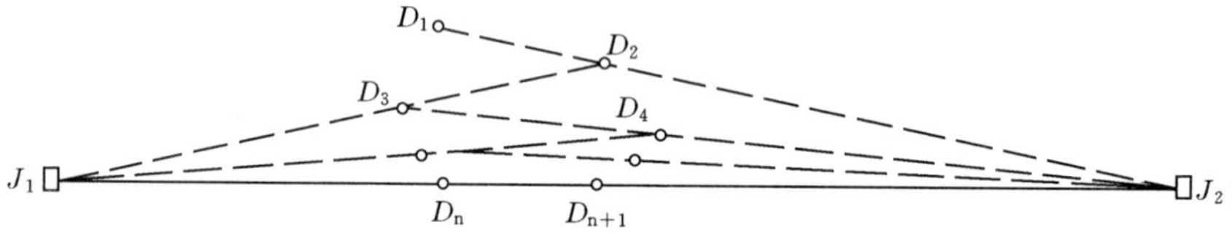

图 14.8 逐渐趋近法确定 J_1J_2 连线上 D 点位置

若在直线方向上有障碍物不能通视时，可采用矩形测设法绕过障碍，以传递直线方向。如图 14.9 所示，实地上已标定出直线桩 Z_3、Z_4，为绕过障碍物，在 Z_4 点上安置经纬仪，按正倒境分中法测设 90°角和边长 d（d 应不大于 80m，不短于 20m，测距精度应不低于 1/2000）得到点 Z'_4；仿照同样的方法，在 Z'_4 点上安置经纬仪，测设 90°角和 Z_4Z_5 间的边长，得到点 Z'_5；在 Z'_5 点上安置经纬仪，测设 90°角和边长 d，即得直线桩点 Z_5；在 Z_5 点上安置经纬仪，测设 90°角，即可测设直线桩 Z_6。

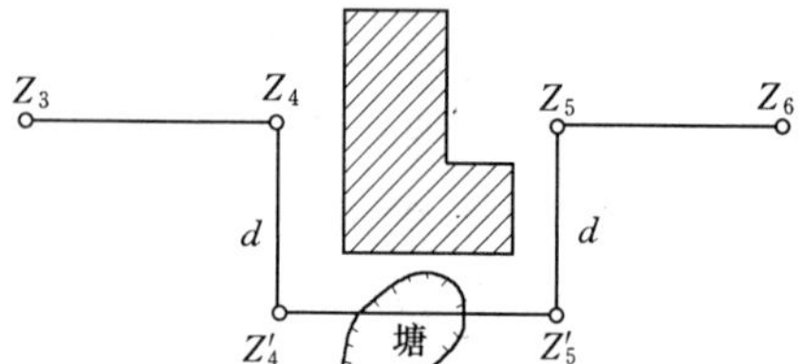

图 14.9 矩形法定线

选线测量时，标定了线路起点桩、转角桩和终点桩的位置；定线测量时，在线路方向上标定了直线桩、测站桩的位置，并测定了线路的转折角。为了进行线路平断面测量，还必须同时测定各桩间的距离和高差。

桩间距离和高差一般用电磁波测距仪测定，也可用视距测量法测定。当采用视距法测定时，应采用对向观测或同向双测的方法观测视距和竖直角，两次测距较差应不大于 1/200。

14.4 平断面测量

平断面测量是指送电线路路径平面图、中线断面图、边线断面图和风偏断面图的测绘工作。平断面图是设计人员估计档距，估算导线弧垂对地、对被跨越物的安全距离，排定杆塔位置的主要依据。线路路径平面图是沿线路中线的带状平面图。线路中线断面是沿线路中线方向的纵向地表剖面；边线断面是沿线路高侧的边导线方向的纵向地表剖面；风偏断面是与线路中线垂直的横向地表剖面。

14.4.1 中线断面测量

中线断面测量就是将经纬仪置于中线桩（直线桩、转角桩或测站桩）上，照准相邻中心桩得到中线断面方向后，由观测员指挥立尺员在断面方向上的地面变坡点立尺，用测距仪或视距测量方法，测定断面点的距离和竖直角，求出测站点到断面点的水平距离、高差和断面点的高程。测至前方中线桩后，转站继续测量。

由于断面图主要是供设计人员进行杆塔排位用的，所以不必完整地施测中线断面，只测可能立杆塔和影响导线对地安全距离的地方。地形无显著变化或明显不能立杆塔的地方，以及不影响导线对地安全距离的地方，尽量不测。当线路经过平坦地区时，地面起伏变化虽小，但河流、渠道、水塘、铁路、公路、电力线、电话线等交叉跨越较多，断面图上应能反映交叉跨越的情况，并测注凸起交叉跨越物的高程或高度。当线路经过丘陵地区时，可以只测山头附近的断面，而山间洼地不测。当线路经过山地时，地面高差较大，杆塔多在山头附近或山坡设立，应测出山头、山坡的断面。

14.4.2 边线断面测量

边线断面是指线路的边导线在地面上铅垂投影方向的断面。当边线断面上地面点高出附近中线断面上地面点 0.5m 以上时，边导线下方地面可能影响边导线对地的安全距离，应测绘该地段的边线断面。其方法是：在测了中线断面点以后，用尺子沿垂直于中线方向，向地面高的一侧量一段等于线间距离的水平距离，即得到边线断面点位置。在边线断面点上立尺，测定其视距和竖直角，计算测站点至边线断面点的高差和边线断面点的高程。

14.4.3 风偏断面测量

若线路沿陡峭山坡布设时，由于风的作用，边导线左右摆动接近山坡时，导线弧垂对地距离将减小。导线风偏后对山坡、地物的容许安全距离见表 14.4、表 14.5。当线路沿坡度大于 1∶5 的山坡架设时，应施测风偏断面。施测风偏断面的位置和范围，应根据地形、导线弧垂和塔位等情况选定。

表 14.4　导线风偏后对斜坡地段的容许安全距离　　单位：m

线路电压（kV）/ 线路经过地段	35～110	154～220	330
步行可到达的山坡	5.0	5.5	6.5
步行不可到达的山坡、峭壁和岩石	3.0	4.0	5.0

施测风偏断面一般是在中线桩上安置经纬仪观测。如图 14.10 所示，Z_1、Z_2 为直线桩，a 为中线断面点，在 a 点需测风偏断面，b 为风偏断面点，b、a 在同一横断面上。施

表 14.5　　导线风偏后对建筑物的容许安全距离

线路电压（kV）	35	60～110	154～220	330
容许安全距离（m）	3.0	4.0	5.0	6.0

测时，在 Z_1 点安置经纬仪观测水平角 β，并用视距测量法测出 Z_1 与 a、Z_1 与 b 之间的水平距离和高差，则风偏断面上 a、b 点之间的水平距离和高差为

$$D_{ab} = \overline{Z_1 b}\sin\beta = Z_1 a\tan\beta \tag{14.1}$$

$$h_{ab} = h_{Z1b} - h_{Z1a} \tag{14.2}$$

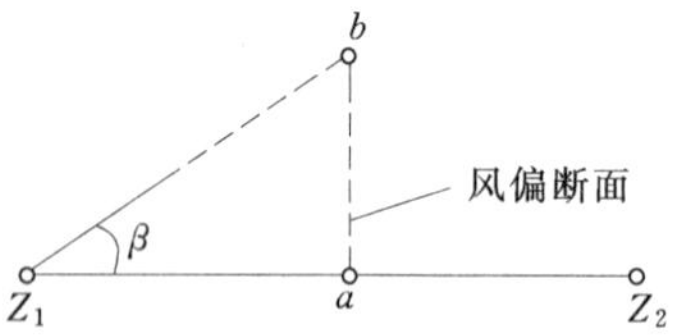

图 14.10　在中线桩上施测风偏断面

这样，就可求出每一个风偏断面点对中线断面点的水平距离和高差。

在中线桩上施测风偏断面有困难时，可在中线断面点上安置经纬仪，后视中线桩，将照准部转 90°得到风偏断面方向，沿风偏断面竖立标尺，用视距测量法测定各断面点对测站点的水平距离和高差。

线路路径或两旁如有凸出的怪石或特殊地貌，则可能影响导线对地的安全距离，这些点称为危险点。它的位置和高程必须测定，其测法与风偏断面测量相同。

14.4.4　路径平面图测量和交叉跨越测量

线路路径平面图一般应在施测中线断面的同时测绘，其测绘内容为送电线路走廊内的建筑物、经济作物、自然地物和与线路平行的弱电线路等。路径两旁 15～20m 以内的地物用仪器测绘；此范围以外的地物可用目估勾绘；测绘宽度一般为路径两侧各 50m。路径平面图的比例尺一般为 1∶5000，绘于线路平断面图下方。

送电线路与河流、铁路、公路、电力线、弱电线路、管线及其他建筑物交叉时，为了选择跨越地点，设计跨越杆塔，应在交叉处进行交叉跨越测量。

送电线路跨越或穿过电力线和弱电线路时，应测量中线交叉点处线的高程及两线交叉角。送电线路跨越铁路和主要公路时，应测量交叉点处的轨顶、路面高程，两线路交叉角，以及跨越处的里程。送电线路跨越或接近房屋时，应测量交叉点处屋顶高度与到接近房屋的距离或屋顶高度，并在路径平面图上注记房屋的建筑材料。送电线路跨越河流、湖泊、水库淹没区等大跨越处，为了使杆塔设置在 5 年一遇洪水淹没区以外，需要连测桩位对 5 年一遇洪水位的高差或洪水位的高程。

14.4.5　平断面图的绘制

平断面图是在断面测量时用坐标方格纸边测边绘的。其绘图比例尺：平面图采用 1∶5000；断面图一般采用横向（距离）1∶5000，纵向（高程）1∶500。断面图是杆塔排位的依据，要求点位准确，线划清晰。当路径很长时，断面图可分段绘制，最好以转角点处分段。当路径高差很大时，可绘完一段断面图后，在一个中线桩处另画一条纵坐标线，并根据需要重新注出高程值，继续绘出断面图。图 14.11 是平断面图的示例。图中，里程以

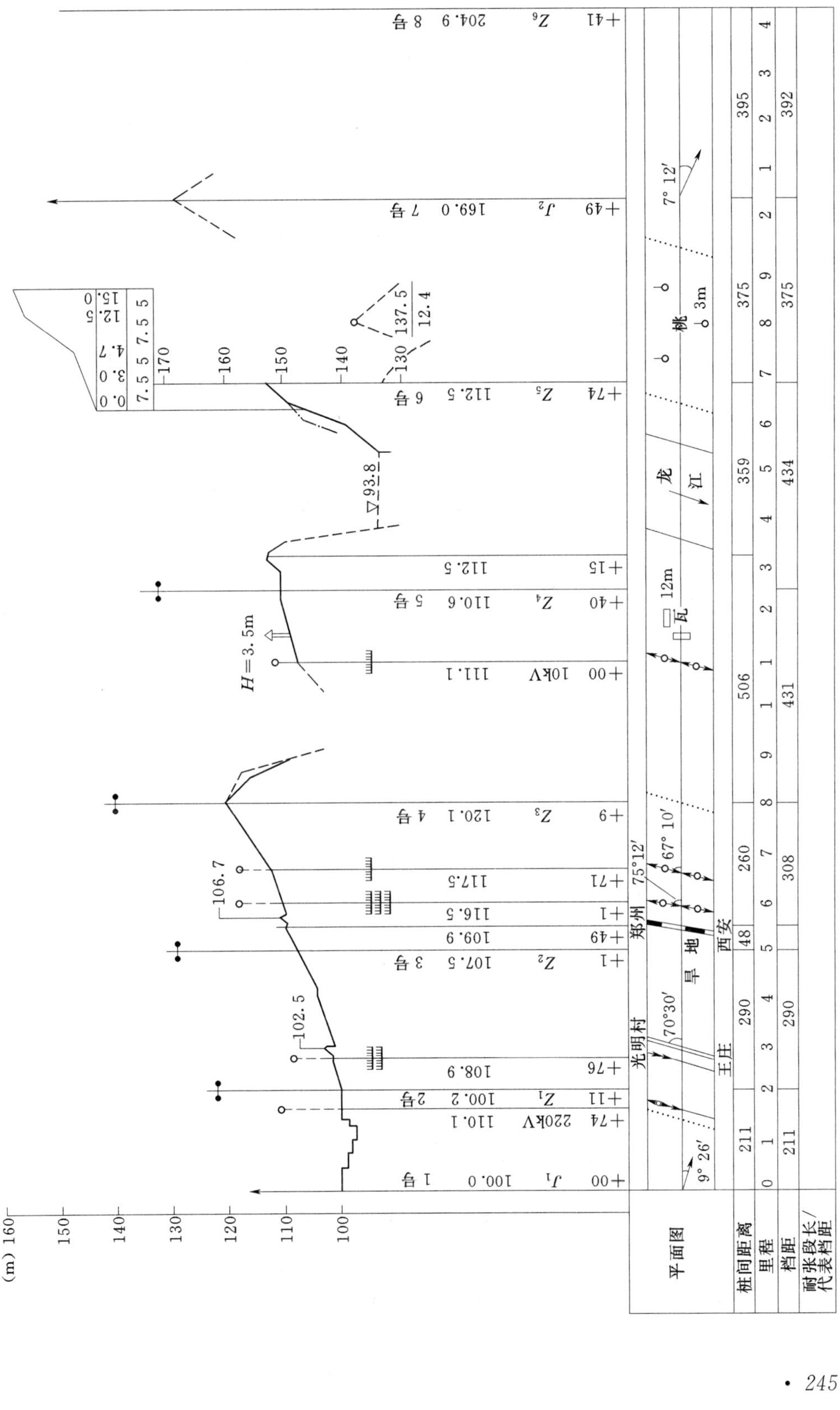

图 14.11 输电线路平断面图（单位：m）

“百米”为单位，小于百米的部分用如“＋74”、“＋11”的形式表示在断面图下部。在平面图中，应表示交叉跨越的地物及两线路交叉角度、线路转角方向和转角角度、经济作物的种类和作物高度、线路与公路或铁路交叉处的公路或铁路里程、线路接近或交叉房屋的高度及建筑材料等。在断面图上，转角桩用 J 表示，直线桩用 Z 表示，均依次编号。排杆后的杆塔位桩以 1 号、2 号的形式表示。在图 14.11 中，Z_5 桩是另绘高程坐标线续绘断面图的分界点。在断面图上，各桩及交叉跨越点均注出高程，线路与电力线或通信线交叉时，还应注出其电压值或通信线等级，并用符号表示其导线根数。排杆后，应在平面图下方注出档距。危险断面点以小圆圈表示，旁边注记中的分子表示危险断面点的高程，分母表示其至中线的距离。边线断面图就绘在中线断面图上，边线断面点应与相应的中线断面点在同一纵线位置上，左边线断面用虚线表示，右边线断面用点划线表示。风偏断面图一般以纵、横向分别为 1∶500 和 1∶1000 的比例尺绘制在中线断面图上，左横断面图绘在相应中线点纵线的左侧，右横断面绘在其右侧。横断面图下部注出相邻横断面点的间距和横断面点相对于中线断面点的高差。

14.5　杆塔定位测量

平断面图测绘后，设计人员就在图上进行排杆设计，即在图上合理地进行杆塔定位，并选择适当的杆型和杆高。在图上进行杆塔定位以后，即可根据图上杆塔位至邻近中线桩的水平距离，在邻近中线桩上安置经纬仪，瞄准另一中线桩定线后，用视距测量法在中线上测设杆塔位桩，桩顶定小铁钉标明点位。杆塔中心桩测设时，要求横方向偏离值不大于50mm。杆塔位桩定好后，应根据观测值计算档距和高差，并将确定的数据绘在断面图上。

在杆塔施工中，施工基面是计算基础埋深（坑深）和定位塔高的起始基准面。杆塔位桩地面至施工基面间的高差 K 叫做基础施工基面值，习惯上把这段高差 K 叫做施工基面。如果塔位在平坦地面上，就将塔位中心桩处的地面作为施工基面，设计坑深由此算起；如果杆塔处地面有坡度，为了保证杆塔基础有足够的埋深，使基础稳定，要考虑降低施工基面。如图 14.12 所示。施工基面下降后，应重新验算导线对地的距离是否符合规定。每个杆塔有无施工基面，应在线路杆塔成果明细表中注明。

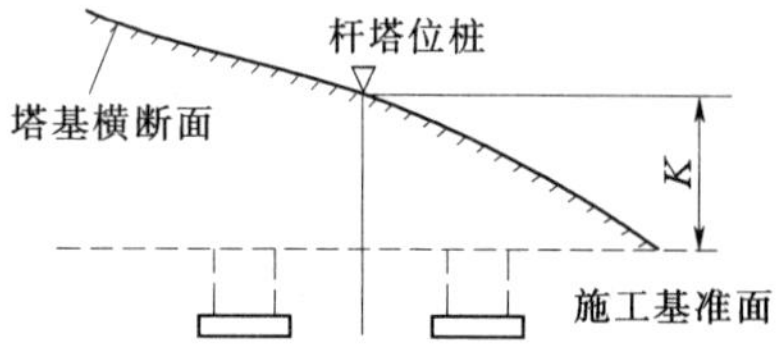

图 14.12　杆塔施工基面

在杆塔定位测量中，为了给线路设计人员提供确定施工基面下降高度的资料，当塔位处地面有坡度时，应将经纬仪安置在杆塔位桩上，测绘塔基断面。门型双杆的塔基断面就是过杆塔位桩且与线路方向垂直的地面横断面。铁塔（有正方形分布的四脚）的塔基断面就是由四脚所构成的正方形 2 条对角线方向的地面横断面。

杆塔定位测量外业工作完成后，应提交线路平断面图和杆塔位成果明细表，见表 14.6。

表 14.6　　　　杆塔位成果明细表

杆塔编号	杆塔名称	塔　型	档　距 (m)	累计距离 (m)	高　差 (m)	施工基面 (m)	转　角
0	门型	J_1					右 2°15′
			49		+0.5		
1	出线纵端	J_1		49		0	右 15°
			250		+12.5		
2	直线杆	Z_1		299		−1.5	
			290		+3.5		
3	直线杆	Z_1		589		−1.0	
			280		−1.2		
4	直线杆	Z_1		869		−0.5	
			306		−10.3		
5	直线杆	Z_1		1175		−0.5	
			325		+0.5		
6	直线杆	Z_1		1500		0	
			318		+1.2		
7	直线杆	Z_1		1818		0	

14.6　线路施工测量

送电线路的施工，包括基础开挖、竖杆和挂线三项主要工作，相应的测量工作是杆塔基坑放样、拉线放样和弧垂放样。

14.6.1　杆塔基坑放样

杆塔基坑放样，是把设计的杆塔基坑位置测设到线路上指定塔号的杆塔位桩处，并标定坑位桩作为挖坑的依据。根据杆塔基础施工图中的基础根开 x（即相邻基础中心间的距离）、基础底座宽 D 和设计坑深 H 等数据，即可计算分坑数据，如图 14.13 及图 14.14 所示。杆塔基础开挖时，一般要在坑下留出 $e=0.2\sim0.3\text{m}$ 的操作空地。为了防止坑壁坍塌，保证施工安全，要根据坑位土质情况选定坑壁安全坡度 m（如砂砾土 m 为 0.75，黏土 m 为 0.3，岩石 m 为 0）。所以，基坑放样数据计算公式为

坑底宽：　　$b=D+2e$

坑口宽：　　$a=b+2mH$

杆塔基坑坑位放样方法随杆塔型式而异。下面介绍门型杆塔和直线四脚杆塔基坑坑位的测设方法。

1. 门型杆塔

门型杆塔由 2 根平列在垂直于线路中线方向上的杆子构成，如图 14.14 所示。若杆塔基础根开为 x，坑口宽度为 a，坑位放样数据为

$$\left.\begin{aligned} F &= \frac{1}{2}(x-a) \\ F' &= \frac{1}{2}(x+a) \end{aligned}\right\} \tag{14.3}$$

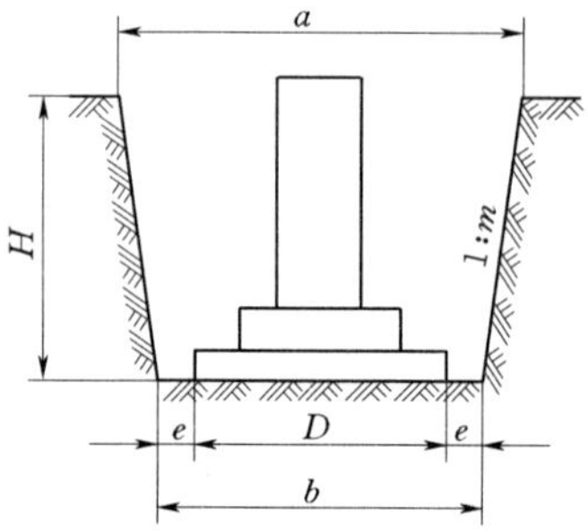

图 14.13　基坑放样数据计算

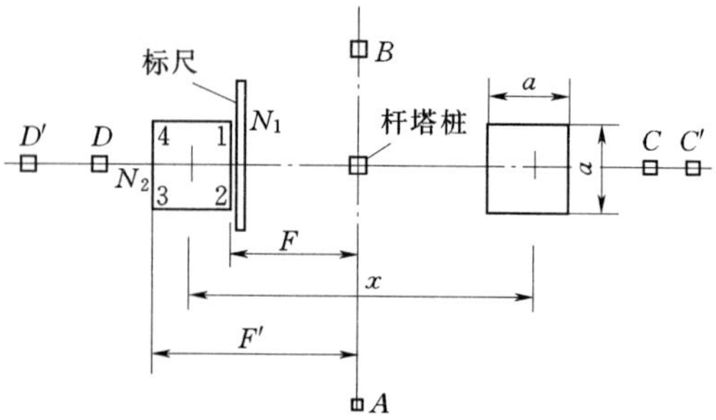

图 14.14　门型杆塔坑位测定

坑位测定前，将经纬仪安置在杆塔桩上，照准前（或后）杆塔桩或直线桩，沿线路方向标定辅助桩 A、B。再将照准部转 90°，沿线路中线的垂线方向标定 4 个辅助桩 C、C'、D、D'。辅助桩距杆塔桩的距离一般为 20～30m 或更远些，应定在不易碰动的地方。基础坑位测定时，沿线路垂直方向，用钢卷尺从杆塔桩量出距离 F 而得 N_1 点，将标尺横放在地上，使尺边缘与望远镜十字丝横丝垂合，从 N_1 点向尺两侧各量出距离 $a/2$，定出 1、2 两桩；再量出距离 F'测出 N_2 点，将标尺移到 N_2 点，同法定出 3、4 桩。然后，仿照同样方法定出另一侧的坑位桩。

2. 直线四脚杆塔

直线四脚杆塔的基础坑一般成正方形分布，如图 14.15 所示。若杆塔基础根开为 x，坑口宽度为 a，坑底宽度为 b，则坑位放样数据为

$$\left.\begin{aligned} E &= \frac{\sqrt{2}}{2}(x-a) \\ E_1 &= \frac{\sqrt{2}}{2}(x-b) \\ E_2 &= \frac{\sqrt{2}}{2}(x+b) \\ E_3 &= \frac{\sqrt{2}}{2}(x+a) \end{aligned}\right\} \tag{14.4}$$

其中，E_1、E_2 在检查坑底时用。

测定基坑坑位时，将经纬仪安置在杆塔桩上，瞄准线路中线方向及线路垂直方向，标定辅助桩 A、B、C、D，以备施工时标定方向。然后，使望远镜瞄准辅助桩 A，水平度盘置数为 0°，再将照准部转 45°，由杆塔桩起沿视线方向量出距离 E、E_3，定下坑位角桩桩 P、G。再将卷尺零点对准 P 桩，$2a$ 刻划线对准 G 桩，一人持尺上 a 刻划线处，将尺向外侧拉紧拉平，卷尺就在 a 刻划线处构成直角，将卷尺分别折向两侧钉立 K、M 坑位角桩，这样就定完了该坑的坑位桩。然后，将照准部依次转动 135°、225°、315°，依上述方法测定其余各坑的坑位桩。

基坑坑位测定以后，为了计算出各坑由地面实际应挖深度以作为挖坑时检查坑深的依据，要测出杆塔桩与各坑位桩间高差。测量时，将经纬仪安置在杆塔桩上，量出仪器高 i，将水准尺依次立在各坑位桩上，读出经纬仪水平视线在尺上的读数 R_1，如图 14.16 所

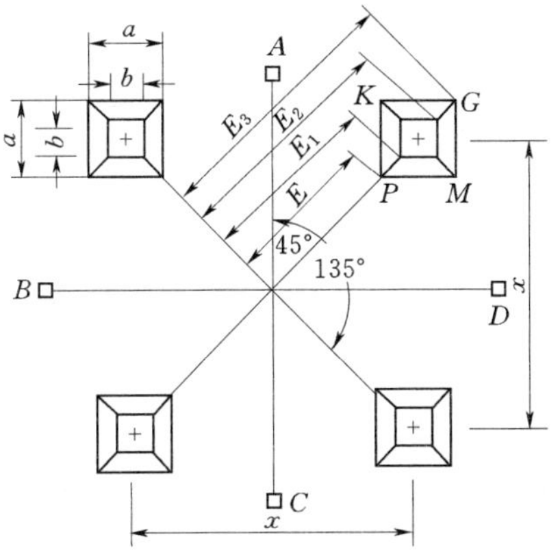

图 14.15 直线四脚杆塔坑位的测定

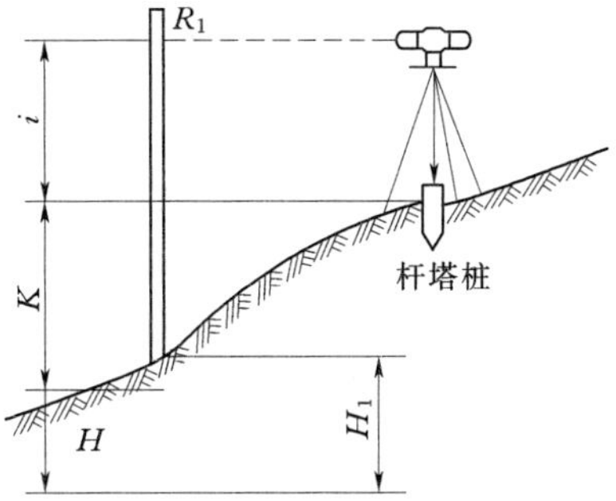

图 14.16 基础坑应挖深度的测定

示。如果该杆塔施工基面为 K，设计坑深为 H，则该坑位自地面起应挖坑深为

$$H_1 = H + K + i - R_1 \tag{14.5}$$

14.6.2 拉线放样

拉线是用来稳定杆塔的。这种拉线杆塔可以节省钢材，节约投资，目前在我国送电线路上广泛使用。常用的拉线有 V 型拉线和 X 型拉线，如图 14.17 所示。

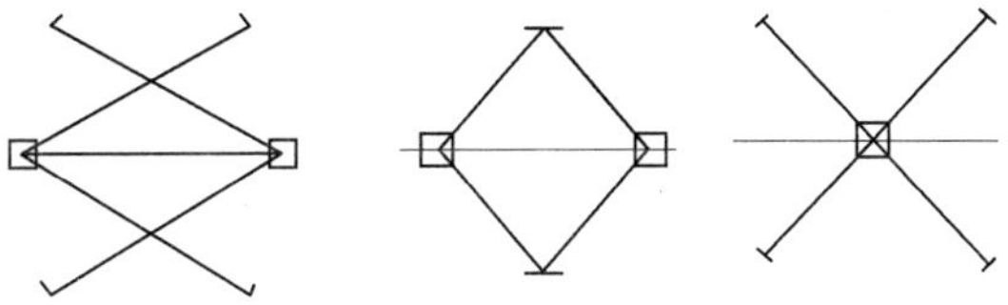

图 14.17 杆塔拉线型式

(a) X 型拉线；(b) V 型拉线

拉线放样就是要在杆塔组立之前，根据杆塔施工图中的拉线与横担的水平投影之间的水平角 α、拉线上端至地面的竖直高度 H、拉线与杆身的夹角 β 和拉盘的埋深 h，计算拉线放样数据及拉线长度 L，在杆塔桩附近正确测定拉盘中心桩的位置。由于拉线上端与杆抱箍的金具连接，下端与拉线棒相接，所以拉线全长中包括拉线棒和连接金具的长度。拉线放样时，经纬仪一般安置在杆抱箍的水平投影点上。该点至杆位桩的距离可从杆塔施工图中量得。

1. 平地的拉线放样

图 14.18 中，P 为拉线杆位桩，A 为拉线出土桩，M 为拉盘中心桩，N 为拉盘中心，BN 为拉线。

在平坦地面上，$\angle BPA = 90°$。若已知拉线上端垂距 H、拉线与杆身夹角 β、拉盘埋深 h，则可求得拉线出土桩至拉线杆位桩的距离 D，拉盘中心桩至拉线出土桩的距离 d 和拉线长度 L，其计算公式为

$$D = H\tan\beta \tag{14.6}$$

$$L = (H + h)\sec\beta \tag{14.7}$$

$$d = h\tan\beta \tag{14.8}$$

放样时，将经纬仪安置在拉线杆位桩 P 上，先使水平度盘读数为 0°时，瞄准横担方

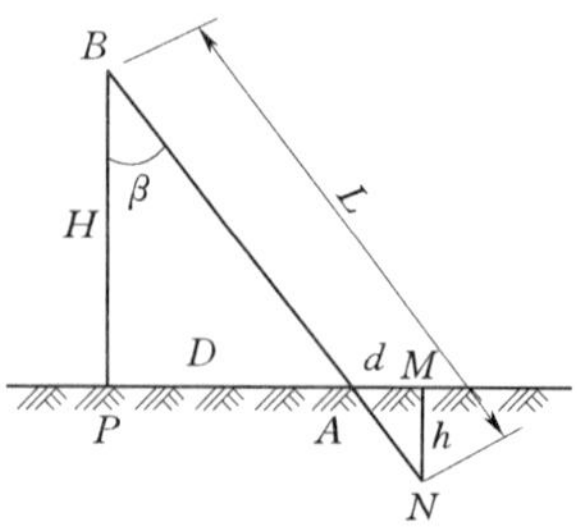

图 14.18　平地拉线放样

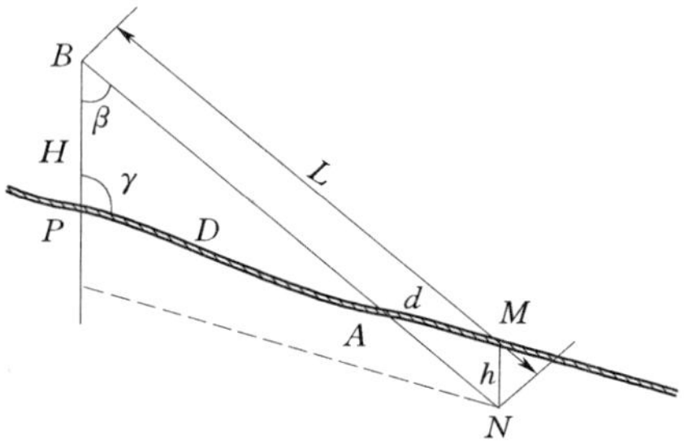

图 14.19　倾斜地面的拉线放样

向（即直线桩上垂直于线路中线的方向或转角桩上转角的角分线方向），再将照准部旋转水平角 α，视线方向即为拉线方向。沿视线方向，从 P 点起量水平距离 D，定出拉线出土桩 A，再向前量距离 d，即得拉盘中心桩 M。

2. 倾斜地面的拉线放样

在图 14.19 中，D、d 为地面斜距，$\angle BPA=\gamma$，其他符号意义同图 14.18，则计算公式为

$$D=\frac{H\sin\beta}{\sin(\beta+\gamma)} \tag{14.9}$$

$$L=\frac{(H+h)\sin\gamma}{\sin(\beta+\gamma)} \tag{14.10}$$

$$d=\frac{h\sin\beta}{\sin(\beta+\gamma)} \tag{14.11}$$

放样时，在拉线杆位桩 P 上安置经纬仪，量取仪器高，使望远镜指向线路的垂直方向，水平度盘读数置为 0°，将照准部旋转水平角 α，视线方向即为拉线方向。沿视线方向竖立地形尺，转动望远镜使横丝照准尺上仪器高处，测出倾斜地面的天顶距 γ 角，测出地面斜距 D'。将已知的 H、β 和测得的 γ 代入式（14.9）计算 D，若 $D'\neq D$，则移动地形尺重新观测，直至 $D'=D$。此时，在立尺点钉桩即为拉线出土桩 A。再从 A 桩起沿 PA 方向量斜距 d 钉桩，即得拉盘中心桩 M。

14.6.3　导线弧垂的放样与观测

当送电线路全线杆塔组立完毕后，在杆塔上要架设导线和避雷线（合称架空线）。为了保证导线对地、对被跨越物的垂直距离能符合设计要求，在架线前，施工单位要在每个耐张段中间选择一个或几个弧垂观测档，用公式或诺谟图求出观测气温时的观测档弧垂。在施工紧线时，进行导线弧垂放样；架线工程竣工之后，要对导线、地线的弧垂进行检查观测，要求弧垂误差不大于+5% 及−2.5%，但其正误差最大值应不大于 500mm。对已有的线路，为了查明因不平衡受力或地基不均匀沉陷引起的弧垂变化情况，或线路升压改建时，也要进行弧垂测量。下面介绍几种常用的弧垂放样和弧垂观测方法。

1. 用平行四边形法进行弧垂放样

本法适用于弧垂观测档内两悬挂点高差不太大的弧垂放样。

如图 14.20 所示，在观测档两侧杆塔上，由架空线悬挂点 A、B 向下各量一段长度

a、b，使其等于观测档的弧垂 f，定出观测点 A_1、B_1。在 A_1、B_1 上各绑一块觇板，觇板上边缘分别与 A_1、B_1 点对齐觇板长度约 2m，宽约 10～15cm，板面颜色红白相间。紧线时，眼睛从一侧觇板上边缘瞄向另一侧觇板的上边缘，当导线稳定后恰好与视线相切时，架空导线弧垂即等于观测档弧垂 f。因为在这种方法中，取 $a=b=f$，所以又叫等长法。

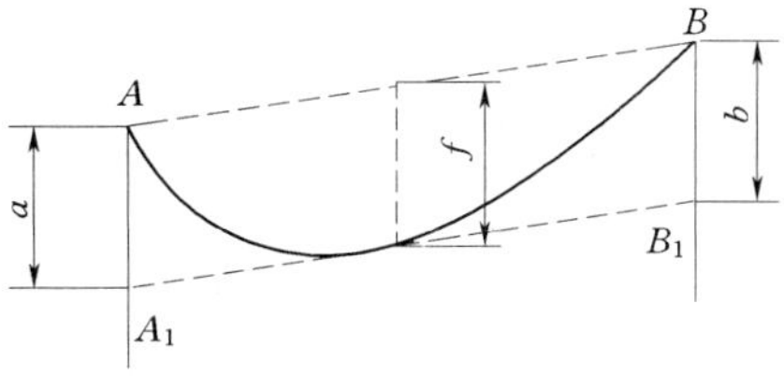

图 14.20　平行四边形法观测弧垂

2. 用中点高度法进行弧垂观测

此法适用于平原及丘陵地区的弧垂观测，精度较高。如图 14.21 所示，A_2、B_2 为导线悬挂点，D 是 A_2、B_2 连线中点，过 D 点的铅垂线交导线于 C_2，DC_2 就是弧垂 f。导线上 A_2、B_2、C_2 点在假定水平面上的投影位置是 A_1、B_1、C_1，在地面上的投影位置是 A、B、C。设 A_2、B_2、C_2、D 点由假定水平面起算的高程分别为 H_A、H_B、H_C、H_D。在梯形 $A_2A_1B_1B_2$ 中，由于

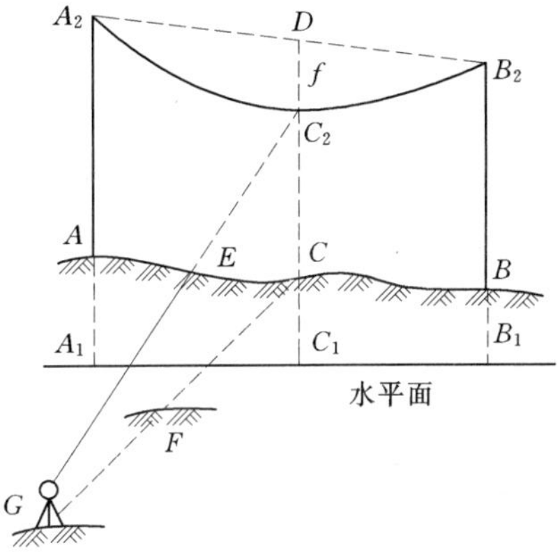

图 14.21　中点高度法观测弧垂

$$H_A=\overline{A_2A_1}\qquad H_B=\overline{B_2B_1}\qquad H_C=\overline{C_2C_1}$$

$$H_D=\frac{1}{2}(H_A+H_B)$$

故
$$f=H_D-H_C=\frac{1}{2}(H_A+H_B)-H_C \tag{14.12}$$

只需测定 A_2、B_2、C_2 三点高程，即可求出导线弧垂 f。中点高度法观测弧垂的步骤如下：

（1）将导线悬挂点 A_2、B_2 投影到地面上。首先在杆塔正侧两方向上安置经纬仪，照准 A_2、B_2 点后，在每一悬挂点投影位置附近，每一视线方向上各钉 2 个木桩，将视线方向在地面上作出标志，在每一悬挂点的两视线方向交点处钉桩，即为 A_2、B_2 的投影点 A、B。

（2）用钢尺丈量 AB 的水平距离，得到测档距 l，在 AB 中点钉桩为 C 点。再沿线路中线自 C 点任意量一段距离 d，钉桩得 E 点。假定 C 点高程为 H_C（H_C 为假定值，应使其余各点高程为正值）。

（3）在 C 点安置经纬仪定出线路中线的垂线方向，在此方向稍远一点的地方，定出 F、G 两点，打下木桩。

（4）用钢尺丈量水平距离 CF、CG，再用经纬仪平视法测定高差 h_{CE}、h_{CF}、h_{CG}，求出高程 H_E、H_F、H_G。

（5）依次在 C、E 点安置经纬仪，量出仪器高度，观测悬挂点 A_2、B_2 的竖直角。根据 C、E 点至 A、B 点的水平距离和测得的竖直角、仪器高度，分别计算 A_2、B_2 点高程，并求出两次测得高程的平均值 H_A 和 H_B。

(6) 依次在 F、G 点安置经纬仪，量出仪器高度，先瞄准 C 点，固定照准部，再抬高望远镜瞄准导线（照准点即为 C_2 点），测出竖直角，并记录气温。根据 F、G 点至 C 点的水平距离和测得的竖直角、仪器高，分别计算 C_2 点的高程，并求出 2 次高程的平均值 H_C。

(7) 根据式（14.12）计算导线弧垂 f，它与设计弧垂之差就是导线弧垂的变化值。

3. 用角度法进行弧垂观测和弧垂放样

当导线跨越河流、山丘或因档距较大而使中间点无法投影于地面或不便投影时，可用角度法进行弧垂观测。

如图 14.22 所示，A_2、B_2 为导线悬挂点，D 为 A_2、B_2 连线中点，过 D 点的铅垂线交导线于 C_2 点，DC_2 为导线弧垂 f。设 P 为导线上的一点，过 P 点作导线的切线，与过 A_2、B_2 的铅垂线相交于 A_1、B_1 点，令 $\overline{A_1A_2}=a$，$\overline{B_1B_2}=b$，则导线弧垂为

$$f=\left(\frac{\sqrt{a}+\sqrt{b}}{2}\right)^2 \tag{14.13}$$

所以，只要求得 a、b 值，就可计算 f 值。为了保证观测弧垂的精度，当切点 P 靠近 C_2 点（测出的 a、b 均小于 $3f$）时，才能使用本法。

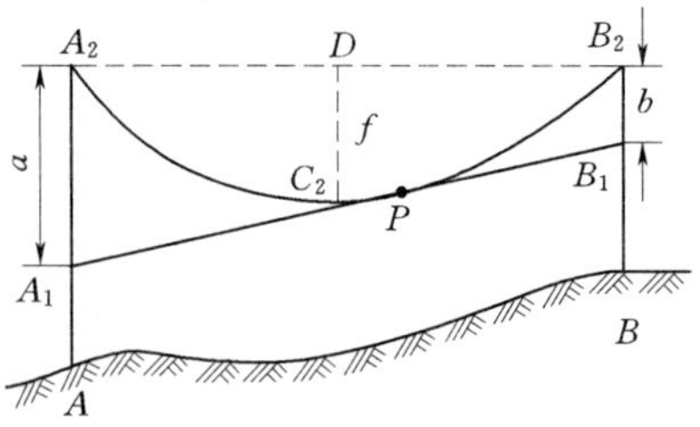

图 14.22　角度法观测弧垂的原理

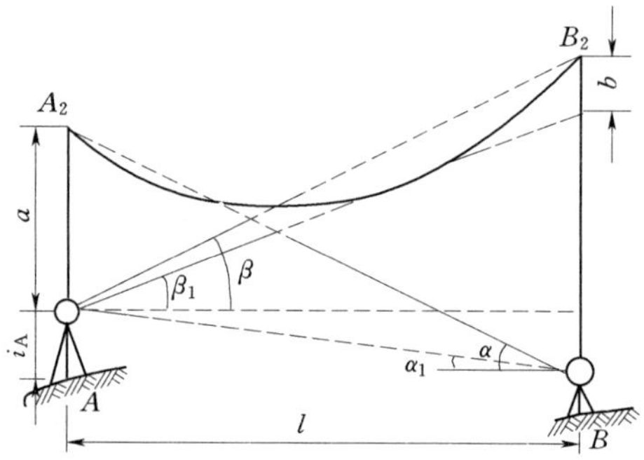

图 14.23　角度法观测弧垂

如图 14.23 所示，用角度法观测弧垂的方法如下：

(1) 将导线悬挂点 A_2、B_2 投影于地面并定桩得 A、B 点，用三角解析法测出 A、B 间水平距离 l。

(2) 在 A 点安置经纬仪，量出仪器高 i_A，瞄准 B_2 点测得竖直角 β，固定照准部后转动望远镜，使视线与导线相切，测得竖直角 β_1，则有

$$b=l(\tan\beta-\tan\beta_1) \tag{14.14}$$

(3) 在 B 点安置经纬仪，A 点竖立标尺，瞄准 A_2 点测得竖直角 α，固定照准部后转动望远镜，瞄准 A 点标尺上 i_A 读数处，测得竖直角 α_1，则有

$$a=l(\tan\alpha-\tan\alpha_1) \tag{14.15}$$

(4) 依式（14.13）计算导线弧垂 f，它与设计弧垂之差就是导线弧垂的变化值。

如图 14.24 所示，用角度法进行弧垂放样的方法如下：

(1) 将导线悬挂点 A_2、B_2 投影于地面并钉桩得 A、B 点，用三角解析法测出 A、B 间水平距离 l。

(2) 将经纬仪安置在 A 点，量出导线悬挂点 A_2 至仪器横轴的竖直距离 a 及仪器高 i_A，观测 B_2 点的竖直角为 β。若导线观测档弧垂为 f，则有

$$b=(2\sqrt{f}-\sqrt{a})^2$$

$$d=l\tan\beta$$

$$c=d-b$$

经纬仪在 A 点，当导线弧垂正好为 f 且视线与导线相切时的竖直角为

$$\beta_1=\arctan^{-1}\frac{c}{l} \tag{14.16}$$

(3) 紧线时，经纬仪安置在 A 点，使仪器高仍为 i_A，转动照准部，使望远镜对准紧线方向，且视线的竖直角为 β_1。待导线恰好与视线相切时，导线弧垂就是观测档的弧垂 f。

小　结

通过本章学习，对架空输电线路的基本知识应当熟悉和了解，因为它是输电线路测量工作中所必需的，对一些基本概念如“档距”、“耐张段”、“导线弧垂”等应当明确。选线测量和定线测量的任务是不同的，选线测量是标定线路起点、转角点和终点的位置，而定线测量则是在选定的线路方向上标定出一系列的直线桩，并测定线路的转折角；选线测量和定线测量的基本方法必须掌握。平断面测量的目的即测绘沿线的平面图以及中线断面、边导线断面和风偏断面的断面图，从而为估计档距、杆塔定位、计算弧垂等技术设计提供资料，平断面测量和平断面图绘制的内容和要求较多，学习中应引起注意。杆塔定位测量和线路施工测量是重点，必须掌握其基本方法；线路施工测量的内容主要包括基坑放样、拉线放样、弧垂放样以及弧垂测量等，应结合实际多加练习。

思　考　题

14.1　耐张杆塔与一般直线杆塔有何区别？在哪些地方使用耐张杆塔？

14.2　怎样选择送电线路的路径方案？

14.3　送电线路选线测量和定线测量的主要任务是什么？

14.4　定线测量时，如果相邻转角点互不通视，怎样在线路中线上确定直线桩的位置？

14.5　在什么情况下要施测边线断面？如何施测？

14.6　在什么情况下要施测风偏断面？如何施测？

14.7　怎样绘制送电线路平断面图？

14.8　送电线路与电力线交叉时，怎样进行交叉跨越测量？

14.9　什么是杆塔施工基面？为什么有时要降低施工基面？

14.10　怎样进行平地的拉线放样？

14.11　在架线工程中，紧线时为什么要进行弧垂放样？怎样用角度法进行弧垂放样？

习　　题

14.1　现欲在转角杆位测设一条分角拉线，如果线路转角为 20°30′，拉线与杆身的交角为 30°，拉线上端的垂距为 18m，拉盘埋深为 2.5m，拉线方向地面倾斜角为 98°30′，试说明测设的方法和步骤，并计算出放样数据。

14.2　如图 14.24 所示，设导线悬挂点 A_2、B_2 间的水平距离为 150m，在 A_2 的投影点 A 上用角度法进行弧垂放样，A_2 点至仪器横轴的竖直距离为 16.5m，测得 B_2 点的竖直角为 14°30′，若导线弧垂 f 为 6.9m，试计算放样弧垂时的垂直角，并说明放样方法。

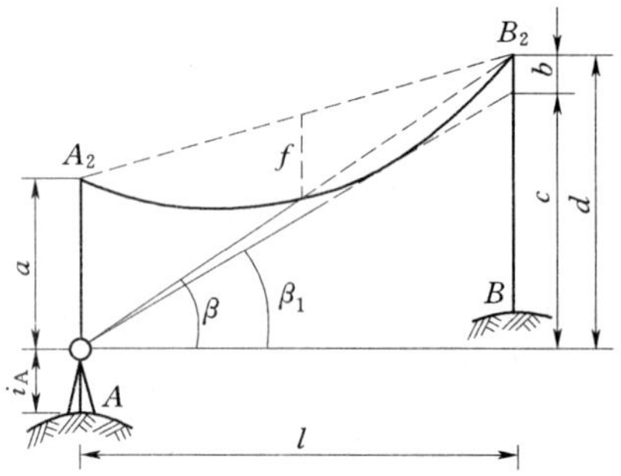

图 14.24　用角度法进行弧垂放样

第 15 章 建筑物的变形观测

学习指导

本章讲述变形观测的基本知识和基本方法。要求了解变形观测的目的和意义；熟悉变形观测点的布设方法；掌握变形观测的作业方法和观测资料的整理方法。

15.1 概 述

任何大型建筑物及其地基，在建筑物自身荷重和外力作用下，都会产生变形。这种变形如果超过了规定的限度，就会影响建筑物的正常使用，甚至危及建筑物的安全。因此，在建筑物的施工和运营期间，必须对它们进行监测，这种监测称之为变形观测。

建筑物的变形分为内部变形和外部变形两种，由于建筑物内部的应力作用及温度变化等因素的影响而引起的伸缩、挫动、弯曲、扭转等自身形变，称为内部变形；建筑物在各种外力作用下而引起的整体平移、整体升降、整体转动、整体倾斜，称为外部变形。本章只讨论建筑物外部变形观测问题。

变形观测的任务就是对布设在建筑物各部位的监测点进行周期性的重复观测，对多次的重复观测结果进行比较，从而确定变形程度，了解变形随时间的变化情况。通过对变形数据的分析，不仅可以判断建筑物在各种应力作用下能否安全运转，而且可以验证设计理论的正确性，同时也可以检验施工质量。

变形观测的周期，应根据建筑物的性质、规模、变形速率、观测精度要求和工程地质条件等因素综合考虑。一般来讲，竣工初期，观测周期宜短；当建筑物趋于稳定时，观测周期可适当放长。特殊情况下，应缩短观测周期。

变形观测的内容包括水平位移观测、垂直位移观测、倾斜观测、裂缝观测、挠度观测等多种。至于进行何种变形观测，应根据建筑物的性质和地基情况来确定，对于一般建筑物来讲，主要是进行垂直位移观测，以及因不规则沉降而引起的倾斜和裂缝观测；对于水工建筑物（大坝）以及大型桥梁等建筑物，还应该进行水平位移观测和挠度观测。

用于变形观测的平面控制网通常作一级布设，网形主要取决于建筑物的形状和建筑物所处的地形和环境条件，可以布设成边角网、导线网或 GPS 网；高程控制网通常布设为两级，用精密水准测量方法施测。控制网的精度及变形观测的精度应符合《工程测量规范》的规定。

变形观测是工程建设的重要组成部分，通常在工程建筑物的设计阶段就要同时作出设计，制定出变形观测方案，在施工时按设计要求埋设监测标志，从建筑物施工起始即开始观测，直至建筑物趋于稳定不再变形为止。

变形观测是一项较长期的连续性工作，为了保证观测成果的正确性，应尽可能做到固定观测人员，使用固定的仪器和工具，使用固定的工作基点，按照固定的方法及既定的路线、测站进行观测。

15.2　垂直位移观测

建筑物及其地基在垂直方向上发生的位置变动称为垂直位移，其表现形式主要是建筑物的沉陷，因此垂直位移观测又称其为沉陷观测或沉降观测。为测定建筑物的沉降，必须在最能反映建筑物沉降的位置上设置观测点，采用水准测量方法从临近水准点引测观测点高程。临近的水准点称为工作基点，工作基点的稳定性必须通过远离建筑物的水准基点进行检测。

15.2.1　观测点的布设

设置沉降观测点，应选择能够反映建筑物沉降变形特征和变形明显的部位。观测点应有足够的数量和代表性，点位应避开障碍物，标志应牢固的和建筑物结合在一起，以便于观测和长期保存。

工业与民用建筑物沉降观测点，通常应在房屋四角、中点、转角处以及外墙周边每隔10～15m 布设一点。另外，在最易产生变形的地方，如柱子基础、伸缩缝两侧、新旧建筑物接壤处、不同结构建筑物分界处等都应该设置观测点。烟囱、水塔及大型储藏罐等高耸构筑物基础轴线的对称部位，应设置观测点。观测点的标志有两种形式：一种是埋设在墙上，用钢带制成，如图 15.1 所示；另一种是埋设在基础底板上，用铆钉制成，如图 15.2 所示。

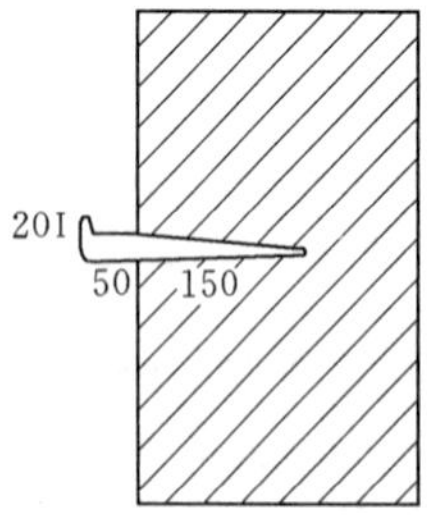

图 15.1　墙体沉降观测标志（单位：mm）

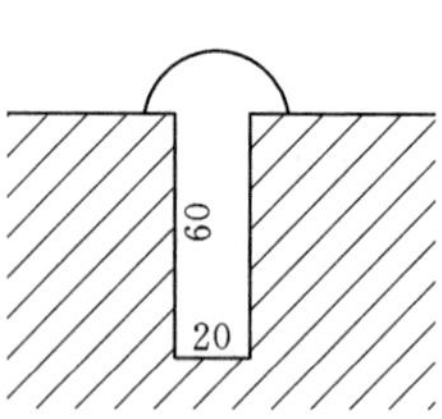

图 15.2　墙基或坝基沉降观测标志（单位：mm）

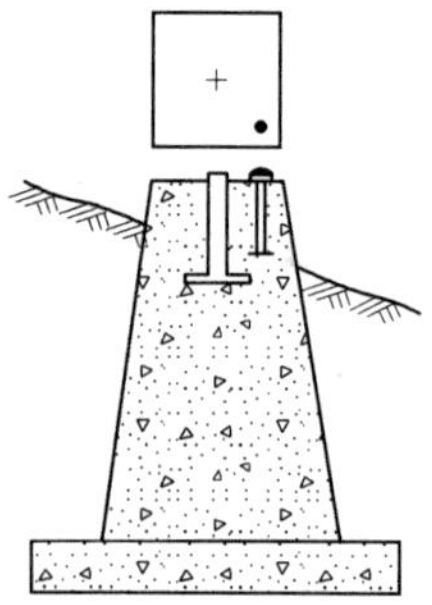

图 15.3　土石坝位移观测标志

大坝沉降观测点的布设随着坝型的不同而不同。对于土石坝，观测点应布设在坝面上，一般与坝轴线平行，在坝顶、上下游坝面相应于正常水位以上、下游坝面相应于正常水位变化区和浸水区，各应埋设一排观测点，并保证每一排在合龙段、泄水底孔处、坝基地质不良以及坝底地形变化较大处都有观测点，观测点的间距一般为 30～50m。土石坝的沉降观测点往往与水平位移观测点合二为一，因此应埋设混凝土标石，如图 15.3 所示

(图中"+"为水平位移观测标志，圆标芯为垂直位移观测标志)。

大型桥梁的沉降观测点，也往往与水平位移观测点合二为一，分上、下游两排分别布设在桥墩、台顶面两端位置上。

15.2.2 水准点的布设

1. 水准基点的布设

水准基点是垂直位移观测的基准点，必须远离建筑物，布设在沉陷影响范围之外、地基坚实稳固且便于引测的地方。对于水利枢纽地带，水准基点应埋设在坝址下游且离坝址较远河流两岸的坚固基岩上。当覆盖层很厚时，应采用钻孔穿过土层和风化层到达基岩，埋设钢管标志，如图 15.4 所示。为了互相检核是否有变动，一般应埋设 3 个以上的水准基点。

2. 工作基点的布设

工作基点是直接测定沉降观测点的依据，它应该比较接近建筑物，但亦应避开建筑物的沉陷范围。一般采用地表岩石标；当地表土层较厚时，可采用普通埋石方法，但标石的基座应适当加大。对于大坝和桥梁的变形观测，通常在每排观测点的延长线上，即在大坝或桥梁两端的山坡上，选择地基坚固的地方埋设工作基点。

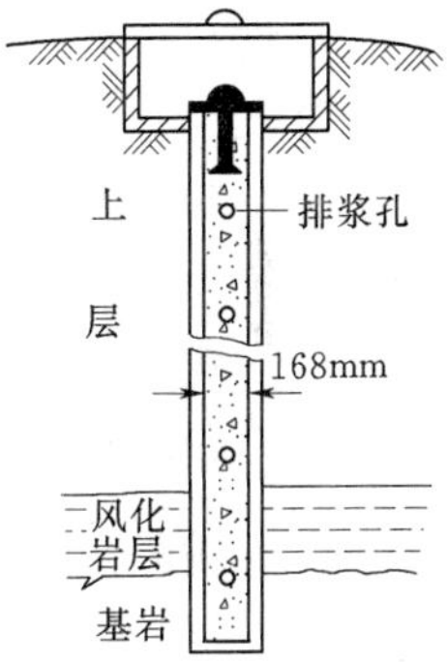

图 15.4 钢管标

15.2.3 垂直位移观测

1. 工作基点的校测

进行垂直位移观测前，首先应校测工作基点的高程。校测时，水准基点与工作基点一般应构成水准环线，按一等或二等水准测量的要求施测。一等水准环线闭合差应不超过$\pm 2\sqrt{L}$（mm，L 为环线长，以 km 计）；二等水准环线闭合差应不超过$\pm 4\sqrt{L}$（mm）。

2. 工业与民用建筑物的沉降观测

工业与民用建筑物的沉降观测，一般在建筑物主体开工前，即进行第一次观测；主体施工过程中，荷重增加前后（如基础浇灌，砖墙每砌筑一层楼，安装柱子、房架、吊车梁等）均应进行观测；当基础附近地面荷重突然增加或周围有大量挖方等情况时亦应观测；工程竣工后，一般每月观测一次，如果沉降速度减缓，可改为 2～3 个月观测一次。

对于多层建筑物的沉降观测，可采用 DS_3 型水准仪用三、四等水准测量方法进行。对于高层建筑物的沉降观测，则应采用 DS_1 型水准仪，用二等水准测量方法进行。为了保证水准测量的精度，每次观测前，对所使用的仪器和设备，应进行检验校正。观测时视线长度一般不得超过 50m，前、后视距离要尽可能相等，视线高度应不低于 0.3m。

3. 大坝的沉降观测

土石坝的沉降观测，在基础完工后进行第一次观测；坝体每砌高一定高度均应观测；坝体完工、水库储水前每季度观测一次；水库储水期间每月观测一次；水库储水后 2～3 年，每季度观测一次；正常运转期间每半年观测一次；洪水前后增加观测次数。

土石坝沉降观测，一般采用三等水准测量方法施测。观测时应由工作基点出发，测定各观测点的高程，再附合到另一工作基点上，也可以往返施测或构成闭合环线。

4. 桥梁的沉降观测

桥梁的沉降观测，在桥墩、台完工后即行第一次观测；承重结构安装完毕进行第二次观测，以后的观测时间和次数视变形速率的情况决定。但遇洪水、船只碰撞时，应及时观测。

桥梁的沉降观测，一般按二等水准测量的精度，采用“跨墩水准测量”的方法施测。同样由工作基点出发，测定各观测点的高程，再附合到另一工作基点上。所谓跨墩水准测量，即把仪器设站于一个桥墩上，而观测后、前两个相邻的桥墩。

15.3 水平位移观测

建筑物在水平方向上发生的位置变动称为水平位移，其产生往往与不均匀沉降以及横向受力等因素有关。水平位移观测在大坝、桥梁等建筑物的变形观测中有着重要意义。

水平位移观测的方法很多，常用的方法有基准线法和前方交会法。基准线法适用于直线型的建筑物，如直线型大坝和桥梁等；前方交会法适用于其他形式的建筑物。按照提供基准线的方式不同，基准线法又分为视准线法、激光准直法、引张线法等。下面以大坝为例介绍视准线法观测的作业方法。

15.3.1 观测原理

如图 15.5 所示，在坝端两岸山坡上设置固定工作基点 A 和 B，在坝面上沿 AB 方向设置观测点 a、b、c、d 等。将经纬仪安置在 A 点，照准另一基点 B，构成视准线（基准线），测定各观测点相对于视准线的垂直距离 l_{a0}、l_{b0}、l_{c0}、l_{d0}；相隔一段时间后，又安置仪器于 A 点，照准 B 点，测得各观测点相对于视准线的距离 l_{a1}、l_{b1}、l_{c1}、l_{d1}。则前后 2 次测得距离的差值，如 a 点的差值 $\delta_{a1}=l_{a1}-l_{a0}$，即为 2 次观测时段内，$a$ 点在垂直于视准线方向的水平位移值。同理可算得其他各点的水平位移值。一般规定，水平位移值向下游为正，向上游为负，如图 15.5 所示。

15.3.2 点位布设

大坝水平位移观测点的布设，通常是在上游最高水位以上的坡面上布设一排观测点；坝顶靠下游坝肩上布设一排；下游坡面上布设 1～3 排，如图 15.5 所示。每排内各观测点的间距为 50～100m，但在地质条件薄弱等部位应增加观测点。各排观测点应与坝轴线平行，为掌握大坝横断面情况，各排对应观测点都应在同一横断面上。

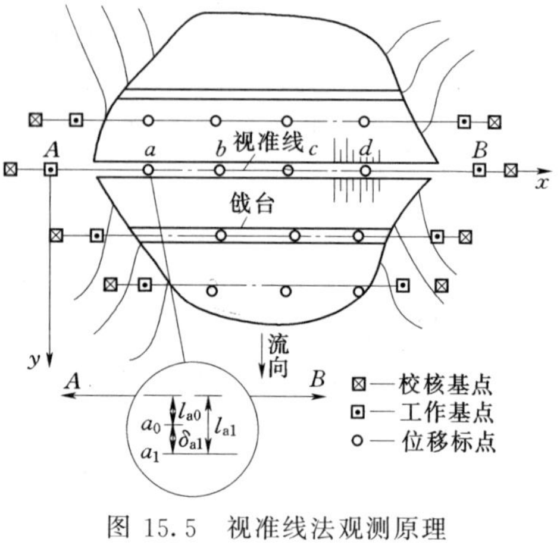

图 15.5 视准线法观测原理

工作基点设置在各排观测点延长线两端的山坡上；为校核工作基点的稳定性，工作基点外应另外设置校核基点。

在工作基点及校核基点上，一般应建造具有强制对中设备的钢筋混凝土观测墩，用于安置仪器和专用的固定觇标，如图 15.6 所示。

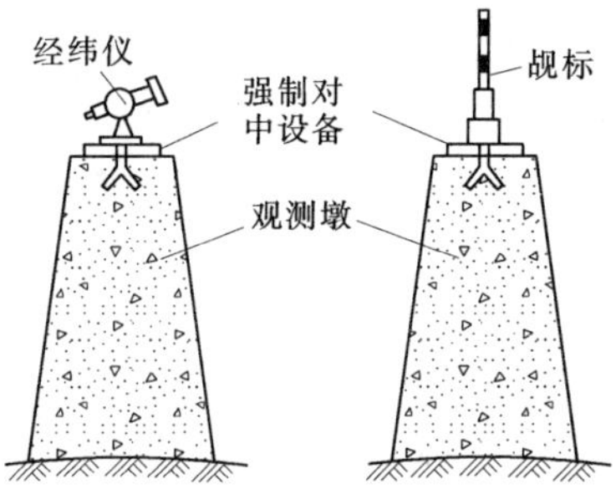

图 15.6 观测墩

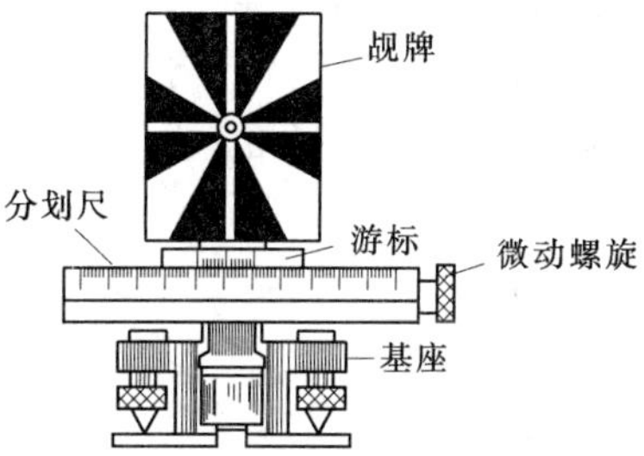

图 15.7 活动觇牌

观测点的标墩应与坝体连接，其顶部也应埋设强制对中设备，用于安置专用的活动觇标。图 15.7 所示为觇牌式的活动觇标，其上装有微动螺旋和游标，可使觇牌在基座的分划尺上左右移动，利用游标读数。

15.3.3 观测方法

如图 15.5 所示，在工作基点 A 安置经纬仪，B 点安置固定觇标；在观测点 a 安置活动觇标，使觇牌的零刻线对准观测点的中心标志。用经纬仪照准 B 点上的固定觇标作为视准线，俯仰望远镜照准 a 点，并指挥觇标员移动觇标，直至十字丝纵丝照准觇牌中心纵线为止。然后由觇标员在觇牌上读取读数。转动觇牌微动螺旋重新照准，再次读数，如此共进行 3 次，取读数的平均值作为上半测回的观测结果。倒转望远镜，按上述方法作下半测回的观测，取上下两半测回的平均值作为一测回的观测结果。一般观测 2～3 测回，测回差不得大于 3mm。

桥梁的水平位移观测点，通常分为两排，分别布设在桥墩、台顶面两端位置上。

15.4 倾 斜 观 测

由于不规则沉降及外力作用（如风荷、地下水抽取、地震等），建筑物将会产生倾斜变化。测定建筑物倾斜变化的工作称为倾斜观测。

建筑物的倾斜度一般用倾斜率 i 来表达。如图 15.8 所示，按设计要求，B 点与 A 点应位于同一铅垂线上，由于建筑物倾斜，B 点移至 B'点，即相对于 A 点移动了一段距离 d，设建筑物的高度为 h，则

$$i = \tan\alpha = d/h \tag{15.1}$$

式中 α——倾斜角，(°)。

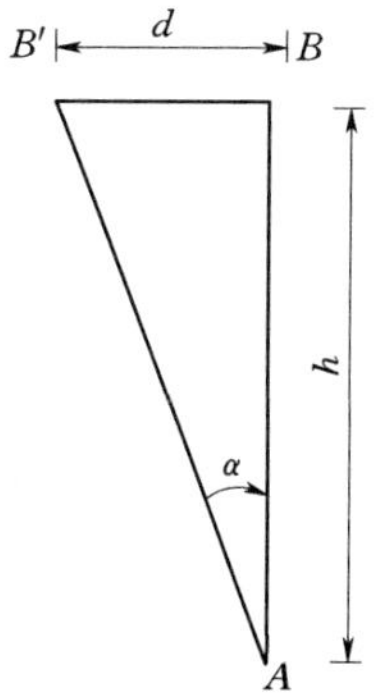

图 15.8 倾斜率

建筑物的高度 h 可通过直接丈量或三角测量的方法求得，只要测得相对水平位移量 d，即可确定建筑物的倾斜率 i。因此，倾斜观测所要讨论的主要问题是测定 d 的方法。下面分别介绍一般建筑物和塔式建筑物的倾斜观测方法。

15.4.1　一般建筑物的倾斜观测

如图 15.9 所示，在互相垂直的两个方向上距建筑物约 1.5 倍建筑物高度处安置经纬仪，分别照准观测点 B，用正倒镜分中法向下投点得 A 点（即两个位置投点方向线的交点），做好标志。隔一定时间后再次观测，仍以 2 架经纬仪照准 B 点（由于建筑物倾斜，B 点已偏移），向下投点得 A' 点。显然 AA' 间的水平距离即为前后两次间隔时段内的水平位移量 d，根据建筑物的高度 h，即可由式（15.1）求得建筑物的倾斜率 i。

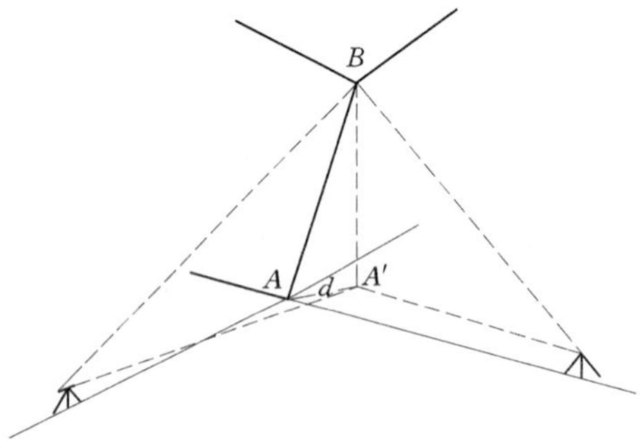

图 15.9　一般建筑物的倾斜观测

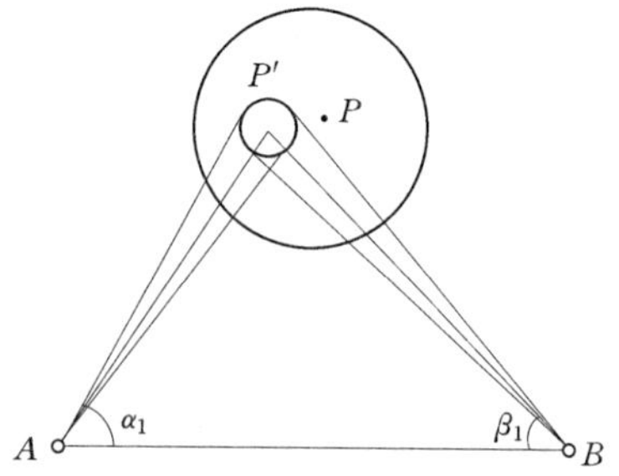

图 15.10　塔式建筑物的倾斜观测

15.4.2　塔式建筑物的倾斜观测

塔式建筑物倾斜观测的方法很多，常用的方法是前方交会法。下面以烟囱为例说明观测方法。

如图 15.10 所示（俯视图），P'为烟囱顶部中心位置，P 为烟囱底部中心位置。在烟囱附近布设基线 AB，A、B 应选在地基稳定且能长期保存的地方，条件困难时也可选在附近稳定的建筑物顶面上。AB 的长度一般不大于 5 倍的建筑物高度，交会角应尽量接近 60°。首先安置经纬仪于 A 点，测定烟囱顶部两侧切线与基线的夹角，取其平均值，如图 15.10 中的 α_1；再安置经纬仪于 B 点，测定烟囱顶部两侧切线与基线的夹角，取其平均值，如图 15.10 中的 β_1。利用前方交会公式计算出 P'的坐标。同法可得 P 点的坐标。则 P'、P 两点间的平距 $D_{PP'}$（可由坐标反算求得）即为水平位移量 d，根据烟囱高度 h，同样由式（15.1）即求得烟囱的倾斜率 i。

15.5　裂　缝　观　测

测定建筑物上裂缝发展情况的观测称为裂缝观测。建筑物产生裂缝往往与不均匀沉降有关，因此，在进行裂缝观测的同时，一般需要进行建筑物的沉降观测，以便进行综合分析和采取相应的措施。

裂缝观测时，首先应对拟观测的裂缝进行编号，在裂缝两侧设置观测标志，然后定期观测裂缝的位置、走向、长度、宽度和深度。

对标志设置的基本要求是，当裂缝开裂时标志应能相应地开裂或变化，以能正确地反映裂缝的发展和变化情况。常用的裂缝观测标志有白铁片标志和金属棒标志等。

白铁片标志用2块白铁片制成，如图15.11所示，一片为150mm×150mm的正方形，固定在裂缝的一侧，并使其一边和裂缝边缘对齐；另一片为50mm×200mm的长方形，固定在裂缝的另一侧，并使其紧贴在正方形的铁片上。当两块铁片固定好之后，在其表面涂上红漆，如果裂缝继续发展，2块铁片将会拉开，正方形铁片上将会露出没有涂漆的部分，其宽度即为裂缝开裂的宽度，可用尺子量出。

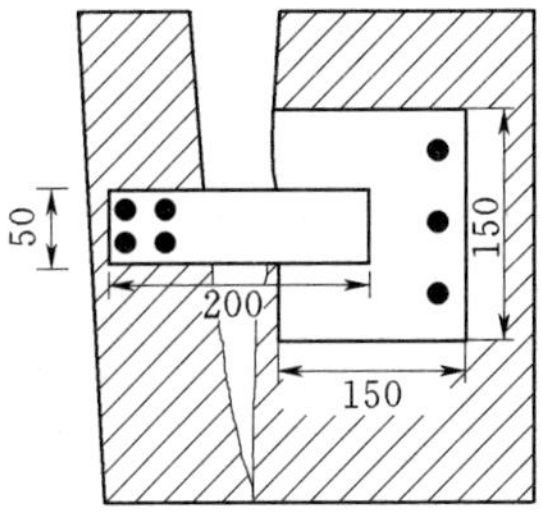

图15.11 白铁片标志（单位：mm）

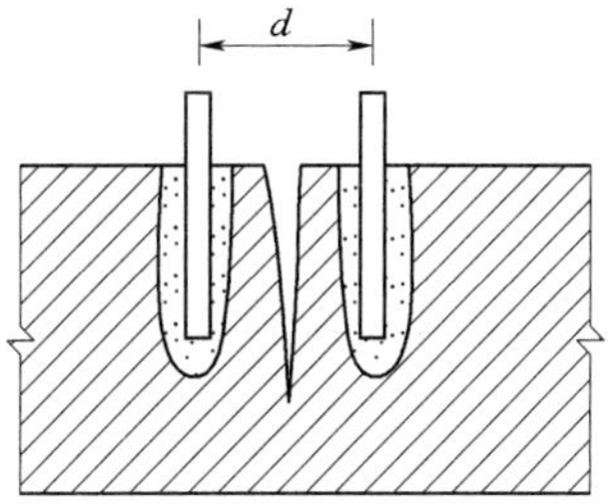

图15.12 金属棒标志

金属棒标志通常用两钢筋头制成。如图15.12所示，将长约100mm，直径约10mm左右的钢筋头插入墙体，并使其露出墙外约20mm左右，用水泥砂浆填灌牢固。待水泥砂浆凝固后，用游标卡尺量出两钢筋头标志间的距离，并记录下来。以后若裂缝继续发展，则金属棒的间距也就不断加大。定期测定两棒的间距 d 并进行比较，即可掌握裂缝的发展情况。

15.6 变形观测的资料整理

变形观测后，应对观测资料进行全面检查、整理，并对有关资料作出必要的几何解释，以便找出变形与各种因素的关系以及变形的发展规律。

资料整理的主要内容是按时间顺序逐点统计观测数据，并绘制变形过程曲线或变形分布图。

15.6.1 观测数据统计

观测数据的统计一般以表格形式作出，其统计内容包括观测点点名、观测时间、建筑物荷载、变形观测值以及累计变形值等。表15.1是对某建筑物沉降观测所作出的统计，表中列举了两个观测点的观测结果。

15.6.2 变形过程曲线

变形过程曲线是表示观测点所处位置建筑物的变形与时间、荷载之间关系的曲线，它能直观的反映建筑物各个部位的变形规律。图15.13所示是对表15.1的统计结果所做出的沉陷变形过程曲线。

15.6.3 变形分布图

常见的变形分布图有沉降等值线图和变形值剖面分布图两种。

表 15.1　　　　　　　　　　　　　　　沉降观测成果表

观测日期（年.月.日）	荷载（t/m²）	观测点					
		1			2		
		高程（m）	本次沉降（mm）	累计沉降（mm）	高程（m）	本次沉降（mm）	累计沉降（mm）
2002.2.15	0	93.667	0	0	93.683	0	0
2002.3.1	4.0	93.664	3	3	93.681	2	2
2002.3.15	6.0	93.662	2	5	93.679	2	4
2002.4.10	8.0	93.660	2	7	93.677	2	6
2002.5.5	10.0	93.659	1	8	93.675	2	8
2002.6.5	12.0	93.658	1	9	93.673	2	10
2002.7.5	12.0	93.657	1	10	93.671	2	12
2002.9.5	12.0	93.656	1	11	93.670	1	13
2002.11.5	12.0	93.656	0	11	93.669	1	14
2003.1.5	12.0	93.656	0	11	93.668	1	15
2003.3.5	12.0	93.655	1	12	93.667	1	16
2003.5.5	12.0	93.655	0	12	93.667	0	16

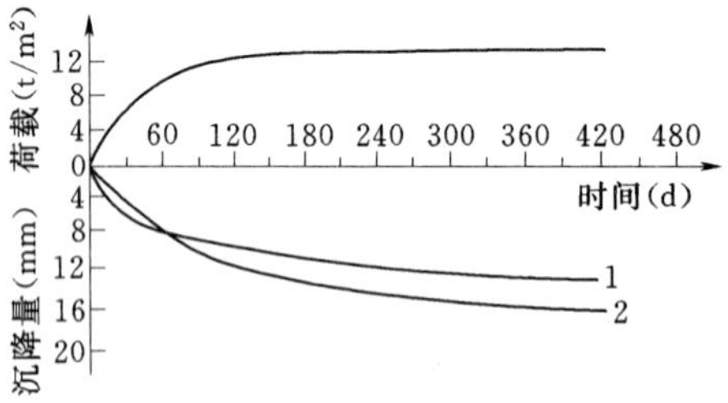

图 15.13　某建筑物沉陷变形过程曲线

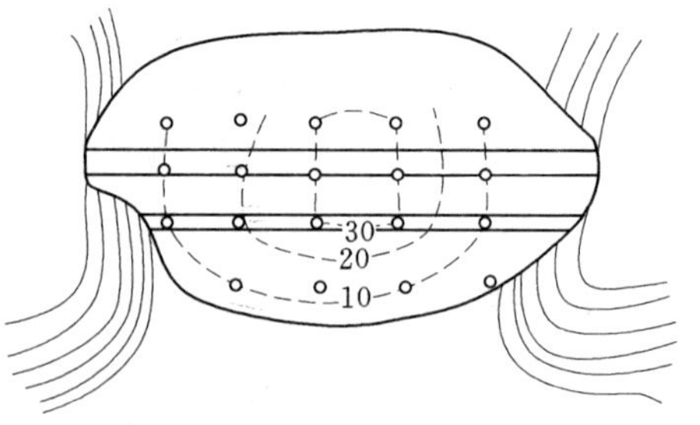

图 15.14　某大坝沉降等值线图

沉降等值线图是以等值线表达建筑物沉降变形情况的图，它可以从整体上反映建筑物的沉降变形规律。图 15.14 是对某大坝绘出的沉降等值线图，同一曲线上各点都具有相同的沉降值。

变形值剖面分布图常用来表达建筑物在某一剖面（断面）水平位移的分布情况。图 15.15 是对某大坝某一断面（和坝轴线垂直）不同高程面上 6 个观测点做出的水平位移分布图，从图中可以明显看出大坝水平位移和库容之间的关系。

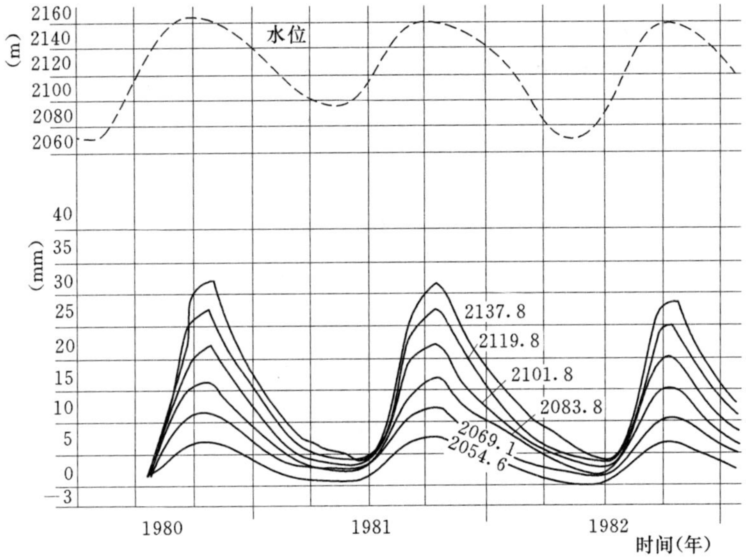

图 15.15　大坝某断面水平位移分布图

小　　结

本章主要讲述了变形观测的概念、作用；变形监测点的布设方法；变形观测的原理、作业方法以及观测资料的整理方法。通过学习，应重点掌握沉陷观测和水平位移观测的基本作业方法，初步掌握对观测资料的整理以及绘制各种变形图的方法。

思　考　题

15.1　什么叫变形观测？变形观测的目的、意义和任务是什么？

15.2　变形观测主要包括哪些内容？

15.3　什么是观测点？什么是工作基点？

15.4　沉陷观测中，观测点、工作基点、水准基点应如何布设？

15.5　视准线法进行水平位移观测的原理是什么？简述视准线法进行大坝水平位移观测的作业方法。

15.6　如何进行建筑物的倾斜观测和裂缝观测？

15.7　如何对变形观测资料进行整理？如何绘制变形过程曲线？如何绘制变形分布图？

习　　题

15.1　观测建筑物上的某一观测点，三次观测的坐标值分别为 $x_1=6929.090$m，$y_1=$

7211.973m；x_2＝6929.079m；y_2＝7211.962m；x_3＝6929.071m；y_3＝7211.875m。求该点每次水平位移的大小及方向。

15.2　某宝塔，测得顶部中心坐标为 x_1＝34.407m，y_1＝37.010m，底部中心坐标为 x_2＝34.443m，y_2＝37.028m，求该宝塔的倾斜量及倾斜方向。

参 考 文 献

1 李青岳，陈永奇．工程测量学．北京：测绘出版社，2002
2 武汉测绘科技大学编写组．测量学．北京：测绘出版社，2000
3 张慕良，叶泽荣．水利工程测量．北京：水利电力出版社，1994
4 贾清亮．水利工程测量．北京：中央广播电视大学出版社，2002
5 丁云庆．水利水电工程测量．北京：中国水利水电出版社，1997
6 刘志章．工程测量学．北京：水利电力出版社，1992
7 靳祥升．测量学．郑州：黄河水利出版社，2001
8 周建郑，来丽芳．建筑工程测量．北京：中国建筑工业出版社，2004
9 张正禄等．工程测量学．武汉：武汉大学出版社，2005
10 魏静，王德利．建筑工程测量．北京：高等教育出版社，2004
11 姜远文，唐平英．道路工程测量．北京：机械工业出版社，2005
12 陈龙飞，金其坤．工程测量．上海：同济大学出版社，1990
13 欧阳平．土木工程测量学．南昌：江西科学技术出版社，2006
14 邹永廉．工程测量．武汉：武汉大学出版社，2000
15 罗固源，刘星，吴斌．工程测量学．重庆：重庆大学出版社，2004
16 章书寿，华锡生．工程测量．北京：水利电力出版社，1994
17 吕云麟，杨龙彪．建筑工程测量．北京：中国建筑工业出版社，1998
18 过静珺．土木工程测量．武汉：武汉工业大学出版社，2000